Rehabilitation und Prävention 6

A. Jean Ayres

Lernstörungen

Sensorisch-integrative Dysfunktionen

Übersetzt von Cornelia Rasokat

Mit 12 Abbildungen

Springer-Verlag
Berlin Heidelberg New York 1979

Stiftung Rehabilitation
Heidelberg 1979

Autor:
A. Jean Ayres, Ph. D.
Torrance, California
USA

Übersetzerin:
Cornelia Rasokat
Olpener Str. 445
D-5000 Köln 91

Titel der amerikanischen Originalausgabe:
Sensory Integration and Learning Disorders

ISBN 3-540-09006-1 Springer-Verlag Berlin Heidelberg New York
ISBN 0-387-09006-1 Springer-Verlag New York Heidelberg Berlin

CIP-Kurztitelaufnahme der Deutschen Bibliothek. *Ayres, A. Jean:* Lernstörungen, sensorisch-integrative Dysfunktionen. – Berlin, Heidelberg, New York : Springer; Heidelberg : Stiftung Rehabilitation, 1979. (Rehabilitation und Prävention ; 6) Einheitssacht.: Sensory integration and learning disorders <dt.>

Herstellung: Triltsch, Würzburg
2121/3140-543210

Vorwort zur amerikanischen Auflage

Dieses Buch stellt eine *Neuro-Verhaltens-Theorie* vor. Theorie selbst ist noch kein Handeln, wohl aber eine Handlungsanleitung. In diesem Fall besteht das Handeln in der sensorisch-integrativen Therapie für Kinder mit Lerndefiziten. Die Therapie kann von Erziehern, Psychologen und allen, die sich beruflich mit dem Gesundheitswesen befassen, ausgeführt werden.

Die Theorie wurde von Daten her entwickelt, die so ausgewählt und interpretiert wurden, wie es sich für Hypothesen über *Neuro-Verhaltensweisen* als nützlich erwiesen hat. Auswahl und Interpretation der *Basishirnforschung* wurden nach der Beziehung zu Daten aus Verhaltensbeobachtungen von Kindern mit sensorisch-integrativen Defiziten getroffen. Ist die Relevanz nicht immer klar erkennbar, so soll sich der Leser auf seine Fähigkeit verlassen, über die gegebenen Tatsachen hinaus interpretieren zu können. Über je mehr Information er bei der Lektüre des Buches verfügt, desto mehr wird er von diesem Buch haben.

So wie die Forschung ständig sich wandelnde neurologische Konzepte hervorbringt, so wird auch diese Theorie einer häufigen Revision bedürfen.

Jede Theorie basiert auf dem Werk anderer, und diesen anderen bin ich zu Dank verpflichtet. Diese Verpflichtung ist durch die Bibliographie offen genug dargelegt – mit einer Ausnahme. Die Beiträge von Margaret S. Rood sind bedeutend umfangreicher, als das aus den Zitaten hervorgeht. Die folgenden Autoren und Herausgeber haben mir freundlicherweise gestattet, umfangreiche Abschnitte aus ihren Werken zu zitieren: George H. Bishop, Ronald Melzack, *Journal of Nervous and Mental Disease, Psychologische Forschung* und *Science*.

Ich danke besonders Anne Henderson für die hilfreichen Vorschläge für das Manuskript und Marcella Curtright sowie Florence A. Sharp für ihre weitere Unterstützung.

A. Jean Ayres
Torrance, California
September, 1972

Inhaltsverzeichnis

1. Überblick

Lernen ist eine Funktion des Gehirns; Lernstörungen können deshalb als Abweichungen innerhalb der Neuralfunktion betrachtet werden. Aufgrund dieser Annahme wurde ein theoretisches Modell entwickelt, das die Erstellung eines Therapieprogramms anstrebt, um eine neurologische Dysfunktion zu verringern und die Lernfähigkeit zu unterstützen. Die Theorie basiert auf der Hirn- und Verhaltensforschung. Wissen und Theorien aus der Grundlagenforschung alleine sind nicht genügend fortgeschritten, um direkte Hinweise für Behandlung und Erziehung geben zu können; es müssen daher noch viele Rückschlüsse gezogen werden.

Im wesentlichen besagt die Theorie, daß Störungen der sensorischen Integration für bestimmte Arten der Lernstörungen verantwortlich sind, und daß eine Steigerung der sensorischen Integration schulisches Lernen für solche Kinder erleichtert, deren Probleme in diesen Bereich fallen. Sensorische Integration bzw. die Möglichkeit, sensorische Information für den Gebrauch zu organisieren, kann durch die Kontrolle des Inputs zur Aktivierung von Hirnmechanismen verbessert werden.

Detaillierter gesagt: die sensorische Integration muß unter dem Aspekt ihrer Entwicklung und möglichen Funktion sowie ihrer Abweichung beim lernbehinderten Kind betrachtet werden. Sensorisch integrative Prozesse resultieren aus der Wahrnehmung und anderen sensorischen Synthesen, die den Menschen befähigen, effektiv mit seiner Umwelt zu interagieren. Wahrnehmungsstörungen sind also logischerweise Begleiterscheinungen von frühen Lernschwierigkeiten. Man erkannte weitere Aspekte der Hirnphysiologie, wie z. B. die Biochemie, als bedeutsam für das Lernen und seine Störungen; allerdings gehören sie nicht zum Themenkreis dieses Buches.

Eine sensorisch integrative Behandlungsmethode von Lernstörungen unterscheidet sich von vielen anderen Vorgehensweisen darin, daß keine spezielle Fachkenntnis vermittelt wird, wie z. B. der Vergleich von visuellen Reizen, das Erinnerungslernen bei Tonfolgen, die Unterscheidung zweier Töne, die Verbindung zweier Punkte oder sogar schulische Grundlagen. Das eigentliche Ziel besteht vielmehr darin, die Hirnkapazität so zu verbessern, daß solche Tätigkeiten erlernt werden können. Entwickelt das Gehirn die Fähigkeit der Wahrnehmung, des Erinnerns, der motorischen Schaltung, dann kann dieses Vermögen unabhängig vom Inhalt zur Bewältigung aller schulischen oder sonstigen Aufgaben führen. Das Ziel liegt eher in der Modifikation der neurologischen Dysfunktion, die Lernstörungen verursacht, als in der Beseitigung ihrer Symptome.

Diese Art der Therapie – Therapie definiert als jede Intervention mit der Heilungsabsicht von seiten des Erziehers, Psychologen, Logopäden, Physio- oder Beschäftigungstherapeuten oder anderer Personen dieser Berufssparte – macht eine symptomatische Methodik nicht unbedingt überflüssig. Die Therapie soll als Ergänzung, nicht aber als Ersatz für die formalen Instruktionen innerhalb der Klasse oder des Privatunterrichts dienen. Sie reduziert den Schwierigkeitsgrad und sorgt dafür, daß spezifische Probleme wie z. B. die Summe von zwei und zwei oder das Lesen des Wortes „Oma“ schneller gelöst werden.

Es wird nicht behauptet, daß die sensorisch integrative Therapie die eigentlichen Gründe der inadäquaten neuralen Organisation und die daraus resultierenden Lernstörungen eliminiert. Diese Therapie wird vielmehr als Milderung der Bedingungen betrachtet, denen meist unbekannte Ursachen zugrundeliegen und die wiederum Lernstörungen verursachen. Man nimmt an, daß diese Therapie zu einer Normalisierung der Bedingungen führt und damit einer Änderung der zugrundeliegenden neurologischen Dysfunktion näher kommt (aus welchen Gründen auch immer) als die herkömmlichen akademischen Vorgehensweisen. Nur einige, aber sicher nicht alle, der verschiedenen Arten der neurologischen Dysfunktionen können durch dieses therapeutische Programm beeinflußt werden.

1.1. Hintergrund

Bevor ein Wissensgebiet zur Wissenschaft wird, durchschreitet es eine lange Periode der informellen Exploration von subjektivem Charakter. Dieses Stadium nennt man den „Prototyp" einer Wissenschaft, wobei „proto" sich auf die erste bzw. früheste Form bezieht. Das Gebiet der Lernstörungen scheint sich in diesem Stadium zu befinden, wobei sich die Anfänge einer aktuellen wissenschaftlichen Erforschung zeigen.

Vor einiger Zeit noch ergab sich das methodische Verständnis der Wahrnehmungsprozesse – ob bei Tier oder Mensch – typischerweise aus behavioristischen Beobachtungen des reiferen Subjekts. Weitere Informationen gewannen die verschiedenen Autoren aus der Introspektion, und dementsprechend verlief auch ihre Argumentation. Allgemein beschäftigte man sich mehr mit Phänomenen der Wahrnehmung, wie z. B. optischen Täuschungen, als mit dem Entwicklungsverlauf, der für eine Erklärung der Wahrnehmung nötig wäre (vgl. DEMBER, 1964). Wahrnehmungsabweichungen sind seit langem bei hirngeschädigten Erwachsenen bekannt, bei denen eine neurologische Dysfunktion eindeutig vorlag; erst in den letzten zehn Jahren lenkte die Suche nach den Ursachen der Lernstörungen die Aufmerksamkeit auf die Entwicklung der kindlichen Wahrnehmung und Motorik.

Theoretische Modelle folgen – wie auch Kinder – in ihrer Entwicklung gewissen Prinzipien. Diese Abläufe werden sich – im Unterschied zu Kindern – nie vervollständigen lassen. Frühere Versuche, in die Entwicklung der Wahrnehmung einzugreifen, bezogen sich auf visuell-motorische Aufgaben, die sich gerade auf die Schwächen richteten. Es handelte sich hier um eine weitgehend kognitive Methode, d. h. das Kind soll unter Anleitung des Therapeuten Gegenstände nach zunächst einfachen auditiven und visuellen Kriterien definieren. Bei der Beobachtung der kindlichen Reaktionen auf diese Interventionsprogramme wurde bald deutlich, daß ein bedeutendes sensorisches Problem zugrunde lag, das vielleicht in Verbindung mit den einzelnen vorausgegangenen nicht vollständig ausgereiften Entwicklungsstufen stand. Dieser entwicklungsbedingte Mangel schien die weitere Reifung und das, was schulisches Lernen ermöglicht, zu stören. Daher wurde ein tieferes Eindringen in diese Problematik erforderlich.

Betrachtet man die neurologische Entwicklung der sensorisch integrativen Prozesse beim menschlichen Kind, so sind genügend wissenschaftliche Fakten vorhanden, die als Richtlinien zur Unterstützung der Wahrnehmungsentwicklung bei Lernbehinderten dienen können. Der Mangel an Information über das menschliche Gehirn führt dazu, zunächst auf die Hirnforschung zurückzugehen, die ja besonders in den letzten 20 Jahren vorangetrieben wurde. Die Hirnforschung hat zum Grundlagenverständnis bestimmter Aspekte der sensorischen Integration beigetragen, wobei die Wahrnehmung und andere Phänomene eingeschlossen sind. Wenn auch die Daten an Wirbeltieren niedrigerer phylogenetischer Ordnung als der Mensch gewonnen wurden, so trugen sie doch wesentlich zum Verständnis des Menschen bei.

Die Resultate der Grundlagenhirnforschung sind mit denen aus behavioristischen Beobachtungen und Untersuchungen verbunden worden, und diese Ergebnisse sind in einen theoretischen Rahmen gesetzt worden, auf dem dann die Behandlungsmethoden aufbauen. Um diese Konzepte zusammenzufügen und heuristische Richtlinien für eine therapeutische Intervention zu finden, mußten die Lücken der Theorie mit Vermutungen gefüllt werden; ein Vorgang, der dem menschlichen Verstand bei der Nutzung von unorganisierten und isolierten Details behilflich ist. Obwohl ein relativ vollständiges theoretisches Gedankengebäude für die Heilung wesentlich ist, muß man doch stets zwischen Vermutung und Tatsache unterscheiden. Die Vermutungen werden ständig überprüft und können sich daher ändern. AYRES (1972a) hat bereits gezeigt, daß die auf dieser Theorie aufbauende Behandlung zu einer Erhöhung statistisch signifikanter Ergebnisse beim schulischen Lernen junger Gestörter mit bestimmten sensorischen integrativen Dysfunktionen führen kann. Wenn eine Studie auch nicht die Validität einer Theorie oder Methode beweist, so zeigt sie doch, ob die Entwicklungstendenzen bestimmter Kenntnisse richtig sind. In diesem Stadium muß sich die Behandlung von Lernstörungen mehr auf theoretische Logik als auf experimentelle Daten stützen.

In vielerlei Hinsicht verfehlt die Theorie noch ihr Ziel; man verfolgt allerdings einen nützlichen Aspekt, wenn man durch einen neuen Schwerpunkt in der Problematik der Lernstörungen das Forschen nach einer effektiveren und umfassenderen Theorie anregt, so daß man Methoden erarbeitet, die möglicherweise die Integration des ZNS weitertreiben, und folglich assoziatives Lernen bessern bzw. Verhaltensprobleme lösen kann. Richtigkeit ist wie Unendlichkeit – man kann sich ihr nähern, aber sie nie erreichen.

1.2. Grundlegende Voraussetzungen

Das menschliche Gehirn hat wahrnehmen und lernen gelernt, d. h. das Gehirn eines Kindes ist fähig, gesetzmäßigen, vorhersagbaren und untereinander zusammenhängenden Entwicklungsabläufen zu folgen, woraus die Lernfähigkeit resultiert. In diesem Zusammenhang kann das elementare Lernen als die angewandte Fähigkeit zur Interpretation der Umwelt und der direkten Reaktion auf sie definiert werden. Das Konzept der Entwicklungssequenzen nimmt in dieser Theorie eine zentrale Stellung ein. Die Begründung, daß determinierende Prozesse und Ereignisse in der frühen Kindheit sich kritisch auf die spätere Fähigkeit des schulischen Lernens auswirken, bedarf einer umfassenden Erläuterung als Orientierungshilfe für die folgenden Kapitel.

Die frühen Entwicklungsstufen werden – evolutionshistorisch determiniert – im menschlichen Gehirn bei der Empfängnis vorprogrammiert; es erfordert jedoch die ontogenetische Erfahrung, bevor die angeborenen Entwicklungstendenzen gänzlich zum Ausdruck kommen können. Die allgemeine Lehrmeinung besagt, daß jede Entwicklungsstufe abhängig vom jeweiligen Reifungsgrad der vorherigen Entwicklungsstufe ist, ein Konzept, das in vielen verschiedenen Formen in diesem Buch auftaucht. Diese Meinung wird generell von Kinderpsychologen geteilt und auch in einigen Feststellungen der führenden Entwicklungspsychologen beispielhaft dargelegt. Der bekannteste Beobachter der kindlichen Entwicklung hat auf die frühe Sensomotorik – Reflexe eingeschlossen – besonderen Wert gelegt (PIAGET, 1952). Dieses Stadium ermöglicht dem Kind bedeutsame Erfahrungen, die assoziiert und zur Grundlage der sensomotorischen Intelligenz werden. Weiterhin findet durch Prozesse der Akkommodation und Assimilation eine Umwandlung in reflektierende Intelligenz statt. PIAGET mißt der sensorischen Integration und den ihr folgenden Reaktionen besondere Bedeutung für die frühen Ursprünge der Intelligenz bei. Symbolisches Handeln beruht nach PIAGET auf der Assimilation von vorhergehender sensomotorischer Intelligenz. Das Handeln ist der Ausgangspunkt der Intelligenz.

AMES und ILG (1964) sprechen ebenfalls von einer nach bestimmten Mustern, Gesetzen und Folgen ablaufenden kindlichen Entwicklung. Sie beobachteten „reziprokes Ineinandergreifen“ oder einen „Spiraleffekt“, der die Vereinigung von aufeinanderfolgenden Verhaltensformen widerspiegelt. Diese Beschreibung ist der PIAGETS bemerkenswert ähnlich.

Der kindliche Entwicklungsstand kann im allgemeinen aus der motorischen Aktivität geschlossen werden, denn diese Dimension ist im menschlichen Handeln am leichtesten zu beobachten. Aus diesen Beobachtungen kann man allerdings nur grobe Schlüsse ziehen über die zugrundeliegenden Entwicklungssequenzen der sensorisch-integrativen Prozesse, von denen die motorischen Erscheinungen abhängig sind. Art und Abfolge der sensorischen Integration sind das „sine qua non“ für das Verständnis der Wahrnehmung und die Voraussetzung für das frühe schulische Lernen.

In Ermangelung objektiver Ergebnisse zur Abfolge der sensorisch-integrativen Entwicklung beim Menschen muß man sich auf die Schlußfolgerungen verlassen, die aus Datenstudien der Gehirne nichtmenschlicher Wirbeltiere gewonnen wurden; es handelt sich hier um Tiere, die denen gleichen, aus denen sich der Mensch entwickelte und von denen er das ZNS bzw. dessen Art der Entwicklung und dessen Funktionen erbte. Diese Studie erwies sich als lohnend. Die möglichen Gründe sind es wert, genauer betrachtet zu werden.

Nach HERRICK (1956) sind die höheren intellektuellen Funktionen ebenso ein Produkt der evolutionären Entwicklung wie das Skelet. Der Zeitpunkt, wann der Mensch zu lernen begann, ist demnach nicht genau festlegbar. Die Aneignung der Lernfähigkeit ist ein kontinuierlicher Entwicklungsprozeß, seit das Leben auf der Erde begann. Gleichermaßen beginnt die Entwicklung der Lernfähigkeit beim Kind mit der Empfängnis und entwickelt sich weiterhin in Annäherung an eine Asymptote.

Da die wesentlichen Determinanten der erworbenen Wahrnehmungs- und Lernfähigkeit in jedem Individuum vorhanden sind, stellen diese die Summe und das Endprodukt einer Reihe von Veränderungen, Prozessen und Reaktionen dar. Milliarden von Jahren mußten vergehen, bis das Gehirn in seinem heutigen Ausmaß entwickelt war. Die kognitiven Fähigkeiten des Menschen existierten nicht plötzlich von einer Sekunde zur anderen; sie entwickelten sich zu dem, was sie sind, wie sich auch der Mensch zu dem entwickelte, was er heute ist. Seine frühe biologische Entwicklung soll Ähnlichkeiten des Gehirns mit heute lebenden Wirbeltierarten aufweisen.

Es wird jedoch nicht angenommen, daß jedes Kind seine eigene Evolution durchmacht. Diese Ansicht würde komplexe Zusammenhänge vereinfachen. Obwohl sehr frühe ontogenetische Prozesse mit phylogenetischen in einem gewissen Zusammenhang stehen, ist der Grad der Übereinstimmung nicht bekannt. Einige Hinweise über das Ausmaß gibt eine Studie von GORDON (1956), in der er eine biochemische Wiederholung der Phylogenese in Hühnern festzustellen glaubte. GORDON unterstellte in seiner Studie, daß das kontinuierliche Vorhandensein einer entsprechenden Substanz notwendige Bedingung für die weitere Enzymentwicklung sei.

Ein anerkannter Grund dafür, daß das Evolutionsmodell durchaus sinnvoll ist, besteht darin, daß das Gehirn in jeder Entwicklungsstufe eine frühere Organisationsstufe enthielt, und sie dann in eine neue verarbeitete, genau wie es auch bei der kindlichen Entwicklung erscheint. Das Hervorgehen einer phylogenetischen Stufe aus der anderen impliziert, daß das menschliche Gehirn Rudimente jeder früheren Phase enthält.

GREEN (1958) stellte fest, daß „der Eindruck entsteht, man könne durch chirurgische Eingriffe einen evolutionären Umschwung erzielen“, indem man das Gehirn in fortschreitende kaudale Ebenen unterteilt. Diese Feststellung basiert auf der Praxis, die früher in den Studien über das Gehirn der niederen

Wirbeltiere einen verhältnismäßig großen Raum einnahm: in diesen Studien sektionierte man das Gehirn auf verschiedenen Ebenen und beobachtete die Ergebnisse. GREEN schloß daraus, daß die evolutionäre Vergangenheit sich in niedrigeren Hirnebenen widerspiegelt.

Obgleich der Mensch einige angeborene adaptive Verhaltensmuster erbt, hängen Ausdruck und Reifung doch von der ontogenetischen Erfahrung ab. Umwelteinflüsse auf diese angeborenen Tendenzen, die jeder in seine Welt mit einbringt, formen und modifizieren diese. Die angeborenen Entwicklungsmöglichkeiten der sensorischen Integration und das damit verbundene adaptive Verhalten stellen ein Substrat für die Individualentwicklung dar. Dieses Substrat bzw. seine Wirkungsweise muß verstanden werden.

Wenn sich das kindliche Gehirn entsprechend den normalen Erwartungen entwikkelt, scheinen die phylogenetischen Auswirkungen weniger bedeutsam, weil die angeborenen Programme das Kind durch die frühen Erfahrungen des Schluckens, des Kopfhebens, des Umdrehens, des Greifens, des Krabbelns und schließlich des Aufrichtens zum aufrechten Stand hinführen. Die Umgebung braucht dem Kind nur zu erlauben, diese sensorischen Verhaltensmuster auszuführen, und das Kind entwickelt – mit Ausnahme von Abnormitäten – diese Verhaltensweisen ohne viel Führung oder besondere Beachtung. Die mangelnde Aufmerksamkeit führte zu der Tendenz, die Bedeutung der frühen Entwicklungsstufen für den Reifungsprozeß der Wahrnehmung und der kognitiven Funktionen zu übersehen.

Weicht die Hirnentwicklung von der Norm ab, erinnert das daraus resultierende Verhalten häufig an niedrigere Stufen auf der phylogenetischen Skala, verbunden mit Störungen der Entwicklungsabfolge. So sind z. B. primitive Reflexe häufig vorhanden, der Berührungssinn ist eher diffus als differenziert, und viele Kinder reagieren auf taktile Reize leicht mit Kampf- oder Fluchtverhalten. Das ist einer der Gründe, warum Kenntnisse über primitive Funktionen wichtig für das Verständnis der vorhandenen Dysfunktionen und nützlich für deren Heilung sind. Aus diesen Gründen und nicht aus einem direkten Interesse an der Neurobiologie von irgendwelchen häufigen und prähistorischen Wirbeltieren sind die Hirnentwicklung und die Funktionsarten der Gehirne von Wirbeltieren, die dem Menschen untergeordnet sind, so bedeutsam für diese Theorie. Im Mittelpunkt dieses Buches stehen die Reifungsabweichungen im kindlichen Gehirn und ihre Behandlungsmöglichkeiten.

1.3. Begrenztheit der Tierforschung in der Anwendbarkeit auf den Menschen

Die Suche nach Hypothesen, die zum Verständnis der menschlichen Entwicklung und Funktionen aus Untersuchungen der niederen Tiere beitragen sollen, weist viele Einschränkungen auf, die erkannt werden müssen. Da sind nicht nur die Unterschiede zwischen den Arten, sondern auch die Tatsache, daß die menschlichen Vorfahren ausgestorben sind. Die Hirnforschung basiert weitgehend auf solchen Tierarten, die den früheren Tierarten am nächsten und die die geläufigsten sind; und wenn zudem eine Hirnstruktur auftauchte, so ist ihre Evolution nicht beendet. Veränderungen haben auf allen Stufen des Nervensystems stattgefunden, einschließlich des Rückenmarks, wodurch die Ähnlichkeiten zwischen dem menschlichen Gehirn und dem der niederen Wirbeltiere noch unbedeutender werden.

Folgerungen von den niederen Tieren auf den Menschen sind am ehesten da möglich, wo die Gehirne dieser zwei Gattungen am ähnlichsten sind. Hinsichtlich der Hirnstrukturen, des Hirnstamms und möglicherweise des Kleinhirns zeigen sich die geringsten Unterschiede zwischen den Arten. Ein großer Teil der elementaren sensomotorischen Funktionen wird in diesen Nervenstrukturen geregelt und unterscheidet sich in bezug auf den Menschen und andere Wirbeltiere weniger als kognitive Funktionen. Drei senso-

motorische Muster scheinen für den Menschen artspezifisch zu sein: das Gehen auf zwei Füßen, der geschickte Gebrauch seiner Hände und seine Sprache.
Möglicherweise resultiert ein sehr bedeutender Irrtum aus dem Gebrauch von Versuchsergebnissen von dem Menschen untergeordneten Arten, indem man bestimmten Funktionen bestimmte Hirnregionen zuordnete. In der Phylogenese sehen wir eine zunehmende Funktion der Kortikalisation, d. h. die Kontrolle über gewisse Aktivitäten muß von der subkortikalen auf die kortikale Ebene transferiert werden, wo sie aufgearbeitet werden kann. Der Fehler der Erzieher lag darin, jede Empfindung, die Wahrnehmung und das Denken als ausschließlich kortikal zu betrachten, wobei man die Möglichkeit übersah, daß einige subkortikale Funktionen verantwortlich für das sind, was die Evolution mehr und mehr dem Kortex übertragen hat. Vielleicht müssen wir dem Subkortex wieder mehr Aufmerksamkeit schenken, um solche Fehler auszumerzen.

1.4. Grundzüge der Hirnentwicklung

Mit welchen Mitteln erlernte das Gehirn den Lernvorgang? Als Arbeitshypothese schlage ich folgendes vor: die Prinzipien, die die Richtung der evolutionären Entwicklung bestimmen, zeigen sich in denen, die heute die Entwicklung der Lern- und Wahrnehmungsfähigkeit bei Kindern beschreiben. Diese Prinzipien sind als Erstellungshilfe für ein Konzept gedacht, das u. a. das menschliche Verhalten berücksichtigt, bei dem keine normale neurologische Entwicklung stattgefunden hat. Sie sollen außerdem das Verständnis des Behandlungsprozesses erleichtern.
Die Untersuchung der generellen phylogenetischen Entwicklungsrichtung führte zu Voraussetzungen, die – wie bereits gezeigt – einen heuristischen Wert besitzen. Eine der grundlegendsten Forderungen ist die Interpretation der sensorischen Reize und der darauffolgenden Reaktionen. Dieser Prozeß verläuft im Nervensystem. Der Reflex macht diese Funktionsweise in einer einfachen Form beispielhaft klar; das Lesen dagegen zeigt das Ganze auf einem komplexeren Niveau. Beide Reaktionsformen sind adaptiv und repräsentieren verschiedene Formen der Komplexität. Adaptives Verhalten besteht in der Fähigkeit, die eigenen Aktivitäten den Umweltanforderungen anzupassen. Das mag eine Ausprägung der Intelligenz von sehr fundamentaler Art und niedrigem kognitivem Wert sein.
Als sich das Nervensystem der Wirbeltiere entwickelte, bildeten sich am zephalen Ende neue Strukturen, die die Anpassungsfähigkeiten des Organismus erhöhten, einschließlich der sensorischen Interpretation und der effektiven motorischen Reaktionen. In jedem Stadium der Phylogenese – ohne Berücksichtigung der Größe und der Komplexität des Nervensystems – besaß das Tier ein integriertes, wenn auch vereinfachtes Repertoire von Nervenstrukturen, womit es die Umwelt interpretieren und auf sie reagieren konnte. Als es – in Analogie zum Spinalstrang – nur einen Nervenstrang besaß, war es zur integrierten, wenn auch einfachen Interpretation der Umwelt und der Reaktion auf sie fähig. Würde der Spinalstrang des Menschen traumatisch von den höheren Ebenen des Nervensystems getrennt, so würde die selbständige Funktionsweise des Spinalstranges fortgeführt, obwohl diese Funktion auf spinale Reflexe begrenzt ist und der Verlust der höheren Kontrolle zu einem drastischen Wandel der Qualität der Spinalfunktion führen würde.
Die Entwicklung des Hirnstamms erhöhte die Fähigkeit des Organismus, sensorische Reize zu interpretieren und auf sie zu reagieren. Diese Kontrollfunktion wurde der spinalen Kontrolle hinzugefügt und beeinflußte sie, ersetzte sie jedoch nicht. Das Prinzip des Hinzukommens einer Kontrolle durch eine neue Struktur, nicht aber der Substitution des älteren Mechanismus, ist vergleichbar dem ontogenetischen Prinzip einer Entwicklungsstufe unter Einbeziehung der vorhergehenden. Der Hirnstamm, einschließlich seines oberen Endes, und der Thalamus funk-

tionierten ziemlich lange als höchstes Zentrum neuraler Prozesse, die die sensomotorische Aktivität in kompetenter und zugleich elementarer Meisterhaftigkeit in die Wahrnehmungsmotorik integrierten. Diese Mechanismen, die ein wohlintegriertes und einfaches Leben ermöglichten, sind heute noch in modifizierter Form beim Menschen vorhanden.

So wie die menschlichen Funktionen ohne spinale Reflexe, für die es keinen Ersatz gibt, nicht adäquat ablaufen würden, so würde der Mensch noch weniger gut ohne die komplexen sensorisch-integrativen Prozesse und motorischen Integrationen auskommen, die der Hirnstamm vermittelt. Die hinzutretenden Hemisphären erfüllten keine Funktionen, die den Hirnstamm ersetzen konnten, sondern es kamen Fähigkeiten hinzu, die zur Modifizierung des Hirnstamms und zu einer qualifizierten Auseinandersetzung mit der Umwelt führten. Das alles ermöglichte ein effektiveres Verhalten und eine bessere Kontrolle der Umwelt (HERRICK, 1956). Auch heute noch ist das Funktionieren des menschlichen Kortex abhängig von Hirnstammfunktionen.

Mit der Ausdehnung des Kortex wuchsen auch der Parietallappen, der für die somatosensorischen Funktionen verantwortlich ist und der visuelle Kortex ständig an. Auditive Zentren entwickelten sich zu Sprachzentren; eine Folge, die zur Erläuterung der Effektivität einer sensorisch-integrativen Therapie der Sprachentwicklung beitragen kann. LASSEK (1957) verbindet die Bedeutung dieser Funktionen mit der Entwicklung von motorischen und sensorischen Aspekten der Handfunktion – eine evolutionäre Richtung, die das Überleben des Menschen als „Homo sapiens" ermöglichte, der sich darin von allen anderen Primaten unterscheidet. LASSEK weist ferner darauf hin, daß das Überleben während der wesentlichsten Phase der menschlichen Existenz wohl hauptsächlich vom Gebrauch der Hand abhängig war. Er hebt hervor, daß abstraktere Prozesse – wie sie für die letzten Jahrhunderte charakteristisch waren – erst vor kurzem zu einer verläßlichen Quelle des Überlebens wurden. LASSEK legt Wert auf die Bedeutung der präkognitiven Hirnentwicklung, die auch für die sensorisch-integrative Therapie wichtig ist.

Es wurde gesagt, daß abstrakte intellektuelle Fähigkeiten, wie sie sich im Lesen und in der Interpretation des Gelesenen manifestieren, teilweise ein Ergebnis der Entwicklung seien, die ein ständiges Anwachsen der Quantität und Qualität informativer Transaktionen zwischen Organismus und Umwelt einschließt. Die Behandlungsprinzipien stimmen mit diesem Argument überein.

Die Signifikanz der hinzukommenden aber nicht ersetzenden Kontrolle durch die Enzephalisation dieser Funktionen ist der zentrale Punkt dieser Theorie. So wie das Nervensystem versuchte, den expandierenden Bedürfnissen der Existenz gerecht zu werden, so tendieren die neueren Strukturen dazu, ältere Strukturen und Funktionen zu duplizieren und eher zu verfeinern als zu teilen. Die Natur zögert – genauso wie einige Menschen –, etwas wegzuwefen; statt dessen modifiziert sie die Funktion älterer Strukturen. So werden gleichartige Funktionen auf verschiedenen Hirnebenen wiederholt. Die höheren Niveaus bleiben nach ihrer Entwicklung von den niedrigeren Strukturen abhängig. Spielt das kleine Kind mit Klötzen, bestimmen die Hemisphären das Handeln, wobei die Einbeziehung des Hirnstamms und des Spinalstrangs eine wesentliche Rolle spielt. In gleicher Weise wären die Hirnhemisphären nicht in der Lage, Ereignisse zu interpretieren, die Informationen aus der Umwelt enthalten, wenn es keine Übertragung durch das Rückenmark und den Hirnstamm gäbe.

Es ergeben sich folgende für das therapeutische Bemühen wichtige Fragen: „Warum hat sich das Gehirn so entwickelt, wie es heute funktioniert?" und „Können gleiche Mechanismen die Entwicklung jedes einzelnen Kindes beeinflussen?" Ich schlage als Antwort auf die erste Frage folgendes vor: ein lange anhaltender umweltbedingter Streß wirkt so auf den Organismus ein, daß er mit einem gewissen Zwang zur Reaktion

und einer Fähigkeit zur Anpassung Einfluß nimmt. Umweltbedingter Streß kann definiert werden als zum Handeln zwingende Information, die das Überleben begünstigt.
Die Tatsache, daß das Vorderhirn zunächst ein sensorisches Organ war, dem die motorische Kontrolle zugeordnet wurde – wahrscheinlich zur Verbesserung integrativer sensorischer und motorischer Vorgänge –, deutet darauf hin, daß die Evolution des Nervensystems durch eine Umgebung geprägt wurde, die voll von Informationen war, die beharrlich und schonungslos auf das Nervensystem einströmten. Dadurch erhöhte sich die Fähigkeit des Organismus zur Informationsaufnahme und -verarbeitung.
Diese Prämisse stimmt mit den Beobachtungen LASSEKS darin überein, daß einer der außergewöhnlichsten Vorgänge in der Evolution des Nervensystems die fast einseitige Entwicklung der zusätzlichen sensorischen – im Gegensatz zu den motorischen – Neuronen war, was zu einer effektiven Wahrnehmung der Umwelt und zu völlig neuen komplexen und adaptiven Reaktionen führte. Die strukturelle Expansion verlief besonders in den Modalitäten des diskriminativen Berührens, Sehens und Hörens. Diese Bereiche entwickelten sich später und waren somit abhängig von denjenigen, denen *Mechanorezeptoren* zugrundelagen und die auf Berühren, Schwere und Bewegung reagierten.
Wenn die gleichen Kräfte, die die phylogenetische Entwicklung steuern, auch eine Rolle in der Ontogenese spielen, so haben die Einwirkungen auf das Nervensystem einen entscheidenden Einfluß auf dessen Entwicklung. Zweitrangig ist die Art und Weise, in der das Nervensystem auf Empfindungen reagiert. Das, was zwischen Reiz und Reaktion liegt, und die Art der Reizbeeinflussung umreißen das Hauptproblem dieses Buches, da in diesen Vorgängen viele Probleme der Lernunfähigkeit liegen.
Diese gleichen Umweltprozesse, die auf das sensitiv und rezeptiv wachsende Nervensystem einwirkten, können beim normal entwickelten Kind beobachtet werden. Schwerkraft, Töne, visuelle und taktile Reize und solche, die von den Muskeln und allem, was damit verbunden ist, herrühren, wirken auf das Kind ein, und stellen ihm Anforderungen, die die Art des Wachstums des Nervensystems bestimmen. Die dem Kind angeborenen Triebe und die Neuralkapazität führen es zu einer Vielzahl von Antwortmustern, von denen viele maximale Anstrengungen erfordern, und die es zur Beherrschung solcher Aufgaben und zu Erfahrungen führen, die seine Entwicklung fördern. Das Kind, bei dem sich das Nervensystem nicht voll entwickelt hat, ist unfähig, solchen Anforderungen zu genügen, und das führt zu seiner Lernunfähigkeit. Die Organisation der erfolgreichen und adaptiven Reaktionen auf die Anforderungen der Umwelt hat die Entwicklung des Gehirns bis zu dem Stadium vorangetrieben, in dem es sich heute befindet. In der therapeutischen Situation versucht man, sowohl die kindlichen Fähigkeiten als auch die Umweltanforderungen zu modifizieren, die dem Kind die erfolgreiche Organisation einer solchen Reaktion ermöglichen, und somit den Entwicklungsverlauf so voranzutreiben, daß daraus vielleicht die Fähigkeit zu schulischem Lernen erwächst.
So wie sich im Gehirn komplexere Strukturen entwickelten, um effektiver mit der Umwelt kommunizieren zu können, so veränderte sich auch das Potential des motorischen Outputs. Der Hirnstamm ist im wesentlichen für umfassende und komplexe Muster zuständig, die die äußeren Reaktionen des ganzen Körpers zum Ausdruck bringen, was durch eine relativ einfache Integration zustandekommt. Das Auftreten der zerebralen Hemisphären ermöglichte verfeinerte, individuelle motorische Verhaltensmuster, die auf einer präzisen Interpretation der sensorischen Information beruhen.
Die Therapie folgt einem ähnlichen Ablauf. Voranschreitende Reifung auf niedrigerem, weniger komplexen Reaktionsniveau auf die Umwelt läßt das Kind auch auf komplexerem, höherem Niveau allmählich kompetent werden.
Da viele der beobachteten Symptome bei Lernunfähigkeiten von Kindern auf eine

Dysfunktion im Hirnstamm schließen lassen, befaßt sich die Therapie größtenteils mit sensorisch-integrativen Mechanismen. Der Hirnstamm ist im wesentlichen für die Grob- bzw. Ganzkörpersensomotorischen Funktionen verantwortlich, wie z. B. die der einfachen Raumwahrnehmung und der Benutzung eines Rollers. Der Kortex ist besser ausgestattet, um spezialisiertere Einzelfunktionen durchzuführen, wie Lesen, der Gebrauch von Werkzeug – z. B. den Bleistift –, was allerdings ohne Hirnstammfunktionen nicht so gut verliefe. In gleicher Weise beschäftigt sich die Therapie zunächst mit Grobfunktionen, bevor sie zu feinen und speziellen Funktionen übergeht.

Die kognitive Funktion wurzelt hauptsächlich im Spinalstrang, unter anderem im Hirnstamm und in anderen subkortikalen Strukturen, wobei der Kortex die Vermittlerrolle zwischen allen Teilen einnimmt.

2. Allgemeine Funktionsprinzipien des Gehirns

Das Gehirn erlaubt dem Menschen, seine Umwelt zu kennen und mit ihr zu interagieren. Das schulische Lernen ist ein Teil dieser Umwelt und eine der Hirnfunktionen, die von anderen jedoch nicht isoliert ist. Nimmt man an, daß das schulische Lernen einer Hirnfunktion entspricht und daß gewisse Zusammenhänge zwischen Hirnfunktionen die Basis der Lernfähigkeit darstellen, so folgt daraus, daß durch das Verständnis der normalen Hirnfunktionen und der Dysfunktionen beim lernunfähigen Kind eine ziemliche Annäherung an die Lösung des Problems erreicht wird. Dieses Kapitel gibt einen Überblick über einige allgemeine Prinzipien, nach denen das Gehirn zu funktionieren scheint und die bedeutsam für das Behandlungsziel von Lernstörungen sind. Die folgenden Kapitel beschäftigen sich mit Neuralfunktionen, die speziell mit sensorisch-integrativen Prozessen verbunden sind, die für das Lernen bedeutsam sind.

2.1. Funktionale Interdependenz der einzelnen Hirnstrukturen

Wenn es auch heuristisch gesehen nützlich ist, die verschiedenen Aspekte der Hirnfunktion zu kategorisieren, so sollte man doch beachten, daß das Gehirn wesentlich als Ganzes funktioniert und daß schulisches Lernen auf der Vollständigkeit dieser Funktion beruht. Wahrnehmung und elementare Kognition werden üblicherweise der kortikalen Aktivität zugerechnet, aber weder funktioniert der Kortex unabhängig von den unteren Hirnteilen, noch arbeitet ein Teil des Gehirns unabhängig, von anderen kortikalen Strukturen. Kein Teil des Gehirns, kein Kern, nicht einmal ein einziges Neuron genügt sich selbst oder ist isoliert von einem anderen Neuron. Jedes Hirngebiet ist zwar von anderen Hirngebieten abhängig, jedoch nicht völlig. Während die Evolution die weitere Lokalisierung von Hirnfunktionen förderte, so hat sie doch nicht die Abhängigkeit jedes einzelnen Teils des ZNS von anderen eliminiert, was besonders für die einfacheren und eher kaudalen Strukturen zutrifft. Das Ergebnis dieser Abhängigkeit ist weniger eine Frage der Funktionsfähigkeit oder Funktionsuntüchtigkeit als der Effizienz der Funktion. Je größer die Möglichkeit der Interaktion von Hirnteilen, desto größer die adaptive Kapazität. Die primär sensorischen Gebiete gewannen an Kompetenz, und diese Kompetenz wurde mit voranschreitender Lokalisation erweitert. Durch den gleichen evolutionären Prozeß wuchs die Interaktionskapazität zwischen den lokalisierten Gebieten durch die *Assoziationsgebiete* an. Jedes primär-sensorische Teilgebiet des zerebralen Kortex ist umgeben von integrierenden Teilgebieten, die sich mit Teilgebieten anderer sensorischer Modalitäten überlappen. Die Überlappungstopographie dient wahrscheinlich dazu, die Koordination und die Vollständigkeit der Funktion zu erleichtern. Der bekannte russische Psychologe LURIA (1966a) gehört zu den Forschern, die an dieser Art der Konzeptualisierung festhalten. Bei der Untersuchung der Interkorrelation von elektrischer Aktivität verschiedener Kortikalregionen des menschlichen Gehirns fanden LIVANOV et al. (1964), daß bei ruhender bzw. leichter Mentalaktivität mehr als die Hälfte aller untersuchten Hirnregionen eine leichte Tendenz zu korrelierten Biopotentialänderungen zeigten. Bei schwerer geistiger Arbeit allerdings war eine bemerkenswerte Zunahme sowohl bezüglich des Interkorrelationsgrades als auch bezüglich der Anzahl der paarweise ähnlich reagierenden Gebiete zu verzeichnen. Die Autoren nahmen an, die Korrelation würde in gewissem Ausmaß funktionale Verbindungen im Kortex widerspiegeln. Wenn sich das Kind mit Sprache, mit der Mathematik oder einem anderen Schulfach auseinandersetzt, scheint es nahezuliegen, daß dabei viele Teile des zerebralen Kortex sowie des übrigen Gehirns aktiviert werden, von denen kortikale Funktionen abhängig sind. Kurz gesagt, ein Kind lernt mit seinem gesamten Gehirn.

2.2. Konzept der Hirnmechanismen

Ein Großteil der Hirnaktivität wird von sogenannten „Mechanismen" bestimmt. Der häufige Gebrauch dieses Begriffs erfordert ein angemessenes Verständnis seiner Bedeutung. Gebraucht man ihn im Zusammenhang mit dem ZNS, so bezieht sich „Mechanismus" auf einen Transformationsprozeß, bei dem die Information – häufig sensorischer Art – zur Bezeichnung eines meist motorischen Geschehens benutzt wird, normalerweise bei motorischer Funktion. Ein Mechanismus erhellt eines der fundamentalsten Prinzipien der Hirnfunktion, nämlich den Verlauf der sensorischen Information, um ein angemessenes und dem Überleben dienendes Handeln zu planen und auszuführen. HERRICK (1956) verglich diesen Mechanismus mit einer Maschine zur Gewinnung eines Produktes, wobei die charakteristischen Teile der Maschine entweder durch das Produkt beschrieben werden oder aber „das Ziel, wofür die Mittel dem Zweck angepaßt wurden". Mechanismen erfordern Feedbacksysteme, reverberierende Neuronenkreise und andere ererbte Strukturmuster zur Umsetzung von Information in Handlung. So benutzen z. B. Stellungsmechanismen propriozeptive Entladung, um – ohne bewußte Anstrengung – wesentliche Muskelkontraktionen auszulösen – besonders die vom oder zum Rumpf und die, die mit der Ausdehnung der Gliedmaßen zu tun haben –, die auf eine anatomische Stellung mit funktionaler Bedeutung hinauslaufen. Das Konzept der Mechanismen dient außerdem als brauchbares Mittel der verbalen Behandlung dessen, was strukturell nicht genau erklärt werden kann. In diesen Fällen sind die Mechanismen eher als Konstrukt des menschlichen Denkens zu betrachten. Hirnaktivität verläuft nicht periodisch, wenn der Mensch sich entscheidet, sein Gehirn zu benutzen. Es ist so etwas wie ein „Aktivitätenbündel" (BRAZIER, 1952), von dem der Mensch gelenkt wird und das er wiederum auf verschiedenen Organisationsniveaus dirigiert. Versucht man die Aktivität in irgendeinem neuralen Mechanismus zu verstehen, darf man nicht nur nach beteiligten Mechanismen fragen, sondern auch danach, wie dieser Mechanismus die Information in Anbetracht der restlichen anhaltenden neuralen Aktivität verarbeitet. So kann z. B. ein Kind manchmal taktile Reize als angenehm und erstrebenswert empfinden; ein anderes Mal wird der gleiche Reiz aber als unangenehm empfunden und soll daher vermieden werden. Somit ist die konstant anhaltende neuronale Entladung eine Selbstorganisation oder ist als eine Selbstregulation einer großen Anzahl neuraler Mechanismen gedacht. Das lernunfähige Kind zeigt oft eine Funktionsstörung der Selbstorganisationsmechanismen des Gehirns. Ziel der therapeutischen Intervention ist die Normalisierung dieser Mechanismen.

Die Bedeutung, die Funktion eines Mechanismus in anhaltender Neuralaktivität zu erklären, kam in der sensorisch-tonischen Feldtheorie der frühen Wahrnehmungstheoretiker WERNER und WAPNER (1949) zum Ausdruck. Sie glaubten, daß sensorische Reize kontinuierlich aus einem Status organischer Spannung entsprängen, schließlich der aus dem Visceralsystem und aus der Skeletalmuskulatur. Der unmittelbare sensorische Input eines visuellen Objekts war dem sensorischen Input von kontinuierlichen Quellen übergelagert und stand mit ihm in Verbindung. Nach ihnen (WERNER u. WAPNER) ist „der Status der Organisation Teil und Ganzes der Wahrnehmungsereignisse". Wahrnehmung und Lernen sind demnach nicht isolierte neurale Geschehnisse, sondern Funktionen einer Anzahl von Neuralmechanismen, die einen großen Teil des Gehirns, wenn nicht sogar das gesamte Gehirn umfassen.

2.3. Plastizität der Neuralfunktion

Wahrnehmungen bauen auf erfolgreicher Interaktion mit der Umwelt auf; das Selbst ist dabei das Zentrum oder der Bezugspunkt. Verschiedene angeborene Fähigkeiten des menschlichen Gehirns ermöglichen es ihm, die Kapazität erfolgreicher Interaktion zu entwickeln oder weiterzutreiben, auch im Falle einer neuralen Dysfunktion. Plastizität der Neuralfunktion ist eine der Qualitäten, von denen die menschliche Stammesentwicklung, die Individualentwicklung und der Erfolg eines Interventionsprogramms, das auf eine Verminderung der sensorisch-integrativen Dysfunktion abzielt, abhängen.

Plastizität weist auf die Fähigkeit einer Struktur und der daraus resultierenden Funktion hin, von der anhaltenden Aktivität beeinflußt zu werden, ohne daß dabei ein Verlust der Funktion entsteht. Plastizität weist auf einen graduellen Wandel im neuronalen Status hin; Labilität dagegen auf einen sehr raschen Wandel. Letzteres ist durchgehend bei Lernunfähigen anzutreffen; die erstere Fähigkeit scheint manchmal eher vermindert. Eine Analogie zwischen Skeletal- und Neuralfunktion kann helfen, die Natur der Plastizität zu erhellen; ein Konzept, das für die Konzeption des gesamten therapeutischen Prozesses bedeutsam ist.

Sowohl Skelet als auch Gehirn sind bei der Geburt nicht ausgereift; beide sind in verschiedenen Teilen noch nicht einmal richtig strukturell verbunden. Sobald jedes einzelne System heranreift, stehen die Einzelteile strukturell und funktional in einer festeren Verbindung, was die Interaktion zwischen den Teilen der beiden Strukturen ermöglicht (vgl. SCHEIBEL u. SCHEIBEL, 1964). Plastizität und Flexibilität vermindern sich mit dem Alter, da sie typisch für das frühe Lebensalter sind. Die Ausrichtung des Wachstums und die Festigkeit der funktionalen Verbindung sind gleichermaßen von der Art der gewonnenen Erfahrung wie von den angeborenen Reifungstendenzen abhängig. Knochen wachsen und werden geformt im Verhältnis zu den Muskeln, die sich gegen sie kontrahieren und die in Beziehung zum Gewicht stehen. In ähnlicher Weise wachsen Neurone und werden nach der Art der elektrischen oder chemischen Impulse verbunden, die über sie in Verbindung mit afferenter, internunzialer oder efferenter Aktivität ablaufen. Die während des Wachstums auftretende motorische Aktivität modifiziert neurales Wachstum.

Die vergangenen und andauernden evolutionären Veränderungen im Gehirn beruhen auf seiner Plastizität. So liegt es auch an dieser Kapazität, das ZNS des kindlichen Gehirns zu ändern, daß ein bleibender Erfolg eines sensorisch-integrativen Behandlungsversuches von Lernunfähigkeiten errungen wird. Sobald die plastische Kapazität mit der Reifung abnimmt, wird mit längerer Verzögerung in der Anwendung sensomotorischer Erfahrung auf die Modifizierung der Verbindungen innerhalb des funktionalen Systems des Gehirns die Modifizierung des Reifungsprozesses schwieriger. Die neurologische Organisation wird weitgehend im ersten Lebensjahrzehnt abgeschlossen.

Eines der ineressantesten und vielversprechendsten allgemeinen Prinzipien der Hirnfunktion, die sich in den letzten zehn Jahren aus einer beträchtlichen Anzahl von Untersuchungen an niederen Tieren ergeben haben, ist die bemerkenswerte Kapazität des Gehirns, sich nach Teilläsionen zu reorganisieren, indem das Tier mit einer Reaktion versorgt wird, die sich häufig nur geringfügig von der vor der Läsion unterscheidet. Nach den Untersuchungsmethoden zu urteilen, ist die Annahme nicht inkonsequent, daß die

Umweltanforderungen viel zur Reorganisation beitragen, wobei aber die angeborene Plastizität der Funktionen vorhanden sein muß. Je weniger entwickelt das Gehirn des Versuchstiers ist, desto undifferenzierter sind seine Funktionsmöglichkeiten. Die Tatsache, daß jedes einzelne Neuron mit jedem anderen Neuron über die eine oder die andere Bahn in Verbindung steht, mag zur Möglichkeit der Reorganisation beitragen. Hier soll jedoch nicht impliziert werden, daß der Verlust eines Teils des Hirns keinen Unterschied in den Funktionen des Tieres ausmacht. Je mehr die neurale Struktur mit anderen Strukturen interagiert, desto höher sind der Output und die adaptive Funktion. Das neoklassische Werk von LASHLEY (1928) zeigte, daß die Quantität der Neuralstruktur, die für den Gebrauch verfügbar ist, in direkter Verbindung zur Fähigkeit einer Ratte steht, Labyrinthaufgaben zu lösen.

Das menschliche Gehirn ist natürlich weit komplizierter als das von Ratten oder Katzen, und die Hirnfunktion, die schulisches Lernen erfordert, ist nicht mit Aufgaben vergleichbar, die in der Basishirnforschung zum Testen der Läsionseffekte benutzt werden. Darüber hinaus wird nicht angenommen, daß eine sensorisch-integrative Dysfunktion bei Kindern nicht zu einer Zerstörung führen muß. Das setzt voraus, daß das kindliche Gehirn beachtliche Potentiale für einen Wandel besitzt. Vielleicht ist das Ausmaß dieser Potentiale noch nicht bekannt.

2.4. Die Neuralsynapse

Die Synapse ist die strukturelle und funktionelle Basis der Neuralverbindung. Zeitweilige oder ständige Veränderungen im Gehirn tragen strukturell und biochemisch zu dieser Verbindung bei. Eine Synapse zwischen zwei Neuronen unterliegt einer beträchtlichen Veränderung und Modifikation, nicht nur von Moment zu Moment, sondern auch von Tag zu Tag und Jahr zu Jahr. Vergleicht man eine Synapse mit einem Muskel, so wird das Prinzip deutlicher. Die Stärke eines Muskels variiert mit dem Gebrauch. Wird ein Muskel ständig beansprucht, so entwikkelt er sich übermäßig; wird er nicht gebraucht, so schrumpft er. Der Gebrauch verändert die Biochemie des Muskels; er ändert auch den Spielraum oder den Grad, in dem andere in Verbindung stehende Muskeln durch die Aktivierung mittels eines Nervenimpulses zur Kontraktion gezwungen werden. In dieser Hinsicht beeinflußt der Gebrauch eines Muskels den Rest des Körpers.

In gleicher Weise läßt der Gebrauch der Neuralsynapse den Spielraum, der die fundamentale Verbindung ausmacht, anwachsen; ein Ruhen reduziert die Wahrscheinlichkeit der Herstellung dieser Verbindung (vgl. J. C. ECCLES, 1961). Ein Teil der Hirnplastizität liegt in der Möglichkeit der Ausbildung der Dendriten. SCHEIBEL u. SCHEIBEL (1964) haben die extensive Verzweigung der Dendriten in den ersten Lebenswochen der Katze nachgewiesen. Man kann annehmen, daß das Wachstum (d. h. das Ausbreiten) der Dendriten von der direkten Umgebung abhängig ist; je häufiger der Gebrauch der Neuralsynapsen, desto weiter die Verzweigung der Dendriten mit einer größeren daraus resultierenden Lernkapazität des Organismus. Man darf nicht übersehen, daß etwas Ähnliches in der sensorisch-integrativen Therapie beim jungen Kind geschehen muß.

Der Grad der Verbundenheit des einzelnen Neurons mit allen anderen variiert als eine Funktion des Gebrauchs und mit dem Grad der Dauerhaftigkeit. Einige Neuralsynapsen, vor allem solche, die mit kortikaler Entladung verknüpft sind, sind von einer verlängerten Schwelle des Impulsflusses abhängig. (Das dauert einige Sekunden oder weniger.) Die daraus resultierende ständig wachsende neuronale Entladung, die man Erholungsphase nennt, ermöglicht die Konzentration der Aufmerksamkeit auf die Information. Die positive Reaktion einiger Kinder auf eine Anhäufung von Reizen, die andere Kinder überwältigt hätten, führte zu der Spekulation, ob bestimmte Synapsen bei einigen Kindern durch die Erholung, die aus einer sensorischen „Bombardierung" resultiert, verfügbar gemacht wurden.

Einige einschlägige Hypothesen über die mögliche funktionale Beschaffenheit dieser synaptischen Relaisstation des Neurons wurden von BARLOW (1961) weiter ausgearbeitet. Er vermutete, daß diese Relais in der eintreffenden Nachricht Informationen aufdeckten, die für das Überleben von Bedeutung waren. Die Synapsen dienten auch als eine Art Filter oder Rekodierungszentrum; mit dem Filter änderte sich auch die Art der durchgelassenen Information in Anlehnung an die Bedürfnisse des restlichen Nervensystems. Zeichnet sich ein Erfolg ab, bleiben die Charakteristika der Übertragung unverändert; bleibt der Erfolg aus, ändert der Filter die Art des Filterprozesses, um einen größeren Erfolg zu sichern. Die Übertragungscharakteristika, die ein Überleben in allen Evolutionsphasen bewirkt haben, sind die, die man auch heute noch vorfindet.

BARLOW (1961) unterstellte ferner, daß die Kodierung an der Synapse alles Überflüssige in Grenzen hält und dadurch sensorische Information in prägnanter Art und Weise organisiert, so daß das Lernen vereinfacht wird. Die Reduktion redundanter Information ist von primär-sensorischer Information abhängig, die ein internales Modell der Umgebung erstellt. Nach BARLOW (1961) war die Natur nicht an einer Bereicherung subjektiver Erfahrung bezüglich der Umwelt interessiert, sondern einfach an der Überlebenssicherung der Arten.

Die bedeutendste Annahme, auf der BARLOWS (1961) Hypothese aufbaut, besagt, daß Struktur und Funktion des synaptischen Relaiszentrums nach den Umweltanforderungen an den Organismus und nach dessen Überlebenswillen ausgerichtet werden. Diese sensorische Information von Überlebenswert wird vorrangig verarbeitet und eher zu den Aktionszentren übertragen, die – wie wir sehen werden – für das Verständnis des lernunfähigen Kindes und die Therapieplanung von Bedeutung sind. Für diese Zwecke muß das Überleben in seiner primitivsten Ausprägung und nicht nach seinen kulturellen Werten wie z. B. Lesenlernen betrachtet werden. In Berkeley hat eine Gruppe von Mitarbeitern der Universität von Kalifornien (BENNETT, 1964; ROSENZWEIG, 1962, 1966) an Ratten gezeigt, daß biochemische und strukturelle Veränderungen im Gehirn als ein Ergebnis verschiedener Typen wiederholter synaptischer Transmission auftreten können. Die Ratten erhielten Spielzeug und eine Ausstattung, die im wesentlichen sensomotorische Exploration und Entwicklung fördern. Ferner sammelten die Ratten täglich Erfahrungen in einem Labyrinth und in einer Röhre, in der die Hindernisse täglich gewechselt wurden. Das Vorgehen nach solch einem Versuchsplan resultierte in steigendem Gewicht und einer vermehrten Dichte des zerebralen Kortex sowie der Abnahme subkortikaler Strukturen im Vergleich zu den Kontrolltieren. Der Effekt entsprach nicht einem generellen Anstieg der Hirngröße. Die größte relative Veränderung im Gehirn lag im visuellen Kortex und die geringste in der domästhetischen Region, obwohl in beiden Instanzen der Unterschied statistisch signifikant war. Die Änderung des Hirngewichts wurde von einer gesteigerten Cholinesteraseaktivität pro Einheit Zellgewebe im gesamten Gehirn begleitet, was nach Ansicht der Forscher einer gesteigerten synaptischen Übertragung bei den Versuchstieren entsprach. Zunehmende Fähigkeiten der Problemlösung gehen mit Änderungen im Gehirn einher. Diese biochemischen und neuroanatomischen Modifikationen wurden sowohl bei erwachsenen Ratten als auch bei gerade entwöhnten gefunden. Die Erkenntnis der Forscher, daß Hirnveränderungen eine Reaktion auf Außeneinwirkungen der Umwelt darstellten, war dabei von besonderer Bedeutung. Diese Einwirkungen gleichen denen, die das Kind in der sensorisch-integrativen Therapie erfährt.

Obwohl das Gehirn des Menschen und der Ratte nicht gleich sind, stehen verschiedene Aspekte der Rattenexperimente an der Universität von Kalifornien in Einklang mit der Theorie der sensorisch-intergrativen Entwicklung beim Menschen. Die Plastizität des Gehirns ermöglicht es, auch größeren Anforderungen gewachsen zu sein als solchen, auf die früher schon reagiert wurde. Diese Qualität wirkte sich auf die Evolution aus. Die kontinuierliche Stimulation eines sensitiv plastischen Nervensystems durch die Umgebung führte zu einem Gehirn, das noch heute flexibel ist und die Möglichkeit besitzt, sich gemäß der Interaktion mit der Umwelt zu wandeln. Ferner scheint das Gehirn sogar angesichts von Dysfunktionen die Kapazität der Reorganisation und die Steigerung der eigenen Effizienz zu besitzen.

Die Plastizität der Neuralstruktur steht unter einem gewissen Ausmaß an Kontrolle durch diese Struktur selbst. Sie reagiert nicht unvermeidlich auf jeden auf sie gerichteten Umweltreiz. Später werden wir sehen, daß dieses Prinzip einen äußerst wichtigen Platz in der Behandlung einnimmt, da das Gehirn des Kindes nicht adaptiv auf jeden Reiz, der aus irgendeiner Aktivität hervorgeht, reagieren kann. Ein gegebener Reiz hat lediglich die Wahrscheinlichkeit, eine bestimmte Reaktion hervorzurufen; es gibt keine Unvermeidbarkeit dieses Vorgehens. Diese Wahrscheinlichkeitsprinzipien für eine Reaktion zu bestimmen, ist wichtig für die Erforschung von Methoden zur Integration der Neuralfunktion.

Die Fähigkeit des Gehirns, die Wahrscheinlichkeit der synaptischen Übertragung einer Nachricht zu verändern und sein Einfluß auf den Gebrauch dieser Wahrscheinlichkeit ermöglichen rein theoretisch die Modifikation der ZNS-Funktion durch die therapeutische Kontrolle des sensorischen Inputs und der motorischen Anforderungen, die an den Organismus gestellt werden. Dieser hypothetische Prozeß wird als Erklärung dafür angeboten, wie die therapeutische Intervention ein permanente Änderung in der Neuralfunktion des Kindes hervorbringt.

2.5. Sensorische Stimulation

Die kritische Rolle der Wahrnehmung in der anhaltenden Hirnfunktion und dem daraus folgenden Lebensprozeß jedes Individuums hat durch Studien der sensorischen Deprivation sehr eindringlich die Aufmerksamkeit der Arbeitswelt und der wissenschaftlichen Welt erregt; diese sensorische Deprivation resultiert beim Erwachsenen in emotionalen, perzeptualen und anderen Verhaltensverschlechterungen (vgl. SOLOMON, 1961). Von einigen Basishirnforschern wie LEVINE u. ALPERT (1959) und MELZACK (1962) wird angenommen, daß die Effekte der sensorischen Deprivation beim kleinen Kind sich strukturell auswirken können. Früheren Studien nach verzögerte die sensorische Deprivation die Entwicklung des Cholesterins bei Rattenjungen. Die Bildung des Cholesterins wurde als ein guter Index des Myelinisierungsprozesses angesehen. Die letzte Studie zeigte, daß sogar eine geringe wenn nicht vollständige Deprivation von visuellen Reizmustern während der frühen Reifung der Hunde später in großen Schwierigkeiten bei der Wahrnehmungsdiskrimination und bei der angewandten Diskrimination in neuen Lernproblemen resultiert.

Die folgende Annahme wurde aus einer Vielzahl von Studien zur sensorischen Deprivation entwickelt. Eine optimale Hirnfunktion beim Menschen erfordert zu ihrem Gebrauch sowohl für den Empfang als auch für die Integrationsfähigkeit einen konstanten Fluß von Reizen, besonders vom Körper her. Ohne beide Elemente wäre die Fähigkeit des Menschen, mit der Umwelt fertig zu werden, vermindert.

Die Folgen sensorischer Deprivation scheinen dem klinischen Bild eines Kindes mit sensorisch-integrativer Dysfunktion ähnlich. In beiden Fällen mangelt es an Organisation, Strukturierung und Beziehung von Selbst und Objekt sowie von den Objekten untereinander. Bei dem Kind mit geringer neurologischer Organisation sind die Reize normalerweise vorhanden, aber sie laufen nur inadäquat ab. Beim sensorisch deprivierten humanen Forschungsgegenstand sind die Reize abgeschwächt, und wenn sie zu Testzwecken neu angeboten werden, ist die Fähigkeit, sie abzurufen, zeitlich vermindert.

Sensorische Impulse rufen biochemische Veränderungen im Gehirn hervor, die für den Lernprozeß wesentlich sind. Es wurde die Ansicht vertreten (RICHTER, 1962), daß ein normaler Proteinstoffwechsel von adäquater physiologischer Stimulation abhängt, was aus der funktionalen Aktivität des Organismus resultiert. Zusätzlich ist die Interaktion während der Stimulation größer – ein Prozeß, der für die biochemischen Veränderungen beim Lernprozeß grundlegend ist.

Lernen – so nimmt man an – schließt eine biochemische Veränderung der RNA (ribonucleic acid) ein. Von den vielen Studien auf diesem Gebiet zeigt die von HYDEN u. EGYHAZI (1962, 1963) am besten eines der neurobiochemischen Resultate der sensomotorischen Funktion. Ratten lernten, auf einem Seil zu tanzen, um Futter zu erhalten. Die Aufgabe war schwierig genug, um einige Tage bis zum Erlernen zu erfordern. Nach diesem Experiment gab die RNA-Analyse eines der vestibulären Kerne Aufschluß über eine größere Anzahl der Seiltänzerratten als der Kontrollratten, die eine passive vestibuläre Stimulation erhielten. Beide Gruppen zeigten eine signifikant unterschiedliche RNA-Zusammensetzung gegenüber Ratten, die in einem Käfig gehalten wurden. Die RNA-Veränderungen in diesem Experiment waren nicht beständig. Dabei ist die Annahme der Forscher wichtig, daß eine Veränderung in der Produktion und Zusammensetzung der RNA durch die Erstellung sensomotorischer Muster im Gegensatz zu sensorischer Stimulation allein bewirkt wurde.

HYDENS (1961) Auffassung über den RNA-Gehalt menschlicher Nervenzellen ist für den Rahmen von Prinzipien wichtig, die die sensorische Integration lenken. In den motorischen Zellen des menschlichen Rückenmarks nimmt der RNA-Gehalt von 3 – 40 Jahren zu, dann bleibt er konstant, bevor er nach dem 60. Lebensjahr wieder abnimmt. Das Steigen in der ersten Lebenshälfte steht mit der sensorischen Stimulation der Zelle in Zusammenhang. Ein Mangel an Stimulation wird in einem Mangel der biochemischen (RNA- und Protein-) Entwicklung resultieren, auch wenn die Struktur normal sein mag. Man sollte jedoch bemerken, daß bei einer Ermattung der Tiere der RNA-Gehalt der Nervenzellen unter normal sinkt, aber das Niveau bei wiedererlangter Ruhe zurückkehrt. Obwohl eine maximale Anstrengung wünschenswert ist, kann sie zeitweilig den Zweck einer gesteigerten Integration verfehlen, sobald das Versuchsobjekt ermüdet.

2.6. Interaktion Organismus – Umwelt

Der zentrale Punkt der Hirnentwicklung und Hirnfunktion ist die Einwirkung der Umwelt auf den Organismus und die Reaktion des Organismus auf die Umwelt. Die primäre Funktion des Gehirns liegt in der Übersetzung des sensorischen Impulses in bedeutungsvolle Information und in der Organisation einer angemessenen motorischen Reaktion. Der Prozeß ist am direktesten beim kleinen Kind sichtbar. Der sensorische und integrative Aspekt dieses Prozesses, der feiner und verdeckter ist als der motorische, wird oft übersehen.

Die Umwelt wirkt auf das Individuum mittels vieler sensorischer Rezeptoren, die eine konstante Veränderung der Inputmuster hervorrufen. W. R. RUSSEL (1959) schlug vor, diese Muster des afferenten Flusses in das Nervensystem als Basis für Veränderungen in der Reaktion des Organismus auf die Umwelt zu betrachten. Dieser Prozeß ist nicht einfach. Das ZNS wählt die anzuwendende Art des afferenten Flusses, wobei das wesentlichste Auswahlkriterium der Überlebenswert ist. Bestimmte Reaktionsarten werden von einigen Mechanismen des Feedback und der Facilitation bevorzugt. RUSSEL (1958) zog folgende zwei Determinanten als die wesentlichsten der Hirnentwicklung in Betracht:

1. die fundamentale Tendenz der Nervenzellen, Aktivierungsmuster zu wiederholen und

2. die Fähigkeit aller Tiere, eine Reaktion zu fördern oder abzubauen, je nach Bedeutungsgrad der Reaktion für den Organismus. Es ist kein Zufall, daß viele der Aktivitäten, die man in der sensorisch-integrativen Therapie einsetzt, auf dem Konzept des elementaren Überlebenswerts beruhen, besonders solche, die mit der Organisation des sensorischen Inputs als Basis einer adaptiven motorischen Reaktion in Verbindung stehen.

Viele Wissenschaftler, deren Perspektive der Untersuchung der Hirnfunktion durch langjährige Erfahrung bestimmt wurde, haben in ihren Ansichten das einfache sensomotorische Prinzip zum Ausdruck gebracht. „In der phylogenetischen wie in der ontogenetischen Geschichte", bemerkt SPERRY (1952), „entwickelt sich die Mentalaktivität aus offenkundigem Handeln und in Beziehung zu ihm". Das fundamental arbeitende Prinzip unterscheidet sich nach SPERRY nicht radikal vom Fisch bis zum Mensch. Der Wandel scheint in einer graduellen Verfeinerung und Ausarbeitung der Hirnmechanismen zu bestehen, nicht aber in einer Veränderung der fundamental operierenden Prinzipien.

SHERRINGTON (1955) wies auf den Reflex als symbolische „Wiege des Gehirns" hin. Ein anderer prägnanter Ausdruck kommt von YAKOVLEV (1948): „Verhalten ist Bewegung". Dieser Theoretiker glaubt, daß Verhalten sich von viszeral zu expressiv und effektiv entwickelte, wobei der letzte Modus sich auf den Wandel bezieht, den der lebendige Organismus in der physikalischen Umwelt bewirkte.

Ein bereits erwähntes Konzept soll hier weiter ausgearbeitet werden. In jedem Evolutionsstadium, sogar als die Neuralstruktur auf einen einfachen Strang begrenzt war, besaß der Organismus ein genügend gut integriertes Repertoire von sensomotorischen Funktionen, die ihn befähigten, erfolgreich mit der Umwelt zu interagieren. Als sich das Gehirn entwickelte, wuchsen die gleichen Funktionen in ihrer Komplexität. Die gesteigerte Komplexität der sensorisch-integrativen Prozesse entstand durch das ungeheure Anwachsen der Anzahl sensorischer Nervenfasern; ein Trend, der von LASSEK (1957) als einer der wichtigsten im Hirnentwicklungsverlauf bezeichnet wurde. Mit dem größeren Anwendungsbereich der Information konnte das Gehirn komplexe adaptive Antworten ausbilden. Mit der Ausbildung einzelner Neuralstrukturen war es mit zusätzlicher aber nicht eine andere ersetzende Kontrolle versorgt. Jede einzelne Neuralstruktur blieb zur Informationsaufnahme fähig, zu deren Integration und zur Organisation einer angemessenen motorischen Reaktion. Während die am höchsten entwickelte oder jüngste Struktur, die zu jeder Zeit der Evolution oder auch in jeder Art heute präsent war (beim Menschen ist das der zerebrale Kortex), einen entscheidenden Einfluß auf die niederen Strukturen ausübt, hängen die höheren Zentren doch immer von den niederen Strukturen ab. Wir werden später sehen, daß die Therapie bei sensorisch-integrativer Dysfunktion die erfolgreiche sensorische Integration auf niederem Niveau als Grundlage für eine höhere Hirnfunktion betont.

Für eine optimale ZNS-Integration erscheint eine maximale Verhaltensantwort oder adaptive Reaktion, die Anstrengungen über das hinaus verlangt, das bereits gemeistert wurde, erforderlich. Sensorische Stimulation und die Wiederholung der bereits erlernten Reaktion sind hilfreich. Die Anforderung und die Reaktion sind bedeutsam dafür, daß die Reifung der sensorisch-integrativen Reaktionen als hoch signifikante Komponente des Basisprinzips der Organismus-Umwelt-Interaktion und als eine besonders nützliche Komponente für das Interventionsprogramm angesehen werden kann.

Zusammenfassend kann man sagen, daß die Verbesserung von Lernstörungen mit dem Verständnis grundlegender Prinzipien beginnen muß, nach denen das Gehirn funktioniert: besonders solcher Prinzipien, die mit den sensorisch-integrativen Grundlagen des Lernens in Verbindung stehen. Während schulisches oder anderes Lernen Teile des Zerebralkortex erfordert, sind diese Teile nicht nur interdependent, sondern auch für eine normale Funktion von niederen Strukturen abhängig. Aus diesem Grunde muß ein heilendes Interventionsprogramm sich zuerst mit der Hirnfunktion befassen (speziell mit der der älteren und niederen Teile). Diese Funktionen werden durch Hirnmechanismen ausgeführt.

Die Tatsache, daß ein junges Gehirn veränderbar ist, d. h. in der Lage ist, seine Funktionen zu modifizieren, ermöglicht es der Therapie, die Hirnorganisation so zu verändern, daß es fähiger wird wahrzunehmen und zu lernen. Eine Veränderung kann z. B. durch die Vervielfältigung oder die engere Verbindung zwischen Neuralsynapsen herbeigeführt werden; viele dieser Verbindungen entstehen durch die Interaktion Organismus – Umwelt; ein Prozeß, der grundlegend ist für die Erhaltung und Erweiterung der Normalität der Hirnfunktion.

3. Der Integrationsprozeß

Wenn alle sensorischen Reize, die in das ZNS eingehen, die höheren Ebenen des Gehirns „bombardieren“ könnten, würde das Individuum in die Ineffektivität gedrängt. Es ist Aufgabe des Gehirns zu filtern, zu organisieren, und eine Masse sensorischer Information zu integrieren, so daß diese zur Entwicklung und Durchführung der Hirnfunktionen genutzt werden kann. Glücklicherweise ist das Gehirn unter normalen Umständen ein Selbstorganisationszentrum; denn seine enorme Aufgabe könnte nur von einer höchst komplizierten Maschine bestritten werden. Es scheint ein Wunder zu sein, daß dieses Organisationssystem nicht öfter versagt, als es dies anscheinend tut.

Es ist leicht zu beobachten, daß der Mensch ein Wunderwerk motorischer Funktionen ist; besonders wenn man bedenkt, daß er die Funktionen von fünfmal so vielen afferenten wie efferenten Neuronen organisieren muß, – ein Vorgang, der nicht beobachtbar ist und die konzeptuellen Fähigkeiten des Menschen schwer belastet. Einer der ersten und berühmtesten Neurophysiologen, der sich dieser Aufgabe widmete, war SHERRINGTON (1906, 1955), der die Bedeutung der sensorischen Integrationsmechanismen im ZNS betonte. Sein Werk dient als Quelle vieler grundlegender theoretischer Konzepte, die in diesem Kapitel zum Ausdruck kommen und worauf andere Theorien aufbauen.

3.1. Der Charakter der Integration

Einer der wichtigsten Aspekte des Gehirns ist die Integration, die als Interaktion und Koordination von zwei oder mehr Funktionen oder Prozessen zur Verbesserung der Anpassungsfähigkeit des Gehirns definiert werden kann. Durch die Integration wird ein „Ganzes“ verändert oder aus Fragmenten produziert. Information aus der Umwelt wird organisiert und entsprechend der Planung und Ausführung der Interaktion mit der Umwelt interpretiert, insbesondere mit der fühlbaren, dreidimensionalen, an die Schwerkraft gebundenen Welt.

Integration ist eine ursprüngliche Erfahrung, eine konstante Erfahrung durch alle Zeitalter hindurch und eine sehr bedeutsame. Wie hat sie sich entwickelt und wie verläuft sie? In dieser Antwort liegt der Schlüssel zur Förderung der Integration beim Kind, das hier ein gewisses Defizit zeigt. Integration ist Organisation des Gehirns zu einem Gleichgewichtsstatus, der dazu tendiert, aus sich selbst immer fortzubestehen. Verschiedene Funktionsbereiche scheinen ein Stadium aktiver Homöostase zu erreichen und dann die Integration an allen verschiedenen Bereichen zu einer Organisation gegenseitiger Wechselbeziehung mit der Umwelt zu koordinieren. Der handelnde Organismus ist Ausdruck der Totalität integrativer Akte. Integration erfordert die Fähigkeit zur Zusammenstellung von Daten, zu einer Art von „dirigierter Flexibilität“.

Integrative Prozesse ereignen sich in allen Bereichen der Hirnfunktion, aber diejenigen, die mit sensomotorischer Integration zusammenhängen, sind von besonderer Bedeutung für Lernstörungen. Nach dem vergleichenden Neurologen HERRICK (1956) operieren höhere integrative Funktionen durch die Vermittlung von sensomotorischer Erfahrung. HERRICK (1956) teilt diese Denkweise mit anderen Autoren.

Die evolutionäre Richtung der integrativen Prozesse ist relevant für ihr Verständnis. Der zerebrale Kortex entwickelte sich aus einem Teilgebiet des Gehirns – dem olfaktorischen Gebiet – das die meiste Erfahrung bezüglich integrierender sensorischer Information aufwies und das sich als eine der bedeutendsten Quellen für Umweltinformationen bei den frühen Wirbeltieren entscheidend auf die Organisation sensorischer Information als Basis für eine Reaktion auswirkte. Offensichtlich war eher die sensorisch-integrative Kapazität dieses Hirngebietes von Bedeutung als der Geruch als eine Sinnesmodalität. Nach KARAMYAN (1968) verläuft die Evolution von diffusen zu eher lokalen Formen der Neuralaktivität. Er hält diese These sowohl für das Gehirn als Ganzes als auch für einzelne integrierende Systeme aufrecht. Er stellt heraus, daß der bedeutende Wandel in Struktur und Funktion des Gehirns sich mit dem Leben auf dem Festland einstellte. Zu dieser Zeit entwickelten sich die Entfernungsrezeptoren, die die mesenzephalisch-zerebellare Integration beim Fisch vorherrschend in eine dienzephal-kortikale Integration beim Vierfüßler verwandelten. Später wird ersichtlich, daß das genau der Verlauf der Therapie ist, d. h. von der generellen sensorischen Stimulation zur spezifischen; von der Betonung der Hirnstamm- und Zerebellarmechanismen zu den kortikalen, von somatosensorischen und vestibulären Mechanismen zu denen, die Sehen und Hören regulieren.

Die Bedeutung der sensorischen Integration als eine Entwicklungsstufe kognitiver Fähigkeiten spiegelt sich in den anatomischen Strukturen wider. Allgemein wird angenommen, daß die zentrale Lage des Gehirns bei den Wirbeltieren im Gegensatz zum strukturell diffusen Nervensystem der wirbellosen Tiere einen Ort der Konvergenz für ankommende Information, für deren Verbreitung und für die Lenkung des daraus resultierenden Verhaltens darstellt. Die Wirbellosen haben natürlich nicht die gleiche evolutionäre Entwicklung kognitiver Prozesse gezeigt. Es hat sich häufig als nützlich erwiesen, einen Zusammenhang zwischen Phylogenese und Ontogenese anzunehmen, obwohl eine präzise Rekapitulation nicht erfolgt. Wenn die Kapazität der intersensorischen und sensomotorischen Integration die Entwicklung der menschlichen intellektuellen Kapazität als Spezies erlaubt, ist es wahrscheinlich, daß sie auch mit der Individualentwicklung in Beziehung steht.

Die zentrale anatomische Lage des menschlichen Nervensystems befähigt das Gehirn, sowohl die vertikale als auch die horizontale Koordination von Material vorzunehmen, das zu den verschiedenen Gebieten gebracht wird. Organisation verläuft auch vertikal zwischen den einzelnen Stufen des Gehirns genauso wie horizontal zwischen zwei Strukturen des gleichen Niveaus. Daher müssen integrative Prozesse nicht nur zwischen Kortex, Basalganglien, Dienzephalon, Zerebellum, Hirnstamm und Rückenmark ablaufen, sondern auch zwischen den beiden Hirnhemisphären, den beiden Seiten des Thalamus, des Hirnstamms und des Rückenmarks. Die Notwendigkeit horizontaler Integration kann dargelegt werden, indem man sich einfach die Neuralaktivität vorstellt, die zur Integration der Körperhälften beim Öffnen eines Einmachglases mit beiden Händen notwendig ist.

Weniger leicht zu erkennen ist der Bedarf nach neuraler Integration auf jedem einzelnen vertikalen Niveau des Nervensystems. Ein Hindernis im phylogenetischen Prozeß verleiht wieder einen Einblick in die wohl geläufigste Art der Neuralfunktion. Das ZNS des Wirbeltieres begann als simpler Strang, dem der Hirnstamm und das Zerebellum und schließlich die Hirnhemisphären hinzugefügt wurden. In jedem Evolutionsstadium – auch bei noch so begrenzter Neuralstruktur – besaß der Organismus ein gut integriertes Inventar sensomotorischer Funktionen, die ihn zur erfolgreichen Interaktion mit der Umwelt befähigten und dazu seine Aufgabe als Bindeglied in der Evolutionskette erfüllten. So verfügen z. B. Amphibien wie auch Reptilien über Integrationssysteme für Sehen, Fühlen und Hören im Hirnstamm, auch wenn sie keinen echten Kortex besitzen. Obwohl die Verhaltensmuster dieser niederen Tiere gut integriert sind, sind sie noch einfach und relativ unflexibel. Es mag die Frage auftauchen, welche Charakteristika reptilartige Tiere, die Teil des menschlichen Erbguts sind, besitzen, die heutige Reptilien nicht mehr aufweisen.

Bis zu einem gewissen Ausmaß, jedoch nicht gänzlich, ist jedes Einzelniveau der Neuralstruktur beim Menschen heute noch zu einer kompletten Neuralorganisation fähig und muß ein relativ selbständiges sensorisch-integratives System versorgen. Sobald sich eine bestimmte Struktur entwickelt, ändern sich die Funktionen des gesamten Nervensystems, jedoch weniger in ihrer Art als im Grad der Komplexität. Jede neue Neuralstruktur versorgt zusätzliche aber nicht ersetzende Kontrolle. So bietet jedes Niveau des Nervensystems heute in gewisser Hinsicht eine relativ komplette sensorische Integration. Die darüber liegenden Strukturen üben einen entscheidenden Einfluß aus, und die darunter liegenden sind immer noch abhängig von den höheren Strukturen. In dem sich entwickelnden menschlichen Gehirn ist es bedeutsam, daß die integrierenden Mechanismen im Hirnstamm, die einige relativ verfeinerte sensomotorische Muster ablaufen lassen können, optimale Reifung erlangen, da höhere Funktionsniveaus abhängig von adäquater Integration auf Hirnstammniveau sind. Eine nicht zufällige, adäquate Ausführung sensomotorischer Funktionen im Hirnstamm ist abhängig von niederen Rückenmarksfunktionen.

3.2. Assoziation zwischen den Sinnen

Eine bedeutende Art sensorischer Integration – möglicherweise grundlegend für alle integrativen Prozesse im Gehirn – ist die Assoziation zwischen den Sinnen; ein Prozeß von besonderer Bedeutung für die Wissenschaft. Man weiß, daß er häufig bei Kindern mit neurologischen Störungen oder Lernstörungen gefunden wird (Beery, 1967; Birch u. L. Belmont, 1964; Birch u. I. Belmont, 1964; Belmont et al. 1965). Hirngeschädigte Affen zeigten, daß sie weniger taktil-visuelle Assoziation besitzen als nicht hirngeschädigte Affen (W. Wilson, 1965).

Die Fähigkeit der intersensorischen Integration mag die bedeutendste Quelle der höheren adaptiven Fähigkeit beim Menschen darstellen. Sherrington (1955) hob die große Anzahl von Mechanismen, die die intersensorische Integration ermöglichen, als hauptsächlichsten phylogenetischen Trend hervor. Diese Tatsache wurde auch von anderen festgestellt. Bei Kindern folgt die intersensorische Integration einer Entwicklungssequenz, wobei der größte Teil der Funktionsreifung vor dem achten Lebensjahr abläuft. Birch u. Lefford (1963) berichteten in ihrer Studie über visuelle, haptische und kinästhetische sensorische integration bei Kindern, daß das Alter von acht Jahren einen bedeutenden Reifungspunkt darstelle und das Alter von ca. zehn Jahren die größte Reife bezüglich der audio-visuellen Integration aufweise.

Assoziation zwischen den Sinnen gibt es auf jeder Stufe des Gehirns, so daß höhere Niveaus zum Teil davon abhängig sind, was in den niederen geschieht. Auf höherem Niveau sind zusätzlich nicht-sensorische Prozesse erforderlich, wie z. B. Gedächtnis und Denken. Da höhere, eher kognitive Prozesse einfacher zu bewerten sind, sind sie häufiger Gegenstand der Untersuchungen über die Assoziation zwischen den Sinnen in Humanexperimenten. Die Abhängigkeit der kortikalen Funktion von der Hirnstammfunktion fordert jedoch, daß die gesamte Aufmerksamkeit auf die Assoziation zwischen den Sinnen gerichtet ist, sowohl im Hirnstamm als auch auf anderen subkortikalen Niveaus. Will man die Effektivität der Behandlung verstehen, die eine Integration in den Hirnmechanismen durch sensorisch-integrative Aktivität zustandebringen soll, muß man die Methoden untersuchen, mit denen das Gehirn sensorische Impulse von verschiedenen Sinnesmodalitäten assoziiert. Eine sehr wesentliche Methode, durch die das ZNS multisensorische Information integriert, besteht darin, daß es sensorische Inormation von verschiedenen sensorischen Quellen auf eine allgemein integrierende Struktur richtet, wie z. B. auf einen Kern oder ein allgemeines Neuron, das man dann konvergentes Neuron nennt. Konvergente Neurone antworten auf die Reize von vielen verschiedenen sensorischen Modalitätsquellen. Man nimmt an, daß die Konvergenz des Inputs auf ein allgemeines Neuron oder eine größere Struktur die Koordination vieler verschiedener Informationsarten erlaubt.

Nach Fessard (1961) können die Interaktionsmechanismen zwischen konvergent afferenten Impulsen teilweise als neuronale Facilitation, Inhibition, Okklusion oder als Raummuster von Impulsen auf Relais erklärt werden. Die Mischung von exzitatorischen Impulsen verläuft und resultiert in der Modulation des Impulsflusses.

Die bloße Summierung der Reize entspricht noch keiner Integration, aber der Prozeß des Annehmens bzw. Zurückweisens einiger Informationen ist an konvergenten Punkten möglich und stellt die Basis der Integration dar. Summierung der Reize, bei der alle jeweils für einen bestimmten Bereich der Umwelt relevant sind, kann eine Reaktion hervorrufen, die nicht aus einer Reizquelle allein stammt, wobei einige Neurone die Konvergenz von vielen Entladungsimpulsen erfordern. Diese beiden letzten Bedingungen sind von besonderer Bedeutung für den therapeutischen Prozeß. Jung et al. (1963) fanden die Okklusion eines Impulses allgemein häufiger vor als die Facilitation oder Inhibition während multisensorischer Stimulation. Sie vermuteten, daß multisensorische Information bedeutsam für das Feedback und die Regulierung sensorischer Aufmerksamkeit durch den Schutz vor redundanter Information ist. In diesem Fall ist die Okklusion von besonderer Bedeutung.

Die Ergebnisse zeigen, daß multisensorische Konvergenz an einem einzelnen Neuron in allen Teilen des zerebralen Kortex genauso wie in den subkortikalen Zentren auftritt (Eccles, 1966). Fessard (1961) hat die Vorherrschaft der Konvergenz im neuronalen Netzwerk – besonders für die mesenzephalische Formatio reticularis – betont. Er wies außerdem darauf hin, daß der Nucleus caudatus, der Nucleus ruber und der motorische Kortex ähnliche Eigenschaften haben. Der motorische Kortex der Katze agiert nach Buser u. Imbert (1961) als ein Konvergenzzentrum für den sensorischen Input ebenso wie bestimmte Teile des Limbischen Systems, des Thalamus und der Basalganglien.

Albe-Fessard u. Fessard (1963) haben gezeigt, daß die konvergenten Kerne im Thalamus ihren somatosensorischen Input aus dem spinothalamischen Trakt erhalten, während die medial lemniscalen Fasern im Hirnstrang ihre Impulse auf die spezifischen thalamischen Kerne projizieren. Ferner vermuten diese Autoren, daß die thalamische Integration nicht auf sensorischen Input begrenzt ist, sondern Informationen vom restlichen Gehirn und anderen Teilen des Thalamus einschließt und daß der Weg der kortikal sensorischen Assoziation nicht transkortikal sondern kortikal-subkortikal-kortikal verläuft. Sie haben bewiesen, daß einige thalamische Zellen der Katze auf mehr als *eine* sensorische Modalität reagieren; normalerweise handelt es sich hier um Geräusche, Sehen und Körpersinn, Muskelspindeln und Golgi-Organe ausgeschlossen, von denen man zur Zeit der Veröffentlichung ihres Artikels glaubte, daß sie sich nicht auf die Konvergenzareale des Thalamus übertrügen. Die These vom größeren integrierenden System in der Region des Thalamus wird in einem späteren Kapitel behandelt, da es von beträchtlicher Bedeutung für sensorisch-integrative Dysfunktionen ist, speziell wenn die kortikale Integration ohne sie nicht stattfinden kann.

Die bekanntesten und meist zitierten Konvergenz aufweisenden Modalitäten sind folgende Systeme: das visuelle System, das auditorische System, das olfaktorische System, das *somästhetische* System und das vestibuläre System. Da das vestibuläre System sich besonders für die Therapie solcher Kinder eignet, deren Probleme im Hör-Sprach-Bereich liegen, ist eine Studie von Jung et al.

(1963) über sensorische Konvergenz im Kortex der Katze von besonderem Interesse. Die Katzen wurden durch einen operativen Eingriff so präpariert, daß der somatosensorische Input den Kortex nicht erreichen konnte, er aber die Untersuchung des kortikalen Bestimmungsortes der optischen, vestibulären und akustischen Reize erlaubte. Kortikale Reaktionen auf visuelle Reize wurden an vielen Stellen gefunden. Akustische Reaktionen waren in der auditorischen Region am häufigsten. Bei genügender Stimulation des vestibulären Systems wurden Reaktionen aus dem ganzen Kortex registriert. Manchmal fand man auch eine Hemmung kortikaler Neurone durch vestibuläre Stimulation. Konvergenz von verschiedenen Sinnesmodalitäten auf das gleiche Neuron fand man in allen untersuchten Regionen des Kortex, einschließlich der primären Projektionsareale, die eine Präferenz für eine bestimmte Modalität aufwiesen. Diese Autoren nehmen an, daß die kortikalen Neurone, die Konvergenz bezüglich des visuellen und vestibulären Systems aufweisen, in den Hirnstammstrukturen vorkoordiniert sind. Sie kamen zu dem Schluß, daß multisensorische Reize effektiver sind als Nachrichten aus nur einer Modalität.

Obwohl die Funktion einiger Neurone konvergent zu sein scheint, kann kein Neuron, das zentripetal zu einem primär sensorischen Neuron ist, als frei vom Einfluß eines Nervenimpulses von nur einer sensorischen Modalität betrachtet werden, da alle anderen Neurone theoretisch auf primäre und sekundäre Neurone sowie subsequente Synapsen stoßen können. Diese Art multisensorischer Konvergenz von Neuronen wirkt auf allen Stufen des ZNS. Dadurch integriert das Rükkenmark hauptsächlich somatosensorische und vestibuläre Information.

Experimente mit Menschen, die Kontaktlinsen tragen, zeigten auf der Verhaltensebene, wie das ZNS intersensorische Integration als Basis für eine adaptive Aktion benutzt. Die Linsen verkehren das visuelle Bild, aber nachdem die Benutzer sie für eine Weile während irgendeiner Handlung tragen, wird das invertierte visuelle Feld als rechte obere Seite betrachtet. Vermutlich wurden die visuellen, taktilen und propriozeptiven Eingänge, wieder durch die intersensorische Integration verbunden, um eine adaptive Reaktion zu ermöglichen. Es ist wichtig, zu bemerken, daß der visuelle Input eine Veränderung durchmacht, um eher mit der Bewegung und dem daraus resultierenden propriozeptiven Fluß in Einklang zu stehen als umgekehrt. Bei der Diskussion solcher Experimente betonen Held u. Rekosh (1963), daß die visuelle Raumwahrnehmung durcheinander gebracht werden kann, indem man die normale Beziehung zwischen selbstproduzierten Bewegungen und mit ihnen einhergehendem sensorischen Feedback unterbricht.

Diese Daten zeigen dem Kliniker, daß der beste Weg, das Hörvermögen zu verbessern, nicht allein durch auditorische Reize zu erreichen ist und daß der beste Weg zur Entwicklung der visuellen Wahrnehmung nicht allein durch das Sehen zu ermitteln ist. Beide Gebiete der Wahrnehmung werden in der einen oder anderen Art durch vestibuläre Stimulation genauso wie durch andere Sinnesmodalitäten beeinflußt. Es ist weiterhin nicht mehr angemessen, in Kategorien von isolierten Sinnesmodalitäten bezüglich der Entwicklung und Funktion zu denken. Das sind nicht die wesentlichen Mittel, durch die das Gehirn funktioniert. Es funktioniert als ein Ganzes; und eines seiner Attribute, die zu dieser Ganzheit führen, ist die Art und Weise des Zusammenlaufens des sensorischen Inputs. Es operiert mit intersensorischer Integration, und ferner ereignet sich ein großer Teil der Integration im Hirnstamm und auf thalamischer Ebene, was dann die Integration auf höherer Ebene beeinflußt. Eine effektive Behandlung kann danach ausgerichtet werden.

3.3. Zentrifugale Einflüsse

Eines der Mittel, wodurch das Gehirn einen integrierten Status erhält und behält, besteht in der Regulation seines eigenen sensorischen Inputs mittels zentrifugaler Einflüsse, d. h. Einflüsse, die direkt vom zerebralen Kortex zur Peripherie hin arbeiten. Ein besser bekanntes Beispiel dieser Art integrierender Aktion ist das der efferenten oder intrafusalen Gammafaser, die an der Muskelspindel wirkt. Zentrifugaler Einfluß – so glaubt man – ist lokalisierbar und wirkt an allen integrierenden Zentren, einschließlich der Kerne, sowie an jedem sensorischen Rezeptor.

Einige frühe Vermutungen der Forscher über einige Arten des zentrifugalen Einflusses stellen eine gute Illustration des Charakters eines Nervenprozesses dar. FRENCH et al. (1955) schlugen die Existenz funktionaler Mechanismen innerhalb der Formatio reticularis vor, die durch abwärtsgerichtete Projektionen des Kortex arbeiteten.

Bei Untersuchungen an Affen fanden sie heraus, daß viele Regionen im Kortex, einschließlich des okulomotorischen und des sensomotorischen Kortex einen großen Einfluß auf das den Hirnstamm kreisförmig aktivierende System ausüben. Diese Wissenschaftler schlossen, daß es eine Wechselwirkung zwischen den Aktivitäten des Kortex, Thalamus und Hirnstamms gebe, wobei steigender Einfluß und abnehmender sich einander nähern. Die Autoren nehmen ferner an, daß kortikale Regionen neuronalen Veränderungen unterliegen können durch einen integrierenden Effekt auf das „Zentrencephalische System", ein von PENFIELD vorgeschlagener Mechanismus, der in Kap. 4 behandelt wird. Es ist wichtig, sich daran zu erinnern, daß die Regulation sowohl einen dämpfenden und einen facilitatorischen als auch einen tonischen und einen phasischen Effekt ausübt (vgl. KERR u. HAGBARTH, 1955).

Eine bedeutende Funktion zentrifugaler Einflüsse besteht in der Regulation des zentripetalen Flusses (zum Zentrum hin). Ohne eine derartige Regulation käme es zu einer sensorischen Überladung. Der absteigende Einfluß „korrigiert" den ansteigenden, indem er ihn meistens teilweise unterdrückt. Wenn man ein typisches Kind mit Lern- und Verhaltensstörungen beobachtet, liegt die Annahme nahe, daß diese depressorischen zentrifugalen Regulatoren in ihrer Funktionsweise inadäquat sind.

Teilweise enthemmtes Verhalten, Hypersensitivität für Ereignisse, unzureichende Wahrnehmung und Ungeschicklichkeit können in der einen oder anderen Weise mit inadäquaten zentrifugalen Einflüssen vom Kortex oder Subkortex verbunden werden. Therapeutisches Bemühen richtet sich auf die Versorgung mit sensorischem Input, der die zentrifugale Depression weitertreiben soll.

3.4. Sensorisches Feedback

Die Ausführung einer adaptiven Antwort ist vom kontinuierlichen sensorischen Feedback und adäquater Integration oder Interpretation der Wahrnehmung abhängig. Zusätzlich zum offensichtlichen Bewußtwerdungsprozeß durch sensorisches Feedback der Aktion, findet das sensorische Feedback durch weniger bewußte Mechanismen wie reverberierende Kreise und Netzwerke statt (vgl. BRAZIER, 1952). Es besteht eine ständige Interaktion zwischen zentrifugalen Einflüssen und Feedbackaspekten des Bewußtseins; diese Interaktion scheint beim lernunfähigen Kind nur sehr wenig zu funktionieren. Eine allgemeine Erfahrung des Therapeuten besteht in dem Versuch, einem Kind bei der Balance auf Gymnastikgerät zu helfen, wenn das Kind selbst nicht einmal weiß, daß es aus der Balance gekommen ist. Inadäquates Feedback drückt das Kind aus, das vom Therapeuten darauf hingewiesen wird, daß es vom einem großen Therapieball fiele und sich darauf einstellen solle, sich selbst abzufangen. Obwohl es bereits dabei war zu fallen, antwortete es: „Aber wie soll ich denn fallen?" Somatosensorisches und vestibuläres Feedback sind bei Kindern mit Dysfunktionen oft inadäquat, sofern man in diesen sensorischen Gebieten überhaupt mit einem objektiven Maß messen kann. Das Problem liegt nicht im Bewußtseinsverlust, sondern in inadäquater Diskrimination von zeitlichen und räumlichen Werten, die insgesamt in verschwommenem oder vagem Feedback resultiert. Es ist ratsam, die Wahrscheinlichkeit zu betrachten, daß inadäquates Feedback die sensorisch-integrativen Funktionen stört, die die Entwicklung der visuellen und anderer Wahrnehmung ermöglichen.

Humanexperimente zeigen die Abhängigkeit einer genauen und gewandten motorischen Funktion vom visuellen Feedback. MacKay (1961) fand in einem Wahrnehmungsexperiment heraus, daß die Ungleichheit zwischen visuell wahrgenommener scheinbarer Bewegung und wirklicher Bewegung reduziert wurde, wenn die Versuchsperson ihre Hände benutzen konnte. Eine Person mit geringem Sinn für die Stellung der Gelenke war nicht in der Lage, die Ungleichheit durch Beteiligung der Hände aufzuheben, wie das die meisten normalen Versuchspersonen konnten. In einer Studie von Smith et al. (1963) resultierte die Verzögerung des Feedbacks auf Bewegungen bei neurologisch normalen Personen in einer schwerwiegenden Störung des Lernens und der motorischen Leistung. Sie fanden heraus, daß Lernen nur gering, wenn überhaupt unter Bedingungen von gehemmtem sensorischen Feedback stattfand.

Es ist sehr unwahrscheinlich, daß eine Bewegungseinengung, die durch einschränkende neuromuskuläre Bedingungen wie Athetose hervorgerufen wird, den notwendigen Zufluß sensorischer Stimuli zu den für die Entwicklung der Wahrnehmungs- und Lernfähigkeit wichtigen integrativen Prozessen selbst reduziert (vgl. Abercrombie et al., 1964). Auch wenn die Quantität nicht ignoriert werden darf, wie die oben angeführte Studie zeigt, so ist die Qualität des Ablaufs oder Integrierens bedeutsamer. Genau diskriminative Information über die begrenzte Bewegung trägt mehr zu wahrnehmungsmotorischen Funktionen bei als es eine große Anzahl motorischer Aktionen tun kann, die mehr Empfindungen über verschiedene Modalitäten hervorrufen, die aber vage Nachrichten niemals richtig integriert in das Gehirn befördern.

3.5. Inhibitorische Prozesse

Die Unterdrückung des Inputs ist genauso bedeutsam wie das Weitertreiben des Inputs im integrativen Prozeß. Nach Granit (1966) wären Impulse aus der Peripherie lebensbedrohend, gäbe es nicht die Mechanismen der Verminderung und Organisation des sensorischen Inputs. Hemmung kann an jeder Neuralsynapse oder am Rezeptor stattfinden, aber bestimmte Strukturen, besonders im Hirnstamm, im Thalamus, in den Basalganglien und im Kortex sind besonders für die Abschwächung der Neuralaktivität ausgestattet. Hemmung wird oft durch zentrifugale Aktion hervorgerufen. Während Inhibition und Depression nicht identische Prozesse sind, so werden sie doch als annähernd für die gleichen neurologischen Prozesse als zuständig erachtet.

Die Hemmungskapazität des Gehirns wächst mit dem Absteigen der phylogenetischen Skala, was eine bedeutende Rolle der Hemmungsprozesse in der Entwicklung höherer Hirnfunktionen voraussetzt. Ein vergleichbarer ontogenetischer Trend kann im graduellen Anstieg des kortikalen und vielleicht auch subkortikalen Schwellenwerts beim Menschen gesehen werden. Der neurale Schwellenwert bei Kindern mit Hirndysfunktionen scheint oft zu niedrig zu sein, aber häufig ist er für bestimmte Sinnesmodalitäten oder auch generell abnorm hoch. Die Aktivitätsschwelle eines Kindes kann einen groben Hinweis auf die exzitatorisch-inhibitorische Schwelle bzw. den Schwellenwert des gesamten Gehirns darstellen. Der Kortex des Affen hat einen niedrigeren Schwellenwert als der des Menschen, und Affen sind charakteristischerweise aktiv. Andererseits hat die Katze eine sehr hohe Neuralschwelle, und die ausgewachsene Katze wird sprichwörtlich danach geschildert, auf dem Kamin zu schlafen.

Eine Art der Konzeptualisierung der Rolle der Inhibition im integrativen Prozeß richtet sich nach dem Bedarf des ZNS nach einer Homöostase des sensorischen Flusses, so wie der Körper eine biochemische Homöostase

fordert. Ohne Hemmung geht sensorische Homöostase verloren; ohne sensorische Stimulation geht sie ebenso verloren. Exzitatorische und inhibitorische Mechanismen sind in einer integrativen Organisation des homöostatischen Flusses verwoben. Tatsächlich scheinen viele neurale Strukturen eine Balance zur aktivierenden Funktion zu bilden.
Inhibition im ZNS besteht ebenso darin, einen Neuralimpuls hervorzurufen als auch die zentrale Exzitation zu vermehren. ABULADZE (1968) hat diese Tatsache folgendermaßen formuliert: „Es gibt keine speziellen inhibitorischen Formationen im ZNS, aber ... der Prozeß der Inhibition, der darin abläuft, ist immer dem Stimulationsprozeß verbunden." Wenn Inhibition eine der Folgen von Stimulation ist, liegt darin ein möglicher Weg für den Therapeuten, bestimmte Neuralfunktionen beim Kind zu hemmen.

Die Forschung über sensorische Deprivation betont die Bedeutung der Wahrnehmung für die Entwicklung der Inhibitionsmechanismen. Inhibition resultiert nicht aus der Deprivation von Reizen, sondern aus dem normalen Ablauf von Reizen. Tiere, die früh im Leben sensorische Deprivation erfahren haben, zeigen später eher Anzeichen von Erregung und Erwartung, obwohl ihnen die stützende Aufmerksamkeit fehlt. Einige Tiere werden buchstäblich „übermannt" von einem normalen Umfang an Wahrnehmung und reagieren mit einem „heftigen emotionellen Sturm" oder konvulsiver Unordnung, wenn sie einer normalen Menge von Stimulation ausgesetzt werden und früher die Erfahrung sensorischer Deprivation gemacht haben (RIESEN, 1961 a). MELZACK u. BURNS (1965) haben gezeigt, daß strenge Einschränkungen der frühen sensorischen Erfahrung bei Hunden in einer Verschiebung der Hirnwellen resultiert, und zwar von niederer Frequenz zu hoher bei der Präsentierung neuer Situationen, die in der Kontrollgruppe von Tieren aus dem gleichen Wurf nur zu geringeren Veränderungen der Hirnwellen führten. Die Autoren glaubten, daß die Antworten von deprivierten Hunden das Unvermögen aufdeckten, irrelevante Information zu unterdrücken, und eine übermäßige Erregung des ZNS zeigten, was beides die Wahrnehmungsdiskrimination störte. Diesem Forschungsbericht sollte der Kommentar hinzugefügt werden, daß in der therapeutischen Situation sensorische Stimulation allein nicht ausreicht: das Gehirn muß in der Lage sein, den Wahrnehmungsprozeß ablaufen zu lassen, so daß sich die integrativen Mechanismen entwickeln und funktionieren können.
Eine allgemeine Manifestation des Funktionsverlustes in einem Teil des Gehirns ist die Freisetzung neuraler Aktivität durch den Verlust der normalen Inhibition, der durch diesen Teil des Gehirns vermittelt wird. Die Muskelspastizität, die eine zerebral-vaskuläre Verletzung begleitet, ist eines der bekanntesten Beispiele. RUCH u. SHENKIN (1943) fanden heraus, daß eine Abtragung des Frontallappenkortex in einer Steigerung der lokomotorischen Aktivität, der Angst und der aggressiven Antworten resultiert. Inhibition ist eine bedeutende Komponente der Funktion des größten Teils des Gehirns, und wenn bestimmte Teile des Gehirns nicht mehr adäquat funktionieren können, stört der daraus resultierende Verlust der Inhibition die Exzitations-Inhibitions-Balance, die Teil des integrativen Prozesses ist.

Die Rolle der Inhibition im sensorisch-integrativen Prozeß ist nicht schwer zu verstehen, da sie eng mit dem beobachtbaren Verhalten des Kindes mit einer Dysfunktion verbunden zu sein scheint, aber es ist wesentlich schwieriger, das Prinzip der fortschreitenden Integration durch die sensorische Inhibition in einem Therapieprogramm anzuwenden. Die Tatsache, daß Inhibition ein aktiver Prozeß ist – ein Ergebnis sensorischer Stimulation und normaler Hirnaktivität –, gibt die Richtung der therapeutischen Intervention an. Die schwierige Aufgabe des Klinikers besteht darin, die therapeutische Erfahrung bereitzustellen, die eher zu den Wahrnehmungen führt, die inhibitorisch wirken, als zu denjenigen, die in einem Gehirn, das bezüglich seiner inhibitorischen Rolle inadäquat ist, eine sensorische Überladung produzieren.

3.6. Integration durch Bewegung

Einer der tatkräftigsten Organisatoren des sensorischen Inputs ist die Bewegung, die adaptiv auf den Organismus wirkt. Die Rolle der Bewegung in der Integration wurde von den vergleichenden Neuroanatomen entdeckt. Beide, sowohl HERRICK (1956) als auch COGHILL (1929), erkannten das gesamte Aktionsmuster der sich entwickelnden Wirbeltiere als Integration. HERRICK glaubt, daß eher die hauptsächlich motorische totale Reaktion auf die Forderungen der Umwelt die Evolution des Geistes bewirkte, als daß der Geist den Körper zu dem motorischen Wesen machte, das er dann wurde. Forderungen der Umwelt wurden durch die bedeutsamen sensorischen Stimuli erkannt, und Forderungen der Umwelt halfen, den evolutionären Kurs zu bestimmen. Die Tatsache, daß die Wirbeltiere sich zu einer so weitentwickelten Spezies wie der Mensch entwickelten, zeigt, daß viele ihrer Reaktionen adaptiv waren.

KEPHART (1968) nennt die adaptiven Reaktionen, wie der menschliche Organismus sie darstellt, „das Übereinkommen mit der Umwelt auf annehmbare Bedingungen". Die Betonung muß auf die Überlebensinteressen des Organismus in akzeptabler Art und Weise gelegt werden, wenn man die adaptive Bewegung wie einen Integrationsprozeß betrachtet.

Phylogenetisch und ontogenetisch folgen die Hirnstruktur und -Leistung funktionalen Anforderungen des Organismus. Funktionale Anforderungen resultieren in sinnvollen und zielgerichteten Reaktionen. Allgemeiner gesagt, wird die Funktion gefordert, so reagiert das Gehirn schließlich mit dem Versuch einer adaptiven Reaktion, die auf der angeborenen Tendenz des Gehirns zur Selbstorganisation basiert. Man glaubt, daß die Art der Reaktion, die vom Organismus gefordert und geleistet wird, eine bedeutende Rolle bei der Bestimmung der integrativen Aktion spielt, wofür die Organisation der Wahrnehmungsarten eine Voraussetzung bildet. Die zufällig, wenig geplanten, stereotypisierten oder ineffektiv ausgeführten Aktionen, die man häufig unter Kindern mit sensorisch-integrativer Dysfunktion findet, haben eine geringe integrative Wirkung. Die Integration wird durch Organisation und Aussenden einer adaptiven Reaktion erreicht, und die Therapie ist erfolgreich, wenn diese Reaktion eine komplexere Organisation annimmt, als sie zuvor aufwies. RIESEN (1961) betrachtet die Reaktion auf einen Reiz als einen wesentlichen Aspekt der Wahrnehmungsentwicklung.

Es wurde bereits vorher im Werk von HYDEN u. EGYHAZI (1962) bemerkt, daß eine optimale Steigerung des Lernens bei Ratten aus einem erfolgreichen Zusammentreffen sensomotorischer Anforderung herrührte. Die motorische Komponente einer anspruchsvollen und gewandten visuell-motorischen Handlung wurde von BLACK u. MYERS (1965) als weit bedeutender erkannt als die visuelle Komponente in der Gedächtnisspur bei niederen Primaten.

Der integrierende Effekt einer adaptiv-motorischen Reaktion kann klinisch in der Anwendung der sensorisch-integrativen Therapie gesehen werden. Ein Teil dieser Integration kann aus der Tatsache resultieren, daß der motorische Kortex eines der größten Integrationszentren für konvergente sensorische Information in bezug auf die Bewegung ist. Die Tatsache, daß sogar noch mehr sensorische Konvergenz in den Zellen des prämotorischen Kortex vorhanden ist, führt zu der Annahme, daß die größeren Möglichkeiten von intersensorischer Integration durch große und körpernahe motorische Muster zustandekommen im Gegensatz zu den feineren gewandten Aktionen. Wie zuvor bereits zitiert, vermuten BUSER u. IMBERT (1961), daß der motorische Kortex der Katze als eine „Art allgemeiner Pool für sensomotorische Integration funktioniert" – eine Eigenschaft, die von den Primär- oder Assoziationsarealen des Kortex nicht geteilt wird.

Sensorische Integration durch Bewegung ist nicht auf die Kortikalfunktion begrenzt. Man findet sie auf allen Niveaus des ZNS. Therapeutische Ergebnisse führten zu der

Annahme, daß sich motorische Aktivitäten durch die hervorgebrachten Reflexe oder automatischen Reaktionen auszeichnen, die vornehmlich auf einem Niveau des Gehirns organisiert werden und dazu neigen, auf diesem Niveau sensorische Integration zu organisieren. So wird angenommen, daß das Ziel der sensorischen Integration auf Hirnstammniveau durch den Gebrauch von motorischen Mustern, die integrierende Zentren im Gehirn haben können, leichter erreicht werden kann.

Die Bewegung erlaubt eine aktive Verknüpfung von individueller mit visueller Erfahrung im Gegensatz zur passiven Teilnahme, so wie beim Betrachten von Bildern. Sie hilft bei der Konzentration der Aufmerksamkeit, was eine Art der Auswirkung seiner sensorisch-integrativen Eigenschaften sein kann. Bewegung integriert somatosensorische und visuelle Erfahrung. Man findet eine Analogie beim Sprechen als ein Mittel der Interaktion mit auditorischer Erfahrung.

4. Funktionsniveaus des zentralen Nervensystems (ZNS)

Insgesamt gesehen sind neurologische Daten komplex, umfangreich, sie ändern sich schnell und sind manchmal von mangelhafter Konsistenz. Damit die Kenntnisse für ein Interventionsprogramm von funktionalem Wert sind, müssen sie strukturiert werden. Gerade aus diesem Grund ist das Konzept der „Funktionsniveaus" lange von Spezialisten des ZNS verwendet worden. Aus dem Studium der Hirnevolution konnte man ableiten, daß bezüglich der Hirnentwicklung die neueren Strukturen zu den rostralen Enden des ZNS hinzukamen, wodurch erfolgreich höhere Niveaus geschaffen wurden, die zu komplexeren Funktionen fähig waren.

Diese Organisation von Struktur und Funktion des Nervensystems plaziert die phylogenetisch älteren Strukturen auf das anatomisch niedrigste und am wenigsten komplizierte Niveau und die neueren, ontogenetisch später reifenden Strukturen, den zerebralen Kortex, in die höchste Position. Die Niveaus steigen ungefähr in der Reihenfolge an, in der sie in diesem Kapitel diskutiert werden.

Es besteht ein heuristischer Wert bezüglich bestimmter Neuralprozesse, wie sie auf einem vorgegebenen Niveau des ZNS erscheinen. Wenn man darauf hinweist, so soll das heißen, daß dieser Prozeß besonders auf diesem Niveau vermittelt wird oder in besonderer Weise von diesem Niveau abhängig ist. Im tatsächlichen menschlichen Verhalten funktionieren verschiedene Niveaus zusammen; es ist jedoch schwierig, eine Behandlung zu planen oder die Hirnfunktion während der Therapie auszuwerten, wenn man bei der Konzeptualisierung das Gehirn als Ganzes sieht, obwohl das natürlich ist.

Zusätzlich zum vertikalen Arrangement der Funktionsniveaus ist das ZNS in einer medial-lateralen oder Innen-Außenrichtung organisiert. Diese Art der Organisation ist u. a. phylogenetisch bestimmt. Bei der Hirnentwicklung drängten die Umweltanforderungen die Entwicklung neuer Schichten des neuralen Zellgewebes voran. Diesen Schichten wurden äußere Schichten hinzugefügt zum alten zentralen Kern. Der zerebrale Kortex ist die jüngste Schicht. Das zentrale Tegmentum des Mittelhirns, das viele Stellungsreaktionen vermittelt, ist phylogenetisch sehr alt. In gleicher Weise ist das limbische System, das sehr klar in den zerebralen Hemisphären zentriert ist, mit mehr primitiven Funktionen als der Neokortex ausgestattet. Die Bedeutung der medial-lateralen Organisation wird später näher erklärt.

Wie bereits zuvor herausgestellt, besteht ein generelles Prinzip der Hirnfunktion darin, daß höhere Niveaus ohne adäquate niedrigere Funktion nicht optimal funktionieren. Obwohl der medial-lateralen Richtung der Neuralentwicklung weniger Aufmerksamkeit geschenkt wird, gehen therapeutische Vorgehensweisen von der Ansicht aus, daß die äußeren Schichten des Gehirns nicht optimal funktionieren, wenn die inneren Schichten nicht gut organisiert sind. Entsprechend können Störungen im Neokortex durch eine Normalisierung der Formatio reticularis oder der Tegmentumfunktion therapeutisch angegangen werden. Die Behandlung betont beispielhaft die Präferenz sowohl der medialen vor den lateralen als auch der niedrigeren vor den höheren Strukturen und deren Mechanismen.

4.1. Das Rückenmark

Die Vermittlung von Rückenmarksreflexen und die Konduktion von afferenten und efferenten Nervenimpulsen auf- und abwärts durch das Rückenmark konstituieren die wichtigsten Funktionen des Rückenmarks. Während bei gestörter sensorischer Integration der problematische Teil eher im Gehirn als im Rückenmark liegt, manifestiert sich die Störung oft in spinalen Reflexen. Ferner stellen sie die Basis dar, auf der sich ein großer Teil der höheren Neuralaktivität selbst manifestiert, da jeder motorische Ausdruck auf spinalem Niveau eine reflektorische Grundlage hat. Störungen in diesen Reflexen oder anderen spinalen Prozessen spiegeln mehr im Zephalon liegende Störungen wider, und darin liegt auch ihre Bedeutung. Ferner ist das Neuron, das den letzten gemeinsamen Weg darstellt, Gegenstand aller Aktivität der Rückenmarksreflexe, genau wie jede andere Nachricht, die ihm von höherem Niveau zufließt. Es liegt zum Teil am Rückenmark, daß eine Hirnfunktion manifestiert wird, und aus diesem Grund ist die Aktivität, die durch das Rückenmark vermittelt wird, bedeutsam für sensorisch-integrative Probleme. Ferner stellen sensorische Impulse, die von taktilen, kinästhetischen Knochen-, Sehnen-, oder Muskelrezeptoren erfolgen, Verbindungen im Rückenmark her, die den motorischen Output beeinflussen.

4.2. Der Hirnstamm

Die Aufmerksamkeit muß zunächst auf das Niveau des Hirnstamms gerichtet werden, da hier eine für das Gehirn am signifikantesten und am meisten massive sensorische Integration und andere Ereignisse, die für das menschliche Leben von Bedeutung sind, stattfinden. Einerseits stellte der Hirnstamm im Evolutionsprozeß als die höchste neurale Struktur genügend Organisation und Direktion bereit, um den Organismus zur adaptiven Interaktion mit seiner Umgebung zu befähigen, wenn auch auf einem primitiven Niveau. Diese Funktionen operieren heute noch beim Menschen, obwohl sie wesentlich modifiziert sind. Es liegt manchmal nahe, die gestörte Funktion als primitive Funktion mit unzureichender Modifikation des Types, den die Evolution hervorbrachte, zu betrachten.

Obwohl der Thalamus nicht generell als Teil des Hirnstamms betrachtet wurde, wird er immer mehr als das rostrale Ende des Hirnstamms angesehen, hauptsächlich weil einige seiner Funktionen eine Weiterführung eines Teils der Hirnstammfunktion darstellten. Aus diesem Grund werden einige thalamische Funktionen in dieses Gebiet aufgenommen.

Jede wesentliche Neuralstruktur, die ihren sensorischen Input aus vielen Quellen bezieht, kann einen weitverbreiteten Einfluß über den Rest des Gehirns ausüben. Die Vielfalt des Inputs bedeutet normalerweise Konvergenz des Inputs und dadurch Integration des Inputs. Hirnstamm und Thalamus sind gute Beispiele solcher Prinzipien. Die Formatio reticularis im Hirnstamm und im Thalamus erhält sensorischen Input von jeder sensorischen Modalität; auch diese Struktur hat einen weitverbreiteten Einfluß auf den Rest des Gehirns. Das gleiche neurale Netzwerk stellt auch eine wichtige neurale Integration bereit.

Die Formatio reticularis des Hirnstamms – einschließlich ihrer Projektionen im Thalamus – ist so bedeutend, daß man sie als Hauptkontrollmechanismus im ZNS betrachtet hat (French, 1960). Die Formatio reticularis ist zum größten Teil aus Hirnstammmasse zusammengesetzt, ausgenommen die Kerne und langen Bahnen der spezifisch sensorischen und motorischen Stränge. Einige Neurophysiologen betrachten bestimmte Mittelhirnkerne wie z. B. den *„Nucleus ruber"* und die *„Substantia nigra"* als spezialisierte Teile der Formatio reticularis, obwohl es Interpretationsunterschiede darin gibt, welche Strukturen nun genau die Formatio reticularis konstituieren. Dieses Netzwerk von Fasern wurde zuerst von Moruzzi u. Magun (1949) und später von Magun (1952 a, 1952 b) als ein „ansteigendes retikulär aktivierendes System" beschrieben. Wie Magun erklärte (1961), besteht eine der wesentlichsten und zuerst erkennbaren Aufgaben in der Förderung genereller Wachsamkeit und Aufmerksamkeit unter bestimmten Bedingungen, die dazu tendieren, das Diskriminationsvermögen eines Organismus voranzutreiben, um mehr Information über den Reiz zu erhalten und dadurch besser auf eine effektive Reaktion vorbereitet zu sein. MAGUN nennt die Orientierungsreaktion der retikulären Erregung „präadaptiv“, d. h. sie stellt eine Funktion dar, die dem adaptiven oder perzeptiven Prozeß vorangehen muß.

Die Formatio reticularis ist in etwa wie die Nabe eines Rades gelagert; sie erhält Einflüsse aus allen Teilen des Gehirns und sendet ihren Einfluß in alle Richtungen. Sie kann daher als „transaktionales“ Bindeglied für alle Teile des Nervensystems betrachtet werden (WORDEN u. LIVINGSTON, 1961). Dieses System setzt eine extensiv-integrative Rolle voraus, die sensorische Information durch Hemmung, Facilitation, Zunahme und Synthese organisiert, um zu einer Interpretation der sensorischen Welt beizutragen. Bei niederen Tieren genügt diese Organisation, um das Tier zu befähigen, auf seine Welt in primitiver und stereotyper, aber adaptiver Weise einzuwirken.

Das sensorische System verarbeitet sensorische Reize weniger spezifisch als die sensorischen Stränge, was es zum un- oder nicht spezifischen System werden läßt. Dies ist für die Therapie von beträchtlicher Bedeutung. Für die Erregungsfunktion der Formatio reticularis ist jeder sensorische Stimulus nicht ein einzelnes Ereignis, das das Individuum mit einem internalen Weltmodell versorgt, sondern ein Teilstück an Information bei variierendem Grad des Wachpotentials. Seine Bedeutung basiert auf seinem Überlebenswert, und diese Bedeutung mag sich von einem Moment zum anderen ändern. Aus diesem Grund wird das retikuläre System normalerweise als nicht spezifisch in seiner sensorischen Funktion bezeichnet, obwohl es eine sensorische Spezifität in den thalamokortikalen Projektionen gibt. Es hilft dem Gehirn, einen Typ des sensorischen Inputs durch die Hemmung anderer Typen hervorzuheben. Es besitzt außerdem eine diskriminative und differentielle Funktion (MAGUN, 1958). JASPER (1966) weist auf die „bemerkenswerten und weit verbreiteten Interaktionen der Formatio reticularis mit höher spezialisierten Neuralsystemen“ hin, „die irgendwie bestimmen, welches dieser funktionalen Systeme momentane Vorherrschaft in der andauernden Bewußtseinsfolge erhalten soll.“ Der Prozeß wird von einem Ausgleich der inhibitorischen und exzitatorischen Komponenten des Gehirns begleitet.

Während es im Wachstadium eine generelle tonische Hemmung von der Formatio reticularis her gibt, führen besondere Bedingungen eine zusätzliche Hemmung herbei. So mag z. B. die Aufmerksamkeit auf eine Information vom sensorischen Kanal Potentiale hemmen, die von einer sensorisch afferenten Wiederholung einer anderen Modalität und einer monotonen Wiederholung von Reizen kommen wie z. B. vom taktilen oder auditorischen System. Dieser Prozeß wurde ausführlich in einer frühen, mittlerweile klassischen Studie von HERNÁNDEZ-PEÓN et al. (1956) beschrieben. Wenn man die auditorischen Reaktionen unter verschiedenen Bedingungen der Aufmerksamkeit einer Katze elektrisch aufzeichnet, sind die auditorisch evozierten Reaktionen reduziert oder sogar ganz ausgeschaltet, wenn die Aufmerksamkeit der Katze auf Mäuse, auf einen schmerzvermittelnden Schock auf die Pfote, oder einen olfaktorischen Reiz gerichtet ist. Man hat festgestellt, daß die Lokalisation der Aufzeichnungselektroden zeigte, daß die Hemmung eintrat, bevor die sensorischen Reize das zentrale System erreichten, was auf eine zentrifugal-inhibitorische Funktion schließen läßt.

Durch diesen gleichen Mechanismus, der sensorische Reize einer Modalität unzureichend hemmt, kann das Lernen in einer anderen Modalität gestört werden. Eines der häufig bei Kindern mit Lernstörungen auftretenden Probleme scheint eine Formatio reticularis zu sein, die zu vielen sensorischen Reizen erlaubt, das Kind überzuerregen und die die Aufmerksamkeit von solchen Reizen abhält, die für eine adäquate Interaktion mit der Umwelt von Bedeutung sind.

HERNÁNDEZ-PEÓN (1961) zeigte, daß die Formatio reticularis im Hirnstamm die Transmission sensorischer Stimuli entweder hemmt oder fördert – und das an allen Synapsen vom ersten Befehlsneuron bis zum Kortex. Spezifische Beobachtungen sind an den visuellen, somatischen, auditorischen und olfaktorischen Bahnen gemacht worden. Das ist einer der Wege, durch den Wahrnehmungen von einer Modalität die Wahrnehmung in einer anderen beeinflussen. Das kann der Fall gewesen sein, als FOX (1965) die taktile Wahrnehmung bei blinden Kindern förderte, indem er sie Kiefernöl riechen ließ.

Die Formatio reticularis reguliert den sensorischen Input, allerdings immer unter dem Einfluß von höheren oder kortikalen Prozessen, so daß es einen ständigen reziproken Einfluß gibt. Die Implikation für die Therapie besteht darin, daß der Hirnstamm den Kortex beeinflussen kann und wird, und zwar sehr stark; der Kortex bestimmt ebenso Qualität und Quantität des Einflusses mit. Ähnlich kann eine sensorische Modalität die Wahrnehmung in einer anderen beeinflussen, aber dieser Einfluß bleibt im therapeutischen Plan nur dann bestehen, wenn die Wahrnehmungen von zwei Quellen miteinander übereinstimmen und so auch vom Hirnstamm interpretiert werden.

Soll ein externales Ereignis wahrgenommen werden, muß die Information über das spezifisch afferente System verlaufen und in Interaktion münden (vermutlich auf kortikalem Niveau, aber nicht notwendigerweise nur dort) mit Impulsen von nicht spezifischen oder retikulären Systemen. Viele Experimente haben gezeigt, daß die Stimulation der retikulären Afferenzen die kortikale Reaktion auf Impulse anwachsen läßt, die von spezifischen Reizen kommen. So resultiert z. B. retikuläre Stimulation in einer bemerkenswerten Zunahme der Ansprechbarkeit auf somatosensorische Reize (SCHWARTZ u. SHAGASS, 1963). GELLHORN (1961) zeigte auch für einen schmerzvermittelnden Reiz zur Aktivierung des unspezifischen Systems zunehmende kortikale Reaktionen auf optische und akustische Reize. GELLHORN zeigte, daß die Schwelle der bewußten Wahrnehmung durch die Aktivation des unspezifisch afferenten Systems herabgesetzt zu sein schien. ADAMS (1965) verbesserte die kinästhetische Wahrnehmung bei Kindern durch therapeutische Mittel, die sich durch das Handeln mittels des retikulär aktivierenden Systems auszeichneten.

In einem Experiment, in dem ein elektrischer Schlag auf den Tractus opticus von Affen gerichtet wurde, die sich in totaler Dunkelheit befanden, stieg die Reaktion im optischen Bereich mehrfach durch auditorische oder taktile Reize oder durch die Stimulation des Zentralhirnstammes. Die als Funktion des zentrenzephalischen Systems betrachtete Wirkung wurde eher auf den lateralen genikulaten Kern als auf den Streifenkortex ausgeübt (WILSON et al., 1965). LINDSEY (1961) fand heraus, daß bei einer Stimulation der Formatio reticularis die Wahrnehmungsfähigkeit des Kortex für kurze Lichtblitze in schneller Abfolge erhöht wird. Die Nachricht für den Kliniker ist klar. Der sensorische Input aus einer Modalität beeinflußt die Aufnahme und die Wahrnehmung in einer anderen. Das kann hinderlich oder hilfreich sein.

Das thalamische Retikulärsystem – auch als unspezifisches thalamokortikales Projektionsgebiet bekannt – geht von den thalamischen Kernen aus und ist eng mit der Formatio reticularis im Mittelhirn verbunden. Es wirkt auf fast alle Gebiete des Kortex, und zusammen mit dem Retikulärsystem im Hirnstamm dient es einer generellen Erregungs- und Alarmfunktion und einer zentral integrativen Funktion. Auch das thalamische System hat einzigartige Funktionen, wovon eine der wichtigsten in der Fähigkeit besteht, auf einen kleinen Teil des Kortex einzuwirken, wobei sie hier Aktivität fördert, während sie sie woanders hemmt (JASPER, 1966).

Die modulierende Funktion der Formatio reticularis erfordert eine komplexe Neuralorganisation, die mehr als eine exzitatorisch-inhibitorische Regulation durchführt. Sie dient einem integrativen Prozeß, der sich wahrscheinlich so weit ausdehnt, daß er sensorische Reize in einfache Wahrnehmungsinformation umwandelt. Mit seinem Sammelbecken von sensorischem Einfluß und kortikalem und zerebellarem Input ist es dazu besonders gut in der Lage. Viele glauben heute, daß sensorische Integration und daraus resultierende Wahrnehmung und vielleicht sogar noch mehr kognitive Funktionen nicht notwendigerweise ein Endprodukt aus dem Neokortex sind. Der Kortex mag nur eine Relaisstation für Nachrichten sein, die zum rostralen Ende der Formatio reticularis zur endgültigen Integration oder Kodierung weitergeführt werden müssen.

Nach einer umfangreichen Untersuchung sensorischer Neurone, die verschiedene phylogenetische Alter widerspiegeln, schloß BISHOP (1959), daß ältere und jüngere sensorische Bahnen auf einen allgemeinen „kortikothalamischen Komplex" zusammenlaufen, von denen jede aus einer anderen Richtung ankommt. Dann funktioniert der Komplex als ein Organ. Der höhere sensorische Input muß nicht notwendigerweise den Input dominieren, der von kleineren Fasern auf niederem Niveau vermittelt wird. Nach BISHOP (1969) kann Schmerz über andere Wahrnehmung vorherrschen. Wahrscheinlich ist der „kortikothalamische Komplex", auf den sich BISHOP (1959) bezieht, das gleiche wie das „zentrenzephalische System" von PENFIELD (1966) und PENFIELD u. ROBERTS (1959).

Das Konzept eines „zentrenzephalischen Systems", das in der allgemeinen Region des Thalamus liegt, wurde von PENFIELD als ein Ergebnis seiner klinischen Arbeit eingeführt. Er fügte diesem System die Kommunikation mit den beiden Vorderhirnhälften hinzu, was ein gemeinsames Funktionieren als integrierte Einheit erlaubte, und er betrachtete dieses System als Basis für das Bewußtsein. Einige Physiologen (z. B JASPER, 1966) halten das „zentrenzephlische System" für einen Teil des retikulären Systems. Seit der rostrale (thalamische) Teil der Formatio reticularis besonders wichtig für sensorische Integration ist (HERNÁNDEZ-PEÓN, 1961), kann man annehmen, daß die beiden Strukturen grundlegend die gleichen sind. Ferner ist die von ALBE-FESSARD u. FESSARD (1963) hypothetisierte kortikale-subkortikale-kortikale Verbindungsroute, die bereits in Kapitel 2 behandelt wurde, ein ähnlicher Teil des gleichen Systems. Das Werk und die Folgerungen von DOTY (1966) gehen auch mit dem vorgeschlagenen Hauptintegrationszentrum einher. Er nahm an, daß eine bilaterale interhemisphärische Integration von komplexen Phänomenen in der mesenzephalischen Formatio reticularis stattfindet.

Spätere Kapitel schlagen vor, daß visuelle Form- und Raumwahrnehmung im Mittelhirn in Verbindung mit anderen Hirnstammstrukturen stattfindet, und daß der Hirnstamm Haltungsmechanismen vermittelt, die mit interhemisphärischer Integration verbunden sind. Die Beziehung dieser Prozesse – die als wichtig für das schulische Lernen erkannt wurden – zum Hauptintegrationszentrum, das am oberen Ende des Hirnstammes liegt, weist eine besondere Bedeutung für das Verstehen integrativer Funktionen auf. Die Funktionen der Formatio reticularis nahmen in ihrer klinischen Bedeutung immer mehr zu, als man herausfand, daß die Lesefähigkeiten lernunfähiger Kinder mit Hör-Sprach-Problemen mit der Aktivität anstieg, die die sensorische Integration auf Hirnstammniveau betonten (AYRES, 1972 a). In dieser Studie wurde Sprache nur zur Kommunikation benutzt, aber Lärm in allen Dimensionen, in denen Klänge variieren, war eine natürliche Begleiterscheinung der Aktivität. Die Ergebnisse dieser Studie warfen folgende Fragen auf: Half die Aktivität, die besonders große Mengen des propriozeptiven und vestibulären Inputs versorgte, der Formatio reticularis oder anderen Hirnstammstrukturen in ihrer Rolle der Weiterleitung auditorischer Reize?

Man hat die Hypothese aufgestellt, daß sensorische Integration auf Hirnstammniveau entweder in der Übersetzung sensorischer Impulse in Information von bedeutend größerer Komplexität, als sie gegenwärtig realisiert wurde, resultiert oder sie ermöglicht, und daß diese Kapazität eine spezielle Bedeutung für Lernstörungen hat. Die meisten Kinder mit gestörtem Lernen zeigen irgendeine Dysfunktion, die mit dem Hirnstamm in Verbindung gebracht werden kann, besonders aber Störungen des Wachzustandes wie Hyperaktivität und Wahnsinn, abnormaler Muskeltonus, Haltungs- und extraokulare Muskelreaktionen, und ungewöhnlich niedrige sensorische Schwellen können mit Funktionen der Formatio reticularis und anderer Hirnstammstrukturen in Verbindung gebracht werden. Kein Therapeut, der sich mit sensorisch-integrativen Störungen beschäftigt, kann vermeiden, in sein Denken, sein Behandlungskonzept und sein Vorgehen sensorische Funktionen des Hirnstamms einzuschließen.

Zusätzlich zu sensorischen Prozessen gibt es eine Anzahl von Aspekten motorischer Operation auf Hirnstammniveau, die die Totalität einer Funktion auf diesem Niveau der Neuralorganisation mit herstellen. Der allgemein anerkannte Einfluß der Hirnstammfunktion auf die motorische Funktion liegt in den fördernden und hemmenden Einflüssen der Hirnstammkerne, die konstant die anlaufende motorische Aktivität modifizieren. Gerade durch sie modifiziert der Therapeut motorische Aktivität.

Zusätzlich zu den Einflüssen der Hirnstammkerne werden einige spezifische Muster der motorischen Funktion im Hirnstamm vermittelt. Saugen, Schlucken, einfache Kopf- und Augenbewegungen werden allgemein als teilweise von Hirnstammechanismen geleitet anerkannt. Durch die Basisforschung hat man Muster identifiziert, die mit der Fortbewegung in Verbindung stehen. So deckte z. B. KUROKI (1958), der Elektroden in die Mittellinie des Katzenhirnstammes vom Thalamus zur Medulla oblongata implantierte, die Rotation des Kopfes auf, die normalerweise von einer ipsilateralen Beugung und einer kontralateralen Ausdehnung in den Vordergliedmaßen mit einer indefiniten Bewegung der Hinterglieder und einer gelegentlichen konkaven Biegung des Rumpfes begleitet war. Die Stimulation brachte gelegentlich rollende und kreisende Bewegung bzw. einen Stillstand der Gesamtaktivität hervor.

Vergleichbare Ergebnisse bei der dezerebrierten Katze erzielten SPRAGUE u. CHAMBERS (1954). Stimulation der Formatio reticularis resultierte in einer Vielfalt von Reaktionen, die hauptsächlich reziprok waren und wobei die homologe Extremität die entgegengesetzte Reaktion zeigte. Wenn z. B. die linke Vorderextremität gebeugt wurde, wurde die rechte ausgestreckt. Die Beinhaltung, die meistens hervorgerufen wurde, war die, in der beide ipsilateralen Extremitäten sich ähnlich verhielten, d. h. entweder beide gebeugt oder beide gestreckt, die Bewegungen der kontralateralen Beine waren entgegengesetzt. Dieses Muster, bekannt als kommulaterales Muster der Bewegung, wurde auch vom Cerebellum hervorgerufen und wahrscheinlich von den retikulären und vestibulären Strängen vermittelt. Diagonal gekreuzte und homologe Muster wurden weniger häufig beobachtet. Der Kopf wurde normalerweise der Seite der gebeugten Vordergliedmaßen zugewandt, und der Körper war zu dieser Seite gekrümmt. Die Vordergliedmaßen reagierten gewöhnlich vor den Hintergliedmaßen, und einige der Reize hemmten den dezerebrierten extensorischen Tonus.

Zusätzlich zu den kranialen Nervenkernen zur Koordination der Augenbewegungen hat man Hirnstammzentren gefunden, die bei Stimulation den Anstoß zur Steigerung der zielgerichteten Augenbewegungen oder Mittelposition der Augen geben (HYDE u. ELIASON, 1957). Die Forscher glaubten, daß bei der Katze der Kortex in Verbindung mit den Hirnstammzentren für die Kontrolle von Augenbewegungen verantwortlich ist. In späteren Kapiteln werden wir weiter auf motorische Muster, die von Hirnstammechanismen abhängig sind, eingehen. Der wesentliche Punkt, den der Therapeut beachten muß, ist die Möglichkeit, daß motorische Muster besonders der Augen, des gesamten

Körpers und der Extremitäten, die alle zusammenarbeiten, im Hirnstamm des Menschen organisiert und vermittelt werden können. Kortikal gerichtete Bewegung erscheint normalerweise auf Reflexbasis. Aus diesem Grund können motorische Muster des Hirnstammes von therapeutischer Bedeutung sein.

4.3. Das Cerebellum (Kleinhirn)

Es ist nicht ganz korrekt, dem Cerebellum ein anatomisches Funktionsniveau zuzuschreiben, da die Struktur aus phylogenetisch alten wie auch aus neueren Arealen besteht, die sich fast gleichzeitig mit dem Hirnstamm und höheren Strukturen entwickelten. Das Cerebellum entstand als Abkömmling des 5. trigeminalen und des 8. vestibulären kranialen Nervenkerns (vgl. BISHOP, 1959). Dieser Ursprung ist bedeutsam für jede Interpretation der Rolle des Cerebellums beim Menschen heute. Das Cerebellum entwickelt sich ontogenetisch sehr spät (NOBACK u. MOSKOWITZ, 1963), und aus diesem Grund hat man manchmal geglaubt, daß es durch Traumata in frühem Lebensalter sehr leicht verletzbar sei. Die Funktion des Cerebellums wurde von ECCLES et al. (1967) am besten dargelegt. Sie glaubten, die Evolution der Zerebralhemisphären habe die großartige Entwicklung des Zerebrallappens hervorgerufen, weil sie eine einzigartige Methode besaßen, Information zu verarbeiten.
Die wesentlichste Zerebellarfunktion besteht in einem integrierenden und regulierenden Servomechanismus. Seine Aktion ist am häufigsten mit dem motorischen Output verbunden worden, der auf absteigende motorische Impulse einwirkt, um der Aktion den Weg zu ebnen, sie zu koordinieren und den Muskeltonus zu beeinflussen. Seine enge Verbindung mit dem Vestibulärsystem, das Informationen von den Vestibulärkernen erhält und diese auch wieder dorthin zurücksendet, erfordert, daß jeder Bezug auf die vestibuläre Funktion in diesem Buch die Verknüpfung mit jenem Teil des Cerebellums, wodurch es funktioniert, impliziert, auch wenn es nicht explizit erwähnt ist.
Vom Cerebellum geht keine Aktivität aus, obwohl es einige tonische Neuralentladungen gibt. Es empfängt den Input von allen sensorischen Quellen über die afferenten Neurone und von einem großen Teil des zerebralen Kortex, jedoch nicht von seiner Gesamtheit. Es verarbeitet diesen Input und benutzt es dann zur Beeinflussung der anhaltenden Neuralaktivität, besonders das Rükkenmark hinunter, zu den Hirnstammkernen, zum Thalamus, zu den Basalganglien und zum Kortex. Einige der Bahnen zum Kortex verlaufen durch den Thalamus, die Formatio reticularis und den Nucleus ruber (EVARTS u. THACH, 1969). PRESCOTT (1970) nahm an, daß das Cerebellum eine signifikante Rolle in der Modulation von Funktionen spielen könne, die dem limbischen System untergeordnet sind.
Es ist klar, daß das Cerebellum sehr gut plaziert ist, um einen Einfluß auf den größten Teil, wenn nicht auf die gesamte anhaltende Neuralaktivität auszuüben. Da es ferner so leicht vom sensorischen Input beeinflußt wird, kann das gesamte Nervensystem durch das Cerebellum während der gesamten sensorisch integrativen Therapie beeinflußt werden, und das ist auch unvermeidbar.
Anders als beim Einfluß auf das Glätten und Modellieren motorischer Aktivität stimmen die Forscher bezüglich der Ergebnisse zerebraler Informationsverarbeitung nicht überein. KARAMYAN (1968) berichtete von zwei steigenden Einflüssen des Cerebellums. Erstens ein *„toning up"* über das phylogenetisch ältere paleozerebellar-retikulokortikale System, was in einem adaptiven Einfluß auf die Kortikalaktivität resultiert, und zweitens ein auslösendes System über das jüngere neozerebellar-thalamokortikale System. Andererseits haben ECCLES et al. (1967) berichtet, daß das Ergebnis des zerebellaren Einflusses auf den Rest der Vorgänge im ZNS strikt hemmend sein müsse. Je intensiver die Exzitation des Zerebellarkortex ist, desto größer ist die hemmende Depression. Die aufgetretenen Unterschiede in den Berichten

von neurologischen Funktionen sind nicht ungewöhnlich, sondern sie spiegeln verschiedene Experimentalmethoden und Interpretationen in einer schnell expandierenden Wissenschaft wider. Normalerweise zeigt zusätzliches Wissen, das man mit der Zeit erwirbt, Gesichtspunkte auf, die sich auf eine komplexere Erklärung beziehen als die zuvor in Betracht gezogenen.

Bei der Durchführung der sensorisch-integrativen Therapie ist es möglich, das Endergebnis des sensorischen Inputs zu beobachten, aber es ist nur möglich, den Neuralweg zu hypothetisieren. Sogar im besten Fall kann man nur hoffen, korrekt zu sein. Die „toning-up“ und die hemmende zerebellare Rolle stehen beide mit der klinischen Beobachtung im Einklang.

Wahrscheinlich kann eine Art Beruhigung des hyperaktiven Kindes durch die sensorisch-integrative Therapie zerebellaren Prozessen zugeschrieben werden. Man nimmt an, daß bestimmte Arten der vestibulären Stimulation, besonders und möglicherweise einige der afferenten Flüsse das Rückenmark herunter in einer Erniedrigung des exzitatorischen Status der Formatio reticularis durch zerebellare Hemmung resultieren. Das kann auch ein Weg sein, über den die vitalen Zentren des Hirnstamms unterhalb eines wünschenswerten Punktes gehemmt werden können, was in einer herabgesetzten Atmung, niedrigerem Puls und möglicherweise einem veränderten Bewußtseinszustand resultiert.

4.4. Die Basalganglien

Die Masse der subkortikalen grauen Substanz, die mit Sammelnamen Basalganglien genannt wird, ist bisher nicht so eingehend untersucht worden wie andere Strukturen, noch ist ihre Funktion in die theoretische Struktur eingearbeitet worden, der die Behandlungsmethoden für eine gestörte sensorische Integration unterliegen.

Die Lokalisation der Basalganglien in den Hirnhemisphären läßt auf den Grad der Komplexität adaptiven Verhaltens schließen, das durch sie vermittelt wird, d. h. mehr komplexes und weniger stereotypisiertes Verhalten als das, was der Hirnstamm ermöglicht; es ist jedoch nicht so hoch präzisiert und so fortgeschritten wie der Kortex der Hirnhemisphäre.

Kürzliche Forschungsarbeiten weisen darauf hin, daß diese Strukturen eine beachtliche Rolle bei der Integration sensomotorischer Aktivität spielen können. Daß sie eine sensorisch-integrative Rolle einnehmen, besonders in Verbindung mit den peripheren Sinnesorganen und dem Kortex, wurde im Werk von KRAUTHAMER und ALBE-FESSARD (1964) dargelegt. Diese Forscher zeigten auch die multisensorischen und heterotopen Konvergenzeigenschaften für visuelle, auditorische und somatische Reize. Einwirkungen auf die nicht spezifische sensorische Aktivität wurden ebenfalls auf die Basalganglien zurückgeführt (SHIMAMOTO u. VERZEANO, 1954). Die integrative Verbindung der Basalganglien mit dem Kortex ist von besonderem Interesse – eine Funktion, die durch das Dienzephalon und eher kaudale Strukturen vermittelt wird. Dieser Einfluß kann bilateral sein, was die Aufmerksamkeit wieder auf Typen des subkortikalen bilateral integrierenden Systems richtet.

Die bedeutende Repräsentation des taktilen und propriozeptiven Inputs in den Basalganglien wurde von SEGUNDO u. MACHNE (1956) aufgezeigt. Sie fanden, daß somatische Reize, wie von Berührung und Stoß, besonders effektiv im Hervorrufen von Entladungen sind. Eine geringere Reaktion wurde bei der Stimulation des Vestibulärapparates gefunden, wo nur spärliche Reaktionen durch Schmerz, Olfaktion, Clicks oder visuelle Blitze hervorgerufen wurden. Ein bedeutender Typ der Konvergenz, der von diesen Forschern gefunden wurde, obwohl er quantitativ nicht sehr groß war, war der zwischen somatischen und vestibulären Sinnen. Diese Autoren nahmen an, daß die von ihnen untersuchten Basalganglien nicht ein subjektives Wiedererkennen von Reizen beinhalteten, sondern eine Regulation der Haltung und der Bewegungen des Körpers im Raum sowie die Hervorbringung komplexer motorischer Handlungen.

Diese Studien lassen darauf schließen, daß Basalganglien in einer Art sensorischer Integration verknüpft sind, die einem Typ des sensorischen Inputs erlaubt, den anderen zu beeinflussen, und diesen Input für die verhältnismäßig komplexe Haltung und andere Körperbewegungen zu nutzen.

4.5. Der „alte Kortex" bzw. das limbische System

Der „alte" Kortex (Archikortex und Paleokortex) und der Neokortex erscheinen in der evolutionären Entwicklung etwa zur selben Zeit; der alte Kortex erreichte seine endgültige Längenausdehnung jedoch lange vor dem Neokortex. Dieser ging in seinen evolutionären Änderungen mit Ankunft des Menschen viel weiter. Die älteren Teile des Gehirns haben ihre Evolution nicht notwendigerweise beendet. GREEN (1958) stellte heraus, daß der Hirnstamm, der Paleokortex und der Neokortex eine gleichzeitige progressive Entwicklung zeigten, was eine nahe Integration der drei Hirnteile ankündigte. Der alte Kortex stimmt ungefähr mit dem limbischen System überein, das mit steigendem Forschungsschwerpunkt eine beachtenswerte funktionale Bedeutung gewinnt. Strukturell paßt es sich genauso wenig der Hoch-Niedrig-Dimension an wie der lateral-medialen der Hirnanatomie.

Wie nach den bereits behandelten allgemeinen Prinzipien erwartet, differieren der alte und der neue Kortex nach verschiedenen Parametern. Das limbische System ist weniger plastisch oder flexibel und weniger komplex. PRIBRAM (1961) vermutete, daß das limbische System ein generelles Beispiel für die Hirnentwicklung ist, genauer, daß die mehr medialen Teile (die das limbische System einschließen würden) weniger komplex sind, aber im allgemeinen einen länger dauernden Einfluß ausüben. Das limbische System ist dazu besimmt, in einer relativ diffusen Weise mit der räumlichen oder modalitätsbedingten Spezifität fertigzuwerden, wofür auch der Neokortex präpariert ist (PRIBRAM, 1961).

Der Kliniker, der sich mit sensorischer Integration beschäftigt, kann das limbische System nicht ignorieren, da es mit allen sensorischen Systemen in Verbindung steht (vgl. MACLEAN, 1955). Es hat mit primitiven Verhaltensmustern zu tun, die für das Überleben des Individuums und der Art notwendig sind, einschließlich vegetativer Funktionen, die den Körper vor Angriffen schützen, und der einfachen wahrnehmungsmotorischen Funktionen, die zur Erfüllung von Überlebensfunktionen benötigt werden. Die Funktion des Systems wird klarer, wenn man die primäre kortikale Struktur von einer großen Anzahl von Wirbeltieren in Betracht zieht. Fische haben keinen Neokortex; Amphibien, Reptilien und Vögel haben einen kleinen; alle diese Tiere zeigen ein Basisverhalten, das allerdings gut integriert ist, und Wahrnehmungs-, motorisches, einfaches Lernen, sowie Gedächtnis mit einschließt.

HERRICK (1933) schlug folgende Ansicht über einige Aspekte zur Entwicklung des alten Kortex vor. Bei den frühesten Tieren mit zerebralem Kortex beherrschte das olfaktorische System diesen Kortex. Reptilien waren die ersten, die einen Zustrom somatosensorischer Information zeigten, der zusammen mit den olfaktorischen Reizen zu den älteren Teilen des Kortex führte. Der motorische Ausstoß aus diesem Teil des alten Kortex war im wesentlichen auf die Fortbewegung und andere komplexe Bewegungen gerichtet. ADEY et al. (1961) schrieben einfache geplante motorische Leistungen dem limbischen System zu. Es scheint, als würden die Vermittlungszentren *somatosensorischer Großbewegungen* im alten Kortex während evolutionärer Prozesse ausgebildet.

Auf dem Funktionsniveau des alten Kortex wie auch auf jedem einzelnen niedrigeren Niveau des ZNS liegt eine motorische Funktion vor, die für den sensorischen Input auf diesem Niveau adaptiv geeignet ist. Einfache Grobbewegung und Fortbewegungsmuster besitzen ebenfalls ein Organisationszentrum in alten Kortexarealen. Auf dem Niveau des limbischen Systems müssen motorische Muster in der Lage sein, die Reaktion auf eine integrierte Wahrnehmung bereitzustellen, auf dem das Tier seine überlebenswichtige Information, wie Angriff oder Flucht, interpretiert. Was für niedere Tiere zutrifft, hat auch Gültigkeit für die menschliche Ontogenese.

Ein anderer Punkt wird durch die Bemerkung herausgestrichen, daß der Neokortex sein Wachstum außerhalb des Hirngebietes begann, das der Olfaktion diente. Es war weniger die Art der sensorischen Modalität, die die Entwicklung der Strukturen, die den Menschen befähigten, ein so beachtliches Gehirn zu entwickeln, förderten, als vielmehr die Tatsache, daß das olfaktorische Gebiet über die größte Kapazität aller nervösen Strukturen zur Integration und Assoziation der sensorischen Information verfügte und diese Infomation für eine adaptive Reaktion gebrauchen konnte. Diese Kapazität dehnte sich in starkem Maße auf den Neokortex aus und stellte die Hauptbasis für eine höhere kognitive Funktion dar. Die engen Zwischenverbindungen zwischen limbischem und retikulärem System sind bereits erwähnt worden (vgl. G. V. RUSSEL, 1961). Funktional dienen beide Systeme viszeromatischen und emotionalen Mechanismen ebenso wie Bewußtseins- und Aufmerksamkeitsmechanismen, obwohl eine Tendenz für eine respektive Spezialisierung vorhanden ist. G. V. RUSSEL (1961) nahm an, daß vielleicht beide Systeme grundlegende integrative Mechanismen des ZNS seien.

Der alte Kortex hat auch mit der Konditionierung und Speicherung der Information und der Verstärkung der Reaktion zu tun, so wie man das in konventionellen Verhaltensexperimenten oder beim operanten Konditionieren versuchte (vgl. OLDS u. OLDS, 1961). Der größte Teil der Daten, der sich auf diese Verbindung bezieht, kommt natürlich aus der Tierforschung, und eine gewisse Skepsis bei der Verallgemeinerung auf den Menschen ist angebracht, da das limbische System mehr artspezifisches Verhalten vermittelt, als das niedrigere Neuralniveaus tun sollen. Ferner zeigt sogar die Erforschung des limbischen Systems niederer Tiere Ergebnisse, die so sehr variieren, daß sie eine komplexere Erklärung erfordern, um die Unterschiede zu erläutern.

Ein Teil der Tierforschung ist auch für den Menschen relevant. BRAZIER (1964) gehört zu denen, die das Kurzzeitgedächtnis beim Menschen mit dem Hippokampus verbinden (eine Struktur des limbischen Systems), und MILNER (1965) u. CORKIN (1965) berichteten von Defekten bei visuell und taktil ausgerichtetem Labyrinthlernen durch hippokampische Läsionen beim Menschen. Diese Struktur mag auch mit einer permanenteren Speicherung des Gehirns verbunden sein (vgl. SMYTHIES, 1970).

Es ist klar, daß der Hippokampus bei der Verarbeitung der Ereignisse für das Gedächtnis mit beteiligt ist, und bei inadäquater Funktion treten Defizienzen des Lernens oder des Gedächtnisses ein. Diese Defekte sieht man im allgemeinen bei Kindern mit Lernstörungen. Um eine so wichtige Rolle beim Lernen anzunehmen, muß der größte Teil der Information, der aus der geläufigen Erfahrung und dem Eintritt in das ZNS resultiert, für den Hippokampus verfügbar sein. Sobald ein Teil der Informationen für den alten Kortex durch den Hirnstamm und die dienzephalischen Bahnen verfügbar ist, kann man annehmen, daß integrierende Wahrnehmungen auf niedrirgerem Niveau und normalisierende Hirnstammfunktionen dem alten Kortex in so hohem Maße wie möglich eine bessere Gelegenheit zu geben vermögen, bei seinen Lern- und Gedächtnisoperationen zu funktionieren. Es ist genauso möglich, das Gedächtnis durch sensorischen Input zu stören, besonders dann, wenn der sensorische Input zu keinem Inhalt in Verbindung steht, der erinnert werden soll oder der mit Verhaltensmustern von mehr fundamentalem Überlebenswert in Verbindung steht. Ob der Effekt positiv oder negativ ist, muß empirisch festgelegt werden.

Obwohl der Bereich der Emotionen außerhalb des Gebietes dieses Buches liegt, wäre jede Bezugnahme auf das limbische System unvollständig ohne die Aufmerksamkeit auf die vorherrschende Rolle zu lenken, die dieses System im emotionalen Leben eines Individuums spielt. Das limbische System hat einen generellen antreibenden Effekt, der unter der Kontrolle von exterozeptiver und propriozeptiver Stimulation zu stehen scheint (SHEER, 1961). Ein so beschriebenes System kann verantwortlich sein für die zunehmende Tatkraft, die bei manchen Kindern während der sensorisch-integrativen Therapie beobachtet werden kann. Zu dieser Zeit glaubte man, daß die sensorisch-integrative Therapie einen signifikanten Effekt auf die Psyche des Kindes habe und daß dieser Effekt durch das limbische System zustandekäme. Der Kliniker muß sich über die möglichen emotionalen Folgen der Behandlung bewußt werden und auf sie achtgeben. Sie können sehr tiefgreifend sein.

Zusammenfassend kann man sagen, daß der alte Kortex sensomotorische, kognitive und affektive Funktionen vermittelt, die alle miteinander auf einem Niveau in Verbindung stehen, das weniger komplex ist als das des Neokortex. Die sensomotorischen Funktionen sind komplexer als die der Basalganglien, und diese wiederum sind komplexer als die des Hirnstamms. Das limbische und retikuläre System stellen die Kraft bereit, die das Individuum vorantreibt. Sie sind die „Energiespender" des Organismus. Eine signifikantere Feststellung kann nicht gemacht werden.

4.6. Der Neokortex

Der Neokortex gibt in gewisser Hinsicht seinen „Rat und seine Zustimmung" für alle niedrigeren Strukturen des ZNS. Man kann sich den Neokortex als einen Berater des Hirnstamms und des limbischen Systems vorstellen, der die Information spezialisierterer Art verarbeitet als die Informationen es sind, die den niedrigeren Stufen erreichbar sind, so daß diese ihre Triebkraft in Gang setzen, um die Mechanismen für eine optimale Adaption benutzen zu können. Schließlich ist das die Absicht der Organisation im Gehirn. Bei Kindern mit einer Dysfunktion ist die Vorherrschaft des Neokortex nicht voll entwickelt, und das Kind wird häufig von Aktivitäten niedrigerer Stufe und mehr primitiven Funktionen angetrieben.

Der Neokortex organisiert als jüngste der Integrationsstufen nicht nur sensorische Aktivität auf seinem eigenen Niveau, sondern beeinflußt auch die Integration in niedrigeren Stufen. Gleichzeitig wirken auch die niederen Strukturen auf ihn ein. Die Interaktion ist so groß, daß man sich Wahrnehmung nicht als einen Prozeß vorstellen kann, der auf irgendeinem einzelnen Niveau des Gehirns abläuft, sondern als gleichzeitige Funktion aller Stufen. Der Kortex kann facilitatorisch oder inhibitorisch auf alle weniger komplexen Strukturen wirken. Ferner versorgt der Neokortex eine weit größer ausgedehnte Fläche für den Empfang von sensorischer Information als die niederen Zentren, wie das limbische System und der Hirnstamm. Er besitzt seine eigene fast direkte Bahn von den sensorischen Rezeptoren durch den Thalamus und er empfängt auch Informationen über indirekte Bahnen.

DIAMOND (1967) vermutete, daß bei höheren Säugetieren die sensorischen Areale sowie der auditorische oder visuelle Kortex eine integrative Rolle einnehmen könnten, die bei niedrigeren Tieren nicht existiert. Sensorisch-integrative Therapie, die eine zweckgebundene Aktivität erfordert, wird automatisch diese Stufe der sensorischen Integration einschließen, da alle komplexen Wahrnehmungsprozesse vom Kortex abhängig sind. Sensorisch-integrative Therapie betont nicht den neokortikalen sensorisch-integrativen Prozeß, ignoriert ihn aber auch nicht. Die Therapie ist generell auf eine Verbesserung neokortikaler Funktionen durch das Erreichen besserer Integration auf niedrigeren untergeordneten Stufen gerichtet. Man glaubt, daß diese Auffassung auf lange Sicht gesehen effektiver ist als eine, die nur die

Kortikalaktivität betont. Wenn die Integration auf niedrigeren Stufen durch den Therapeuten maximal ausgeführt ist, dann scheint die Betonung der neokortikalen sensorisch-integrativen Prozesse der nächste logische Schritt zu sein. Solange subkortikale Strukturen schlecht integriert bleiben, sind die Möglichkeiten zur Behebung der Schädigung durch eine kognitive Annäherung begrenzt, da neokortikale Prozesse zur optimalen Funktion subkortikale benötigen.

Der Bezug der verschiedenen anatomischen Stufen zur Behandlungsphilosophie besteht weitgehend in der Art und Weise, in der der Therapeut seinen Heilungsplan aufstellt und durchführt. Wenn der Plan den Einsatz von Hirnstammechanismen vorsieht, können diese in einem größeren Ausmaß mit einbezogen werden als bei einem Plan, bei dem das Kind einen bestimmten Arm oder ein Bein bewegen soll. Wahrnehmungsmotorische Aktivitäten, die auf einen Schreibtisch oder Tisch gerichtet sind, sind eher kortikal orientiert. Solche, bei denen sich der ganze Körper durch den Raum bewegen muß, erfordern in einem größeren Ausmaß Hirnstammechanismen als Schreibtischaktivitäten. Bringt man dem Kind rechts und links als Richtungen oder Seiten seines Körpers mittels Farben oder Markierungen auf Schuhen oder Händen bei, so stellt dies eine stark kortikale Annäherungsweise dar; während die Konzentration auf niedrigere Stufen der Neuralfunktion beispielhaft dargelegt wird, wenn das Kind die Richtung oder die Körperseiten durch die Integration vestibulärer, somatosensorischer und visueller Reize und durch die Normalisierung der Mechanismen einer interhemisphärischen Integration erfahren kann.

4.7. Grundzüge der Funktionsniveaus

Einige der Grundzüge der Hirnfunktion, die in diesem Kapitel beschrieben wurden, verdienen Neuformulierung und weitere Ausarbeitung aufgrund ihrer Bedeutung für das Verständnis und die Ausführung therapeutischen Vorgehens. Einer der bedeutendsten Grundzüge besteht darin, daß die Hauptneuralstruktur, die ihren sensorischen Input aus vielen Arealen erhält, einen tiefgreifenden Einfluß auf den Rest des Gehirns ausüben kann. Die Mannigfaltigkeit des Inputs bedeutet gewöhnlicherweise Konvergenz des Inputs. Hirnstamm und Thalamus sind gute Beispiele für Strukturen, auf die diese Prinzipien zutreffen. Die nicht spezifischen Gebiete in diesen *Arealen* erhalten den sensorischen Input aus allen Quellen und haben umgekehrt einen weitgehenden Einfluß auf den Gebrauch der Wahrnehmung für das restliche Gehirn. Die Therapie, die darauf abzielt, den Kortex zu beeinflussen, muß darauf abzielen, dies über die niedrigeren Strukturen zu erreichen.

Vergleicht man die Verhaltensfunktionen auf einem Niveau mit denen auf einem anderen, ändert sich weniger die Art als die Komplexität und der Grad der Flexibilität. Je höher das Funktionsniveau, desto weniger stereotyp ist das Verhalten. Je höher das Niveau der sensorischen Organisation, desto mehr liegt die Betonung auf einer präzisen Interpretation der räumlichen und zeitlichen Dimensionen von Reizen; je niedriger das Niveau, desto mehr Betonung liegt auf der sensorischen Integration im Gegensatz zur sensorischen Analyse.

Ähnlich weist der zentrale Kern des Hirnstamms eine eher ausgedehnte und weitangelegte Funktion auf und ist mehr mit sensorischer Integration befaßt als z. B. die medial lemniscalen Fasern im Hinterstrang, die besonders mit dem Transport präziser taktiler und propriozeptiver Information zum Gehirn zu tun haben.

In gleicher Weise variiert die Funktionsqualität mit den verschiedenen Niveaus. Dieses Prinzip ist leicht an einem Beispiel darzulegen, wenn die gleiche sensorische Funktion an mehr als einem Niveau dupliziert wird. Wir haben bereits zuvor gesehen, daß jedes erfolgreich höhere Funktionsniveau den Organismus befähigt, essentiell die gleichen Überlebensfunktionen zu erfüllen, allerdings

auf einem komplexeren und höher adaptiven Niveau.
Bei der Untersuchung von Katzen fand BISHOP (1959), daß phylogenetisch frühere und gewöhnlich kleinere Fasern zu den ventralen oder tektalen Regionen des Hirnstamms führten, wo sich wichtige motorische Kontrollsysteme befinden. Später begann das Corpus geniculatum, Übertragungen auf den Kortex vorzunehmen, aber nur die größten 10% oder weniger der Fasern des Tractus opticus wurden an das Corpus geniculatum weitergegeben. Die nächst größere wurde zum Thalamus weitergegeben. Eine kleinere Anzahl wanderte zum vorderen Tectum und die kleinste endete in den Colliculi. Diese Beobachtungen, die eine beträchtliche Relevanz für den Inhalt des Kapitels über die Form- und Raumwahrnehmung besitzen, sind weiterhin ein Beweis der Notwendigkeit, neurale Prinzipien unterhalb des Kortex in die sensorische Integration einzubeziehen. Sie stellen außerdem beispielhaft das evolutionäre Konzept des Hinzufügens zu existierenden Strukturen und Funktionen dar, im Gegensatz zum Ersetzen von Struktur und Funktion.
Diese Prinzipien stellen klar die Notwendigkeit der Einbeziehung von Hirnstamm und Thalamus in alle therapeutischen Bemühungen zur sensorischen Integration heraus. Eine derartige Beteiligung kann einen tiefgreifenden Einfluß auf das restliche Gehirn ausüben.

5. Die Sinnesmodalitäten

Ziel dieses Kapitels ist es, einen Überblick über die Funktion verschiedener Sinnesmodalitäten zu geben, wie sie von der neurophysiologischen Forschung bestimmt werden. Gewisse Aspekte, die für eine Therapie besonders wichtig sind, werden betont. Diese Aspekte tragen zu einem Verständnis sensorisch-integrativer Prozesse bei, werden aber in Standardwerken der Neurologie im allgemeinen nicht betont.

Die untersuchten Funktionen haben oft eher hypothetischen als faktischen Charakter, obwohl einige faktische Daten viele Forderungen unterstützen. Oft ist das Hypothetische von größerem Wert als das Faktische, weil es eine vorläufige Erklärung einiger Reaktionen des Kindes auf die Therapie bietet. Ferner liegt ein großer Teil der Neuralfunktion – besonders der Funktionen, die sehr eng mit der menschlichen Emotion und Kognition und mit höheren adaptiven Funktionen verbunden sind – im Bereich der Postulate. Irgendwann einmal werden die genauen Vermutungen von den ungenauen getrennt werden. In der Zwischenzeit werden Hypothesen als Vorschläge für die Ausarbeitung therapeutischer Maßnahmen oder als Bereitstellung vorläufiger Erklärungen für die augenscheinliche Effektivität angesehen.

5.1. Das vestibuläre System

Die Rolle des vestibulären Systems wird oft übersehen, weil viele seiner Funktionen entweder weit unter der Bewußtseinsschwelle verlaufen oder ihre Bedeutung als erwiesen angesehen wird, wenn nicht gerade Störungen vorliegen oder sie den Verdauungstrakt beeinflussen. Ungeachtet dieses Mangels an bewußter Kenntnis der Bedeutung des vestibulären Systems möchte das Baby gewiegt werden, und das kleine Kind liebt es, in die Luft geschwungen oder geworfen zu werden. Ältere Kinder balancieren auf dem Bordstein, Mauern u. ä., spielen Hopsen, springen Seil und fahren Karussell. Dann gehen sie zum Skifahren und zu Fahrten in Freizeitparks über. Der Mensch will ständig seinen Vestibulärapparat stimulieren und stellt sein Gleichgewicht auf die Probe, indem er seine Gewandtheit gegen die Anziehungskraft der Erde vom ersten Mal des Kopfhebens an ausspielt.

Personen, die berufsmäßig besonders mit wahrnehmungsmotorischem Training zu tun haben, haben Aktivitäten betont, die direkt das vestibuläre System erfordern – sowohl in Form von Aussendung sensorischer Impulse und im Stellen von Anforderungen an das Kind, die mit dieser sensorischen Information in Verbindung stehen, wie das Balancieren auf einem Balken oder einem schmalen Holzstück (vgl. KEPHART, 1960). Der Bedarf nach extensiver Untersuchung der Rolle des vestibulären Systems im sensorisch-integrativen Prozeß entstammt sowohl dem ständigen extensiven Gebrauch vestibulärer Stimulation im wahrnehmungsmotorischen Training als auch der Tatsache, daß es eine unbezweifelbar wichtige Rolle in der Gesamtfunktion des Gehirns einnimmt.

Das vestibuläre System schließt nicht nur den rezeptiven Apparat ein, sondern auch die vestibulären Kerne und Bahnen und jeden Teil des Gehirns, der die bedeutenden Verbindungen zwischen diesen Kernen und Bahnen herstellt. Einige Funktionen des vestibulären Systems sind wahrscheinlich noch nicht von Neurobiologen beschrieben worden; im Falle ihrer Existenz würden sie aber jeden Menschen beeinflussen. Die vestibulären Kerne selbst sind so schwierig und kompliziert in allen ihren Verbindungen, daß sie sich immer noch im Stadium der Erforschung befinden, und die Mechanismen, mit denen das vestibuläre System vermutlich verbunden ist, sind zu zahlreich, um im Detail diskutiert zu werden. Man kann daher annehmen, daß ein System von hohem phylogenetischen Alter und großer Konstanz, das viele große Hirnstammkerne in Anspruch nimmt und viele sich verzweigende Verbindungen herstellt, eine bedeutende Rolle in der sensomotorischen Funktion spielt.

Das vestibuläre System befähigt den Organismus, Bewegungen wahrzunehmen, besonders Beschleunigung, Verlangsamung und die Anziehungskraft der Erde. Dieses System hilft dem Organismus zu wissen, ob ein gegebener sensorischer Input – visuell, taktil oder propriozeptiv – mit einer Körperbewegung verbunden ist oder eine Funktion der äußeren Umwelt darstellt. Zum Beispiel sagt es der Person, ob sie sich in einem Raum bewegt oder der Raum sich um sie herum. Die Wirkung von Schwerkraft und Bewegung sind nicht vollkommen zu trennen, obwohl ihre Effekte gewöhnlich hauptsächlich, aber nicht gänzlich verschiedenen anatomischen Strukturen zugeschrieben werden, wobei die Bewegung durch die Bogengänge und die Schwerkraft vornehmlich durch Macula utriculi und Macula sacculi vermittelt wird. Menschen, die den vestibulären Apparat auf einer Kopfseite nicht mehr gebrauchen können, zeigen einen verringerten Bewegungssinn, wenn sie sich in einer Stellung befinden, die sich auf die Schwerkraft bezieht, in einer anderen jedoch nicht (WALSH, 1960). Diese Ergebnisse sollten anzeigen, daß die Schwerkraftrezeptoren halfen, die Bewegung zu interpretieren. Wegen der Interaktion der Wirkung von Schwerkraft und Bewegung werden sie gleichzeitig in der Behandlung und in der Diskussion des Systems betrachtet.

Für das vestibuläre System besteht eine beträchtliche Möglichkeit, alle anderen andauernden sensorischen Erfahrungen zu beeinflussen. Die großen Vestibularkerne im Hirnstamm sind in der Lage, die Interaktion mit absteigenden, aufsteigenden und anderen Hirnstammfunktionen zu versorgen. Absteigende Fasern agieren auf Rückenmarksniveau, um dort die sensomotorische Aktivität zu beeinflussen. Das Cerebellum und pontine Areale erhalten hohen Input vom vestibulären System, und einige erreichen den Kortex über die eine oder andere Bahn. Wie wir in einem früheren Kapitel gesehen haben, ist das vestibuläre System eine der häufigsten Quellen des Einflusses auf konvergente Neurone.

Der extensive Einfluß des vestibulären Systems auf den motorischen Output war einer der bekanntesten und am leichtesten erkannten Einflüsse. Die Erscheinung des Nystagmus ist als normale Reaktion zu betrachten als Folge vestibulärer Stimulation, die aus einer etwa 30 sec langen konstanten Beschleunigung bestand. Der Nystagmus dient der Illustration der engen Verbindung zwischen vestibulären und extraokularen Muskeln. Das Verhältnis zwischen den Bewegungsrezeptoren und den extraokularen Muskeln ist für die Erkenntnis des richtigen Verhältnisses zwischen Körperbewegung und der des visuellen Feldes bedeutsam. Die Informationskombination aus den extraokularen Muskeln, dem vestibulären Apparat und dem visuellen Feld selbst ermöglicht es dem Individuum zu sagen, ob sich seine Augen bewegen, ob sich sein Kopf bewegt oder ob sich das visuelle Feld selbst bewegt.

Das vestibuläre System übt einen großen Einfluß auf den Muskeltonus aus, sowohl allgemein als auch mehr spezifisch durch bestimmte neuromuskuläre Reflexe. Der Einfluß wird durch die lateralen und medialen vestibulären Kerne über efferente Transmission das Rückenmark hinab vermittelt (BRODAL, 1964). Es besitzt einen hoch facilitatorischen Effekt auf das efferente Gamma-Neuron (intrafusale Faser) zur Muskelspindel und auch einen gewissen Effekt auf das motorische Alpha-Neuron, das die Skeletalmuskulatur versorgt. Durch die Aktivation des efferenten Gamma-Neurons zur Spindel hin wird der afferente Impulsfluß von der Spindel beibehalten und durch die motorische Funktion mit reguliert. Die grundlegende Rolle einer Muskelfunktion und des selbständigen Bewegungsvermögens verleiht ihm eine bedeutende Funktion in der Entwicklung und Erhaltung des Körperschemas, da die Entwicklung des Körperschemas teilweise von der Interpretation der Bewegung der Gliedmaßen abhängig ist.

Methoden, die zum Test der Vollständigkeit des vestibulären Systems benutzt werden, deuten die Rolle an, die das System in der sensomotorischen Funktion des Menschen spielen soll. Zusätzlich zu den gewöhnlichen Tests des stehenden Balancierens mit geschlossenen Augen und der Präsenz des Nystagmus nach schnellem Drehen forderte JONGKEES (1967) seine Patienten auf, die Arme mit geschlossenen Augen zu heben und zu senken, wobei sie jeweils auf den gleichen Fleck zeigen sollten. Wenn sich der Arm von Seite zu Seite bewegt, wird der Einfluß von labyrinthischen Impulsen als abnormal angesehen. Dieser Test zeigt den vestibulären Einfluß auf den Muskeltonus.

Einige der generalisierten Effekte der Muskelfunktion sind von der Grundlagenforschung beschrieben worden. Nach ihren Studien über die menschliche Wahrnehmung der Vertikalität innerhalb eines sich bewegenden Feldes während verschiedener Arten galvanischer Stimulation hielten es AARONS u. GOLDENBERG (1964) für wahrscheinlich, daß der geänderte Muskeltonus, der aus vestibulärer Stimulation resultiert, innere Schlüssel bereitstellt, die im visuellen Wahrnehmungsprozeß gebraucht werden. Die Mechanismen arbeiten ohne Bewußtsein von seiten des Individuums. Diese Ergebnisse implizieren, daß der gestörte Muskeltonus beim lernunfähigen Kind die visuelle Wahrnehmung stören kann.

Nach der Durchtrennung des 8. Kranialnervs einer Katze, der die Nervenimpulse vom vestibulären Apparat zum Gehirn befördert, fanden KEMPINSKY u. WARD (1950), daß die motorische Reaktion eines Gliedes, die durch die Stimulation nahe der Schwelle im Kortex hervorgerufen wurde, verringert oder ganz abgestellt wurde. Sie schlossen daraus, daß das vestibuläre System afferente Impulse beiträgt, die eine gewisse Backgroundaktivität im facilitatorischen System aufrecht erhalten. Nach der Sektion des Nervs war vermehrte kortikale Stimulation notwendig, um den verringerten Input zu kompensieren. Es ist bekannt, daß eine beachtliche Menge von afferenten Trägern notwendig ist, um eine motorische Reaktion vom ZNS hervorzurufen. Offensichtlich kommt ein beträchtlicher Teil dieser afferenten Träger aus dem vestibulären System. Die obengenannte Studie geht von der Annahme aus, daß das Individuum mit unzureichendem afferentem Fluß bzw. ungenügender Integration vom vestibulären System sich mehr „anstrengen“ muß, um bestimmte Bewegungen auszuführen. Das mag ein Teil des Bildes vom langsamen, hypotonischen und lethargischen Kind sein.

Das vestibuläre System trägt in beachtlichem Maße zu generell energisierenden Eigenschaften des retikulären Erregungsystems bei und kann einen der höchst exzitatorischen Typen des sensorischen Inputs bereitstellen. Andererseits kann das gleiche System einen depressiven Effekt auf den Hirnstamm ausüben, einschließlich der Zentren der Vitalfunktion in diesem Bereich. Ein Teil dieses Effekts wird möglicherweise durch die inhibitorische Funktion des Cerebellums vermittelt. J. C. SOLOMON (1959) beobachtete die beruhigende Wirkung der Eisenbahnbewegung auf den emotionalen Zustand von gestörten Patienten. In Verbindung mit dieser Beobachtung äußerte SOLOMON die Ansicht, daß die Stimulation des vestibulären Apparates ein bedeutender Aspekt dafür war, wie die Mutter das Kind hielt und behandelte.

Ob vestibuläre Stimulation einen exzitatorischen oder einen inhibitorischen Effekt auf das menschliche Verhalten über den Hirnstamm ausübt, wird durch die Art der Stimulation bestimmt. In der klinischen Situation hat man beobachtet, daß langsame, rhythmische passive Bewegung mit dem Kind in einer Situation, die keine adaptiven Reaktionen erfordert, inhibitorisch wirken kann, wogegen schnelle Bewegung exzitatorisch wirkt.

Ein Beispiel potentiell weitreichender Effekte der vestibulären Stimulation auf die wahrnehmungsmotorische Entwicklung wurde in einem Experiment von YOUNG (1964) demonstriert. Ratten, die am 2. – 5. postnatalen Tag durch schnelle Rotation in einem Käfig für 3 min. stimuliert wurden, waren einen Monat später in der Labyrinthleistung besser als die Kontrolltiere. Ferner wurde der nachteilige Effekt von Drogen, die den Muttertieren während der Schwangerschaft verabreicht wurden, durch frühe vestibuläre Stimulation gemildert. Diese Ergebnisse stimmen mit den Beobachtungen und Berichten von LEVINE (1962) überein, der Ratten nach einer Stimulation in der Kindheit bezüglich der Wahrnehmung und der Emotionen besser entwickelt vorfand – ein Prozeß, der unverändert vestibuläre Stimulation erfordert.

Man glaubt, daß sensorische Systeme, die phylogenetisch eher erscheinen und ontogenetisch früher reifen, eine wichtige Rolle in den folgenden Entwicklungssequenzen spielen. Das vestibuläre System war nicht nur eines der frühen sensorischen Systeme, die phylogenetisch auftraten, sondern die mit ihm verbundenen Bahnen myelinisieren am frühesten im fetalen Leben – bei ca. 20 Wochen.

KASATKIN (1962) hat bemerkt, daß beim normal gesunden Kind die konditionierten Reflexe zuerst in vestibulären und auditorischen und später in taktilen und visuellen Analysatoren erscheinen. Da konditionierte Reflexe durch morphologische Reifung und den Grad der funktionalen Fertigkeit vorbestimmt sind, glaubt KASATKIN, daß das vestibuläre System vor dem taktilen reift. Wahrscheinlich hat KASATKIN einige der phylogenetisch und ontogenetisch späteren taktilen Reflexe in Betracht gezogen, die das Produkt von spezifischer und hoch analytischer taktiler Funktion sind. Es ist möglich, daß einige der eher primitiven taktilen Funktionen vestibulären zeitlich vorangehen.

NORTON (1970), der die *Myelinisierung* als Reifungsindex benutzte, stellte neurologische Forschungen an, um eine Hypothese aufzustellen, die die Frequenzen und Prozentsätze von verschiedenem sensorischem Input, den motorischen Output und das Feedback der sensorischen Stimulation berücksichtigen sollte, die zum anfänglichen Bewußtsein als dem Vorläufer der kognitiven Funktion in den frühen Monaten des postnatalen Lebensabschnittes mit beitragen konnte. Er sagte, daß das vestibuläre System den größten Anteil des Inputs beisteuere, und daß die Muskelspindel und der Golgi-Komplex den nächst größeren Prozentsatz aller möglichen Arten von sensorischem Input beisteuere, indem er neurologische Prozesse aktiviert und eine Grundlage für die beginnende kognitive Funktion legt. Wenn der sensorische Input, der aus Berührung, Druck und passiver Bewegung resultiert, dem propriozeptiven Input hinzugefügt wird, konnten 50% des sensorischen Inputs durch die Reizreaktionsfunktion erklärt werden. NORTON schloß, daß die Behandlung durch grobe Bewegung eine valide neuroanatomische und neuropsychologische Basis aufweist.

Wenn man ein sensorisches System in einer Theorie plaziert, ist es gewöhnlich hilfreich, Vermutungen über die Rolle dieses Sinnes für das Überleben durch die Evolution hindurch anzustellen. Nicht wie das taktile System, das den Organismus vor drohender Gefahr warnt, entweder vor einem räuberischen Feind oder einem für den Organismus schädlichen Objekt, ist das vestibuläre System eher mit der Raumbeziehung des Organismus zur Erde befaßt. Diese Beziehung stellt eine der grundlegendsten Formen physischer und emotionaler Sicherheit dar. Sie ist weit früher entstanden als die Beziehung zu anderen Menschen, aber nur etwas weniger früher als das Verhältnis des Individuums zu seinem physischen Körper. Die Grundbeziehung zum eigenen Körper besteht in seiner Existenz und in der Trennung von Objekten, die kein eigenes Selbst besitzen. Die Entwicklung dieses Bewußtseins wird vom taktilen wie vom vestibulären System unterstützt.

Die Basisfunktionen wie Kampf, Flucht und die einfache Fortbewegung auf vier Füßen werden zur Futterbeschaffung benötigt und sind abhängig von einem adäquaten Funktionieren des vestibulären Systems. Dieses System besitzt einen der wesentlichsten Überlebenswerte auf primitivstem Niveau, und eine solche Bedeutung wird durch seine Rolle bei der sensorischen Integration widergespiegelt.

Vestibuläre Information ist ständig integriert in andere sensorische Daten im Hirnstamm und auf kortikaler Ebene, was einen weitgehenden Einfluß bereitstellt, der möglicherweise über das heutige Verständnis hinausreicht. Untersuchungen im Labor von JUNG (JUNG, 1961; JUNG et al., 1963) haben ergeben, daß Neurone im visuellen Kortex bei Katzen eine Integration der Information vom Auge, dem vestibulären System und dem nicht spezifischen retikulothalamischen System zeigen. Afferenzen von diesen drei Quellen konvergierten meistens auf das gleiche Neuron. Die vestibuläre Information versorgt die Stabilität des visuellen Bildes im Zusammenhang mit Bewegungen des Kopfes und des Körpers; ein bestimmtes Maß an retikulärer und thalamischer Stimulation ist notwendig, um den Kortex in einem adäquaten Zustand der Erregbarkeit zu halten.

JUNGS Mitarbeiter fanden, daß die vestibuläre Stimulation durch labyrinthische Polarisation 90% der Neurone im Kortex der Katze aktivierte. Beim Einsatz von hohem Strom fand man konvergente Zellen, die auf vestibuläre Stimulation reagierten, überall in den oberen Windungen des Katzenkortex. Die Forscher vermuteten, daß kortikale Neurone, die konvergent für visuelle und vestibuläre Reize sind, im Hirnstamm vorkoordiniert sind – eine Bedingung, die erneut die Betonung auf die Hirnstammfunktion legt. Nimmt man an, daß der menschliche Kortex wahrscheinlich den gleichen Prinzipien der sensorischen Integration wie der Katzenkortex folgt, scheint es sehr wahrscheinlich, daß eine optimale Entwicklung der visuellen Wahrnehmung von einem bestimmten Grad der Adäquatheit der Integration der vestibulären Information abhängt, und daß die Verbesserung sensorischer Integration auf Hirnstammniveau für das therapeutische Ziel bedeutsam ist.

Paul SCHILDER (1933) machte viele Beobachtungen am vestibulären System und dessen Rolle im Leben des Menschen, die mit denen einhergehen, die kürzlich im Verlauf der sensorisch-integrativen Therapie gemacht worden sind. SCHILDER (1933) betrachtete das vestibuläre System als „einen Koordinationsapparat für [alle] sensorischen Funktionen“. Er nahm an, das System habe eine vereinigende Funktion, die er wie folgt ausführte: „Der vestibuläre Apparat ist ein Organ, dessen Funktion gegen die Isolation diverser Funktionen im Körper gerichtet ist.“ Bis zu dem Ausmaß, in dem das vestibuläre System die von SCHILDER beschriebene Rolle annimmt, ist es auch für die sensorische Integration bedeutsam. Ferner gibt es zunehmend Beweise dafür, daß ein gewisser Typ der sensorischen Integration vestibulärer Reize für das psychosoziale Wachstum von Bedeutung ist (vgl. J. C. SOLOMON, 1959; LEBOWITZ et al., 1961; SCHILDER, 1964; ORNITZ, 1970; PRESCOTT, 1970).

5.2. Das taktile System

Der Wahrnehmungsprozeß erfordert die ständige Regelung und Sortierung sensorischer Reize in sowohl zeitliche als auch räumliche Sequenzen mit anhaltender intersensorischer Verbindung. Berührung ist einer der Sinne, der speziell den anhaltenden Prozeß erfordert, der zur Wahrnehmung anderer Arten der Wahrnehmungsempfindungen beiträgt. Berührung war einer der vorherrschenden Sinne durch die Evolution hindurch, ist bei der Geburt ein vorherrschender Sinn und scheint weiterhin wichtiger für menschliche Funktionen im Leben zu sein als man allgemein erkannte. Behält man diese wesentliche Funktion im Sinn, so ist es interessant zu bemerken, daß das phylogenetisch frühere Neuralrohr sich aus dem Ektoderm des Tieres entwickelte.

Die Reifungsfolge der taktilen Funktionen ist eng mit der allgemeinen Neuralentwicklung und dem frühen Verhalten der Kinder verbunden. Zum Beispiel sind die taktile Wahrnehmung und die motorische Planung bei Kindern im Alter von vier bis acht Jahren enger mit den Quotienten auf der Gesell-Skala, die früh im Leben erreicht wurden, verbunden als die Ergebnisse visueller Wahrnehmungstests (AYRES, 1969 b). CASLER (1965) untersuchte acht Paare von in Anstalten untergebrachten Babies unter einem Lebensjahr mit denselben Symptomen. Leichte Berührungs-Druck-Stimulation ließ die Enwicklungsquotienten nach Gesell in der Experimentalgruppe im Vergleich zur Kontrollgruppe ansteigen. Nach CASLERS Studien kann vermutet werden, daß taktile Stimulation wahrscheinlich einen Unterschied bei den Indices der Reifungsquoten der kindlichen Entwicklung macht.

Als BLANK (1964) feststellte, daß die *Aufgaben der Auge-Hand-Koordination* zwischen 20 und 28 Wochen sehr hoch mit der allgemeinen Entwicklung korrelierten, nahm er an, daß gerade dieses Alter eine sehr wesentliche Periode für die Entwicklung der Handaktivitäten darstellt. Da taktile Funktionen und motorische Planung eng miteinander verbunden sind, kann man annehmen, daß dies ein Alter ist, in dem die taktile Diskrimination wesentlich entwickelt wird.

Daß taktile Funktionen einen empfindsamen Indikator für den Integrationsgrad des ZNS darstellen, wird durch die Studien von ZUBEK u. FLYE (1964) gestützt, in denen sie fanden, daß taktile Schärfe und die Empfindlichkeit auf Hitze und Schmerz bei Menschen anstiegen, die eine Woche lang in Dunkelheit gelebt hatten oder einförmigem Licht ausgesetzt waren. Der Effekt blieb mehrere Tage bestehen.

Die klinische Erfahrung führte zu dem Schluß, daß beim Kind bis zum Alter von acht bis neun Jahren der Integrationsgrad des taktilen Systems ein ziemlich genauer – aber nicht invariabler – Index sensorischer Integration im allgemeinen ist. Bei Erwachsenen wurde die taktile Wahrnehmung als ein ziemlich guter Maßstab für die allgemeinen Auswirkungen von Hirnschäden erkannt (WHEELER et al., 1963). Ein Test, der gelegentlich zum Testen grober Dysfunktionen des ZNS gebraucht wird, erfordert die simultane Applikation zweier taktiler Reize, normalerweise einen im Gesicht und den anderen entweder auf die kontralaterale oder die ipsilaterale Hand. Eine abnorme (altersabhängige) Reaktion besteht entweder im Verfehlen der Wahrnehmung eines der beiden Reize, normalerweise dessen, der auf die Hand appliziert wird, oder die Wahrnehmung der Reize an einem anderen Teil des Körpers. Dieser Test wurde erwähnt, um verschiedene Arten der Abnormalität widerzuspiegeln, einschließlich der Erholung von einer allgemeinen Anästhesie (JAFFEE u. BENDER, 1952), Schwachsinn (POLLACK u. GORDON, 1959 – 1960; FINK et al., 1953; COHN, 1951) und Hirnschäden (FINK et al., 1952). Es ist von Interesse zu bemerken, daß normalerweise der Handreiz ausgelöscht wird. Die Reaktion wird interpretiert als eine Vorherrschaft von Reizen mit größerem Überlebenswert. Ein Individuum kann länger ohne Hand als ohne Kopf überleben. Wenn diese Erklärung richtig ist, stimmt sie mit der Ansicht überein, daß einige taktile Mechanismen dazu bestimmt sind, primitiven Überlebensfunktionen zu dienen.

Taktile Funktionen sind die frühesten. Das phylogenetische Erbgut des Menschen erfordert taktile Information als die Hauptinformationsquelle über die Umweltbedingungen, die dem Organismus sagen, ob eine gegebene Oberfläche für die Extremität geeignet ist, oder die ihn warnt, daß ein Feind zu nahe ist, was eine Kampf- oder Fluchtreaktion erfordert. Diese Reaktionen sind abhängig von den engen Verbindungen zwischen dem taktilen und dem limbischen System.

HARLOWS (1958) Untersuchung an Affen lenkte die Aufmerksamkeit der Fachwelt auf die Bedeutung der taktilen Stimulation für die psychosoziale Entwicklung von Primaten, ein Konzept, das schon früher durch den Gedanken eingeführt wurde, daß die Haut als buchstäbliche Grenze zwischen Selbst und Nicht-Selbst die individuelle Identität mitformt. Spätere Kapitel werden die enge Verbindung des taktilen Systems nicht nur mit motorischen Reflexen, sondern auch mit der Kapazität der motorischen Integration aufzeigen. Ein Typ der Wahrnehmung, der einen Bereich menschlicher Verhaltensweisen vom Spinalreflex bis zur Fähigkeit zu affektiven Reaktionen beeinflußt, kann durchaus einen beherrschenden Einfluß auf die sensorisch-integrativen Prozesse haben, die im Gehirn ablaufen.

Einige Hinweise auf den integrativen Beitrag des taktilen Systems lassen sich aus den Studien zur sensorischen Deprivation entnehmen. Jede Experimentalsituation, in der der somatosensorische Input durch die Immobilität des Körpers herabgesetzt ist, begrenzt in großem Umfang die taktile Stimulation. Obwohl die Person durch den Kontakt, der durch das Liegen entsteht, Druck empfindet, adaptieren sich taktile Rezeptoren schnell – schneller als die somatosensorischen Rezeptoren –, was zu einem verminderten afferenten Fluß von den taktilen Rezeptoren und den Propriozeptoren führt. Da dieser Typus sensorischer Deprivation ziemlich schnell zu emotionalen und perzeptualen Abnormalitäten führt, nimmt man an, daß ein kontinuierliches Bombardieren des Gehirns mit sensorischen Impulsen notwendig zur Erhaltung der Stabilisation des Nervensystems ist.

Im allgemeinen bevorzugt die Forschung ein umfassendes anatomisches System, das taktile Funktionen vermittelt, im Gegensatz zur Organisation in einzelnen und begrenzten Arealen, die denen gleichen, die im visuellen System gefunden wurden (vgl. SEMMES u. MISHKIN, 1965; NEFF u. GOLDBERG, 1960). Die Verteilung der Nervenfasern, die auf die Stimulation der taktilen Rezeptoren reagieren, ist gut ausgestattet, um ein weitgreifendes System zu versorgen. BISHOP (1959) fand, daß von fünf afferenten Bahnen, die bei der Katze untersucht wurden, drei taktile Information transportierten. Er zeigte außerdem, daß Fasern von verschiedenem Durchmesser dazu neigten, auf verschiedenen Niveaus des Gehirns zu enden. So enden kleinere Neurone, die taktilen Funktionen dienen, in der Formatio reticularis, wo sie einen weitgehenden Einfluß ausüben können. Die größten Fasern, die räumliche taktile Information verbreiten, führen zur somatosensorischen Region des Neokortex. Andere Fasern enden in anderen Teilen des Gehirns. An jedem Ende ermöglichen die Synapsen dem taktilen Input die zusätzliche Beeinflussung höherer Hirnstrukturen.

Der potentielle Einfluß des taktil-sensorischen Inputs auf neurale Strukturen, die anderen Sinneswahrnehmungen dienen, wurde in einer Studie von MELZAK et al. (1969) aufgezeigt. Nach einem kurzen Reiben der Pfote bei einer anästhesierten Katze fanden diese Forscher längerfristige Änderungen in der elektrotonischen Aktivität auf verschiedenen Stufen des visuellen und somatischen Systems, im Colliculus inferior, in der Formatio reticularis und im pyramidalen Trakt. Der größte Teil der Veränderungen dauerte drei bis zwölf Minuten, aber einige dauerten sogar 30 Minuten. Die visuellen Ausstrahlungen und das somatische Projektionssystem zeigten typischerweise ein längeres Abnehmen der Aktivität, und die Vierhügelplatte (Colliculus), die Formatio reticularis und der Pyramidaltrakt zeigten eine typische längerfristige Zunahme der Aktivität. Eine Zu- bzw. Abnahme fand man im optischen Trakt und im lateralen genikulaten Kern. Kortikale Reaktionen waren auf beiden Seiten des Gehirns identisch, wenn nur eine Pfote gerieben wurde. Solche längerfristigen Veränderungen wurden kaum festgestellt, wenn die Katzen nur so leicht anästhesiert waren, daß das Reiben der Pfote im Zurückziehen der Pfote resultierte. Der Effekt bei einer nicht anästhesierten, sich frei bewegenden Katze war eine steigende tonische Aktivität im lateralen genikulaten Kern und steigende kortikale Erregung. Nach nachfolgenden Studien über die Stimulation verschiedener Orte in der Formatio reticularis schlossen die Forscher, daß die durchschlagenden Effekte des Reibens der Pfote wenigstens zum Teil durch die Formatio reticularis vermittelt wurden. Zu- und Abnahme wurden häufig gleichzeitig in verschiedenen Gebieten beobachtet.

In dieser Studie ist es von besonderem Interesse, den ständigen und wiederholten Einfluß des taktilen Systems auf das visuelle und in geringerem Ausmaß auch auf das auditorische zu beachten. Es ist naheliegend, daß die Wirkung auf das somatosensorische System und die motorischen Trakte in den Erwartunsbereich fällt, da die Verbindung zwischen taktilem und motorischem System vor einiger Zeit erkannt wurde. Die Autoren nahmen an, daß die längerfristigen Veränderungen – hervorgerufen durch die somatische Stimulation – eine Rolle im normalen integrativen Verhalten spielen werden. Die Wahrscheinlichkeit eines solchen durchgreifenden Einflusses des taktilen Systems auf viele Stufen des Gehirns und auf verschiedene sensorische Systeme sowie motorische Bahnen hat zum Gebrauch der taktilen Reize als allgemeine Verstärker der sensorischen Integration geführt.

Die Berücksichtigung einiger Aspekte der Strukturen der Trakte, die den taktilen Funktionen dienen, kommt einem besseren Verständnis der Rolle taktiler Funktionen in der sensorischen Integration im allgemeinen entgegen. Verschiedene afferente Spinaltrakte bildeten sich im Lauf der Entwicklung heraus, um taktile Information zum Gehirn zu transportieren. Die graduelle Verschiebung in der Art der Daten, die dann stattfand, als zusätzliche Trakte hinzukamen, spiegelte die sich ändernden Anforderungen wider.

Impulse, die von taktilen Rezeptoren ausgingen, verlaufen über das Rückenmark zu den Hirnzentren in mehreren verschiedenen Bahnen. Die spinoretikulären Fasern, die im Durchschnitt relativ klein und phylogenetisch sehr alt sind, befördern ziemlich weitverzweigte Information. Der etwas jüngere spinothalamische Trakt entwickelte einige kortikocipetale Projektionen, die zu einer größeren Diskrimination beitragen. Verglichen mit dem spinothalamischen System nahm das lemniskale in seiner Größe während der Entwicklung der Primaten sehr zu, vorausgesetzt die Lebensweise der Primaten stellte Anforderungen, die eine größere Information über die räumliche und zeitliche Natur der Dinge, mit denen die Haut in Kontakt kam, erforderte. MOUNTCASTLE (1961) beschrieb die Entwicklung des lemniskalen Systems als „lawinenartig". Dessen Funktion diente den diskriminativen Formen somatischer Wahrnehmung, besonders der Form, der Kontur, der Lage und der Veränderung der Dauer eines peripheren Reizes.

Der lemniskale Trakt ist besser für eine räumliche Diskrimination präpariert, und zwar durch ein inhibitorisches kortikales Feld, das das exzitatorische umgibt, eine Anordnung, die es in anderen spinalen somatosensorischen Trakten nicht gibt (ANDERSSON, 1962). Andererseits ist das spinothalamische System weniger mit räumlichen Mustern und zeitlichen Qualitäten des Reizes befaßt, sondern eher mit den generellen Aspekten der Sinneswahrnehmung, besonders dem qualitativen Charakter der Umgebung. Das spinothalamische und das spinoretikuläre System steuern zur Formatio reticularis bei, während es nur geringe Beweise dafür gibt, daß das lemniskale System eine abschätzbare Anzahl von Kollateralen in das retikuläre System aussendet.

Während das lemniskale System kontralateral ist, sind Teile des spinothalamischen Systems ipsilateral. Ontogenetisch werden Teile des spinothalamischen Traktes vor dem medialen Lemniscus myelinisiert. Man fand größere Fasern in den dorsalen Kolumnen als im spinothalamischen Trakt. Obwohl beide Systeme leicht verschiedenen Funktionen dienen, arbeiten sie „synergetisch" (MOUNTCASTLE, 1961).

Die Bedeutung der Hirnstammfunktion für sensorisch-integrative und höhere kognitive Faktoren erfordert es, daß der Therapeut auf die beeinflussende Neuralfunktion achtet, indem er die afferenten spinalen Bahnen aktiviert, die Impulse zum Hirnstamm befördern. Wegen seiner bewußten und kognitiven Eigenschaften wird den räumlichen Qualitäten taktiler Reize vom Therapeuten gewöhnlich besondere Beachtung geschenkt. Wenn die spinale Interpretation taktiler Reize gefördert werden muß, müssen gleichzeitig die verzweigteren taktilen Funktionen im Hirnstamm in Betracht gezogen werden.

Das spinothalamische und lemniskale System haben verschiedene kortikale Projektionen. Das lemniskale System projiziert vor allem auf das somatische Areal I, und zwar kontralateral (ausgenommen das Gesichtsgebiet), während das spinothalamische System mehr, wenn auch nicht ausschließlich, mit dem somatischen Areal II identifiziert werden kann, das es mit ipsilateraler und kontralateraler Repräsentation versorgt (MOUNTCASTLE, 1961; ORBACK u. CHOW, 1959). Obwohl sich die Funktionen dieser beiden Areale überlappen, können sie Funktionen der Bahnen widerspiegeln, die auf sie übertragen werden; das somatische Areal I dient einer höher spezifischen und diskriminativen Funktion, wie zum Beispiel in Form- und Rauhheitsdiskrimination (bei Oberflächen) als das somatische Areal II.

Obwohl der sehr grundlegende Plan der direkten Repräsentation taktiler Reize im Gehirn in der kontralateralen Projektion der Fasern auf das somatische Areal I besteht, werden kortikale Neurone aus vielen Teilen des Gehirns durch taktile Reize aktiviert, die über viele verschiedene Bahnen von Multineuronen wandern, einige auch über nicht spezifische Bahnen.

SEMMES et al. (1960) haben gezeigt, daß die taktile kortikale Repräsentation der beiden Körperhälften nicht notwendigerweise exakten Spiegelbildern entsprechen muß. Bei der Untersuchung erwachsener Menschen mit Hirnverletzungen fanden sie eine diffusere Repräsentation der linken Hand in der kontralateralen Hemisphäre als bei der rechten Hand in der analogen Hemisphäre. Ferner war die linke Hand weit mehr von Läsionen des ipsilateralen sensomotorischen Areals betroffen. Die Unterschiede zwischen der kortikalen Repräsentation der rechten und linken Hand können Konsequenzen für die Ausweitung taktiler Funktionen haben, obwohl diese Implikationen bisher noch nicht erkannt sind.

Die subjektive Erfahrung des Tastreizes ist nicht ausschließlich eine Funktion des stimulierten Rezeptortyps. Was innerhalb des ZNS in Verbindung mit bestimmten Reizen abläuft, kann bei der Interpretation mithelfen. Das trifft teilweise auch auf die Wahrnehmung von Reizen als schädlich oder schmerzlich zu. Es ist ein bedeutender Punkt, den man in der klinischen Praxis bedenken sollte, daß Kinder nicht selten solche Reize als schmerzlich interpretieren, die der Therapeut als angenehm erfahren wissen will. Die Reizinterpretation des Kindes bedeutet für ihn die situative Realität.

5.3. Propriozeption

Die Propriozeption bezieht sich auf die Information, die vom Körper kommt, besonders von den Muskeln, den Gelenken, den Bändern und den Rezeptoren, die mit den Knochen in Verbindung stehen. Der vestibuläre Sinn fällt in die Kategorie der Propriozeption, aber da er ein sehr spezieller Sinn ist, wird er meistens getrennt behandelt, wie das auch in diesem Kapitel geschehen ist. Viele der propriozeptiven Wahrnehmungen erreichen entweder nicht das Bewußtsein oder gelangen – ähnlich wie vestibuläre Information – nur ins Bewußtsein, wenn die Aufmerksamkeit direkt ausschließlich auf sie gerichtet ist. Diese sensorische Information spielt eine bedeutende, obgleich untergeordnetere Rolle in der sensorischen Integration. Die Funktion der Propriozeptoren ist wichtig für die motorische Aktion, durch die Reflexe, automatische Reaktionen und geplante Aktion zustandekommen. Durch die Bewegung in allen drei Kategorien paßt sich der Mensch an seine Umwelt an und wirkt auf sie ein. Ohne solche Aktionen würde die Integration der sensorischen Impulse kein Optimum erreichen. Ferner soll der propriozeptive Fluß zum Gehirn bei der Sinneswahrnehmung helfen, besonders bei visuellen Impulsen.

Kinästhesie – oder die bewußte Kenntnis der Gelenkposition und der Bewegung – ist phylogenetisch jünger als der Berührungssinn oder der der Schwerkraft. Normalerweise ist es so, daß der Sinn eher auf die Stimulation der Gelenkrezeptoren zurückzuführen ist als andere Propriozeptoren, obwohl letztere eine Rolle einnehmen können, die noch nicht erkannt ist. Die Verhaltensforschung hat Testwerte aus einem Kinästhetiktest mit denen aus visueller Wahrnehmung und Praxis verbunden, die eine enge Verbindung zwischen den letzteren Variablen und dem Sinn der Gelenkstellung und -bewegung aufweist. Der direkte Weg kinästhetischer Impulse zu den neokortikalen somatosensorischen Arealen über den Thalamus erlaubt nicht so viele neurale Interaktion wie die indirekten Bahnen für diffuse Berührung, andere Propriozeption und vestibulären Input. Bis man mehr über neurologische Verknüpfungen zwischen dem kinästhetischen Sinn und der visuellen Wahrnehmung weiß, kann als gesicherte Annahme gelten, daß verringerte Kinästhesie die Entwicklung der visuellen Wahrnehmung und des Körperschemas einengt durch eine Begrenzung der Anhäufung von Information, die auf das Gehirn während sinnvoller und manipulativer Aufgaben einströmen.

Ein bedeutender Beitrag zur sensorischen Integration nicht bewußter Propriozeption von den Muskeln und damit verbundenen Strukturen liegt darin, die afferenten Träger zu versorgen, die für eine normale Muskelkontraktion, die eine skeletale Bewegung ermöglicht, benötigt werden. Motorische Aktivität wurde bereits als ein wesentliches Mittel zur Steigerung sensorischer Integration beschrieben. Es ist hilfreich, sich daran zu erinnern, was als grundlegende „Philosophie" des Gehirns bezüglich sensorischer Integration gilt. SPERRY (1952) hat die Hauptfunktion des Gehirns als „grundlegende Transformation sensorischer Muster in Muster motorischer Koordination" beschrieben. Er glaubt, daß „der fundamentale anatomische Plan und die arbeitenden Prinzipien nur in dieser Form zu verstehen sind", und daß die Wahrnehmung in Bewegung übergeht, so daß man nicht festlegen kann, wo das eine endet und das andere beginnt. Schließlich stellt SPERRY heraus, „daß motorische Anpassung, eher als Reizmuster oder als subjektive Erfahrungen, als geeigneter Bezugsrahmen für das Verständnis der Organisation, der Bedeutung und der Bedeutsamkeit von Hirnerregung" erscheinen.

Wenn SPERRYS Konzeptbildung, die auf langjährigen Studien der Hirnfunktion basiert, korrekt ist, dann kann man sagen, daß Neuralmechanismen so bestimmt sind, daß sie unvollständig sind, wenn nicht die motorische Komponente zufriedenstellend ausgeführt worden ist. Die motorische Komponente ist aber ohne propriozeptive Unterstützung nicht zufriedenstellend.

Zur Zeit SCHILDERS (1964), der seine Meinung aus klinischen Beobachtungen ableitete, waren weniger Daten der Hirnforschung verfügbar. In seiner herkömmlichen, intuitiven Art betonte er die Bedeutung des Muskeltonus, seine Rolle im Haltungsmodell des Körpers und in psychischer und motorischer Entwicklung. Mit reduziertem Muskeltonus, der eine Funktion der Muskelrezeptoren darstellt und durch seine Aktivität auf sie einwirkt, verlaufen Körperschema und motorische Entwicklung weniger optimal. Die Hypotonie ist ein sehr häufiges Kennzeichen des Kindes mit gestörter sensorischer Integration.

HEBB (1949) nahm an, daß propriozeptive Impulse der Augen zur visuellen Form- und Raumwahrnehmung beitragen. BREININ (1957) hat gezeigt, daß es Rezeptoren, vermutlich Muskelspindeln in den extraokularen Muskeln gibt, die die statische Muskelspannung anzeigen. In seiner Forschung erlaubte der Mechanismus eine reziprokale Innervation der Muskeln, und die Ergebnisse liefen nicht auf die Existenz eines bewußten Sinnes für die Muskelstellung hinaus. Daß eine bewußte Kenntnis oder kortikaler Empfang der Impulse für sensorische Integration nicht notwendig ist, ist bereits ausführlich dargelegt worden. Wahrscheinlich tragen die Propriozeptoren der Augenmuskeln schließlich genauso viel zum vollständigen Integrationsprozeß bei wie andere Muskelrezeptoren, und wahrscheinlich ist der sensorische Input, der auf diese Rezeptoren einwirkt, entsprechend wichtig. Der sensorische Input, der dann auf die extraokularen Propriozeptoren wirkt, schließt den propriozeptiven Fluß von anderen Muskeln mit ein. Propriozeptive Facilitation wird in einem Kapitel über die Therapie genauer behandelt.

Studien, die die Möglichkeit des propriozeptiven Flusses vom Rumpf und den Extremitäten zu jenen Mechanismen im Hirnstamm unterstützen und die elementaren lokomotorischen Muster vermitteln, haben keine Beachtung erlangt. Es ist schwierig, sich vorzustellen, daß die Mechanismen für die Fortbewegung ohne beachtenswerten Zustrom von afferenten Impulsen existieren könnten, die für eine adäquate Durchführung motorischer Akte notwendig sind. Wenn das der Fall ist, ist der normale propriozeptive Fluß für den integrativen Beitrag der gesamten sensomotorischen Funktionen im Hirnstamm wichtig, einschließlich die, die die visuelle Raumwahrnehmung fördern.

Man nimmt nicht an, daß die Rezeptoren von Muskeln, Gelenken und Knochen merklich zum aufsteigenden retikulär aktivierenden System beitragen, obwohl Gelhorn (1964) ein mögliches Mittel vorgeschlagen hat, durch das die Propriozeption den generellen exzitatorischen Status eines Individuums beeinflussen kann. Der propriozeptive Fluß, der von Muskelkontraktionen des Körpers bestimmt ist, hilft bei der Erstellung des hypothalamischen Gleichgewichts, das umgekehrt auf das autonome Nervensystem wirkt und einen tonisch exzitatorischen Einfluß auf den Kortex ausübt. Auf diesem Weg kann nach Gelhorn (1964) eine gesteigerte Propriozeption einen positiven emotionalen Status fördern.

Ein anderer Weg des propriozeptiven Einflusses auf den Rest des Gehirns verläuft über das Cerebellum. Sensorische Impulse, die von muskuloskeletalen Rezeptoren kommen, besonders den Muskelspindeln, wandern zum Cerebellum, um zur Regulation und Koordination der Bewegung beizutragen. Diese Anordnung stellt auch eine adäquate anatomische Bahn für inhibitorische Einflüsse von diesen Rezeptoren auf das retikulär aktivierende System bereit. Das retikulär aktivierende System andererseits modifiziert indirekt den aufsteigenden propriozeptiven Fluß durch seine Wirkung auf kortikale Mechanismen. Das retikulär aktivierende System kann den Erregungsgrad des Kortex steigern; umgekehrt steigert der Kortex den exzitatorischen Status des absteigenden retikulär aktivierenden Systems und dieses System beeinflußt die Muskelspindeln, die eine wesentliche Hilfe für den aufwärtsgerichteten propriozeptiven Fluß darstellen.

Zusätzlich können die medial-lemniskalen Fasern im Hinterstrang eine beachtliche inhibitorische Wirkung auf den Impulsfluß im spinothalamischen Trakt ausüben, und dieser Trakt stellt einen Haupteinfluß auf das aufsteigende retikulär aktivierende System dar. Diese Mechanismen, vermutlich in Verbindung mit anderen, scheinen das Gleichgewicht eines zentral inhibitorisch-exzitatorischen Status mit aufrechtzuerhalten. Jeder der Mechanismen kann therapeutisch genutzt werden. Das übererregte Kind kann durch eine Steigerung des propriozeptiven Flusses beruhigt werden mittels verschiedener Arten motorischer Aktivität. Andererseits ist die Möglichkeit der Förderung eines exzitatorischen Status immer vorhanden. Häufig folgt der therapeutischen Situation einer zeitweisen Übererregung ein Status geringerer Erregung und besserer Integration.

Als eine der Hauptquellen der Propriozeption trägt die Muskelspindel wohl im allgemeinen mehr zur sensorischen Integration bei, als es bei oberflächlicher Betrachtung der Struktur und Funktion scheint. Erst kürzlich gab es einen Beweis dafür, daß die afferente Entladung der Muskelspindel Potentiale im subhumanen Kortex evoziert (Albe-Fessard et al., 1965; Lamarre u. Liebeskind, 1965). Die Muskelspindel übt einen

beträchtlichen Einfluß auf die niederen Strukturen aus, besonders durch die wichtige Rolle bei der motorischen Aktivität.
Das efferente Gamma-Neuron oder die intrafusale Faser zur Muskelspindel unterliegt dem Konditionieren, einer elementaren Form des Lernens. BUCHWALD u. ELDRED (1961) haben gezeigt, daß die Gamma-Efferenzen leichter zu konditionieren sind als Alpha-Efferenzen und haben angenommen, daß der Konditionierungseffekt von Gamma-Efferenzen zu einem Anstieg der Aktivität in den ventralen Hornzellen durch einen konstanten „Beschuß" des Gamma-Systems durch den Konditionierungsreiz führt. Die spinale und supraspinale Aktivation des efferenten Gamma-Systems, die einer offenkundigen motorischen Reaktion vorausgeht, kann nach diesen Forschern ein bedeutender Faktor im konditionierten Lernen sein.
Der Spielraum beim Konditionieren der intrafusalen Faser zeigt, daß sie mehr dem Lernen unterliegt als das α-Motoneuron, das vor jeder Kontraktion der Muskelfasern aktiviert werden muß. Muskelspindelaktivität geht der Entladung des motorischen α-Neurons voran, um Muskelfasern zu aktivieren. Ein Beispiel für die Anwendung dieses Prozesses kann man in der Behandlung von Apraxien finden. Ein Planen der Aktion vor ihrer Ausführung beeinflußt die Muskelspindel in ihrer Unterstützung späterer α-Entladung. Ferner führt ein afferenter Fluß auf das Gamma-Neuron, verursacht durch vestibuläre oder andere propriozeptive Reizung, zu größerer Leichtigkeit einer gegebenen Bewegung, sei sie reflexartig, automatisch oder geplant.

5.4. Das auditorische System

Dem Hören wird verständlicherweise die Hauptaufmerksamkeit bei Lesestörungen entgegengebracht, da das Hören die Basis der Sprachentwicklung darstellt und das Lesen eine Sprachfunktion ist, die normalerweise in Zusammenhang mit Hören und Sprechen gelehrt wird. Hör-Sprachprobleme stehen in der Forschung, auf der auch dieses Buch basiert, an zweiter Stelle, und so erhält das Hören sekundäre Bedeutung. Es ist natürlich nicht beabsichtigt, es ohne Bezug zu den diskutierten Prozessen in Betracht zu ziehen, da die Ergebnisse der klinischen Forschung anzeigen, daß die Beziehung enger als allgemein vermutet ist. Nach dieser Forschung (AYRES, 1972 a) machten Kinder, deren Probleme hauptsächlich im Hör-Sprach-Bereich liegen und nicht im visuell-vestibulär-somatosensorischen Bereich, und bei denen eine sensorisch-integrative Therapie angewandt wurde, größere Fortschritte beim ersten Lesen eines Textes gegenüber der vergleichbaren Kontrollgruppe. Die Sprache war ausdrücklich nicht Gegenstand des Heilungsprogramms; im wesentlichen ging es um die Aktivation und die Normalisierung der Hirnstammechanismen. Urteilt man nach der statistischen Analyse, traten die Erfolge größtenteils aufgrund einer verbesserten auditorischen Wahrnehmung und sequentieller Gedächtnisfähigkeiten und bestimmt nicht aufgrund eines gesteigerten Vokabelschatzes ein. Diese zwar nur versuchsweise erzielten Ergebnisse stimmen mit klinischen Beobachtungen aus anderen Quellen überein und sie erfordern die Betrachtung der Beziehung des Hörens zum gesamten sensorisch-integrativen Prozeß. Sprachfunktionen, besonders als symbolischer oder syntaktischer Prozeß und als Endprodukt der auditorischen und anderer Hilfsfunktionen, werden hier nicht in Betracht gezogen.
Um die Konzepte des Hörens im Gegensatz zu Sprachprozessen zu differenzieren, ist es hilfreich, die äußerst effektiven Klangverlaufsfähigkeiten von Hunden und Katzen zu betrachten – Tiere mit sehr begrenzten Sprachfähigkeiten. Ohne die Entwicklung der Hörfähigkeiten hätte sich die Sprachfähigkeit, wie sie heute existiert, nicht entwikkeln können. Kinder mit Lernproblemen haben häufig Schwierigkeiten mit der Sprache als Kommunikationsausdruck; ebenso haben sie nicht selten Schwierigkeiten mit nicht-sprachlichen auditorischen Prozessen wie Wahrnehmung und Gedächtnis. Diese

Bemerkungen richten sich auf die letzte Art der Probleme, die als Störung der sensorischen Integration angesehen werden.

Die neurale Verarbeitung von Tönen kann als eine der Grundformen sensorischer Integration klassifiziert werden, da sie lange Zeit die Hauptquelle für Informationen von Überlebenswert war. Der Überlebenswert wird von der noch in Resten vorhandenen Tendenz ausgedrückt, daß Kinder mit sensorischen Integrationsstörungen leicht durch auditorische Reize wachzuhalten sind, die in besser integrierten Gehirnen oft gefiltert werden, bevor sie das Bewußtsein erreichen.

Man kann von sensorischen Systemen von so grundlegendem Überlebenswert erwarten, daß sie von verschiedenen integrierenden Systemen auf Hirnstammniveau oder anderen subkortikalen Orten versorgt werden. Genauso kann man eine beachtliche intersensorische Integration erwarten, die ausreicht, um einfache adaptive Reaktionen zu dirigieren. Anders gesagt, viele, aber nicht alle Prinzipien, die für die anderen Sinne gelten, besonders für das Sehen, gelten möglicherweise auch für das Hören.

Auditorische Erfordernisse bestehen in der Analyse der verschiedenen Parameter von Lauten, wie z. B. Dauer, Frequenz oder Tonhöhe, Intensität und Sequenz. Der größte Teil der Infomation über diese auditorischen Prozesse stammt von Studien an Katzen, und dieses Material wird hier als Information über nichtmenschliche Arten präsentiert. Eine auditorische Kodierung beginnt gleich nach dem Eintritt des Reizes in den Hirnstamm. An diesem Punkt nimmt der Reiz einen komplexen Verlauf, indem er Verbindungen zu anderen anhaltenden Prozessen herstellt, bevor einige von ihnen vielleicht den Kortex erreichen. Die Anzahl der Verbindungen ist größer als die in den visuellen Trakten vermuteten. Einige dieser Verbindungen, sowie die, die mit den großen und komplexen Kernen hergestellt werden – z. B. dem Colliculus inferior – erfordern eine umfangreichere Beschäftigung mit der Klanganalyse und der Integration. Tatsächlich bieten nach ADES' Übersicht (1959) über zentrale auditorische Mechanismen Hirnstamm und Thalamus eine bessere Neuralstruktur für den Verlauf von Geräuschen als es der Kortex tut und „jeder [auditorische] Kern verarbeitet die Information, die er von einem Input erhält, der sowohl bezüglich der Quelle als auch der Muster komplex ist, in Verbindung mit den Ereignissen, die in höheren oder niederen, auditorischen oder nichtauditorischen Zentren abgelaufen sind oder gerade ablaufen". Wahrscheinlich wird die auditorische Kodierung nicht vor der Interaktion mit dem Kortex beendet, und die Kodierung findet wahrscheinlich in einem integrierenden Zentrum um das Mittelhirn bzw. den Thalamus herum statt.

Zusätzlich zu den relativ direkten Bahnen für eine Konduktion auditorischer Reize zum Kortex existiert noch eine indirekte – ähnlich dem taktilen System – durch die Formatio reticularis. An diesem Ort unterliegen auditorische Reize wahrscheinlich dem gleichen Typus von Integration, einschließlich der mit anderen Sinnen, und das geschieht vermutlich wie in anderen Sinnen auch. Auditorische Reize tragen zu einer generellen Wachheit des Gehirns durch das retikulär aktivierende System bei, eine Funktion, die subjektiv leicht zu bemerken ist.

Auditorische Reize gehören zu den Reizen, die eine Reaktion in konvergenten Neuronen hervorrufen, die sich überall im Gehirn befinden. Wie andere sensorische Impulse wandern auch die, die durch Geräusche hervorgerufen wurden, zum Cerebellum, so daß sie vermutlich inhibitorischen Funktionen, die dort ablaufen, unterliegen.

Das auditorische System unterscheidet sich von anderen sensorischen Systemen darin, daß es, sobald es in das Gehirn eintritt, bilateral abgebildet wird und daß es viele anatomische Möglichkeiten besitzt, um von einer Seite des Gehirns auf die andere zu kreuzen. ADES' Überblick (1959) zeigte, daß die bilaterale *Repräsentation* beider Ohren fast gleich war, so daß der Verlust eines Ohres kaum zu entdecken war, daß aber nach ROSENZWEIG bei einem auf einer Seite präsentierten Geräusch die kortikale Reaktion in

der kontralateralen Hemisphäre größer war als in der ipsilateralen.
Die Tatsache, daß sich das auditorische System aus einem anderen System entwickelte, das mit dem aktuellen vestibulären System verbunden war, führt zu der Annahme einer engeren Verbindung zwischen auditorischem und vestibulärem System als sie nach einer gelegentlichen subjektiven Betrachtung der beiden Sinne ersichtlich erscheint. Andererseits lassen klinische Eindrücke sehr stark annehmen, daß vestibuläre Reize eine tiefgreifende Wirkung auf auditorische und folglich auch sprachliche Funktionen haben. Mit Blick auf die Art eines Interventionsprogramms, das ein Kind mit solchen Störungen braucht, findet die integrierende Interaktion wahrscheinlich auf Hirnstammniveau statt.

5.5. Das olfaktorische System

Kliniker, die sich mit menschlichem Verhalten beschäftigen, legen kaum viel Wert auf die Rolle des Geruchs in der menschlichen Entwicklung und im menschlichen Verhalten, weil er als relativ unbedeutende Determinante der menschlichen Funktionen gilt. Einige würden Einwände gegen diese Feststellung erheben, da Modemagazine den Eindruck erwecken, das limbische System beim Mann sei unter allen Umständen anfällig für eine bestimmte Stimulation des Geruchsorgans.
Der Geruchssinn ist von den Grundlagenforschern nicht so weitgehend untersucht worden wie die anderen bereits erwähnten Sinne. Die Ausrichtung der laufenden Forschung kann diese Situation schnell verbessern, obwohl Speciesunterschiede ein gewaltiges Problem bei der Verallgemeinerung der Daten auf den Menschen darstellen. Zieht man die Tatsache in Betracht, daß sich der Kortex aus dem ersten kranialen (olfaktorischen) Nerven als dessen Ausweitung entwickelte, so kann man annehmen, daß es noch bedeutende Verbindungen gibt, durch die der Geruchssinn dazu benutzt werden kann, die sensorische Integration zu beeinflussen. Die Tatsache, daß die Olfaktion für die Organisation adaptiver Reaktionen beim menschlichen Kind ziemlich wichtig zu sein scheint, ist ein weiteres Argument zugunsten eines weiteren Studiums ihrer Rolle. Fox (1965) zeigte in ihrer Studie über die Verbesserung der manuellen Wahrnehmung bei blinden Kindern, daß die Olfaktion wahrscheinlich durch Einwirkung auf das retikulär aktivierende System zur Beeinflussung anderer Sinne benutzt werden kann.
Kognitive Strukturen erwachsen aus dem neuralen Substrat von Mechanismen, die die Wahrscheinlichkeit des individuellen Überlebens erhöhten, im Gegensatz zu Mechanismen für das Überleben der Species, mit denen das olfaktorische System besonders bei niederen Säugetieren immer noch weitgehend verbunden ist. Während der evolutionären Entwicklung des Menschen nahm die absolute Größe des olfaktorischen Systems im Gegensatz zum somatosensorischen und visuellen System nicht zu. Diese Bedingungen verdienen Beachtung, wenn man versucht, den olfaktischen Sinn zur Verbesserung der sensorischen Integration zu benutzen.
So wie ein vermehrtes Verständnis des limbischen Systems die Aufnahme seiner Mechanismen in die Theorie ermöglicht, die der Behandlung zugrunde liegt, könnte das olfaktorische System mehr Bedeutung für die sensorisch-integrative Behandlung gewinnen. Zum Beispiel ist der Hippokampus bei elementarer Wahrnehmung und beim Lernen beteiligt, und eine generelle Motivation kann außerdem dem limbischen System zugeschrieben werden.
Durch die Wechselbeziehung zwischen limbischem und retikulärem System kann die Beziehung zwischen sensorisch-integrativen Prozessen und emotionalem Verhalten teilweise verstanden werden.

5.6. Das visuelle System

Der Mensch ist nicht nur ein gut sehendes Tier, er ist sich seines Sehvermögens auch bewußt. Er ist sich dessen so bewußt, daß gerade das Wort „Wahrnehmung" sich normalerweise auf visuelle Wahrnehmung bezieht, obwohl auditorische Wahrnehmung genauso von Bedeutung ist, besonders bei dem Versuch, Lernstörungen zu beheben. Seine Rolle im frühen schulischen Lernen ist augenscheinlich, und das Sehen selbst ist nie selbstverständlich, wie z. B. die Empfindung der Schwerkraft.

Schließlich ist die visuelle Wahrnehmung und besonders die des Raumes ein Endprodukt, und alle Bedingungen, die in die Produktion dieses Endproduktes einfließen, verdienen ein gründliches Studium. Diese Untersuchungen werden im Kapitel über Form- und Raumwahrnehmung behandelt. Nur einige wesentliche Punkte des visuellen Systems werden hier angesprochen.

Jedes Auge sendet Impulse zu beiden zerebralen Hemisphären, die linke Hälfte jedes visuellen Feldes zur rechten Hemisphäre und die rechte Hälfte zur linken. Man nimmt an, daß die Integration der beiden Hälften des gesamten visuellen Feldes eine gewisse interhemisphärische Kommunikation erfordert. Ferner trägt die neurale Integration von benachbarten Arealen des visuellen Feldes zu einer Gestaltwahrnehmung bei. MacKay (1961) hat bewiesen, daß dieser neurale Interaktionsprozeß besonders empfindlich für die Anordnung der Umrisse ist. Obwohl diese Studie an Menschen nicht auf Integrationsprobleme der beiden Hälften des visuellen Feldes gerichtet war, zeigte sie dennoch, daß eine Interaktion zwischen weitgehend getrennten Arealen des visuellen Feldes bestand, daß die Interaktion nicht nur retinal war und daß sie empfindlich für die Anordnung der Konturen war. Wahrnehmungsstörungen der Richtung sind im allgemeinen häufig mit Leseproblemen verbunden und stehen – wie man annimmt – mit interhemisphärischer Integration in Verbindung. Diese Beziehung verlangt eine umfassendere neurologische Erforschung als sie hier gegeben werden kann.

Auf kortikalem Niveau wird das Sehen, genau wie bei anderen Sinnen, durch nichtspezifische retikuläre oder thalamische Stimulation beeinflußt. Tatsächlich sind gewisse Aktionen dieses Systems sehr wesentlich für die visuelle Wahrnehmung. Einige der frühen bedeutenden Werke auf diesem Gebiet zeigten, daß die Differenzierungsfähigkeit für Lichtblitze in flackerndem Licht durch retikuläre Stimulation verbessert wurde (Jung, 1961; Lindsley, 1961).

6. Stellreaktionen und damit verbundene Funktionen

Die Haltung ist die motorische Funktion, die das Verhältnis des Individuums zur Erdoberfläche und zur Schwerkraft widerspiegelt. Dieses Verhältnis beinhaltet Haltung, Gleichgewicht und Fortbewegung. Es ist von Natur aus ursprünglich, und allgemein gesagt besitzen ursprüngliche Funktionen Bedeutung für viele Aspekte des menschlichen Verhaltens. Die menschliche Reaktion auf die Schwerkraft, wie sie in ihren Antigravitationsreaktionen zum Ausdruck kommt, ist eine der phylogenetisch ältesten sensomotorischen Reaktionen. Sie dient als Grundlage für einen großen Teil der späteren sensomotorischen und sensorisch-integrativen Entwicklung.

Während die Haltung als Grundlage gewisser Aspekte der visuellen Wahrnehmung ziemlich allgemein anerkannt zu werden scheint, reicht sie doch über das Sehen hinaus, wobei sie die Wahrnehmung in anderen Sinnesmodalitäten beeinflußt. Das mögliche Ausmaß dieses Einflusses wird in einer Studie von McFarland et al. (1962) beispielhaft dargestellt; diese Studie zeigte, daß die haltungsbedingte Neigung taktile Sensitivität in der Hand und die Organisation des taktilkinästhetischen Raumes verändert. Kinder mit unnormaler Entwicklung der Haltungsmechanismen zeigen nicht selten auch Störungen der taktilen Wahrnehmung (Ayres, 1969 a, 1972 c). Der mögliche Einfluß der Haltungsmechanismen auf die Entwicklung der sensorisch-integrativen Prozesse erfordert, daß diese Mechanismen untersucht werden, nicht der Haltung oder Bewegung willen, sondern weil das, was sie zur neuralen Integration beitragen, für das schulische Lernen notwendig ist. Obwohl viele Wissenschaftler isolierte Aspekte der Haltungsmechanismen mit großer Präzision untersucht haben, wird dem Bedürfnis des Therapeuten besser durch das Verständnis umfassenderer Prinzipien der Haltungsmechanismen und verwandter Funktionen Rechnung getragen.

6.1. Die Rolle der Schwerkraft

Schwerkraft als Quelle der sensorischen Stimulation im Labyrinth und als Erzeuger des Körpergewichts hat für jede Reflexion über die Haltung zentrale Bedeutung. Die Fähigkeit, den Körper in der Balance zu halten, diese Balance wiederherzustellen, wenn sie verlorenging, eine Stellung für die Fortbewegung einzunehmen und sich effektiv über die Erdoberfläche zu bewegen: dies alles sind Antworten auf die Schwerkraft. Sie haben eine wichtige Rolle in der Evolution der Wirbeltiere gespielt, da sie Überlebenswert besaßen. Die Fortbewegung ist sehr wesentlich, sowohl um Nahrung zu erhalten als auch zu vermeiden, zur Nahrung eines anderen Tieres zu werden. Die Fortbewegung ist abhängig von der Balance oder dem Gleichgewicht und von der Fähigkeit, eine zwei- oder vierfüßige Stellung einzunehmen.

Die meisten Haltungsreaktionen sind Antigravitationsreaktionen, d. h. eine Bewegung oder eine Stellung, die den Körper oder einen Teil davon davor bewahrt, durch die Schwerkraft zu Boden (auf die Erde) gezogen zu werden. Beispielsweise heben Antischwerkraftsreaktionen den Kopf, wenn man sich in Bauch- oder Rückenlage befindet, wenn man vom Liegen zum Sitzen übergeht, und beim Stehen. Anders als beim Erstellen einer generellen Handlungsintention sind diese Reaktionen im praktischen Sinne nicht geplant. Sie enthalten einen hohen Grad an Automatisierung und sind sehr grob im Gegensatz zu feinen und gewandten Reaktionen. Die meisten anhaltenden und statischen Muskelreaktionen sind Reaktionen der Antigravitationshaltung.

Die Methoden der Fortbewegung bei niederen Arten und beim Kind sind abhängig von der Einnahme einer nach vorne gebeugten, vierfüßigen Stellung. Die nach vorne gebeugte Stellung schließt das Niederlegen des Gesichts und die Vierfüßlerstellung ein. Bedeutsamerweise ist diese Position hinsichtlich der Erdoberfläche und Schwerkraft definiert. Einige der Aufrichtungsreflexe, die früh im Leben des Kindes vorherrschen, konzentrieren sich darauf, den Körper in eine vorwärtsgerichtete Position zu bringen. Vom phylogenetischen Standpunkt aus kann man annehmen, daß sich der größte Teil der Haltungsmechanismen entwickelte, als die normale nicht ruhende Position des Körpers nach vorne oder auf vier Füße gerichtet war im Gegensatz zu der nach hinten gerichteten. Wenn diese Annahme richtig ist, dann kann daraus folgen, daß die Reifung bestimmter Haltungsmechanismen am besten verläuft, wenn der kindliche Körper diese Position simuliert [1]. Das ist z. B. eine der theoretischen Grundlagen für einen häufigen und längeren Gebrauch von Rollern. In der therapeutischen Praxis ist es hilfreich, darauf zu achten, wie die Schwerkraft auf das sensomotorische System des Kindes wirkt, und ob diese Stimulationsquelle einen positiven Beitrag zum gesamttherapeutischen Prozeß liefert.

Eine der Fußangeln, die der Grundlagenforschung über die Kenntnisse der Haltungsmechanismen anhängt, liegt in der Tatsache, daß ein großer Teil der Untersuchungen an Vierfüßlern durchgeführt wurde. Während ein großer Teil der daraus gewonnenen Information auch für den Menschen zutreffen mag, so besteht doch die Tendenz, den möglichen Beitrag der Vorfahren des Menschen mit paariger Anordnung der Gliedmaßen zu übersehen. Andererseits tendierten Erzieher zur Konzentration auf strikte Zwei-Fuß-Stellungsreaktionen und übersahen dabei die Entwicklungssequenz und die Hirnstammfunktionen, die zur Akzentuierung der Horizontallage führten.

6.2. Neurales Organisationsniveau

Von einer Funktion, die sowohl – wenn auch vielleicht nicht so komplex – bei niederen Wirbeltieren integriert ist wie auch bei den höheren, kann man vermuten, daß sie größere Organisationszentren in den älteren Teilen des Gehirns aufweist, besonders im Hirnstamm, im Cerebellum und vielleicht auch in den Basalganglien. Beim Menschen übernimmt der zerebrale Kortex die allgemeine Führung oder eine Gesamtplanung der motorischen Aktivität, während die Details der Integration unterhalb verlaufen. Tatsächlich können viele Haltungsmechanismen unabhängig vom Willen operieren.

Die Erhaltung dieser kortikal-subkortikalen Verbindung ist für eine effektive Therapie von zentraler Bedeutung.

Betrachtet man die Rolle der nichtkognitiven Funktionen beim Menschen, ist es hilfreich, sich das heute vorhandene menschliche Gehirn anzusehen und den Anteil an der gesamten Gehirnstruktur festzustellen, der den höheren Funktionen vorbehalten ist, um dann die große Menge der noch verbleibenden Neuralsubstanz zu beobachten. Haltungsreaktionen haben ihre wesentlichen Integrationsmechanismen in dem Teil des Gehirns, der unter dem Kortex liegt. Der Mensch neigt dazu, sich der Funktionen unterhalb des Kortex weniger bewußt zu sein. Die große Automatik der Haltungsfunktionen führte dazu, daß man sie als selbstverständlich ansah, sogar in der Heilungssituation. Diese Tendenz zu einem Mangel an bewußter Kenntnis trifft besonders dann zu, wenn eine mildere Dysfunktion nicht die Fortbewegung stört. Eine schwierige Aufgabe des Therapeuten besteht

[1] Dieser Punkt ist für die therapeutische Praxis von Bedeutung.

in der Erkenntnis nicht nur der Existenz, sondern – noch wichtiger – der Bedeutung leicht gestörter Haltungsmechanismen.

Nicht so sehr die daraus resultierende geringe Koordination ist von Bedeutung, sondern die Tatsache, daß eine Störung, wenn sie in Verbindung mit Symptomen wie Retardierung beim Lesen gefunden wird, eine geringe Integration einiger Aspekte der Hirnstammfunktion stark vermuten läßt. Das liegt daran, daß ein gewisser Typ der sensorischen Integration, die im Hirnstamm abläuft, für den Prozeß des Lesens wichtig zu sein scheint, und daß Haltungsreaktionen bedeutsam für die Behandlung von Lernstörungen sind.

Obwohl die Haltungsreaktionen, wie viele Hirnstammreaktionen, weitgehend automatisch und angeboren sind, sind sie definitiv adaptiv, d. h. die Reaktion ändert das Verhalten in eine lebenserhaltende Richtung. Sie stellen einige der elementarsten, frühesten und wesentlichsten adaptiven Reaktionen dar.

Der angeborene Reifungsplan und das Erhalten des Gleichgewichts und der Fortbewegung sind so gut strukturiert, daß das normal entwickelte Kind nur den sensorischen Input benötigt und die Möglichkeit zum motorischen Ausdruck, um diese Funktionen reifen zu lassen. Ziel der sensorisch-integrativen Therapie ist die Nachbildung dieser Bedingungen, aber die geschaffene Gelegenheit muß bereitstellen, was früher nicht bereitgestellt wurde, da ja der frühere Zustand inadäquat war. Dieses „Etwas" ist der Unterschied zwischen Therapie und bloßer Übung oder Aktivität.

Das Konzept des „angeborenen *Designs*" erfordert weitere Erklärung. *„Design"* wird gewöhnlich auf einen oder mehrere Mechanismen bezogen, entweder komplexe oder einfache, oder auf eine Disposition für ein gegebenes Muster einer motorischen Reaktion, die weder kortikal noch kognitiv geplant ist. Die Beschreibung in einem früheren Kapitel der motorischen Reaktionen, die durch Stimulation des Hirnstamms bei niederen Tieren hervorgerufen wurde, stellt ein gutes Beispiel angeborener Designs dar. Angeborene Muster, besonders die auf Hirnstammniveau, zeigen nicht die natürlichen individuellen Unterschiede zwischen Kindern, wie z. B. Funktionen wie die Sprache, die weitgehend vom Neokortex abhängig sind. Diese Homogenität ermöglicht es dem Therapeuten, Abweichungen in den Haltungsreaktionen zur Bewertung der Entwicklungsprobleme anzuwenden.

In Anbetracht dieser angeborenen Designs sprach ROBERTS (1967) von „pattern-generating mechanisms" (Muster-erzeugenden Mechanismen) hinter der koordinierten Haltungsreaktion. Er nimmt an, daß diese Mechanismen die adaptive Reaktion auf und das Gegenteil der sensorischen Mechanismen für die Mustererkennung sind. Nach ROBERTS sind einige der Zellen, die mit den mustererzeugenden Mechanismen zu tun haben, in anatomische Formen gruppiert, wie die Basalganglien, das Cerebellum und die Formatio reticularis.

DENNY-BROWN (1962) schrieb den größten Teil der Haltungsreaktionen dem Mittelhirn zu. Während sich seine grundlegenden Untersuchungen hauptsächlich auf Affen bezogen, führten ihn seine Beobachtungen beim Menschen zu der Annahme, daß das Mittelhirn des Menschen in ähnlicher Weise organisiert sei wie das der Forschungstiere. DENNY-BROWN fügte den Mittelhirnmechanismen zur Integration den tonischen Halsreflex, den tonischen Labyrinthreflex, Augenreflexe, den Aufrichtungsreflex, und sogar Sitzen, Stehen, Gehen und Klettern hinzu. Für ihn trägt das Mittelhirn wesentlich zur Organisation der Bewegung und der Fortbewegung bei. „Ferner", – um DENNY-BROWN zu zitieren – „gibt es zwar einen Grund zu der Annahme, daß die betreffenden Reaktionen sich auf dem primitiven Instinktniveau befinden, unsere Experimente aber zeigen, daß sie das essentielle Substrat für alle höher entwickelten Verhaltensreaktionen sind."

Die Bedeutung des Einflusses des Mittelhirns auf die Haltungs- und Fortbewegungsintegration liegt weniger in den motorischen

Funktionen als in der möglichen Verbindung solcher motorischer Funktionen mit visuellen und auditorischen Funktionen im Mittelhirn und mit der interhemisphärischen Integration. TREVARTHEN (1968) vermutet, daß die visuellen Funktionen und die motorischen, die mit der visuellen in Verbindung stehen, einschließlich okulomotorischer und lokomotorischer Reaktionen des Mittelhirns, im Grunde eine integrierte Funktion sind.

Der geübte Beobachter kann sehen, daß sich diese Gedanken beim Kind in der Behandlung der sensorischen Integration manifestieren. Eine kortikal gerichtete Haltungsreaktion ist weniger geschmeidig und effektiv als eine, die automatisch als Antwort auf einen gegebenen sensorischen Input abläuft. Etwas dieser Inhärenz einer natürlichen Reaktion wurde in der Antwort eines achtjährigen Jungen über das schließlich geglückte Balancieren auf allen Vieren auf einem großen Therapieball widergespiegelt: „Es ist, als hätte ich immer gewußt, wie es zu machen ist.“ Das Muster war da. Seine Umgebung und seine sensorische Integration wurden genügend modifiziert, um seine Manifestation zu ermöglichen. Zur Zeit dieses Beweises verbesserter Neuralintegration berichtete der Lehrer des Kindes von dessen leichter Verbesserung der Lesefähigkeit.

Es ist das Ziel der Therapie, daß bestimmte Arten der sensorisch-integrativen Dysfunktion die Reaktionen hervorrufen, die durch die Muster-bildenden Mechanismen vermittelt werden. Haltungsreaktionen reifen am besten, wenn der bewußte Wille nur zur Erstellung eines generellen Planes benutzt wird, der, wenn er zur Wirkung kommt, den Haltungsreflex ohne Gedanken hervorruft. Die Haltungsreaktion ist abhängig von Mustern des sensorischen Inputs, die aus der Aktivität und der Schwerkraft entstehen. Richtet man die Aktivität nur auf die Haltungsreaktion, so kann das die subkortikale Aktivität hemmen. Es ist möglich, zu stark zu versuchen, eine Haltungsreaktion zu zeigen. Lenkt man die Aufmerksamkeit des Kindes durch Gespräche oder durch eine substituierende Aufgabe, die einem früheren Entwicklungsstadium analog ist, von der direkten Aufgabe ab, so führt das häufig zu einer effektiveren subkortikalen Reaktion.

6.3. Entwicklungssequenzen

Während der ersten Wochen des postnatalen Lebens sind die primitiven Haltungsreflexe, d. h. der tonische Halsreflex (TNR – tonic neck reflex) und der tonische Labyrinthreflex (TLR) entweder offensichtlich vorhanden oder werden leichter hervorgerufen als im späteren Leben. Der Reiz, der den tonischen Labyrinthreflex evoziert, ist die Erdanziehungskraft. Er wirkt so auf das neuromuskuläre System, daß flexorische Muskeln erleichtert werden, wenn der Kopf vorne ist, und wenn der Kopf hinten ist, werden extensorische Muskeln erleichtert. Der asymmetrische TNR wird durch die Rezeptorstimulation in den Nackengelenken hervorgerufen. Wenn der Kopf nach rechts gewandt wird, so daß sich das Kinn der Schulter nähert, wächst der extensorische Tonus im rechten Arm an und der flexorische im linken. Wird der Kopf zur linken Seite gewandt, wächst der extensorische Tonus im linken Arm und der flexorische im rechten. Reaktionen in den unteren Extremitäten variieren von Kind zu Kind. Das am häufigsten beobachtete Muster ist der steigende extensorische Tonus im Bein ipsilateral zum Arm mit steigendem extensorischem Tonus und steigendem flexorischem Tonus im anderen Bein. Möglicherweise wird das Kind ein diagonal gekreuztes Muster aufweisen, d. h. kontralateral werden Arme und Beine entweder steigenden flexorischen oder extensorischen Tonus zeigen, in Abhängigkeit von der Kopfhaltung. Beim symmetrischen TNR fördert die Neigung des Kopfes den flexorischen Tonus in allen Extremitäten, und die Extension des Kopfes fördert den extensorischen Tonus.

Mit der Reifung des Kindes werden diese Reflexe in das ZNS integriert, hauptsächlich durch die Inhibition, wenn höhere Hirnzentren reifen. Sie verschwinden im Leben des

Individuums nie, aber der Grad, mit dem ein Individuum die Gewalt über sie hemmt oder gewinnt, spiegelt normalerweise den Reifungsgrad und die Integration der Stellungsmechanismen wider. Sind diese Reflexe zu einem anomalen Grad infolge von Hirnschäden beim Erwachsenen vorhanden, nennt man ihre Manifestation „Entladungsauslöser". Die höheren Zentren haben ihre inhibitorische Funktion etwas eingebüßt und lösen dadurch einige primitivere sensomotorische Muster aus. Ihre Existenz ist für den Therapeuten deshalb bedeutsam, da sie ihm zeigen, daß die höheren Teile des Gehirns einige Aspekte der niederen Funktion nicht mehr integrieren können. Es ist interessant und möglicherweise bedeutsam, daß der TLR eine Reaktion ist, die den Körper und die Glieder zur Erde zieht, während später reifende Reaktionen Antigravitationscharakter haben.

Hyopthesen über die neurophysiologische Methode, durch die die Reifung die Integration primitiver Stellungsreflexe zustandebringt, führten zu besseren Behandlungsmethoden für deren Inhibition und Unterdrükkung.

Während seiner Entwicklung scheint das ZNS Entwicklungsstadien zu durchschreiten, in denen es empfänglich für bestimmte sensorische Reize ist, die mit motorischen Reaktionen in Verbindung stehen, die sich entladen wollen. Da es für das Überleben des Organismus notwendig ist, die Gravitationskraft der Erde durch die Haltung zu beherrschen, gibt es einen angeborenen Trieb zur Beherrschung dieser Kraft. Auf diese Weise kann das kindliche Gehirn besonders sensitiv für die Schwerkraft sein, da es schnell beginnt, den Kopf entgegen dieser Schwerkraft zu heben und dann seine Schultern der antigravitatorischen Reaktion hinzufügt. Im Alter von drei bis vier Monaten verbringt es viel Zeit damit, in der Bauchlage seinen Rücken durchzubiegen, so daß es sich auf dem Bauch dreht mit gegen die Schwerkraft hochgehobenem Kopf und hochgehobenen Extremitäten. Diese Stellung ist genau der Stellung entgegengesetzt, die in der Vorderstellung durch den TLR erleichtert wird. Man nimmt an, daß bei Einnahme der Horizontallage das sensomotorische System hilft, den TLR zu hemmen oder zu integrieren. Die nach vorn gewandte Stellung wurde von Rood (Ayres, 1963) als signifikanter Schritt in der motorischen Entwicklung erkannt, der ihn nach Gesell et al. (1940) wie K. Bobath (1966) als Dreh-Horizontallage bezeichnet.

Die extensorische Bauchlage ist möglicherweise mit der Landau-Reaktion verbunden, in der die fünf bis sechs Monate alten Kinder ihren Körper ausgesteckt halten, besonders Rumpf und Beine, wenn der Untersuchende den Bauch abstützt. Wippt man das Kind, hilft das, die Reaktion hervorzubringen. Ein passives Beugen des Kopfes unterbricht den sensomotorischen Reflex, und das Kind fällt in ein flexorisches Muster zusammen. Man glaubt allgemein, daß die Schwerkraftrezeptoren und die Propriozeptoren im Nacken die Empfangsquelle des sensorischen Inputs für Reflexe darstellen, aber die klinische Erfahrung führt zu der Annahme, daß auch die Bewegung beteiligt ist und vielleicht sogar der Berührungsdruck auf den Bauch dazu beiträgt. In der therapeutischen Situation ist die Bewegung, wenn das Kind in der Bauchlage verweilt, natürlich der effektivste Reiz, um einen gekrümmten Rücken zu erzielen. K. Bobath (1966) führte einschlägige Untersuchungen über die Wirkung des sensorischen Inputs auf das Verhalten durch. Die „Schreckreaktion" des Kindes hört beim Erscheinen der Landau-Reaktion und schützenden Ausstreckung der Arme auf, was ungefähr ab dem sechsten Lebensmonat geschieht.

Eine der ersten Aufgaben des Kindes ist die Entwicklung der Stellungsreaktionen, die es zur Beherrschung der Schwerkraft befähigen. Dieser Reifungsprozeß beginnt mit Aufrichtreaktionen. Diese Reaktionen sind von Bobath u. Bobath (1955, 1964) und Fiorentino (1963) eingehend untersucht und dargelegt worden. Für eine gründliche Erklärung der Stellungsreaktionen als Tests für das sehr kleine Kind sei der Leser an Millani-Compareti u. Gidoni (1967) verwiesen.

Im wesentlichen sind die Aufrichtreaktionen alle dazu bestimmt, Kopf und Körper zur Erdoberfläche auszurichten, so daß sich der Organismus in einer Fortbewegungsposition befindet. Der Kopf wird in eine Position gebracht, so daß das Kinn gegen die Erdoberfläche zeigt, wobei der Kopf soweit gehoben wird, daß man nach vorne sehen kann. Die sagittale Ebene des Kopfes strebt danach, senkrecht zur Erdoberfläche zu stehen. Rumpf und Glieder versuchen, sich reflexartig nach dem Kopf auszurichten, d. h. eine nach vorn gerichtete Stellung einzunehmen. Der Widerwillen der Vierfüßler gegen die Rückenlage läßt die Bedeutung des Aufrichtreflexes vermuten. Tiere sind in der Rückenlage verletzbarer als in der Bauchlage, und bei Vierfüßlern ist der Funktions- oder Überlebenswert dieser Reaktionen evidenter. Der Aufrichtreflex stellt ein sehr gutes Beispiel von Mechanismen dar, die Rezeptoren erfordern, die mehr als eine Sinnesmodalität widerspiegeln, d. h. Gesichts- und Tastsinn, Propriozeption der Muskeln, Sehnen, Gelenke und das Gleichgewicht.

Zusätzlich zum Aufrichtreflex ist der Mensch potentiell mit Gleichgewichtsreaktionen ausgestattet, und diese entwickelten sich zu einem komplexeren Niveau als ihr Gegenstück bei den Vierfüßlern. Die Entwicklung der Gleichgewichtsreaktionen beginnt etwas später als die Aufrichtreaktionen, und ihre Reifung erstreckt sich über mehrere Jahre. Bis zu einem gewissen Maße können sie die Aufrichtereaktionen beim menschlichen Stellungsverhalten ersetzen, indem sie diese Reaktionen bei ihrer Reifung hemmen. Daher wird die Existenz der Gleichgewichtsreaktionen als Zeichen der Reifung und Normalität in dem Ausmaß angesehen, in dem die Reaktionen normal sind. Auf der anderen Seite werden zuviel verbliebene TNR, TLR oder Halsrichtereflexe als anomal betrachtet. Gleichgewichtsreaktionen helfen, eine bestimmte Stellung zu erhalten oder wiederherzustellen, normalerweise Kriechen, Knien, Sitzen oder Stehen. Manchmal sind die Reaktionen leicht erkennbar; oft sind sie fein, und manchmal bestehen sie nur aus einer Muskelkontraktion ohne Bewegung. Sie erscheinen, wenn die Oberfläche, die das Körpergewicht trägt, verändert wird oder wenn sich der Schwerpunkt des Körpers verlagert. Die Reaktionen bestehen aus dem Versuch, den Körperschwerpunkt zu bewegen, um die Balance zu halten, einschließlich der Bewegung der Extremitäten, die dieser Erhaltung dienen.

Posturale Grundbewegungen, die einfach die Extremitäten in eine angemessene Position bringen, um feinere Arbeiten zu verrichten, scheinen ein Teil der reifen Haltungsmechanismen zu sein. Diese Bewegungen bzw. ihre Defizienz sind besonders dann bei Kindern beobachtet worden, wenn sie im Sitzen Aufgaben erledigen sollten, die ihre Arme erforderten.

Die frühe Reifung und der automatische Charakter einiger Gleichgewichtsreaktionen können in den Reaktionen kleiner Kinder beobachtet werden, die auf der Hüfte der Mutter gehalten werden, wenn diese sich beim Einkaufen über den Ladentisch beugt, wenn sie sich bückt, um etwas vom Boden aufzuheben oder sich bemüht, eine Tasche mit Lebensmitteln in das Auto zu heben. Ohne die natürliche Neigung des Kindes, seinen Körper dem sich verlagernden Schwerpunkt anzupassen, müßte die Mutter mehr auf die Sicherheit des Kindes als auf ihre eigene Tätigkeit achten. Beobachtungen von feineren Gleichgewichtsreaktionen können eines der effektivsten Mittel zur Aufdekkung kleinerer Störungen darin sein.

6.4. Muskeln und ihre Hauptrezeptoren

Einige Aspekte der Stellung der sensorischen Integration werden in dem Typ der Muskelkontraktion widergespiegelt, der sich beim Kind manifestiert. Muskelkontraktionen können im groben in zwei Arten unterteilt werden:

1. phasische, die durch Skeletalbewegungen und kurze Kontraktionsperioden mit nachfolgender Entspannung charakterisiert sind

und 2. tonische, die durch die lange oder statische Kontraktion und die Skeletalstabilisation gekennzeichnet ist. Wenn zwei antagonistische Muskeln sich statisch zur gleichen Zeit zusammenziehen, ist das Ergebnis eine Kokontraktion der Muskeln. Viele Kinder mit Lernstörungen neigen dazu, bessere phasische als tonische Muskelkontraktionen zu zeigen, wobei die Kokontraktion merkliche Mängel aufweist, was auf ineffiziente Mechanismen für die tonische Muskelkontraktion schließen läßt. Die wahrscheinliche Verbindung zwischen der Muskelkokontraktion und dem Status der Stellmechanismen macht die Erforschung und theoretische Behandlung verschiedener Arten der Muskelkontraktion notwendig, ebenso der Rolle der Muskelrezeptoren in dieser Art der Kontraktion und der Beziehung der neuromuskulären Reaktion zu Stellungsreaktionen und schließlich zur Wahrnehmung und anderen Aspekten sensorischer Integration.

Viele Stellungsreaktionen sind tonischer Art. Eine längerfristige Kontraktion bestimmter Muskelgruppen ist für die Beibehaltung des Sitzens, der Vierfuß- und der Zweifußstellung erforderlich. Proximale Muskeln müssen proximale Gelenke über längere Zeit stabilisieren (einige Minuten lang), so daß distale Gelenke frei sind, um Aufgaben zu erfüllen. Der sensorische Fluß, der aus der verlängerten haltungsbedingten Muskelkontraktion resultiert, kann einen signifikanten Einfluß auf die sensorische Inhibition und Integration haben. Die Stabilisation, die für die Bereitstellung proximaler Unterstützung zur Ermöglichung freier distaler Bewegung notwendig ist, darf nicht mit dem Mangel an haltungsbedingter Grundbewegung verwechselt werden, die man bei Kindern mit leichten Störungen der Haltungsintegration findet. Dieser Mangel ist im Gegenteil wahrscheinlich mit der unzureichenden Fähigkeit verbunden, die Konstellation der Muskelkontraktion zu erhalten oder zu ändern, die die dauerhafte Basis für eine mehr distale phasische Skeletbewegung bereitstellen muß. Kurz, die flexible tonische Muskelkontraktion, die sich im Hinblick auf die erwünschten Gleichgewichtsreaktionen verändern kann, ist wichtig für die Ausführung von Haltungsreaktionen.

Phasische und tonische Typen der Muskelkontraktion sind von ROOD (STOCKMEYER, 1967), der als Kliniker eine besonders gründliche Studie des neuromuskulären Systems angefertigt hat, als „mobilisierende und stabilisierende" Reaktionen bezeichnet worden. ROOD schlägt vor, daß Muskeln sowohl mobilisierende als auch stabilisierende Komponenten haben. Die stabilisierende Funktion wird durch einen konstanten Fluß sensorischer Reize vermittelt, wie solche von der Haut, den Muskeln und den Gelenkrezeptoren.

Nach STOCKMEYERS Interpretation von ROOD zeigen sich Mobilisations- oder Bewegungsfunktionen ontogenetisch vor der Entwicklung der Kokontraktion der Muskulatur. Die Dreh-Horizontallage ist das erste motorische Muster, das Stabilisation entwikkelt, da diese Position die tief tonischen extensorischen Muskeln aktiviert. Wenn sich diese Muskeln zusammenziehen, werden die Gegenmuskeln gespannt, und dadurch ziehen sie sich zusammen, um die Stabilität des Körpers herzustellen. Muskelspindeln in den tiefen extensorischen Muskeln sollen das sensorische Feedback versorgen, das zur Initiierung der Kokontraktion erforderlich ist.

Aufgrund des aktuellen Wissensstandes über Muskelspindeln sollen die nachfolgenden Bedingungen, die für die Rolle der Haltungsmechanismen in der sensorischen Integration von Bedeutung sind, überwiegen. Die Situation wird vereinfacht dargestellt. Eine genauere Ausführung ist bei ROBERTS (1967) und ELDRED (1967 a, 1967 b) zu finden, auf deren Werk die Diskussion basiert.

Die meisten Muskelspindeln haben zwei Arten sensorischer Endungen oder Rezeptoren, wovon jede mit verschiedenen efferenten Gamma- oder Intrafusalfasern verbunden ist, die verschiedene Fasern der Muskelspindeln innervieren. Die beiden Arten sensorischer Endungen ermöglichen zwei Arten sensorischer Entladung zurück in das Nervensystem. Obwohl technisch die afferente Entladung nicht nach den Typen der Spindelrezeptoren unterteilt werden kann, kann die tonische Kontraktion meist mit sekundären afferenten Endungen und die phasische Kontraktion mit primären afferenten Endungen verbunden werden, obwohl diese Endungen statische Eigenschaften haben. Um eine komplexe neuromuskuläre Anordnung so zu vereinfachen, daß das Konzept für die therapeutische Praxis gebraucht werden kann, mag ein statisches intrafusales Neuron, das die Muskelspindel innerviert, eine tonische Muskelkontraktion durch den afferenten Fluß von sekundären und bestimmten primären afferenten Endungen hervorrufen.

Ähnlich kann ein phasisches intrafusales Neuron meist mit phasischer Muskelkontraktion verbunden werden. Wenn diese Verbindung hält, muß der Therapeut besonders die Aktivation der tonischen Afferenzen durch die tonisch intrafusalen Fasern beachten, um die Effektivität der tonischen und kokontraktiven Komponenten der Muskelkontraktion zu steigern. Um eine klarere Hypothese aufzustellen, hat man vorgeschlagen, die Anomalien in den Stellungsmechanismen, die beim lernbehinderten Kind gefunden wurden, als Reflexion des geringen tonisch afferenten Flusses von der Muskelspindel anzusehen und die Haltungsreaktionen durch die Aktivation der tonischen Afferenzen zu normalisieren. Die Spindelrezeptoren, die in Verbindung mit der Statik und damit der Kokontraktion der Muskeln stehen, haben höhere Schwellen und werden am besten durch den kontinuierlichen Fluß der Reize aktiviert. Die Reize, die für die Aktivation der sekundären Afferenzen am effektivsten erscheinen, sind von Natur aus die propriozeptiven, besonders die vestibulären. Die Betonung des vestibulären Beitrags wird im Werk von GERNANDT (1964) unterstützt, der das vestibuläre System im einzelnen untersuchte. Man darf nicht vergessen, daß es viele Arten vestibulärer Stimulation gibt, die in vielen Arten von Reaktionen resultieren.

Zusätzlich zu ihrer Aufgabe, Haltungsreaktionen durchzuführen, spielen die Muskelspindeln eine genauso bedeutende, aber allgemeinere Rolle bei der Bewegung. Eine erfolgreiche Ausrichtung einer motorischen Handlung ist davon abhängig, über genaue Informationen über den Körper und seine Bewegungen zu verfügen. Daher muß der Grad der Spannung im Muskel bekannt sein, und das Anzeigen dieser Spannung ist eine Funktion der Muskelspindel. Obwohl es zunehmend Beweise gibt, daß die Entladung einiger Muskelspindeln den Kortex tatsächlich erreicht, macht das in den vorangegangenen Kapiteln präsentierte Material klar, daß der direkte kortikale Empfang aller sensorischen Information für die direkte motorische Aktion nicht notwendig ist. Auf niederen Niveaus empfangene Wahrnehmungen werden indirekt verwendet. Die Ausführung des breiten Kortexplanes ist letztlich abhängig von der Muskelspindelinformation, die den subkortikalen Strukturen vollständig zugeführt wird.

Die Muskelspindel nimmt eine zentrale Funktion für die Erhaltung des Muskeltonus ein. Eine Anzahl von Kindern mit sensorisch-integrativen Defiziten hat einen reduzierten Muskeltonus, ein Umstand, der beachtliche Bedeutung haben kann. Ein niedriger Muskeltonus läßt einen inadäquaten sensorischen Fluß zu den intrafusalen Fasern vermuten. Das kann in einem inadäquaten sensorischen Fluß von den Spindelafferenzen resultieren, der umgekehrt die sensorische Integration reduziert. Diese Kinder weisen oft eine inadäquate Funktion des vestibulären Systems auf. Das Problem ist folgendes: Inadäquate Integration vestibulärer und anderer Wahrnehmung reduziert die Exzitation der intrafusalen Fasern, was in einer ungenügend kontrahierten Muskelspindel resultiert, die dann weniger wirksam in der Ausführung allen motorischen Outputs ist, einschließlich der Haltungsreflexe und der geplanten schwierigeren Reaktionen. Ferner erhält das Gehirn eines hypotonischen Kindes weniger sensorischen Input als bei normalem Tonus. Dieser reduzierte

Input kann relevant für die sensorische Integration im allgemeinen sein.

6.5. Mechanismen der Körperhaltung und extraokulare Muskelkontrolle

Eine Normalisierung der Haltungsmechanismen hilft bei einer Normalisierung der extraokularen Muskelkontrolle. Die extraokularen Muskeln (=äußere Augenmuskeln) sind Skeletalmuskeln. Sie reagieren gänzlich wie andere Muskeln auf die Neurophysiologie der Haltungsmechanismen. Haltungsmechanismen und die Muskelkontraktion stellen eines der effektivsten und natürlichsten Mittel dar, durch das extraokulare Muskelkontrolle beeinflußt werden kann. Ferner ist diese Methode für das Kind besonders annehmbar, da es sich nicht einmal bewußt wird, daß es „Augenübungen" ausführt.

Eine Art des Einflusses verläuft über die propriozeptive Facilitation, d. h. den extraokularen Muskeln wird die Reaktion durch eine neurale Bombardierung des Kranialnervenkerns erleichtert, von dem sie die Innervation erhalten. Die Bombardierung besteht in Sinneswahrnehmungen, die von Kontraktionen anderer Haltungsmuskeln oder vom vestibulären Apparat kommen. Die Impulse von anderen Muskeln werden über den Fasciculus longitudinalis medialis weitergegeben, einem großen Fasernbündel, das seinen Input direkt von den Kernen des akzessorischen Nerven erhält, der die sternokleidomastoiden (=Halswender) und die Trapezmuskeln versorgt. Daraus folgt dann, daß die starke Kontraktion dieser Muskeln die Augenbewegungen erleichtert.

Die vestibulo-okularen Reflexe stellen einen der bedeutendsten Einflüsse auf die extraokulare Muskulatur dar. Bei jeder Kopfbewegung werden eine oder mehrere der Bogengänge stimuliert, und bei jeder Stimulation werden ein oder mehrere Paare der sechs Muskelpaare, die den Augapfel bewegen, davon betroffen. Der spezifische Bewegungseffekt in jedem Bogengang auf die Augenmuskeln ist von der neurophysiologischen Grundlagenforschung untersucht worden, und diese Literatur kann als Leitfaden herangezogen werden, wenn die individuelle Muskelkontraktion besonders betont werden soll.

Reflexe der Bogengänge wirken auch auf andere als die Augenmuskeln, besonders auf die der Gliedmaßen und des Nackens, und stellen einen indirekten Weg zur Beeinflussung der extraokularen Muskelfunktion dar. Bewegt man sich z. B. in der Bauchlage schnell auf einem Roller, erleichtern es die Bogengänge den Muskeln, die das Anheben des Kopfes verursachen, den Rücken zu krümmen, und den Extremitäten, sich vom Boden abzuheben. Die Kontraktion der Trapezmuskeln und der sternokleidomastoiden Muskeln ist notwendig, um den Kopf aufrechtzuhalten und zu stabilisieren. Diese Muskelkontraktion bringt den propriozeptiven Fluß in Gang, der seinen Einfluß der direkten Beeinflussung der Bogengänge der Augenmuskeln hinzufügt. Die gesamte sensomotorische Reaktion wird durch die propriozeptive Facilitation praktisch selbstgesteuert.

Sehr wahrscheinlich hat auch eine andere Muskulatur als die des Genicks eine tiefgreifende Wirkung auf die Augen. Es ist eine ziemlich gesicherte Hypothese, daß die Einnahme einer einfachen Bauchlage oder Vierfüßlerstellung die Interaktion der extraokularen und anderer Haltungsmuskeln zur wechselseitigen Erleichterung umfaßt, möglicherweise durch Mechanismen, die noch nicht richtig erkannt bzw. verstanden sind.

Der optische Haltungsreflex verkehrt die Richtung des Haltungs-Augen-Einflusses. In diesem Reflex wirkt die Wahrnehmung der Vertikalität auf die Haltungsmechanismen, um dem Körper bei der Erhaltung der aufrechten Stellung zu helfen. Diesen Reflex kann man leicht beim Vergleich des Balancierens im Stehen mit offenen und mit geschlossenen Augen beobachten. Eine häufig auftauchende Frage richtet sich auf den Prozeß, durch den das Gehirn die vertikale Linie als vertikal zu erkennen lernt. Es ist möglich, daß die Anziehungskraft der Erde, die im Labyrinth wirkt, zur eigentlichen Wahrnehmung der Vertikalität beiträgt, was erneut die komplexe netzartige Verbindung visueller und Haltungsmechanismen aufzeigt. Kinder mit Problemen der Haltungsreaktionen neigen zu einer geringeren Wahrnehmung der Vertikalität (AYRES, unveröffentlichte Daten).

Man glaubt, daß zusätzlich zum optischen Haltungsreflex die Augenbewegungen eine Wirkung auf einige Stellreflexe ausüben, einschließlich der „Aufrichtreaktionen". Es gibt Anzeichen dafür, daß ein Blick zur Seite eine Folge von Genick-Bewegungskorrekturen und möglicherweise sogar den tonischen Halsreflex auslösen kann. Die Haltungsreaktionen und die extraokulare Muskelkontrolle haben gezeigt, daß sie sehr eng auf Reflexniveau verbunden sind, wobei sie sich gegenseitig beeinflussen. Meistens scheint die Verbindung direkt oder indirekt mit der Vermittlung von adaptiven Haltungsreaktionen verbunden zu sein, die meistens die Bauchlage oder eine vierfüßige, sitzende oder zweifüßige Stellung herstellen oder erhalten. Der größte Teil der Reflexe entwickelte sich bei den Wirbeltieren, bevor der Mensch die aufrechte Stellung als seine wesentlichste Position der Fortbewegung einnahm. In gleicher Weise reifen die meisten der Haltungsreaktionen, bevor das Kind läuft. Ihre Reifung ermöglicht erst das Laufen.

Die enge Verbindung zwischen Augenmuskulatur und Haltungsreaktionen liefert die Grundlage für die Annahme, daß die Aktivation und Normalisierung von Haltungsmechanismen, besonders in der Bauchlage und der Vierfüßlerstellung, eine fundamentale, natürliche und optimale Methode für die Verbesserung der extraokularen Muskelkontrolle darstellt. Wenn Haltungsmechanismen als Hilfe für eine Normalisierung der Augenmuskulatur benutzt werden, wird angenommen, daß der einfache Umstand, sinnvoll an einer zweckmäßigen Aktivität unter therapeutisch verbesserter sensomotorischer Integration teilzunehmen, die Augenmuskulatur zu einer normalen Leistung anregen wird. Gibt man dem Gehirn eine Chance, so organisiert es sich selbst.
Die Anwendung der sensorisch-integrativen Therapie zur Verbesserung der Augenkontrolle hat eine eingebaute Sicherung dagegen, daß die Unkenntnis des Therapeuten die sensitiven Augenmuskeln des Kindes schädigt. Jegliche spezifische Übungen der Augen – als isolierte anatomische Strukturen – können durchaus Versuchen folgen, die ihre Funktion verbessern, indem sie als ein Teil des Muskuloskeletalsystems beteiligt werden und eine normale Entwicklung wiederholt wird. Die mehr auf die Augen spezialisierten Methoden wie der Gebrauch von Maschinen, fallen in ein anderes therapeutisches System.

6.6. Extraokulare Muskelreaktionen und die Entwicklung der visuellen Raumwahrnehmung

HEBB (1949) war einer der ersten Theoretiker der annahm, daß der afferente Zustrom von den extraokularen Muskeln (wenn das Auge z. B. die Umrisse einer Figur abtastet) die Entwicklung der visuellen Form- und Raumwahrnehmung unterstützt. Während es nur kaum Anzeichen dafür gibt, daß der afferente Input von diesen Muskeln innerhalb des Gehirns weite Strecken zurücklegt, so wird ebenso argumentiert, daß Impulse nicht weit gehen müssen, um großen Einfluß auszuüben. Wenn solch ein Einfluß existiert, kann der normalisierende afferente Fluß von den skeletalen Augenmuskeln bei der Entwicklung der Form- und Raumwahrnehmung sehr nützlich sein.
Nach der Betrachtung und Untersuchung der Forschung über die *sakkadischen* Augenbewegungen kam ABERCROMBIE (1969) zu dem Schluß, daß „hirngeschädigte Kinder", deren Augen nicht genau ein Ziel lokalisieren und fixieren können, in ihrer geistigen Entwicklung sehr behindert werden. In dem Ausmaß, in dem ABERCROMBIE Recht hat, fördert die verbesserte Fähigkeit zur visuel-

len Lokalisation und Fixation eines Zieles die kindliche Entwicklung.
Weiterhin muß noch etwas zum Organisationsprozeß efferenter Entladung auf die extraokularen Muskeln gesagt werden. Aus Humanexperimenten schloß WALSH (1969), daß der efferente Fluß zu den Augenmuskeln kontrolliert wurde und eine Rolle in der visuellen Raumwahrnehmung spielte. Offensichtlich tragen die Befehle, die das Gehirn den Augen für die Bewegung gibt, in irgendeiner Weise zur sensomotorischen Integration mit bei. Eine Steigerung der Präzision und Normalität der Lenkung efferenter Entladung kann direkt die visuelle Raumwahrnehmung verbessern.

7. Faktoren, Syndrome und Neuralsysteme

Kinder mit Lernstörungen haben eine Vielfalt von zugrundeliegenden Symptomen gezeigt, von denen viele vermutlich Manifestationen von Abweichungen in der Hirnfunktion sind, besonders der sensomotorischen Funktion. Das fundamentale Ziel bei der Aufstellung eines theoretischen Systems, das in diesem Buch präsentiert wird, lag in einer Interpretation dieser Verhaltenssymptome als neurophysiologische Konstrukte, die als Leitlinie für die Entwicklung und Anwendung der Behandlung dienen können, die die neuralen Störungen, worauf Lernprobleme beruhen, beeinflussen will.

7.1. Das Konzept der Syndrome oder Neuralsysteme

Der Gebrauch der Verhaltensbeobachtung erfordert die Organisation einzelner Teile von miteinander in Beziehung stehenden Beobachtungen in Konstellationen oder Muster, die durch sinnvolle theoretische Konstrukte interpretiert werden können. Die Methode, die zum Erreichen des Zieles angewandt wurde, bestand in der Zusammenstellung von Symptomen in natürlich vorkommenden Gruppen, und zwar durch eine Reihe von Faktorenanalysen aller Werte der Wahrnehmungs-, motorischen, kognitiven, auditorischen, sprach- und neuromuskulären Tests, die in mehreren verschiedenen Stichprobenpopulationen lernbehinderter Kinder angewandt wurden (Ayres, 1965, 1966 a, 1966 b, 1969 a, 1972 c). Die ständig wiederkehrenden Symptomkomplexe wurden als Darstellung von Störungen der Neuralsysteme oder Subsysteme interpretiert, d. h. Gruppen von Neuronen, die dazu neigen, als Einheit zu funktionieren, sind relativ unabhängig von den Prozessen des restlichen Nervensystems, jedoch in gewisser Hinsicht auch mit ihnen verbunden. Jedes System ist für einen bestimmten Aspekt der Gesamthirnfunktion verantwortlich. Da die Neurone der Einzelsysteme als Einheit funktionieren wollen, streben sie zum gleichen Niveau oder zum gleichen Grad der Integration und deshalb variieren Testwerte von Verhaltensparametern alle in der gleichen Richtung. Anders gesagt, wenn der Wert eines Tests, der den Status eines bestimmten Systems wiedergibt, niedrig ist, ist der Wert eines anderen Tests, der ebenfalls die Funktion des gleichen Systems widerspiegelt, wahrscheinlich auch niedrig, während Testwerte von zwei Tests, die mit einem anderen System identifiziert werden, wahrscheinlich hoch sind, wenn die Dysfunktion in diesem System geringer ist.

Die Konstellationen von Symptomen, die wiederholt zusammen auftreten, nennt man oft Syndrome, und dieser Terminus wird hier gebraucht, obwohl die Syndromkomponenten weniger spezifisch und konstant sind als im klassischen Konzept der Syndrome. Der Ausdruck „Störung in einem Neuralsystem“ führt eher zu einem genauen Denken, obwohl er unbequemer ist. Das setzt voraus, daß das ZNS aus einer Anzahl von Subsystemen zusammengesetzt ist, die einer mehr oder weniger umfassenden Integration unterliegen können. Diese funktionalen Systeme erfordern gleichzeitig mehrere verschiedene Hirnstufen und viele verschiedene anatomische Strukturen. Die statistische Analyse hat mit bestätigt, daß vertikale Funktionssysteme im Gehirn bestehen, und sie hat den Charakter dieser Systeme mit skizziert. Ein Charakteristikum jedes Syndroms oder Systems war ein bestimmer Typ der Lernstörung. Genauso zeigte jedes einen gewissen Typ einer sensorisch-integrativer Dysfunktion.

Der Gedanke, daß Symptome von Dysfunktionen im Gehirn Komplexe bilden, ist nicht neu. Der Wert einer Einteilung der Verhaltensmanifestationen in Komplexe ist von vielen Klinikern anerkannt worden. Die Kategorisierung von verwandten Charakteristika ist ein früher Schritt bei der Entwicklung eines Wissensgebietes. Klassifikationsmethoden weisen sowohl ein subjektives wie ein objektives Element auf, wobei die Zahl der Unterteilungen zum Teil eine Funktion dessen darstellt, wieviele Verhaltensgruppen aufgestellt werden, was wiederum teilweise eine Funktion des Stadiums der Erkenntnisentwicklung ist; je fortgeschrittener das Stadium, desto größer ist die Anzahl der daraus gewonnenen Kategorien. Jede Klassifikation ist in ihrer Art korrekt. Eine Stichprobe von Variationen soll hier gegeben werden, um die Subjektivität ihrer Bestimmung zu unterstreichen. Es gibt in jeder Analyse soviele statistische Faktoren oder Kategorien, wie der Forscher in einem bestimmten annehmbaren Rahmen der statistischen Vorgehensweisen auswählen oder ableiten kann. Die Kategorisierung der Daten hat heuristischen Wert, und möglicherweise sollte das Vorgehen als eine Methode zum Aufbau eines Wissensgebäudes auf dieser Grundlage beurteilt werden.

Gerstmann (1940) wird als einer der frühen Beobachter von Dysfunktionen beim Erwachsenen und wegen seiner Klassifizierung des wahrnehmungsmotorischen Defizits anerkannt. Er beschrieb ein Syndrom, das jetzt nach ihm benannt ist und aus einer Fingeragnosie besteht (ein Symptom, das er erkannte und benannte und als Teil einer Störung des Körperschemas betrachtete), die Disorientierung der rechten und der linken Hand, Agraphie und Akalkulie (Schwierigkeiten beim Zahlenrechnen). Gerstmann führte die Syndrome auf eine Läsion in der parieto-okzipitalen Konvexität des Gehirns zurück und meinte, daß es eine funktionale Verbindung zwischen den verschiedenen Komponenten gebe, wobei solch eine Verbindung die als Syndrom bestimmten Symptome verursache. Viel später berichteten Kinsbourne u. Warrington (1963) von acht Fällen mit Gerstmann-Syndromen bei Kindern. Diese Kinder litten alle an Fingeragnosien und wiesen außerdem noch zwei bis drei andere Elemente des Syndroms auf, aber sie zeigten auch andere wahrnehmungsmotorische Mängel wie Apraxien und Sprach- und Leseprobleme. Anscheinend haben diese späteren Forscher etwas mit dem Gerstmann-Syndrom benannt, das andere heute wahrnehmungsmotorische Dysfunktion im allgemeinen Sinne nennen würden. Heute kann eine detailliertere Klassifikationsmethode zu verschiedenen Komponenten des Gerstmann-Syndroms führen, die in verschiedene statistisch berechnete Faktoren zerfallen, wenn man sich für diese Organisationsweise der Kenntnisse entschieden hat. Anders gesagt, die Identifikation und Determination der Zusammensetzung von Syndromen ist zum Teil eine Funktion des Gehirnaufbaus und zum Teil eine Funktion dessen, was man zum gegebenen Zeitpunkt darüber weiß. Dieser Punkt ist es wert, für die Betrachtung der Neuralsysteme oder Syndrome, die von der im Buch neugestellten Theorie aufgestellt werden, im Auge behalten zu werden.

Ein anderer früher und kreativer Versuch der Kategorisierung der Störungen, die aus Gehirnschäden beim reifen Individuum resultieren, wurde von Halstead (1947) unternommen. Seine vier Faktoren, die ausgehend von einer relativ geringen *Verhaltensstichprobe* von 50 erwachsenen Männern ziemlich umfassend interpretiert wurden, schließen folgendes ein:

1. einen zentral integrativen Feldfaktor mit den höchsten Wertungen bei einem Papier- und Bleistift-Intelligenztest, einem Test der Sprachwahrnehmung und einem Test von Kategorien;
2. eine Fähigkeit, Ähnlichkeiten zu begreifen, was am besten durch die höchste Wer-

tung im Kategorientest, im taktilen Abruf und im Leistungsintelligenztest dargestellt wird;
3. einen unklaren Faktor, der anscheinend die Fähigkeit der Abwehr von Anforderungen, die an Emotionen gestellt werden, darstellt; er wurde an Faktorladungen bei Tests der Flicker-Fusion, des taktilen Gedächtnisses und der Form- und Farbwahrnehmung festgestellt, und
4. die „nach außen gerichtete Intelligenz", die Ladungen für taktile Leistung und peripheres Sehen enthält.

HALSTEADS Werk prophezeite die Anerkennung der Verbindung gleichzeitiger Funktionen in verschiedenen Sinnesmodalitäten und stellt den möglichen Versuch dar, in Form von Neuralsystemen zu denken.

Neuere Studien von Dysfunktionen bei Kindern (BORTNER u. BIRCH, 1962; BRENNER u. GILMAN, 1966; COLE u. KRAFT, 1964; CULBERTSON u. GUNN, 1966; SILVERSTEIN, 1965; ERNHARD et al., 1963; LYLE, 1969; RUTTER, 1969; SMITH u. SMITH, 1966) zeigen generell eine größere Tendenz zur Korrelation von Werten aus Tests, die man mit Kindern mit einer neuralen Dysfunktion durchgeführt hat, aber keine genügende Differenzierung für eine sinnvolle Kategorisierung. Lernstörungen sind keine Einzelbedingung, sondern ein Endprodukt aus vielen miteinander verbundenen und interagierenden Variablen. Eine Bestimmung der verschiedenen Variablen, die zu Lernstörungen beitragen, und eine Kategorisierung der Variablen waren ein früher Schritt in der Planung der Heilung eines solchen Zustands. Allgemein wird der Gedanke, daß das Gehirn bis zu einem gewissen Ausmaß auf der Basis von Subsystemen operiere, die sowohl irgendwie unabhängig und doch mit anderen Systemen verbunden sind, von den modernen Neurophysiologen akzeptiert (JASPER, 1966). Das theoretische System dieses Buches hat statistisch gewonnene Faktoren benutzt, die beobachtete Verhaltenssymptome bei lernunfähigen Kindern kategorisieren, und interpretiert diese als Neuralsysteme oder Syndrome, um sensorisch-integrative Probleme, die den Lernproblemen zugrundeliegen, zu behandeln.

Die Idee verschiedener Arten sensorischer Systeme ist durchaus auch mit persönlicher Erfahrung vereinbar. J. J. GIBSON (1966) stellt heraus, daß Menschen sich über Muster und Transformationen eines simultanen sensorischen Inputs von verschiedenen Modalitäten bewußt sind, eher als nur einer Modalität; sie tragen alle zu einem vereinigten Endprodukt der Wahrnehmung bei. Diese Erfahrung paßt genau zum Gedanken der neuralen Subsysteme, wobei jedes System einer allgemeinen Funktion der Transmission und Assimilation von verwandter Information dient, was mehrere sensorische Modalitäten gleichzeitig beteiligt. Wenn man z. B. mit dem Fahrrad fährt, erfährt man die Bewegung des Körpers durch den Raum, das Pedalentreten der Füße, die Anforderungen an sein Gleichgewicht und die Anstrengungen, die zur Erhaltung dieses Gleichgewichts unternommen werden, das Drehen der Lenkstange und das vorbeiziehende Land, alle als einen Teil eines wahrnehmungsmotorischen Akts. Jede dieser Funktionen ist tatsächlich mit dem gleichen neuralen Subsystem verbunden.

Als zeitgenössischer Verhaltenswissenschaftler hat LURIA (1966 a, b) einige der klarsten Erklärungen über funktionale Neuralsysteme vorgelegt. Seine Ideen resultierten aus Untersuchungen der Verhaltensparameter, die sich im reifen Menschen mit Lokalläsionen manifestieren. Nach LURIA werden höhere Hirnprozesse, wie Wahrnehmung, Kognition und Lernen von einer Anzahl dynamischer funktionaler Systeme oder „Arbeitskonstellationen" von Neuronen ausgeführt, die viele Strukturen im ZNS auf verschiedenen Niveaus betreffen. Diese Systeme erfordern die Zusammenarbeit von Gehirnteilen, die weit voneinander entfernt sein können, wobei jedes Teil zum integrierten Funktionssystem beisteuert. Zerebral-kortikale Areale sind „Verbindungen" in den Systemen, und sie operieren in Verbindung mit niederen Strukturen.

Neuronengruppen können gleichzeitig zu verschiedenen funktionalen Systemen gehören. Diese Systeme reifen nach LURIA unabhängig voneinander und im Gleichklang mit der Umweltinteraktion des Individuums. Eine Interferenz mit einem Glied des Systems beeinflußt das Endprodukt des Systems. LURIA betrachtet die Fähigkeit zur Bildung funktionaler Systeme während der Ontogenese als eines der wichtigsten evolutionären Produkte. Er glaubt, daß der Entwicklungsprozeß von höheren kortikalen Funktionen durch eine frühe Konzentration auf elementare sensomotorische Prozesse charakterisiert ist, die immer noch die Grundlage bilden, obwohl sie mit der Reifung an Bedeutung verlieren. LURIAS Konzeptbildung geht mit der hier vorgestellten Theorie einher.

Danach sieht es so aus, als ob die Vorstellung der Hirnfunktion und der Dysfunktionsarten für das Verständnis der neuralen Basis des menschlichen Verhaltens angemessen ist. Die Beschreibung dieser Arten und Systeme hängt immer noch sehr von der theoretischen Orientierung ab, auf der die Datengewinnung und deren Interpretation basiert. Die in diesem Buch diskutierten Faktoren und hypothetisierten Neuralsysteme werden mit dieser Einschränkung vorgestellt.

Heute werden die Behandlungsmethoden nicht auf der Grundlage der verschiedenen Bedingungen differenziert, die die irreguläre Neuralfunktion verursachen, obwohl die Angemessenheit eines eventuellen derartigen Handelns anerkannt wurden. Die Ätiologie kann mit der Prognostik im Zusammenhang gebracht werden. Einige Anzeichen (SILVER u. HAGIN, 1964; INGRAM et al., 1970) legen nahe, daß es zwei Hauptkategorien der Ätiologie für die Lernstörungen gibt, eine entwicklungsbedingte und eine, die konventionelle, offenkundige, „organische“ oder Symptome von Hirnverletzungen aufzeigt. Die entwicklungsbedingten Gruppen zeigen eine größere Defizienz beim Lesen als in der Arithmetik, ein Unterschied, der in der „organischen“ Gruppe nicht gefunden wurde (INGRAM et al., 1970), und eine größere Tendenz zu partieller Heilung über mehrere Jahre hinweg (SILVER u. HAGIN, 1964). Es ist klar, daß in diesen Studien der Ausdruck „organische“ Symptome mit einer Nebenbedeutung gebraucht wird, die sich von Ausdrücken wie „Dysfunktion“ oder „neurale Störung“, wie sie in diesem Buch verwendet werden, unterscheiden. Die Unfähigkeit eines achtjährigen Kindes, trotz angemessener Instruktionen lesen zu lernen, wird als Dysfunktion des Gehirns betrachtet, obwohl diese Dysfunktion nicht auf einer Hirnschädigung beruhen muß.

Es bedarf einer weit größeren Klärung der ätiologischen Faktoren. Heute scheinen „Verhaltenssymptome“ vs. „neurologische“ Symptome auf den erkenntnistheoretischen Systemen konventioneller Wissensgebiete der Menschen zu basieren, d. h. Psychologie und Neurologie. Die Unterteilung ist natürlich arbiträr, da beide Gebiete sich mit Hirnfunktionen befassen. Bis ätiologische Faktoren gut genug verstanden worden sind, um sie in die theoretische Struktur einzuarbeiten, wird die therapeutische Methode notwendigerweise weiterhin auf neurophysiologischen Symptomen basieren, wie sie von Neurophysiologen und Therapeuten beobachtet und interpretiert werden.

Ein Großteil der Forschung läßt geringe Zweifel darüber, daß eine Vielzahl der Symptome, besonders wenn sie in bestimmten Konstellationen betrachtet werden, mit Lern- und besonders Lesestörungen verbunden sind, obwohl einige mehr und andere weniger in Zusammenhang stehen. Wahrnehmungsfaktoren und sensorisch-integrative Faktoren sind für die Erwerbung der Lesefähigkeit am wichtigsten, aber wenn einmal die Wahrnehmungsanforderungen gemeistert sind, dann gewinnen konzeptuelle und andere höhere kognitive Funktionen eine größere Bedeutung (vgl. BIRCH u. L. BELMONT, 1965).

7.2. Identifikation der Syndrome und Neuralsysteme

Aus den statistischen Analysen der oben zitierten Autoren ergeben sich fünf Faktoren mit genügender Häufigkeit und Ähnlichkeit der operativen Parameter, die als funktional verbundene Aspekte des menschlichen Verhaltens betrachtet werden können. Die Hypothese wurde aufgestellt, daß sie die Neuralsysteme widerspiegeln, in denen die Störung bei Kindern mit Lernproblemen gefunden wurde. Die Kennzeichen sind:

1. Störungen in der okularen, posturalen und bilateralen Integration;
2. die Apraxie;
3. Störungen in der Form- oder Raumwahrnehmung;
4. Hör-Sprachprobleme; und
5. taktile Abwehr. Ein sechster Typ der Störungen, eine einseitige Gleichgültigkeit, konnte nur versuchsweise identifiziert werden.

Jedes dieser Syndrome wird in einem eigenen Kapitel diskutiert; einige allgemeine Bemerkungen sind aber auch hier am Platz. Jede dieser sechs Arten von Störungen kann in einer klinischen Situation identifiziert werden, obwohl man selten ein Kind mit einer Störung in nur einem einzigen System findet. Hör-Sprachdysfunktionen kommen noch am ehesten einzeln vor und sind am häufigsten unabhängig von anderen Syndromen beobachtet worden. Taktile Abwehr wird oft bei apraxischen Kindern gefunden. Die Apraxie und die Störung in posturaler, okularer und bilateraler Integration sind oft beim selben Kind vorhanden, was auf eine enge Verbindung zwischen den beiden beteiligten Neuralsystemen schließen läßt. Probleme in der Form- und Raumwahrnehmung werden gewöhnlich, aber nicht unvermeidlich, beim Kind mit einer Apraxie oder einer Störung der posturalen und bilateralen Integration gefunden. Die einseitige Vernachlässigung, ein Symptom, das gelegentlich bei hirnverletzten Erwachsenen gefunden wird, ist auch bei einem geringen Prozentsatz von Kindern mit Lernstörungen und anderen damit verbundenen Störungen, die sich in der linken im Gegensatz zur rechten Körperhälfte manifestierten, klinisch beobachtet worden.

Ein möglicher Symptomkomplex, der klinisch bei Kindern mit Lernstörungen erkannt worden ist – jedoch nicht in einem genügenden Ausmaß, um zu einer statistischen Identifikation der gesamten Forschung zu führen –, zeigt als wesentlichstes Charakteristikum eine Athetose-ähnliche Dyskinesie und häufig auch Muskelzuckungen. Kinder mit dieser Art sensomotorischer Probleme zeigen oft keine anderen identifizierbaren Symptomkomplexe oder Syndrome. Diese Art der Störung kann mit dem von PRECHTL u. STEMMER (1962) beschriebenen „choreiformen Syndrom" in Zusammenhang gebracht werden. Diese Autoren haben das Syndrom elektromyographisch bei Kindern nachgewiesen, die Lern- und Verhaltensstörungen aufwiesen. Sie beschrieben es nach ihrer Beobachtung als eine plötzliche, leichte, ruckartige, choreaähnliche Muskelkontraktion, die unregelmäßig und arhythmisch sowie von kurzer Dauer war.

Die Kontraktionen konnten bei einem stärkeren Muskeltonus, oder wenn das Kind unter Streß stand, leichter beobachtet werden. Sie erschienen weit häufiger in den Kopf- und Rumpfmuskeln, einschließlich der extraokularen Muskeln, als in den Extremitäten. Geringe Augenfixation, geringe Sehnenreflexe, Ungeschicklichkeit, Hyperaktivität, Zerstreutheit und Stimmungsschwankungen waren mit Muskelkontraktionen in der Stichprobe von Kindern verbunden, in der das Syndrom ursprünglich identifiziert wurde. RUTTER et al. (1966) konnten keine signifikanten Verbindungen zwischen bestimmten Syndromen und Lesestörungen, psychiatrischen Störungen oder neurologischen Anomalien finden; WOLFF u. HURWITZ (1966) fanden die Syndrome jedoch signifikant häufiger bei Kindern mit Lern- und Verhaltensstörungen als bei normalen Kindern.

Diese Studien dienen dazu aufzuzeigen, daß wahrscheinlich viele Bedingungen einer inadäquaten sensomotorischen Funktion existieren, die noch nicht richtig identifiziert wurden, geschweige denn theoretisch genügend verstanden wurden, um eine angemessene Behandlung zu planen.

Die Formulierung verschiedener Störungsarten bei Kindern hat ihren Hauptwert im möglichen Aufstellen von Hypothesen über den Charakter der sensorischen Integration. Aus diesen Hypothesen haben sich Behandlungsmethoden entwickelt, die effektiv die neurale Integration fördern. Aus der Einschätzung der sensorischen Integration eines Kindes kann die Behandlung speziell auf die Probleme ausgerichtet werden und dadurch maximal effektiv innerhalb der aktuellen Kenntnisse wirken.

8. Klinische Auswertung sensorisch-integrativer Dysfunktionen

Die Planung eines therapeutischen Programms erfordert eine Grundlage für diesen Plan. Zusätzlich zu einer sinnvollen Beherrschung einer Theorie, nach der der Aktionsplan aufgestellt werden soll, braucht der Therapeut ein gewisses Verständnis für den Status sensorisch-integrativer Prozesse bei dem Kind, dem zu helfen er versuchen will, und – was noch wesentlicher ist – wo die Dysfunktion liegt. Ergebnisse einer Intervention können kaum erwartet werden, wenn nicht die Heilmethoden in irgendeiner Weise mit den Bedingungen, die der Heilung bedürfen, in Beziehung stehen.

Die Bewertung sensorischer Integration erfordert eine sorgfältige Beobachtung sowie ein gutes Verständnis der typischen Charakteristika von signifikanten Verhaltensparametern. Da heute bei weitem noch nicht alle wichtigen Symptome erkannt worden sind, ist es durchaus angemessen, daß der Therapeut auf zusätzliche Symptome achtgibt, die eine Einsicht in die noch nicht gelösten Probleme vermitteln können.

Viele Aspekte sensorisch-integrativer Dysfunktionen können objektiv durch Tests bewertet werden, die an vier- bis achtjährigen und in besonderen Fällen auch an zehnjährigen Kindern entwickelt und standardisiert wurden. Diese standardisierten neuropsychologischen Tests stehen unter anderem als Southern California Sensory Integration Tests (SCSIT) (Ayres, 1972 b) zur Verfügung. Diese Tests werden in den betreffenden Kapiteln über die verschiedenen Störungen in Neuralsystemen kurz behandelt. Das SCSIT-Handbuch soll als Referenz in Verbindung mit dem Material dieses Buches über die verschiedenen Syndrome dienen. Es folgt eine kurze Beschreibung der Tests:

Raumvorstellung: Formtafeln werden benutzt, um die visuelle Wahrnehmung von Form und Raum sowie die mentale Manipulation von Objekten im Raum zu fördern.

Figur-Grund-Wahrnehmung: Reizfiguren werden übereinandergelegt bzw. eingebettet, die die Auswahl einer Vordergrundfigur vor einem ähnlichen Hintergrund erfordern.

Position im Raum: Einfache geometrische Formen werden zur Wiedererkennung in verschiedenen Anordnungen und Sequenzen dargeboten.

Muster-Nachzeichnen: Die visuell-motorische Aufgabe fordert die Duplikation eines Musters auf einem gepunkteten Gitter.

Motorische Exaktheit: Die visuell-motorische Aufgabe erfordert, daß das Kind eine Linie über einer vorgedruckten Linie zeichnet. Die motorische Koordinationskomponente stellt größere Anforderungen als die visuelle.

Kinästhesie: Das Kind versucht, mit geschlossenen Augen seinen Finger auf einen Punkt zu legen, auf den er zuvor vom Versuchsleiter gelegt worden war.

Manuelle Formwahrnehmung: Der Test erfordert den Vergleich des visuellen Gegenstücks einer geometrischen Form, die in der Hand gehalten wird.

Fingeridentifikation: Das Kind zeigt auf den Finger an seiner Hand, der zuvor vom Versuchsleiter berührt wurde, ohne daß das Kind es beobachten konnte.

Graphästhesie: Das Kind zeichnet ein einfaches Muster auf seinen Handrücken, indem es versucht, das Muster zu kopieren, das der Versuchsleiter zuvor an die gleiche Stelle gezeichnet hat.

Lokalisation taktiler Reize: Das Kind soll seinen Finger auf einen Fleck auf seiner Hand oder seinem Arm legen, den der Versuchsleiter zuvor berührt hat.

Wahrnehmung doppelter taktiler Reize: Zwei taktile Reize werden gleichzeitig sowohl auf die Wange und die Hand appliziert, und das Kind soll dann identifizieren, wo es berührt wurde.

Imitation von Stellungen: Das Kind soll eine Serie von Positionen und Haltungen einnehmen, die der Versuchsleiter ihm zeigt; ein Prozeß, der motorische Planung erfordert.

Kreuzen der Körpermittellinie: Das Kind imitiert den Versuchsleiter, wie er auf eines seiner Ohren oder Augen zeigt.

Bilaterale motorische Koordination: Die Durchführung dieses Tests erfordert weich ausgeführte Bewegungen und die Interaktion der beiden oberen Extremitäten.

Rechts-Links-Diskrimination: Das Kind soll rechts von links an ihm selbst, am Versuchsleiter und bezüglich der Lokalisation eines Gegenstandes unterscheiden. Die einzigen verbalen Reaktionen, die der gesamte SCSIT erfordert, beziehen sich auf diese beiden Items dieses Tests.

Stehbalance mit geöffneten Augen: Der Test mißt die Fähigkeit des Kindes zu balancieren, wenn es mit geöffneten Augen auf einem Fuß steht.

Stehbalance mit geschlossenen Augen: Es wird die Stehbalance auf einem Bein und mit geschlossenen Augen gemessen.

Nicht alle Symptome geringer sensorischer Integration sind solcherart, daß sie angemessen durch standardisierte Tests bewertet werden können. In solchen Fällen ist die klinische Beobachtung in strukturierten Situationen erforderlich, um die Vitalfunktionen des Kindes einzuschätzen. Einige wichtigere strukturierte Beobachtungen werden weiter unten ausgeführt.

8.1. Primitive Stellreflexe

Haltungsmechanismen nehmen bei der Einschätzung von Kindern mit Lernstörungen einen wichtigen Platz ein. Eine geübte fachliche Beobachtung ist in diesem Bereich unerläßlich. Ferner ist die Bestimmung des Grades des restlichen oder gering integrierten tonischen Hals- oder tonischen Labyrinthreflexes sehr wichtig. Wenn sie in Verbindung mit bestimmten anderen Anzeichen gefunden werden, zeigt ein übermäßiges Auftreten solcher Reflexe eine geringe sensorische Integration an, die oft mit Lernstörungen verbunden ist. Während Reifungsprozesse beim sehr kleinen Kind normal und offenkundig vorhanden sind, sollen sie die Reflexe graduell in das sensomotorische System einarbeiten, so daß es bei einer weiteren Reifung der Haltungsmechanismen nicht zu Störungen kommt.
Der tonische Labyrinthreflex (TLR) – eine Funktion des vestibulären Systems – manifestiert sich in steigendem flexorischem Tonus in den Extremitäten in der Bauchlage und in steigendem extensorischem Tonus in der Rückenlage. Das Ergebnis dieser propriozeptiven Facilitation ist die Schwierigkeit, den Kopf, die Schultern und die Beine gegen die Erdanziehungskraft zu heben. Der TLR zieht die Körperteile zur Gravitationskraft. Das Ausmaß, in dem das Kind den Wirkungen des TLR und dem Ziehen der Erdschwerkraft am Kopf und den Extremitäten widerstehen kann, kennzeichnet den Rahmen der Integration im Nervensystem oder die Hemmfähigkeit für solche Reflexe.
In gleicher Weise ist ein Test durchgeführt worden, der objektive und quantifizierbare Mittel zur Bestimmung des Einflusses des TLR in der Bauchlage bereitstellte; und zwar beobachtete man, wie gut das Kind eine Position einnehmen kann, in der die extensorischen Muskeln den Kopf und die Extremitäten trotz des steigenden Tonus in den flexorischen Muskeln, der durch den Reflex erzeugt wurde, halten müssen. Das Kind soll die Bauchlage einnehmen mit an den Ellbogen eingeknickten Armen, und die Ellbogen

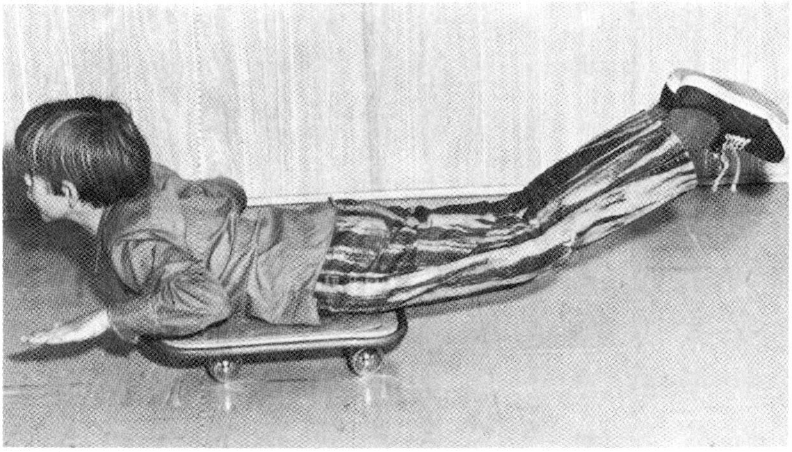

Abb. 1. Normale Haltung bei schneller Fortbewegung auf dem Roller

sollen ca. 10 cm vom Körper entfernt sein. Zunächst hilft man dem Kind, damit es weiß, was man von ihm erwartet, indem man es passiv in eine ausgestreckte Horizontallage mit hochgerichtetem Kopf, erhobenen Armen und Schultern sowie gestreckten Beinen von der Hüfte aus bringt. Diese Stellung wird optimal von einem jungen Schulkind in Abb. 1 dargestellt. Eine Position, die weniger übermäßige Extension erfordert, würde noch als innerhalb der normalen Grenzen betrachtet. Die Position wird manchmal als „Dreh-Horizontallage" bezeichnet, da das Kind, wenn es diese Position während des ersten postnatalen Lebensjahres in der normalen Entwicklungssequenz einnimmt, dazu neigt, auf Brust und Bauch zu schaukeln oder sich zu drehen. Das Kind, das auf den TLR-Test vorbereitet ist, soll nur solange in dieser Position gehalten werden, bis es den Sinn erfaßt hat, denn die Position ist ermüdend, und Ermüdung würde die Effektivität seiner Reaktion auf den eigentlichen Test mindern.

Nachdem das Kind weiß, was von ihm erwartet wird, wird es gefragt, ob es die Position einnehmen und für 30 sec halten kann, während man laut bis 30 zählt. Die Motivation des Kindes kann dadurch gesteigert werden, daß es die Stoppuhr, die seine Zeit nimmt, beobachtet und mit dem Therapeuten zählt, der sein Zählen an der Anzahl der Sekunden mißt. Das laute Zählen des Kindes bewahrt es davor, den Atem anzuhalten, einfach aufzuhören und zusammenzusinken, bevor es sein Ziel von 30 sec erreicht hat. Zur Vergewisserung, daß die Knie nicht aufliegen, kann man während des Tests ein Stück Papier unter den Knien des Kindes hin- und herschieben.

Neuromuskulär und orthopädisch normale Kinder von sechs Jahren und darüber können normalerweise – aber nicht ohne Ausnahme – die Position für 20–30 sec – das hängt vom Alter ab – mit mäßiger Anstrengung halten. Von Kindern unter sechs Jahren sollte man eine geringere Zeit erwarten, nicht nur wegen geringerer Ausdauer und Motivation, sondern weil der Reflex wahrscheinlich in jüngeren Jahren nicht so gut integriert ist.

Die Reaktionsqualität ist ein ebenso bedeutsamer Index wie die Fähigkeit, eine extensorische Bauchlage eine halbe Minute lang zu halten. Das gut integrierte Kind kann beide Enden des Körpers gleichzeitig fließend koordiniert heben ohne ein Übermaß an Anstrengung oder Instruktion; es kann sich aber noch vor dem Ende des Tests ausruhen, weil es von seinem Standpunkt aus keinen Grund gibt, in einer so schwierigen Position zu verharren. Berührt ein Knie während dieser dreißig Sekunden den Boden, kann es dieses nach einer Mahnung wieder heben.

Andererseits werden Kinder mit geringer neurologischer Organisation, die ihre Grenzen und die Wichtigkeit der Leistung kennen, die Position schwerfällig einnehmen, häufig derart, als wenn jedes Glied unabhängig vom übrigen Körper handeln würde und nicht als ein koordiniertes Ganzes, und es wird die Position 30 sec lang mit großem Aufgebot an Anstrengung und Willenskraft halten. Diese Art der Reaktion kann nicht als „normal" angesehen werden, obwohl eine Position, die mit besserer Koordination und größerer Leichtigkeit eingenommen und weniger lange gehalten wird als eine halbe Minute, ein Anzeichen für normale sensomotorische Integration in diesem Aspekt sein kann. Orthopädische Anomalien müssen natürlich in Betracht gezogen werden.

Eine andere neuromuskuläre Bedingung, die zweifellos die kindliche Reaktion auf diesen Test beeinflußt und die in Betracht gezogen werden muß, ist der generelle Status des Muskeltonus bei diesem Kind. Die Muskeln von vielen Kindern mit Lernproblemen sind hypotonisch, und diese Bedingung beeinflußt das Ausmaß, in dem das Ansteigen des Muskeltonus, der durch jeden propriozeptiven Reflex ausgelöst wird, erfahren wird. Wenn der Muskeltonus am Anfang niedrig ist, so wird der zusätzlich durch den Reflex hervorgerufene Tonus in den flexorischen Muskeln sich nicht so summieren, daß die extensorischen Muskeln des Kindes ihn nicht bewältigen könnten. Deshalb kann ein Kind mit niedrigem Muskeltonus, aber gering integrierten Stellungsmechanismen oft eine extensorische Bauchlage einnehmen, aber aufgrund der Anomalie der Funktion von Mechanismen, die der anhaltenden, tonischen, oder längerfristigen Haltungsreaktion beteiligt sind, kann es normalerweise die Position nicht ohne großen Energieaufwand beibehalten.

Unter Beibehaltung des gleichen neurophysiologischen Prinzips kann der TLR in der Rückenlage durch die Beobachtung getestet werden, wie gut das Kind seinen Kopf, seine Arme und seine angezogenen Beine halten kann, so daß sie nicht auf der Fläche, auf der das Körpergewicht selbst liegt, aufliegen. Das Kind wird gebeten sich zusammenzurollen, ohne ihm den Vorteil einer Armumklammerung um seine Knie für einen mechanischen im Gegensatz zu einem muskulären Halt einzuräumen. In dieser Stellung müssen die flexorischen Muskeln eine außergewöhnliche Kraft gegen die propriozeptive Facilitation ausüben, die durch den TLR in den extensorischen Muskeln in der Rückenlage hervorgerufen wird.

Es ist immer ratsam, strukturierte klinische Vorgehensweisen durch Beobachtungen aus den therapeutischen Sitzungen zu bestätigen. Beim Fahren mit dem Roller in der Bauchlage wird ein Kind mit gering integriertem TLR dazu neigen, seine Hüften und Knie zu biegen und den Kopf nicht richtig hochzuhalten. Abb. 1 zeigt die Position eines Kindes mit normaler neuromuskulärer Integration. Abb. 2 zeigt die Position eines Kindes mit geringer Integration, das sich mit dem Roller selbst fortbewegt. Da große Energie aufgewendet werden muß, um beide Enden des Körpers gegen die TLR-Facilitation der flexorischen Muskeln hochzuhalten, wird das Kind mit nicht ausgereiftem TLR beim Fahren auf dem Roller in der Bauchlage schnell ermüden, und es will auf ihm sitzen oder – was noch bequemer ist – einen Pappkarton darauf setzen, in den es sich setzen kann, was ein Minimum an Anforderungen an seine Haltungsmechanismen bedeutet.

Die Feststellung des asymmetrischen tonischen Halsreflexes (TNR) ist beim lernbehinderten Kind gleichermaßen von Bedeutung. Die grundlegenden Reaktionen des Reflexes, der mittels Stimulation der Rezeptoren in Gelenkkapseln des Nackens hervorgerufen wird, bestehen in der Facilitation des extensorischen Tonus in den Muskeln des Armes, auf den der Kopf gerichtet ist, und einem relativen Anstieg im flexorischen Tonus (oder einer Abnahme im extensorischen Tonus) im Arm der Gegenseite. Eine ähnliche Reaktion kann in den unteren Extremitäten beobachtet werden, aber manchmal wird eine kontralaterale Reaktion beobachtet. In diesem Falle würde ein Hinwen-

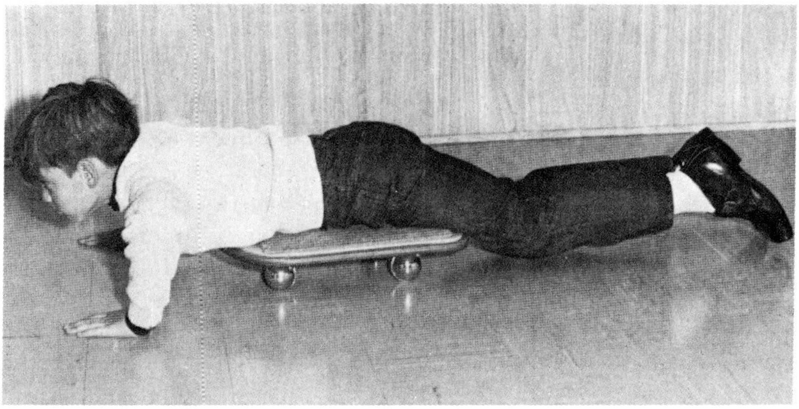

Abb. 2. Haltung bei gering ausgebildetem tonischem Labyrinthreflex

den des Gesichts zur Rechten den extensorischen Tonus im rechten Arm und linken Bein erleichtern. Allgemein ist der Effekt des TNR in den unteren Extremitäten geringer als in den oberen, und deshalb ist er keine gute Grundlage für eine objektive Auswertung.

Eine Veränderung im Muskeltonus, die durch den TNR hervorgerufen wird, kann beim Drehen des Kopfes des Kindes beobachtet werden, während es sich in der Vierfüßlerstellung befindet. Das Drehen kann passiv durch den Versuchsleiter geschehen. Es ist ratsam, daß das Kind seine Augen

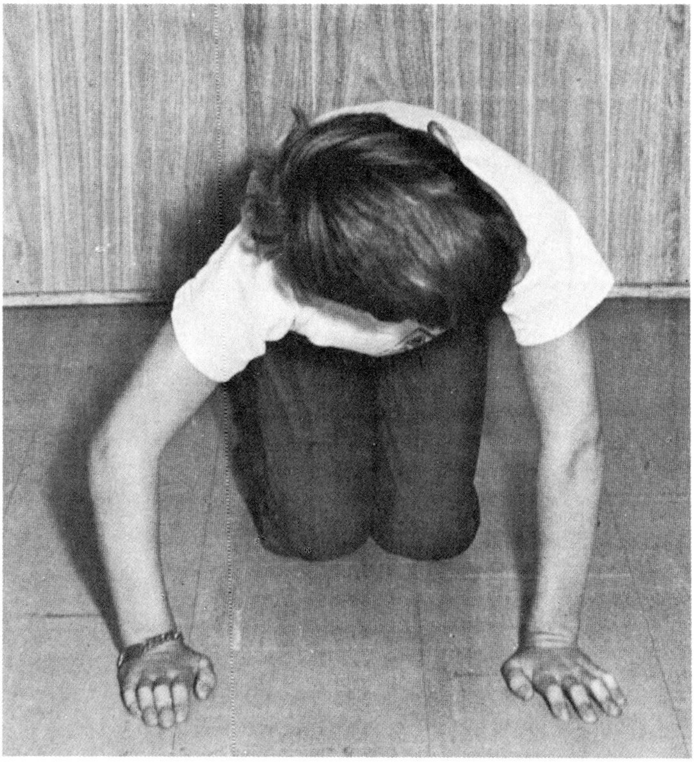

Abb. 3. Armhaltung bei gering ausgebildetem tonischem Halsreflex

Abb. 4. Normale Reaktion auf den Test des Integrationsgrades des tonischen Halsreflexes

schließt. Die Ellbogen sollen leicht gebogen sein, bevor der Kopf gedreht wird, da ein durchgedrückter Ellbogen die Beobachtung der leichten Bewegungen verhindern würde, die die Veränderungen im Tonus anzeigen. Die Biegung des Armes kontralateral zu der Seite, gegen die das Kinn gerichtet ist, wird als Indikator für den Einfluß des TNR betrachtet, wie es Abb. 3 zeigt. Man hält den Widerstand gegen das passive Drehen des Kopfes für eine Funktion des kindlichen Versuchs, den disorganisierenden Einfluß des hervorgerufenen TNR zu vermeiden. Abb. 4 zeigt eine normale Reaktion auf das Kopfdrehen bei einem gut integrierten Kind von fünf Jahren.

Der Einfluß des symmetrischen TNR auf die Muskulatur sollte ebenso beobachtet werden, sowohl in der Vierfüßlerstellung als auch in der klinischen Situation. Wenn der Kopf in der Mittelposition gehalten (im Gegensatz zur gedrehten) und geneigt wird, läßt der TNR den flexorischen Tonus in den Armen ansteigen. Wenn der Kopf gestreckt wird, d. h. dorsal geneigt oder das Kinn gehoben wird, steigt der extensorische Tonus in den Armen.

Schilder (1964) entwickelte einen Test, der häufig in vielen verschiedenen Formen von einer Anzahl von Klinikern zu verschiedenen Zwecken benutzt wurde. Die Werke von Silver u. Hagin (1960) und Clements u. Peters (1962) haben die Aufmerksamkeit besonders auf ihn gelenkt. Eine Variation von Schilders Test, den man Arm-Ausstreck-Test (AET = Arm Extension Test) nennt, erwies sich als einer der besten Indikatoren für Störungen im Neuralsystem, die mit posturalen oder okularen Mechanismen zusammenhängen. In diesem Test wird das Kind aufgefordert, seine Füße mit ausgestreckten Zehen nebeneinanderzustellen, seine Augen zu schließen und die Arme parallel zum Fußboden auszustrecken, aber ohne daß sie sich berühren. Die Finger sind abgeknickt. Mit einer Vorwarnung an das Kind beginnt der Therapeut, langsam den Kopf des Kindes von einer Seite auf die andere zu drehen; dabei beobachtet er 1. die Leichtigkeit, mit der der Kopf gedreht wird; 2. jede merkliche Änderung in der Armstellung, besonders Unterschiede zwischen beiden Armen; 3. jede Tendenz zur Störung des Gleichgewichts des Kindes und 4. negative emotionale Reaktionen. Jede dieser Reaktionen kann unreife Haltungsmechanismen vermuten lassen, besonders der TNR, obwohl der Einfluß des Kopf-Stellreflexes, der auf den Körper wirkt, nicht übersehen werden kann. Wenn das Kind mit aktivem TNR seinem Kopf eine Drehung erlaubt, ändert sich der Tonus im Arm und kann in einer Divergenz oder Konvergenz der Arme oder in einem merklichen Heben des einen Armes und in einem Senken des anderen Armes resultieren. Die Tendenz, beide Arme zu senken, wird als anomale Reaktion betrachtet, verursacht durch einen Mangel an adäquater tonischer oder automatischer Haltereaktion des neuromuskulären Systems.

Wenn der TNR die Beine des Kindes merklich beeinflußt, und das kommt häufiger vor, kann er das Gleichgewicht stören, und diesen Zustand versucht das Kind zu vermeiden, indem es den Kopfdrehungen widersteht. Manchmal wird das Kind seinen gesamten Körper drehen, nur um die Drehung des Genicks zu vermeiden. Dieser Test bewirkt nicht selten ziemlich schwere negative emotionale Reaktionen von seiten des Kindes. Das Alter ist ein bedeutender Faktor in dem AET und muß in Betracht gezogen werden. Der Test (AET) muß vorsichtig ausgelegt werden, wenn er bei Kindern unter sechs Jahren angewandt wird.

Es ist sehr wesentlich, daß der Auswertende erkennt, daß der TNR und TLR zu allen Zeiten bei allen Individuen vorhanden sind, daß aber Alter, Grad und Art der Integration im ZNS die Leichtigkeit bestimmen, mit dem sie hervorgerufen werden oder, anders ausgedrückt, den Grad, zu dem sie das sensomotorische System beherrschen. Der Grad der Integration von Reflexen in das Nervensystem wird bewertet, nicht aber ob sie vorhanden sind. Bei Kindern unter acht Jahren können sie desto leichter festgestellt werden, je jünger das Kind ist, weil die Haltungsmechanismen des Kindes weniger ausgereift sind.

Die Behandlungssituation bietet eine Gelegenheit, die Ergebnisse der formalen klinischen Auswertung zu überprüfen. Die Übungen, die zur Hemmung des TNR aufgestellt wurden und in Abb. 6 (s. S. 116) zu sehen sind, sind sogar ein noch sensitiver Index für den Status des TNR, da das Kind in einer schwierigen Situation trotz des Reflexeinflusses sich selbst in Balance halten soll. In der Auswertung des TNR ist es manchmal nützlich zu versuchen, jegliche Wirkungsunterschiede aufzudecken, wenn der Kopf zur einen im Gegensatz zur anderen Seite gedreht wird. Selbst wenn es einen Unterschied gibt, können die Ergebnisse nicht immer leicht interpretiert werden. Als allgemeine Regel kann gelten: die Seite des Körpers, in der sich der TNR mehr manifestiert, spiegelt einen geringeren Grad der Integration in der kontralateralen Seite des Gehirns wider.

Der TNR und TLR sind nicht die einzigen Reflexe, die für die Bewertung der sensorisch-integrativen Funktion geeignet sind. Diese und andere klinische Vorgänge können in einem Film gesehen werden, der eigens zu diesem Zweck hergestellt wurde (AYRES u. HESKETT, 1970 b). Das Werk von FIORENTINO (1963) deckt das Gebiet sehr umfassend ab und ist ein guter Führer für die Arbeit des Therapeuten mit zerebral gelähmten Kindern. Die in diesem Buch beschriebenen Tests bedürfen der Anpassung an Kinder mit Lernstörungen, die mit minimalen Hirndysfunktionen verbunden sind.

8.2. Kokontraktion antagonistischer Muskeln

Eine Minderung der Fähigkeit, gleichzeitig antagonistische Muskeln zu kontrahieren oder ein oder mehrere Gelenke zu immobilisieren, kann häufig bei Kindern mit Lernstörungen beobachtet werden, besonders bei solchen, die auch eine unzulängliche Reifung der Haltungsmechanismen, einschließlich einer geringen Stehbalance, aufweisen. Wie bei den Haltungsmechanismen gibt es eine Verbindung zur visuellen Raumwahrnehmung. Es ist gefolgert worden, daß eine ähnliche Art neuromuskulärer Reaktion sowohl an den Stellreflexen als auch an der Kokontraktion von Muskeln beteiligt ist, möglicherweise durch sekundäre Afferenzen in den Muskelspindeln. Sicherlich hängt Haltungsstützung in jedem Teil des Körpers von der automatischen Fähigkeit ab, einen Teil des Körpers zu stabilisieren, besonders während ein anderer an einer phasischen Kontraktion beteiligt ist, die in einer Bewegung von kurzer Dauer im Gegensatz zur längerfristigen tonischen Kontraktion resultiert, die zur Erhaltung der Stellung erforderlich ist.

Ein formaler Test der Fähigkeit zur Kokontraktion der Muskulatur kann durchgeführt werden, wenn man vor einem Kind sitzt und es auffordert, nach den Daumen des Therapeuten zu greifen. Das Greifen fördert die Kokontraktion. Während der Therapeut die Hände des Kindes hält, fordert er es auf, seine Ellbogen leicht zu beugen und sie in dieser Stellung zu halten, und sie weder weiter zu beugen noch zu strecken, wenn der Therapeut beginnt, abwechselnd gegen die Hände des Kindes zu drücken oder sie zu ziehen. Kommentare wie die folgenden helfen dem Kind, den Charakter des Tests zu erfassen: „Laß Dich nicht von mir schubsen; laß Dich nicht von mir ziehen; mache Dich steif wie ein Brett." Es ist außerdem nützlich für das Kind zu versuchen, am Arm des Therapeuten zu ziehen und zu zerren, während dieser die Muskeln seiner oberen Extremitäten und des oberen Rumpfes anspannt, um Bewegungen zu verhindern. Ein Kind von sieben oder acht Jahren sollte in der Lage sein, seine Arme und seinen Rumpf gegen einen beachtlichen Widerstand zu stabilisieren. Unter acht Jahren muß das Alter noch besonders in Betracht gezogen werden. Wenn das Kind abwechselnd seine Arme als Reaktion auf das Ziehen und Zerren des Therapeuten beugt oder streckt, oder wenn der Schultergürtel oder der Rumpf nachgeben, ist die Reaktion Anzeichen einer verminderten Kokontraktionsfähigkeit.

Ein ähnlicher Test sollte für die Nackenmuskulatur durchgeführt werden, besonders da solche Muskeln eine vitale Rolle im gesamten postural-okularen System spielen, wie beim Hervorrufen des Kopfrichtereflexes und in neuralen Verbindungen mit den Kranialnerven III, IV und VI, die die extraokularen Muskeln innervieren. Um die Kokontraktion der Nackenmuskulatur zu testen, legt der Therapeut seine Hand auf den Kopf des Kindes und versucht, den Kopf des Kindes vor und zurück und von einer Seite zur anderen zu bewegen, während das Kind versucht, den Kopf zu stabilisieren, und zwar durch die gleichzeitige Kontraktion aller Nackenmuskeln. Wie beim Test der Kokontraktion der oberen Extremitäten können verbale Befehle wie „Laß Dich nicht von mir bewegen" und der Versuch des Kindes, den Kopf des Therapeuten zu bewegen, ihm helfen, die Bedeutung der Anforderung zu erkennen. Es handelt sich um eine Aufgabe, die normalerweise von subkortikalen Mechanismen ausgeführt wird und nicht motorisch geplant wird, wie diese Tests es erfordern. Von der Nackenmuskulatur sollte weniger Stärke erwartet werden, aber die Stärke der phasisch muskulären Reaktion sollte nicht mit der Kokontraktionsfähigkeit der Muskeln verwechselt werden. Die vorderen Nackenmuskeln sind normalerweise weniger kräftig, besonders in der tonischen Kontraktion, als die posteriore oder laterale Muskulatur; entsprechend sollte von ihnen weniger Stärke erwartet werden.

Während der Behandlung kann die Kokontraktionsfähigkeit von Muskeln nach normaleren situativen Anforderungen bewertet werden, indem man das Kind auffordert, sich auf einen Roller zu setzen und sich einen Plastikreifen oder ein ähnliches Gestell zu greifen. Wenn der Therapeut den Reifen schiebt und zieht, soll das Kind seinen Körper ausreichend steif in einer statischen Position halten, so daß die Kraft auf den Roller übertragen wird, der sich in der Richtung mit dem auf ihm sitzenden Kind bewegt, in die der Therapeut es zieht. Das Kind kann sich selbst mit stabilisieren, indem es seine Ellbogen auf den Knien hält. Eine Plastikvorrichtung wird über einem Holzgestell vorgezogen, weil ein Kind mit geringer Kokontraktion den Reifen leicht hochschnellen und in sein Gesicht schlagen läßt, wenn er vom Therapeuten gezogen wird. Es ist angemessen, dem Kind verschiedene Versuchschancen für eine solche Aufgabe zu geben, weil oft die erwünschte neuromuskuläre Reaktion durch die wechselseitige Kraftanwendung durch den Therapeuten gefördert wird, was in einem größeren Erfolg der folgenden Versuche resultiert. Obwohl ein späterer Erfolg nicht notwendigerweise eine so stabile Integration anzeigt, wie es von einem früheren Erfolg angenommen werden kann, so unterstützt er doch die Moral des Kindes. Es ist auch angemessen, die Kokontraktionsfähigkeit in den unteren Extremitäten zu überprüfen.

8.3. Muskeltonus

Der Muskeltonus spiegelt im allgemeinen eine Anzahl von Impulsen wider, die die kleinen intrafusalen Motoneurone der Muskelspindel erreichen, und die dann den Grad und die Art der Entladung der primären und sekundären Afferenzen der Spindel beeinflussen, die umgekehrt die Entladung der motorischen Alpha-Neurone beeinflußt. Die Anhäufung der Spindelentladung hilft bei der Bestimmung des Umfangs des propriozeptiven Inputs, den das ZNS erhält; damit ist die sensorisch-integrative Therapie ständig beschäftigt. Man hat vom propriozeptiven Fluß von der Muskulatur angenommen, daß er zur Organisation auf Hirnstammniveau und zur visuellen Wahrnehmung und anderen Resultaten der sensorischen Integration beiträgt.

Der Muskeltonus spiegelt außerdem gewisse Bedingungen des Hirnstamms wider, besonders wie der Hirnstamm seinen afferenten Input leitet und verarbeitet. In gleicher Weise kann die Tonusverminderung einen mangelhaften sensorischen Fluß anzeigen, auf dem normalerweise die Ausführung von Stellreflexen beruht. Aus diesen Gründen sollte der Therapeut mit dem Muskeltonus des Kindes vertraut sein, einschließlich Variationen im Tonus im gesamten Körper. Manchmal sind einige Muskeln hypertonisch, und wenn der Therapeut den Einfluß verschiedener Aktivitäten auf diesen Tonus beobachten möchte, verhindert er damit möglicherweise eine Besserung.

Aus den Gründen, die bei der Diskussion des TLR dargelegt wurden, erschwert die Tonusminderung die Einschätzung des Integrationsgrades einfacher Stellreflexe in das gesamte sensomotorische System. Das kann auch die Interpretation von Stellreaktionen während des AET beeinflussen. Der Muskeltonus ist als positive Verbindung zur Kinästhesie beim lernunfähigen Kind erkannt worden – eine Verbindung, die möglicherweise für die Interpretation der Werte aus dem SCSIT-Test für die Kinästhesie hilfreich sein kann.

Der Grad der teilweisen Lageveränderungen des Ellbogens des Kindes wurde als ein geeignetes Mittel für die Unterscheidung der Tonusminderung vom normalen Tonus erkannt, wenn die Quantifizierung der Variablen von vielen Kindern erforderlich ist. Betrachtet man die Gelenkspanne an anderen kritischen Punkten, besonders an der Hüfte und am Knie, so sind diese gleich bedeutsam und können signifikant von der am Ellbogen variieren. Eine Analyse des Tonus innerhalb der Muskeln, die von der Gelenkdrehung betroffen sind, ist ebenfalls ratsam. Findet man eine merkliche Tonusminderung, müssen die Prinzipien der neuromuskulären Therapie in die sensorisch-integrative Therapie eingebaut werden.

8.4. Extraokulare Muskelkontrolle

Die extraokularen Muskeln sind Skeletalmuskeln, und als solche soll auch ihre Funktion vom Therapeuten verstanden werden, der seine Heilungsaktivitäten auf sie richtet. Die Mindestauswertung sollte aus einer Beobachtung der Augen des Kindes bestehen, wie sie bei stabilisiertem Kopf einem Gegenstand folgen, z. B. dem Radierende eines Bleistifts, wie es sich in verschiedenen Richtungen bewegt und auf die Augen zu und von ihnen weg. Die Bewertungsgrundlage der Integration der Funktion der Augenmuskeln entspricht einfach dem Grad, in dem die Augen dem visuellen Reiz in einer weichen, flüssigen und koordinierten Weise folgen, sowie dem Grad der Koordination untereinander. Ein Hinausschießen über das Ziel oder sein Verlust, Schwierigkeiten beim Richtungswechsel, ein Nachhinken, der Versuch, den Kopf anstelle der Augen zu bewegen, Gesichterschneiden, ständiges Blinzeln oder Schielen, Unaufmerksamkeit, Schwierigkeiten beim Wegsehen vom visuellen Reiz oder beim Wiederfinden, die Unfähigkeit der Zusammenarbeit der Augen und besonders die Schwierigkeit beim Überkreuzen der Mittellinie lassen alle auf eine nur unvollkommene Integration schließen.
Das Versagen oder die Schwierigkeit der Augen beim Überkreuzen der Mittellinie (eine theoretische Ebene, die eine Verlängerung der mittleren Sagittalebene des Gesichts bzw. des Körpers bei der Handfunktion darstellt) ist von größter Bedeutung, da es eines der verläßlichsten Anzeichen für Syndrome von Störungen in der posturalen und bilateralen Integration ist. Manchmal kann ein Überkreuzen der Mittellinie mit den Augen für das Kind so schwierig sein, daß diese Handlung unangenehmer ist, als man für eine ein- oder zweimalige Wiederholung erwarten könnte. Augenübungen sind ermüdend. Äußerste Anstrengungen für das Kind sollten vermieden werden. Alle vorgestellten Methoden zur Bewertung der extraokularen Muskelkontrolle sind aufgestellt worden, um als Anzeichen für die Integration im ZNS und seiner neuralen Verbindungen zu den Muskeln und nicht dem aktuellen Status der Muskeln selbst zu gelten.

8.5. Bewertung der Funktion des vestibulären Systems

Bei der Vorbereitung dieses Buches drehte sich eine der wesentlichsten Fragen um die Methoden zur Bewertung der verschiedenen Funktionen des vestibulären Systems; dies wurde noch besonders durch die mangelhafte Wiedererkennung aller dieser Funktionen erschwert. Nur vermutete Verhaltenskorrelate des vestibulären Systems können nun betrachtet werden.
Die gebräuchlichsten Methoden beruhen auf dem Beitrag des vestibulären Systems zu den Gleichgewichtsreaktionen, die zur Beibehaltung der Balance beitragen, besonders auf einem Fuß und gewöhnlich mit geschlossenen Augen, um den Effekt eines optischen Haltungsreflexes zu eliminieren. Das Kind wird aufgefordert, entweder auf einem Fuß zu stehen oder während des Gehens die Ferse des vorderen Fußes mit dem Zeh des gerade aufgestellten zu berühren oder über ein schmales Brett zu laufen.
Es bestehen große Schwankungen unter lernunfähigen Kindern in der Art des Flusses vestibulär-sensorischen Inputs, und es wird empfohlen, daß der Therapeut versucht, die Art und Weise, wie das Gehirn des Kindes solche Reize behandelt, zu prüfen, um ein effektives Interventionsprogramm aufzustellen. Bei einigen Kindern scheint es, daß eine unzureichende Menge vestibulärer Reize ihre natürliche Bestimmung nicht erreicht und deswegen nicht adäquat zum sensorischen Integrationsprozeß beitragen kann. Dieser verminderte Fluß wird – wie man glaubt – durch einen verminderten Nystagmus nach schneller Drehung um die Längsachse des Körpers, und/oder durch das Feh-

len eines normalen Schwindelgefühls nach schneller Drehung widergespiegelt. Intensität und Dauer des Nystagmus können reduziert sein.
Andererseits scheinen andere Kinder von vestibulären Reizen überwältigt zu werden und unfähig zu sein, eine Organisation zu zwingen, die eine adaptive Reaktion ermöglicht. Sie reagieren mit Angst und Abneigung auf Aktivitäten, die sie in eine bedrohliche postural Stellung bringen.

8.6. Funktionsintegration der beiden Körperhälften

Obwohl einige der SCSIT-Tests, besonders der für bilaterale motorische Koordination, das Kreuzen der Mittellinie des Körpers und die Rechts-Links-Diskrimination, bei der Bewertung des Grades helfen, bis zu dem die beiden Körperhälften ihre sensomotorischen Funktionen integrieren, ist diese Dimension so subtil, daß sie am besten durch viele formal strukturierte klinische Beobachtungen zu bewerten ist. Dieses anomale Verhaltensphänomen ist oftmals mehr eine Tendenz als eine Unfähigkeit, und außerdem kann die Neigung durch den Willen überwunden werden. Deshalb ist eine geschickte Beobachtung, die die Aufmerksamkeit des Kindes nicht auf den Bewertungsgegenstand lenkt, oft sehr wesentlich, um die nötige Information zu erhalten.
Eine der Vorgehensweisen bei der Bewertung dieses Verhaltensphänomens ist der Grad, bis zu dem ein Kind die Körpermittellinie mit einer Hand kreuzt, um sich an der Aktivität der anderen zu beteiligen. Bittet man das Kind, beide Hände zu benutzen, um einen Ball zu fangen, der vor ihm hin- und herschwingt, so erfordert das ein alternierendes Kreuzen der Körpermittellinie. Das Kind, das dazu neigt, nur eine Hand gebrauchen zu wollen und diese Hand nur auf der ipsilateralen Seite, weist wahrscheinlich ein Unvermögen beim Kreuzen der Körpermittellinie auf. Zwei des SCSIT bieten eine Möglichkeit, diese Dimension als ein Nebenprodukt der Tests zu bewerten. Bei der Ausführung des motorischen Exaktheitstests will ein Kind mit diesen Problemen häufig die Hand benutzen, die mit dem Testbogen, auf dem es eine Linie zeichnen soll, korrespondiert, im Gegensatz zum Gebrauch nur einer Hand für den gesamten Test für diese Hand. In gleicher Weise neigt das Kind bei der Durchführung des Raumwahrnehmungstests dazu, einen Block auf seiner rechten Seite mit der rechten Hand, und den Block auf seiner linken mit der linken Hand aufzunehmen.
Der Doppelkreis-Test von ROACH u. KEPHART (1966) ist ein guter klinischer Test für die Koordinationsfähigkeit des motorischen Gebrauchs der oberen Extremitäten. In diesem Test zeichnet das Kind gleichzeitig zwei Kreise, mit jeder Hand einen.

8.7. Unfreiwillige Bewegungen

Einige Kinder mit Lernstörungen weisen eine Form mangelnder motorischer Koordination auf, die mehr unter die Kategorie der unfreiwilligen Bewegungen fällt als unter die Ungeschicklichkeit aufgrund geringen motorischen Planens und inadäquat gereifter Stellreflexe. Der unfreiwillige Aspekt ist solange nicht offenkundig, bis das Kind in eine Situation gebracht wird, die eine mehr oder weniger große Belastung beim Halten dieser Position verursacht. Der Test, der diese Bewegungen am besten hervorruft, ist eine Variante des SCHILDERschen Arm-Austreck-Tests, in dem das Kind aufgefordert wird, seine Arme ausgestreckt zu halten, die Finger abgeknickt, die Augen zu schließen und laut bis zehn zu zählen (wenn es das nicht kann, mit dem Versuchsleiter zählen). Das Zählen lenkt die Aufmerksamkeit von den oberen Extremitäten ab und ermöglicht das Erscheinen der unfreiwilligen Bewegungen. Meistens treten sie in den Fingern auf, sie können sich aber auch in den Armen manifestieren.

Die gleiche anomale Bewegung kann erscheinen, wenn das Kind eine ausgestreckte Bauchlage einnimmt, da diese Position das Kind dadurch belastet, daß sie für eine beträchtliche Zeitspanne beibehalten werden soll. Diese Art mangelnder Koordination stört auch den Gebrauch eines Bleistifts, wie im SCSIT für motorische Exaktheit, in dem eine Linie ruckartig erscheint im Gegensatz zu einer abweichenden Linie, die für das apraxische Kind charakteristisch ist. Solch eine Linie wird im SCSIT-Handbuch illustriert.

9. Allgemeine Prinzipien und Methoden der Intervention

Die Behandlung von neuromuskulären Störungen durch das Verständnis von Prinzipien der sensorischen Organisation bezüglich der motorischen Beeinträchtigung ist relativ neuen Datums. Trotz ihrer Neuheit stellen ihre Einsichten ein Sprungbrett für die Entwicklung der vorgeschlagenen Behandlungsmethoden bei sensorisch-integrativen Dysfunktionen, wie man sie bei Kindern mit Lernstörungen findet, dar. Der Beginn der neuromuskulären Therapie markierte den Anfang einer Ära der praktischen Anwendung der immer mehr zunehmenden Kenntnisse auf dem Gebiet der Neurobiologie.

KABAT u. KNOTT (1948) gehörten zu den ersten Klinikern, die den proprioceptiven Input zur Förderung des motorischen Outputs – besonders bei Muskelgruppen – benutzten. Temple FAY (1954, 1955) erkannte, daß die motorischen Muster der evolutionären Vergangenheit des Menschen immer noch unterhalb des menschlichen Kortex ruhten, und daß diese Muster therapeutisch genutzt werden können, besonders bei einem Kind mit Zerebrallähmungen, indem man diese Muster durch sensorische Reize, die mit Haltungsreaktionen in Verbindung stehen, hervorruft. ROOD (1954) (vgl. AYRES, 1963) war die erste, die die potentielle therapeutische Rolle der taktilen Stimulation in der Entwicklung und Erhaltung von integriertem motorischem Handeln erkannte. Ihre Pionierarbeit und ihr kreatives Denken haben die Basis für viele der in diesem Buch angesprochenen Theorien geliefert. Die BOBATHs waren vielleicht die ersten, die einen Zusammenhang zwischen Haltungsmechanismen und der Intelligenz bei Kindern mit Zerebrallähmungen erkannten. Sie entwickelten effektive neuromuskuläre Behandlungsmethoden, deren Betonung auf einer Normalisierung der Haltungsmechanismen lag (vgl. BOBATH u. BOBATH, 1957; SEMANS, 1967).

Die Störungen, die von diesen Klinikern behandelt wurden, sind vorrangig als motorisch zu klassifizieren; die Störungen, mit denen sich dieses Buch befaßt, sind primär als sensorisch-integrativ zu betrachten. Sensorische und motorische Funktionen sind so eng miteinander verbunden, daß erweiterte Kenntnisse über die Behandlung motorischer Funktionen Wesentliches zur Behandlungstheorie der gestörten sensorischen Integration beigetragen haben.

9.1. Beeinflussung von Empfindung und Reaktion

Das zentrale Prinzip in der sensorisch-integrativen Therapie liegt in der Versorgung mit einem geplanten und kontrollierten sensorischen Input, normalerweise – aber nicht unbedingt – durch das Hervorrufen einer verwandten adaptiven Reaktion, um die Organisation der Hirnmechanismen zu fördern. Der Plan schließt die Anwendung von neurophysiologischen Mechanismen in der Art ein, als er einige Aspekte der Entwicklungsabfolge widerspiegelt. Das Ziel liegt in einer progressiven Hirnorganisation nach einer Methode, die dem normalen Entwicklungsprozeß so nahe wie möglich kommt.

Da der Entwicklungsprozeß beim lerngestörten Kind nicht normal verläuft, wendet man Interventionsmethoden an. Diese Behandlung benutzt soweit wie möglich sensorische Unterstützung und angeborene Hirnmechanismen, um das gewünschte Verhalten hervorzurufen, und nicht kognitive Leistung oder äußere Zwänge. Da der Hirnstamm das niedrigste Niveau im Gehirn und die häufigste Stelle der Störung bei Kindern mit Lernstörungen darstellt, gilt ihm das Hauptaugenmerk in der Therapie.

Das Interventionsprogramm wirkt heilend und kann deshalb als Behandlung betrachtet werden; es wird nicht als Übung angesehen. Übung und Behandlung unterscheiden sich darin, daß die Übung nur zur Behandlung wird, wenn sie in einer tatsächlichen Verbesserung der Neuralintegration resultiert. Die Förderung der Neuralintegration geschieht nur bei einer verbesserten Reaktionsorganisation. Die Übung kann andere Körpersysteme – wie das zirkulatorische – steigern oder optimieren, aber sie muß das ZNS auf gezielte heilende Weise beeinflussen, bevor sie als Behandlung betrachtet werden kann. Dieser Unterschied ist dem gelegentlichen Beobachter nicht immer offensichtlich.

Die Behandlung konzentriert sich auf den sensorischen Input und dessen dauernde Interaktion mit der Bewegung. Sensorisch-integrative Prozesse besitzen eine Entwicklungsabfolge, die ähnlich der motorischen Entwicklung verläuft und die gewöhnlich in der Übung nicht in Betracht gezogen wird. Die Therapie erfordert vom Kind keinen komplizierten motorischen Plan und dessen Ausführung, solange nicht einfachere und ontogenetisch frühere so gut wie möglich beherrscht werden. Die Behandlung strebt Reaktionen an, die eine bessere sensorische Integration und normalere Muster des sensorischen Inputs widerspiegeln und nicht motorische Gewandtheit um ihrer selbst willen. Die Bedeutung der motorischen Reaktion liegt in der Auslösung sensorischen Inputs; sie trägt zu seiner Organisation bei und sorgt für eine offenkundige Manifestation der Neuralintegration.

9.2. Taktile Reizung

Die vorangegangenen Kapitel zeigten die bedeutende Rolle der taktilen Reizung in der Neuralorganisation von niederen Tieren auf. Man vermutet, daß die taktilen Reize eine wichtige Rolle in der gesamten sensorischen Integration beim Kind spielen, obwohl diese Rolle wahrscheinlich nicht die gleiche wie die bei niederen Tieren aufgezeigte ist. Klinische Beobachtungen führten zu der Hypothese, daß taktile Reizung zu einer generellen neurologischen Integration und zu einer verbesserten Wahrnehmung in anderen sensorischen Modalitäten beitragen kann. Dieser überall vorhandene Einfluß ist schwer zu erkennen und wird deshalb leicht übersehen. Außerdem nimmt das taktile System einen spezifischen Einfluß, wenn es z. B. einen bestimmten Muskel entlastet.

Taktile Reize stellen eine primäre Quelle für den Input in die Formatio reticularis dar, die wiederum eines der ältesten und einflußreichsten zentral integrierenden Systeme ist. Durch das retikuläre System und vielleicht auch durch andere Systeme kann die Übererregung des Kindes reduziert werden. Seine efferenten Einflüsse wirken auf den Muskeltonus und die Wahrscheinlichkeit der Muskelkontraktion. Obwohl die Rolle von taktilen Reizen bezüglich der Ausführung von lokomotorischen Mustern des Hirnstamms nicht klar ist, läßt die Vollständigkeit, mit der das sensomotorische System zu arbeiten geneigt ist, eine Verbindung vermuten.

Aufgrund des frühen, überall vorhandenen und vorbereitenden, Einflusses des taktilen Inputs wird die therapeutische Sitzung häufig mit taktiler Stimulation eingeleitet. Reize können durch das Reiben der Haut des Kindes mit einem trockenen Waschlappen oder einem Stück Stoff oder durch das Bürsten der Haut mit irgendeiner Bürste, die das Kind mag, hervorgerufen werden. Seide, Samt, die Hand des Therapeuten bzw. des Kindes selbst sind oft die annehmbarsten Mittel für ein Nervensystem, das taktile Reize als unangenehm interpretiert. Sich selbst zu berühren ist weniger bedrohlich als von einer anderen Person angefaßt zu werden. Die Gelegenheit zu sehen, wo die Reize appliziert werden, vermindert die Interpretation der Reize als schädlich. Das Reiben vor der Anwendung taktiler Stimulation scheint die taktile Abwehr zu verringern. Empfindliche Nervensysteme bevorzugen eine sehr leichte, schnelle Stimulation mit einer Kamelhaarbürste, die auf einen batteriegetriebenen rotierenden Schaft aufgesetzt ist; diese Vorgehensweise wurde von ROOD entwickelt (vgl. STOCKMEYER , 1967).

Für den Therapeuten, der sich auf die Reaktion des Kindes bezüglich der Information und des generellen neurologischen Effektes der Stimulation verlassen muß, ist es eine Erleichterung, daß die meisten Kinder definitive Vorstellungen darüber haben, was den annähernden Typ, die Dauer und die Häufigkeit der taktilen Reizung angeht. Die Reaktion ist als beste Indikation dafür zu betrachten, wie das Nervensystem die Reize interpretiert. Als generelle Regel gilt: das, was Spaß macht, kann als integrierend betrachtet werden. Gelegentlich – jedoch selten – scheint es für den Therapeuten am besten, taktile Reize zunächst dazu zu benutzen, dem Kind zu helfen, das anfänglich defensive Stadium zu überwinden. Diese Vorgehensweise soll allerdings nur benutzt werden, wenn andere Methoden fehlgeschlagen sind. Wenn der Therapeut nicht definitiv gegenteilige Auffassungen hat, ist es ratsam, die Meinung des Kindes zu respektieren, die im allgemeinen auf Erfahrungen des eigenen Nervensystems basieren. Seine Meinung kann natürlich auch durch die Art der Reize beeinflußt werden, die seine Freunde erhalten, durch die Neuheit der Situation und – wenn das Kind älter wird – durch die Haltung der anderen, besonders der Erwachsenen, gegenüber der therapeutischen Vorgehensweise.

Die Hautoberfläche, die gebürstet werden soll, kann nach praktischen Gesichtspunkten wie z. B. der Zugänglichkeit (Rücken, Arme, Gesicht, Beine und Hände) oder nach der Wahl des Kindes bestimmt werden. Normalerweise tritt bei Handrücken und Unterarmen die geringste Abwehr gegen die Stimulation ein. Diese Gebiete, durch viele Kontakte stimuliert, die in der normalen Interaktion mit der Umwelt hergestellt werden, helfen, ein normaleres Gleichgewicht taktiler Funktionen beizubehalten. Die ventrale Körperoberfläche, das Gesicht und die Füße nehmen die Stimulation oft weniger an, obwohl es einige ausdrückliche Ausnahmen von der Regel gibt, und es ist vollkommen richtig, die kindlichen Reaktionen in diesen Gebieten zu überprüfen. Man kann dem Kind eine Bürste oder ein Tuch anbieten und es fragen, ob es seine Füße, seinen Bauch oder sein Gesicht bürsten will. Die Stimulation um den Mund herum wird wegen seiner grundlegenden Natur und seiner Verbindung zur Sprache besonders empfohlen.

Wenn ein Kind zögert, gebürstet zu werden, kann es taktil defensiv sein. In Fällen extremer taktiler Defensivität wird vorgeschlagen, das Nervensystem des Kindes zuerst durch das propriozeptive System zu normalisieren und dann auch dadurch, daß taktile Reize durch den Kontakt der Hautoberfläche mit einer Wolldecke oder anderen Dingen während der Aktivitäten oder beim Schlafen auf einem Frotteestrandlaken erzielt werden. Taktile Reize, die an einem Tag angenommen werden, können am anderen schon wieder nicht mehr akzeptiert werden, da die Interpretation des Reizes bis zu einem gewissen Ausmaß vom Status des Nervensystem abhängig ist, in dem der Reiz eintritt, und dieser Status kann sich von einem Moment zum anderen ändern.

Die Zeitspanne, in der eine Sperre taktiler Reize den Haupteinfluß auf das Nervensystem ausübt, wird auf ungefähr eine halbe Stunde geschätzt, aber die Wahrscheinlichkeit einer geringeren, aber längerfristigen Wirkung ist sehr groß und sollte in Betracht gezogen werden. Wegen dieses längerfristigen Effekts und wegen der Vorherrschaft des taktilen Systems und seiner Wirkung auf andere Sinne sollte die taktile Reizung angewandt werden, bevor es zu Aktivitäten oder zu Unterrichtserfahrung kommt.

Das Gehirn eines zu wenig aktiven Kindes kann durch taktile Stimulation näher an den normalen Status der zentralen Erregung herangebracht werden; das trifft besonders für die Stimulation der Hände, Füße und des Gesichts zu. Manche Kinder dieses Typs sehnen sich geradezu nach taktiler Stimulation, als ob sie so etwas Ähnliches wie die „Ernährung“ des Gehirns darstelle. Handelt es sich um sehr starke Reize, können taktile Reize auch disorganisierend wirken. Ob die Stimulation organisierend oder disorganisierend wirkt, soll nach der Reaktion des Kindes beurteilt werden, die normalerweise sehr offenkundig ist. Wenn das Kind die Stimulation mag, sie sucht, sich anschließend wohl fühlt und nicht übererregt wurde, hatte sie wahrscheinlich einen organisierenden Effekt. Wenn die Reize das retikuläre Erregungs-System jedoch überaktivieren, sind Schlafstörungen und Konzentrationsschwierigkeiten die Folge. Eine unerwünschte Erregungsaktivität soll nicht als ein Anzeichen dafür gewertet werden, daß das Kind keine taktile Stimulation braucht, sondern eher dafür, daß es die Reize nicht adäquat zu organisieren vermag, und daß für eine Weile alternative Methoden in der Unterstützung der sensorischen Integration angewandt werden sollen. Es ist hilfreich, die retikuläre Erregungs-Reaktion mit leichten vestibulären Reizen, die dieses System hemmen, auszugleichen.

Im Verlauf der Behandlung über mehrere Monate erreicht das Kind einen Punkt, an dem es keine taktilen Reize mehr wünscht, aber nach einigen Wochen ohne diese Stimulation regelmäßig wieder darum bittet. Die Konsequenz, mit der diese Reaktion beobachtet wurde, läßt vermuten, daß der Bedarf des Gehirns zeitweise gedeckt war, aber ohne die therapeutisch angewandten zusätzlichen Reize kehrte dieser Bedarf langsam wieder.

Taktile Reize stellen einen Typus afferenter Unterstützung bereit, die zur Muskelkontraktion erforderlich ist. Sie erleichtern die Muskelkontraktion, indem sie durch die Kerne des absteigenden retikulär aktivierenden Systems und möglicherweise über andere Bahnen Einfluß nehmen. Zusätzlich zur allgemeinen Wirkung auf das neuromuskuläre System haben taktile Reize einen besonderen, fördernden Effekt auf die Muskeln, die unter der stimulierten Haut liegen; das ist ein Faktor, der bei anormalem Muskeltonus in Betracht gezogen werden muß.

Man sollte darüber nachdenken, ob die Reize phasische (kurze, zeitweilige) oder tonische (längerfristige) Kontraktionen im Muskel fördern, da einige Kinder zu viel tonische oder zu viel phasische Muskelkontraktion zeigen, andere wieder eine zu geringe. Die Wirkung der taktilen Reize auf die phasische oder tonische Muskelkontraktion wird durch die intrafusale Faser oder das efferente Gamma-Neuron vermittelt, das auf die Muskelspindel Einfluß nimmt. Es ist möglich, daß eine leichte taktile Wahrnehmung die phasische Kontraktion in den Muskeln fördern kann, die direkt unter der stimulierten Haut liegen. Es kann notwendig sein, diesen Einfluß durch vestibuläre Stimulation, die zur Förderung einer tonischen Reaktion in den Muskeln neigt, auszugleichen, wenn das mit den Anforderungen, die während der vestibulären Stimulation an den Organismus gestellt werden, vereinbar ist. Jedenfalls können Berührungsdruck und leichte vestibuläre Reize inhibitorisch auf den Muskeltonus wirken, indem das allgemeine Niveau der retikulären Erregung herabgesetzt wird.

Ist ein Kind generell hypotonisch, sind eine beachtliche Anzahl von exzitatorischen taktilen und vestibulären Reizen angebracht und wenige Vorsichtsmaßnahmen erforderlich. Besitzt das Kind einige hypertonische Muskeln, sind spezifische Techniken notwendig, um ein Ungleichgewicht der Muskeln zu verhindern, z. B. Druck auf den Muskelansatz, um ihn zu hemmen, oder die taktile Facilitation des Antagonisten, um diesen durch die reziproke Innervation, wie sie von Rood (1954) entwickelt wurde, zu hemmen.

Taktile Reize können genauso einen facilitatorischen Effekt auf den Pyramidaltrakt haben, der für die gewandte und geplante Skeletalbewegung besonders des distalen Teils der Extremitäten verantwortlich ist. Dieser Einfluß sowie der von der intrafusalen Faser auf die Muskelspindel ausgeübte sind zwei der Wege, über die die taktile Stimulation dem apraxischen Kind hilft, die motorische Planung zu beherrschen.

Da bestimmte Impulse, die durch die Stimulation der taktilen Rezeptoren hervorgerufen werden, den Kortex erreichen, sollte man kortikale Facilitation durch taktile Stimulation versuchen. Neurone mit hoher Geschwindigkeit und niedriger Schwelle befördern die diskriminative Information in den kontralateralen Kortex. Die Stimulation der Rezeptoren in der rechten Hand, die viele Rezeptoren für diesen Zweck besitzt, sendet eine Impulssperre in das somatische Areal I der linken Hemisphäre. Ein optimales Funktionieren des Sprachzentrums und des visuellen Kortex der linken Hemisphäre ist abhängig von einer adäquaten Verbindung dieser Hemisphäre mit dem somatischen Areal I. Die Aktivation von kleineren, höherschwelligen, nicht dorsalen Hinterstrangneuronen durch längerfristige und schnelle taktile Stimulation aktiviert direkt das somatische Areal II in beiden Hemisphären und nimmt indirekt auf das Gehirn einen weitverzweigten Einfluß durch das retikulär aktivierende System.

Die taktile Stimulation als therapeutischer Prozeß kann dem naiven Beobachter als sehr einfache Vorgehensweise erscheinen, die in keiner Verbindung zu den naheliegenden Problemen steht. Wenn das geschieht, ist es nützlich, auf die Studie (Melzack et al., 1969) zu verweisen, die zeigte, daß das Reiben einer Katzenpfote unter bestimmten Bedingungen die elektrische Entladung im visuellen, somatischen und auditorischen System beeinflußte sowie die Forschung anzuführen, die aufzeigt, daß taktile Reize andere sensorische Modalitäten durch die konvergenten Neurone beeinflussen. Vielleicht ist es am wichtigsten, an die Philosophie Herricks (1956) zu erinnern, der bemerkte: „Der zerebrale Kortex arbeitet nie unabhängig von primitiveren Strukturen, aus denen er sich entwickelte.“

9.3. Vestibuläre Stimulation

Die vestibuläre Stimulation ist eines der wirkungsvollsten Mittel, das für die Therapie sensorisch-integrativer Dysfunktionen zur Verfügung steht. Zusammen mit taktiler Stimulation wird sie aufgrund ihrer Rolle, auch anderen Arten sensorischer Integration zu dienen, ziemlich früh eingeführt. Die Normalisierung vestibulärer Mechanismen, die Haltungsreaktionen vermitteln, sollte genauso früh eingeführt werden, da Haltungsreaktionen eine zentrale Rolle spielen. Diese Reaktionen stellen den Hintergrund für geplantere und geschicktere Aktivität dar. Außerdem ist der Einfluß der Schwerkraft immer vorhanden. Er sollte früh erkannt und vorteilhaft genutzt werden.

Passive vestibuläre Stimulation (durch äußere Kräfte anstatt durch freiwillige Muskelanstrengungen hervorgerufen) wird am besten dadurch erzielt, daß man das Kind schaukelt oder dreht, während es in einer netzartigen Hängematte liegt oder sitzt, von dem beide Enden an einem gemeinsamen Punkt über dem Kopf aufgehangen sind, wie Abb. 5 zeigt. Das Kind, das besonders sensitiv auf vestibuläre Stimulation reagiert oder sich davon bedroht fühlt, soll aktiv an der Übung teilnehmen und nicht passiv, indem man seine Hände auf den Boden legt und es leicht anstößt, damit es sich selbst bewegt oder indem es an einem Seil zieht, das in einer gewissen Entfernung vor ihm angebracht ist, damit es sich selbst schaukeln kann. Die aktive Beteiligung entwickelt adaptive Reaktionen, die wiederum die sensorischen Reize organisieren.

Viele Kinder erwecken den Eindruck, daß der vestibuläre Input seine letzte Bestimmung entweder nicht in genügendem Maße oder nicht über einen normalen Prozeß erreicht. Diese Kinder neigen dazu, keinen oder einen verminderten Nystagmus zu zeigen sowie nicht so leicht schwindelig zu werden. Sie zeigen normalerweise eine positive emotionale Reaktion auf das Schaukeln im Netz und bitten sehr darum. Diesem Bedarf wird wohl am besten nachgekommen, wenn das Kind in einer aufrechten fetalen Position im Netz sitzt, und der Therapeut das Netz um sich selbst dreht und es sich dann aufdrehen läßt. Die graduelle Erscheinung von Nystagmus und Schwindel durch die vestibuläre Stimulation hält man für ein Anzeichen, daß latente Pfade anfangen, gebraucht zu werden und daß sie dann für andere sensorisch-integrative Prozesse verfügbar sein können.

Schnelles Drehen kann, besonders ohne adaptive Reaktion, exzitatorisch, aber aufgrund seiner Wirksamkeit auch disorganisierend wirken, und daher sollte man es nur mit sorgfältiger Aufmerksamkeit auf die Reaktion des Kindes anwenden. Wie bei allen anderen Aktivitäten ist der Therapeut angewiesen, den Prozeß an sich selbst auszuprobieren, um die Ergebnisse der Stimulation zu erfahren. Langsame, rhythmische und daher gewöhnlich auch inhibitorische vestibuläre Stimulation kann erreicht werden, indem man das Kind im Schaukelnetz liegen oder sitzen läßt und es passiv hin und her oder im Kreis schwingt mit ungefähr 25 – 30 Umdrehungen pro Minute. Langsame vestibuläre Stimulation kann auch erzielt werden, wenn das Kind auf einem großen Therapieball in der Bauchlage liegt (Durchmesser ca. 90 cm). Das Kind liegt passiv auf dem Ball, während der Therapeut ihn langsam hin und her rollt. Man nimmt an, daß die Inhibition zum Teil durch die vestibulären Reize erfolgt, die das Cerebellum aktivieren, das wiederum den Hirnstamm – besonders die Formatio reticularis – hemmt. Es ist außerdem wahrscheinlich, daß Hirnstammzentren, die die vitalen Funktionen kontrollieren – wie z. B. die Atmung – gehemmt werden können. Einige nicht belegte Beispiele der übermäßigen Hemmung durch solche Prozesse wurden berichtet. Diese Art der Reaktion erhellt die Notwendigkeit einer sorgfältigen Beobachtung der kindlichen Reaktionen auf Reize, besonders auf die vestibulären.

Wenn die vestibuläre Stimulation sich entweder als zu exzitatorisch oder zu inhibitorisch herausstellt, kann die Normalität der Reaktion dadurch erzielt werden, daß man das Kind bittet, adaptiv zu reagieren, wie z. B. mit seinen Händen den Fußboden zu berühren, wenn es auf dem großen Therapieball hin- und herrollt. Das Organisieren einer Reaktion führt zum Ausgleich zwischen der exzitatorischen und inhibitorischen Komponente der Hirnfunktion.

Abb. 5. Haltung im Schaukelnetz

Hat ein Kind während seines Lebens wahrscheinlich zu wenig auf vestibuläre Reize reagiert, soll die Therapie eine Bombardierung mit Stimulation über die vielen verschiedenen vestibulären Rezeptoren versuchen. Bei der Bereitstellung der Stimulation über den vestibulären Apparat ist es nützlich, sich daran zu erinnern, daß eine rotierende Bewegung und die lineare Beschleunigung oder Verlangsamung zur Stimulation verschiedener Rezeptoren führen. Das Drehen im Netz produziert andere Arten sensorischen Inputs als das Vor- und Zurückschwingen. Ferner aktiviert das Drehen in Kopf-, Bauch-, Rükken- oder Seitenlage verschiedene Kanäle und Statolithen (Gleichgewichtssteinchen) in verschiedenem Ausmaß. WALSH (1960) fand, daß Menschen mit einem Funktionsverlust eines Teils des vestibulären Apparates sensitiver auf Bewegung reagierten, wenn sie sich in der Rückenlage befanden, als wenn sie auf der Seite lagen, auf der das vestibuläre System geschädigt war. Die Bauchlage wurde nicht getestet. WALSH schloß, daß eine größere Sensitivität für horizontale Bewegung eine Funktion der Lage der Statolithen sei. Die Position, die die Statolithen am meisten stimuliert, ist die mit dem Kopf nach unten, eine Position, die in der therapeutischen Praxis nur schwer eingenommen bzw. beibehalten werden kann. Die horizontale Position, besonders die Bauchlage, ist leicht und wird deshalb häufig benutzt. Man hält diese Position bezüglich der Aktivation der Statolithen für effektiver als die Position mit dem Kopf nach unten. Sie ist außerdem optimal zur Stimulation der horizontalen Bogengänge. Hierbei ist es für die Therapie wichtig, daß für die Stimulation aller möglichen vestibulären Rezeptoren viele verschiedene Kopfbewegungen und -stellungen notwendig sind. Die horizontale Position kann dafür besonders wichtig sein.

Während der Evolutionsperiode, als Hirnstamm und einige höhere Hirnstrukturen einen Wandel durchmachten und ihre Hauptentwicklung vollendeten, war die Vierfüßlerstellung vorherrschend und diese bestimmte die Lage der Schwerkraftrezeptoren und damit auch den sensorischen Fluß in das Gehirn, der durch die Schwerkraft der Erde hervorgerufen wurde. Wir haben bereits erwähnt, daß der gesamte sensorische Input des Hirnstamms, der mit dem visuell-lokomotorischen Prozeß zusammenhängt, so eng verbunden wurde, daß er im wesentlichen als Einheit funktionierte. Empfindungen, die durch die Schwerkraft hervorgerufen wurden, leisteten ihren Beitrag zum gesamten sensomotorischen Muster. Die Bedeutung des Musters bzw. der Konstellation des multisensorischen Inputs geht weit über die des Inputs von den individuellen sensorischen Modalitäten hinaus. Befindet sich der Kopf des Kindes in einer Stellung, die dem Vierfüßler nahekommt, nähert sich der sensorische Fluß von den Schwerkraftrezeptoren eher dem, von dem man eine optimale Integration mit anderen Wahrnehmungen auf Hirnstammniveau erwarten würde. Die Idee ist sehr spekulativ, geht aber mit der klinischen Erfahrung einher und trägt zu dem Prinzip bei, das dem häufigen Gebrauch von Übungen zugrunde liegt, die die Bauchlage erfordern, wie das z. B. beim Roller der Fall ist.

Kinder mit Lernstörungen variieren stark in ihrer Toleranz gegenüber vestibulärer Stimulation. Einige haben Angst, und man sollte diese Angst sehr respektieren. Man kann ihre Angst folgendermaßen interpretieren: sie haben die Stärke der Schwerkraft als überwältigend erfahren. Außerdem sind sie realistisch; denn sie können den sensorischen Input nicht integrieren und nicht adaptiv reagieren. Sie sind der Schwerkraft ausgeliefert, und die Schwerkraft macht bei behinderten Kindern keine Ausnahme. Es ist naheliegend für das haltungsunsichere Kind, ängstlich zu sein; die Furcht hat Überlebenswert. In ein Faß zu krabbeln, das auf der Seite liegt, heißt, sich mit einer instabilen Welt zu umgeben, die einen nach ihrem Willen beugt. Ein hochgelegener Platz *ist* gefahrvoll, wenn eine hohe Wahrscheinlichkeit besteht, hinunterzufallen, ohne die Fähigkeit zu besitzen, auf seinen Füßen zu landen.

Kinder mit dieser Reaktionsweise benötigen eine langsame, sichere, nicht bedrohliche Annäherung an die Einführung und Bewältigung der vestibulären Stimulation. Die Stimulation wird eingeführt, wenn das Kind sicher in einem Netz sitzt, das dicht über dem Boden hängt und dazu anregt, sich mit den Füßen vom Boden abzustoßen, um leicht zu schaukeln zu beginnen. Das Ziel liegt in einem simultanen Anwachsen der Hirnkapazität, vestibuläre Reize zu integrieren, indem es motorische Reaktionen entwickelt, die bei der Integration helfen, und in einem graduellen Anstieg der selbstinduzierten vestibulären Stimulation. Mit dem Anstieg der Toleranz und der Organisationsfähigkeit kann das Kind den Roller oder das Schaukelnetz zur intensiveren Stimulation benutzen.

Kinder, die eine verminderte Reaktionsbereitschaft auf vestibuläre Reize zeigen, sollen die Behandlung mit einer Schaukelgeschwindigkeit beginnen, die sie wünschen, und wie das Gehirn es tolerieren kann. Die Reaktionen müssen sorgfältig beobachtet werden, um die wahrscheinliche Art und Weise zu interpretieren, in der das Gehirn den Input verarbeitet. Die folgende Fallstudie zeigt eine hohe Schwelle für vestibuläre Reize in ihrem neuralen Verlauf sowie eine positive Reaktion auf ein massives Bombardieren des Gehirns mit vestibulären Reizen.

Ein neunjähriges Mädchen mit schizoidartigen Erscheinungen, keinem beobachtbaren Nystagmus, einer über dem Altersdurchschnitt liegenden verbalen Fertigkeit, aber einer Lesefähigkeit, die der ersten Klasse entsprach, wurde in einen Raum gebracht, in dem drei oder vier Geräte standen, davon ein Spielzeug mit drehbarer Platte, auf der das Kind sitzen sollte und sich durch Körperbewegungen selbst drehen konnte – eine Aufgabe, die eine beachtliche Koordination erfordert. Das Kind ging ohne Anweisung auf das Spielzeug zu, legte sich auf den Bauch und bat darum, gedreht zu werden. Der Therapeut gab nach, und sogar seine größten Anstrengungen stellten das Kind nicht zufrieden, das ständig „schneller, schneller" rief. Wenn die Ermüdung des Therapeuten eine Unterbrechung des Drehens erforderte, fuhr das Kind fort, sich selbst bis zu zwanzig Minuten lang zu drehen. Beim Aufstehen wunderte es sich ein wenig über sein Schwindelgefühl, aber nach einer Minute ging es bereits auf Stelzen. Nach dem Drehen war kein Nystagmus feststellbar. Bei jeder sich bietenden Gelegenheit wiederholte das Kind die gleiche Prozedur, einschließlich des Stelzengehens. Seine Toleranz gegenüber den Reizen verminderte sich allmählich und es war enttäuscht darüber, schneller schwindelig zu werden, obwohl der Therapeut das als graduelle Normalisierung des Gehirns für die Aufnahmefähigkeit der Stimulation betrachtete, was das Ziel dieser massierten Stimulation war.

Wenn die Theorie richtig ist, beeinflußt der vestibuläre Input, der aus dem schnellen Drehen resultiert, den Körper in folgender Weise. Synapsen werden aktiviert, die als normales Ergebnis des vestibulären Inputs entstehen und die es beim Kind mit Dysfunktionen nicht gibt. Der Muskeltonus wird gefährdet und der steigende facilitatorische Effekt von den intrafusalen Fasern zu den Muskelspindeln bereitet das Nervensystem auf eine leichtere Aktivierung des Angebots an motorischen Alpha-Neuronen in den Skeletmuskeln in der nachfolgenden Aktivität vor. Der Muskeltonus trägt direkt und indirekt zur Entwicklung des Körperschemas bei. Die extraokularen Muskeln sind Skeletalmuskeln und werden speziell durch die Verbindung der vestibulären Kerne mit den kranialen Nervenkernen III, IV und VI über den medialen und longitudinalen Fasciculus gefördert. Impulsmengen erreichen alle konvergenten Neurone, die auf die vestibuläre Stimulation reagieren. Diese liegen speziell im Hirnstamm, im Thalamus, in den Basalganglien und im Kortex. Die Wahrscheinlichkeit, daß der größte Teil des visuellen Kortex schließlich potentiell und anatomisch in der Lage ist, die Stimulation aufzunehmen, ist von besonderem Interesse. Die direkte Wirkung auf das auditorische System ist weniger klar, aber die Möglichkeit der Beeinflussung sollte nicht ignoriert werden. Das retikuläre Erregungs-System ist Empfangsstation für den Input und kann für die Erregung des Kortex genauso genutzt werden wie für Einwirkungen auf konvergente Neurone. Der Einfluß dieser vestibulären Nachrichten auf das limbische System ist noch eine Vermutung, mit der Hypothese, daß die Wirkung hoch signifikant ist. Vielleicht ist noch bedeutender, daß der vestibuläre Input eine vereinigende und koordinierende Rolle in der Beziehung zu allem anderen sensorischen Input spielt.

9.4. Weitere propriozeptive Stimuli

Es gibt weniger gesicherte Kenntnisse über den Bedarf an zunehmenden Sinneswahrnehmungen, die bei Kindern mit Lernstörungen von den neuromuskulären und skeletalen Systemen herrühren, als über den an vestibulären und taktilen Stimuli. Man nimmt an, daß die lokomotorischen Muster im Hirnstamm des Menschen eng mit der dort stattfindenden visuellen Organisation verbunden sind, und daß diese lokomotorischen Muster irgendwie mit dem entsprechenden sensorischen Input vom lokomotorischen System in Verbindung steht. Wenn das der Fall ist, trägt der propriozeptive Input vom Muskuloskeletalsystem über diesen Weg zur Entwicklung einer Vorstellung über die Umwelt bei, wie wir in einem späteren Kapitel noch ausführen werden.

Die Muskelkontraktion, besonders die gegen einen Widerstand, stellt eines der Hauptmittel bereit, durch das der propriozeptive Input zum Zentralnervensystem gefördert wird, und der hauptsächlichste Widerstand wird durch die Schwerkraft ausgeübt, die auf einen Körperabschnitt einwirkt. Wenn ein Kind z. B. in der Bauch- oder Rückenlage auf dem Roller liegt, ist das Gewicht des Kopfes recht beachtlich und erfordert eine starke Kontraktion der Nackenmuskulatur. Liegt das Kind in der Bauchlage, müssen die Muskeln des unteren Rumpfes, der Hüften und des Schultergürtels kontrahieren, um die Extremitäten über dem Boden zu halten. Die motorische Aktivität, die eine längerfristige Kontraktion der extensorischen Muskeln erfordert, sorgt für einen anderen afferenten Fluß zum Nervensystem als eine andere, die die Kontraktion der Flexoren erfordert (s. ECCLES u.LUNDBERG, 1959). Die extensorische Kontraktion ist phylogenetisch mit der Erhaltung der Position und der Fortbewegung verbunden, während die flexorische Kontraktion den notwendigen Rückzug bei einem schmerzvermittelnden Reiz vollzieht. In der ausbalancierten Zweifußstellung ist nur eine geringfügig verlängerte Kontraktion der extensorischen Muskeln erforderlich, um die aufrechte Haltung beizubehalten, die auf dem Balancieren des Körpers um den Schwerpunkt herum beruht.

Es wird so argumentiert, daß die Kontraktion der Muskeln, die beim Fahren auf dem Roller eingesetzt werden – es handelt sich meistens um extensorische Muskeln – und die zur längerfristigen Kontraktion bestimmt sind, um das Körpergewicht unterstützen und die Grundhaltung zu erhalten, besonders wichtig für die Bereitstellung des Musters des sensorischen Inputs ist, der wiederum Bedeutung für die Integration im Hirnstamm hat. Die Roller sind so schmal gebaut, daß sie die Kontraktion der Rumpfmuskulatur erfordern. Anhaltende oder statische Kontraktion sorgt für einen anderen Typ sensorischen Inputs von schneller, phasischer Aktion, wobei ersteres zuerst über die sekundären Afferenzen von der Muskelspindel und letzteres über die primären Afferenzen ankommt. Die sekundären Afferenzen haben höhere Schwellen und werden durch eine längerfristigere Kontraktion der Muskeln am besten aktiviert.

Es besteht ein beachtlicher afferenter Fluß von der Muskelspindel zum Cerebellum. Beobachtungen eines beruhigenden und integrierenden Effekts der Aktivität, die für eine längerfristige posturale Muskelkontraktion gegen die Schwerkraft sorgt, haben zu der Annahme geführt, daß die Wirkung vom Cerebellum und seinem inhibitorischen Einfluß auf das retikulär aktivierende System abhängt sowie von der Integration, die direkt durch die über die lokomotorischen Muster im Hirnstamm verbesserte Organsisation hervorgerufen wurde.

Die Kinästhesie, der bewußte Sinn für die Gelenkbewegung und Haltung, ist eine wichtige Quelle des sensorischen Feedbacks, das von der Bewegung herrührt. Diese Gelenkrezeptoren haben eine höhere Schwelle als andere Propriozeptoren und die Methode, die Wahrscheinlichkeit ihrer Entladung zu erhöhen, unterliegt immer noch Mutmaßungen. Man glaubt, daß ein Druck auf die Gelenke oder Zusammenpressen und Zug eine besondere kinästhetische Stimulation erzeugen. Das Ziehen erzielt man durch Anhängen von Gewichten an Knöchel und Handgelenke. Durch eine neue Situation, die die Aufmerksamkeit für kurze Zeit in Anspruch nimmt, wird der Muskelkontraktion noch mehr Widerstand entgegengesetzt. Die Annäherung der Gelenke wird durch die Kokontraktion antagonistischer Muskeln vorangetrieben. Ein schneller, wechselnder Widerstand gegen die anatoginistischen Muskeln soll die Kokontraktion fördern. Für den Rumpf, den Nacken und die oberen Extremitäten wird bei einer sehr guten Übung ein Schlauch in Taillenhöhe jeweils auf der Gegenseite des Übungsraums (beim Sitzen) befestigt. Ein oder zwei Kinder, die auf Rollern sitzen oder knien, ziehen oder schieben abwechselnd am Schlauch und bewegen so den Roller vor und zurück. Wie bei allen Aktivitäten sind die Therapeuten angewiesen, diese Übung selbst zu versuchen, um ihre Anforderungen kennenzulernen. Es handelt sich hier um eine annehmbarere und angenehmere Form, eine starke Kontraktion der häufig schwachen Nackenflexoren zu erzielen.

Rood führte den Gedanken des Drucks auf den knochigen Ursprung oder den Muskelansatz ein, um den Muskel freizugeben bzw. zu hemmen. Obwohl sich diese Art des Inputs nicht für eine Übung eignet, kann er manuell vor einer Übung eingesetzt werden, die den Muskeltonus normalisieren soll und dadurch ein normaleres Muster der Muskelreaktion während der Ausführung einer Übung in Gang setzen. Der effektive Gebrauch des sensorischen Inputs von den Knochenrezeptoren erfordert die Fähigkeit, hypertonische Muskel zu ermitteln und die genaue Kenntnis des Ursprungs und der Insertion der Muskeln. Die Wirkung des sensorischen Inputs scheint ziemlich temporär zu sein; sie dauert nur wenige Minuten im Gegensatz zu dem Input, der einen längerfristigen Effekt auf das retikuläre System besitzt.

Eine andere Form des sensorischen Inputs, nämlich die Vibration, ist im Interventionsprogramm verfügbar. Ihr Gebrauch ist nur dann empfehlenswert, wenn der Therapeut bereits mit dem Nervensystem des Kindes genügend vertraut ist, um leichte Veränderungen in der Reaktion festzustellen, die auf den in der Therapie verabreichten sensorischen Input zurückzuführen sind. Die Vibration wird gewöhnlich als diskriminatorischer Sinn betrachtet, der in den dorsalen Strängen verläuft, aber man hat auch gefunden, daß sie über die afferenten Teile der lateralen Stränge des Rückenmarks der Katze übermittelt wird (Andersson, 1962). Die klinische Erfahrung läßt vermuten, daß die Vibration eine Schutz- oder Entspannungsreaktion hervorruft, die vom bestehenden Zustand des Organismus abhängt. Das Kriterium seiner Verwendung – wie auch die Verwendung eines anderen Inputs – ist die augenscheinliche Wirkung auf das Kind. Die Empfindung ist wahrscheinlich nicht integrierend, wenn das Kind sie nicht mag; empfindet es sie als angenehm, wirkt sie wahrscheinlich integrierend. Vibration wirkt eher inhibitorisch bei nicht kontrahierten Muskeln und exzitatorisch auf kontrahierte Muskeln. Daher kann sie als Hilfestellung benutzt werden, wenn das Kind bestimmte Muskeln kontrahieren soll. Sie wurde sehr wirksam gegen Ende der Behandlungsperiode eingesezt, um den zentral exzitatorischen Status herabzusetzen. Das Kind legt sich nieder, um die Vibration auf dem Rücken und im Nacken zu erhalten, was zur Wiederherstellung der Homöostase der Neuralexzitation beiträgt.

9.5. Adaptive Reaktionen

Beim durchschnittlichen Kind entwickeln sich Wahrnehmungsprozesse nicht isoliert, sondern in Verbindung mit und wahrscheinlich aufgrund der Interaktion Kind–Umwelt, auf die es adaptiv reagiert. Die Meinung der gesamten Fachwelt akzeptiert generell diese Anschauung und unterstützt sie in ihrer Forschung (Zaporozhets, 1965; Papousek, 1965; Riesen, 1961 b; Fair, 1965).

Eine adaptive Reaktion ist keine Entweder-Oder-Reaktion. Wie beim größten Teil des Verhaltens, gibt es auch hier ein Kontinuum des Grades der Komplexität, der Qualität und der Effektivität einer Reaktion. Die Fähigkeit, den Charakter der adaptiven Reaktion auszuwerten, trägt viel zu der Beurteilungsfähigkeit des Therapeuten über die Behandlungseffektivität bei, da der Adaptivitätsgrad einer Reaktion den wesentlichsten Hauptindikator für den Grad der sensorischen Integration darstellt. Die Behandlung besteht darin, dem Kind die Chance zu geben, eine adaptivere Reaktion zu zeigen, d. h. eine effektivere als die, die es zuvor zu zeigen in der Lage war. Natürlich erfordert nicht jede Therapie eine adaptive Reaktion. Taktile und generelle vestibuläre Stimulation, wie sie z. B. im Schaukelnetz gegeben wird, haben aufgrund ihres sensorischen Inputs therapeutische Wirkung. Für ihren Gebrauch wird keine adaptive Reaktion erwartet bzw. diese ist nicht erforderlich.

Die meisten adaptiven Reaktionen auf den sensorischen Input sind Bewegungen, die mit der Sinneswahrnehmung verbunden sind. Es ist die Aktion bzw. die Reaktion des Organismus auf die Umwelt, die auf den Organismus wirkt. Die Adaptivität des Systems kann in ihrer Effizienz, Spezifität, Komplexität, Genauigkeit, Angemessenheit und Initiative variieren. Mit dem Fortschreiten der Phylogenese wiesen auch diese Qualitäten einen höheren Grad auf. Ähnlich sind die Qualitäten dieser Dimensionen um so geringer, je größer die sensorisch-integrative Dysfunktion eines Kindes ist.

Ein Reflex ist eine einfache adaptive Reaktion. Stehen ist eine adaptive Reaktion auf die Erdanziehungskraft, aber für das Kind mit Lernstörungen stellt es bereits eine fortgeschrittene Reaktion dar. Das einfache Wiederholen einer bereits gut gelernten Aufgabe, wie z. B. das Zusammensetzen eines Puzzles oder Fahrradfahren, wird als adaptive Reaktion angesehen, aber nicht als Therapie, da die Reaktion nichts darstellt, was nicht bereits leichter hervorgerufen werden könnte. Allerdings kann das gleiche Kind, das in der Bauchlage auf dem Therapieball liegt und die Hände des Therapeuten hält, die gleichen Gleichgewichtsreaktionen zeigen, die zu der Erhaltung seiner Position auf dem Ball beitragen (und deshalb adaptiv sind), die aber Reaktionen darstellen, die bei ihm noch nicht richtig entwickelt sind und deshalb als Therapie angesehen werden.

Adaptive Reaktionen sind sinnvolle, zweckgerichtete Aktionen. Wenn das Handlungsziel nicht ziemlich gut erreicht wurde, war die Reaktion nicht adaptiv, weil die Adaptivität eine gewisse Umweltbewältigung impliziert und nicht eine Herrschaft der Umwelt über die Person. Letzteres ist der Fall, wenn ein Kind auf eine Behandlungs- oder Klassensituation aufgeregt reagiert, wie z. B. durch ziellose Aktivität oder Zerstreutheit. Ist das Kind nicht in der Lage, die Umwelt durch adaptive Reaktionen zu bewältigen, ändern sich seine Ziele entweder in eine Destruktion der Umwelt oder in eine Reaktion auf eine Vielfalt von Reizen, als ob es dazu gezwungen würde.

Eine adaptive Reaktion fügt der Bewegung einen funktionalen Aspekt hinzu. Dadurch lernt das Kind, welche Art motorischer Aktion zu welcher Art von Veränderungen in der Umwelt führt; der Sinn der Bewältigung liegt nicht nur in der Selbstzufriedenheit, sondern dient als Motivation für neue Anstrengungen.

Das Hervorrufen einer Gedächtnisspur oder der Transfer einer Gedächtnisspur von einer Hemisphäre zur anderen wird wahrscheinlich von adaptiven Reaktionen unterstützt. Mit Hilfe der Methode der „Spreading depression“ zur Beschränkung der Funktion auf eine Hemisphäre zu einer bestimmten Zeit, bestätigten RUSSEL u. OCHS (1961), daß Katzen nicht spontan ein Engramm von einer Hemisphäre zur anderen beförderten, nur weil die kommunikativen Fasern intakt waren. Hatte die zweite Hemisphäre die Möglichkeit, zur gleichen Zeit wie die trainierte Hemisphäre eine einzelne Reaktion zu geben, wurde das Engramm, das vom Lernen einer Konditionierungsaufgabe abgeleitet wurde, in einem Versuch transferiert.

Sollte das Erlernen einer einfachen Aufgabe bei Kindern annähernd so von einer aktiven Reaktion abhängig sein, dann sind Reaktionen der zentrale Punkt des elementaren Lernprozesses.

Die Effektivität einer Reaktion ist abhängig von der Genauigkeit des sensorischen Feedbacks von dieser Reaktion. Ein genau interpretiertes somatosensorischen und vestibuläres Feedback ermöglicht das Erlernen einer adaptiven Reaktion. Die Beobachtung eines Kindes mit inadäquater motorischer Planung kann dem Kliniker Einblick in die Abhängigkeit der adaptiven Reaktionen von präzisem räumlichen und zeitlichen Feedback vermitteln. Die Apraxie oder das Defizit in der motorischen Planungsfähigkeit wird teilweise als eine Funktion inadäquater somatosensorischer Wahrnehmung betrachtet. Anders ausgedrückt, reflektiert die Wirkungsweise einer kindlichen Handlung auf die Umwelt die Genauigkeit des sensorischen Inputs. So wird das Planen einer Umwelt in der therapeutischen Situation, die eine motorische Reaktion hervorrufen soll, die Überlegung erfordern, ob das Kind den Reiz aus der Situation gut genug interpretieren kann, um erfolgreich darauf zu reagieren. So war z. B. ein Kind von zehn Jahren mit geringer Propriozeption unfähig, auf einem einbeinigen Stuhl zu sitzen, weil es seine Körperimpulse nicht gut genug interpretieren konnte, um zu wissen, ob es auf dem Stuhl ausbalanciert war. Bevor man die Anforderung, auf dem einbeinigen Stuhl zu sitzen, an es stellen konnte, mußte es einfachere elementare Übungen meistern, die ihm halfen, die Propriozeption zu entwickeln.

Organisation und Beweis einer adaptiven Reaktion, die ausgereifter und komplexer ist als jede zuvor, erfordert Anstrengungen – und zwar eine Kraft, die ein Kind gerne aufbietet, wenn es emotional mit seiner Aufgabe verbunden ist und wenn es glaubt, sie bewältigen zu können. Das Kind, das an sinnvollen Übungen beteiligt wird und das gewillt ist, weitere Anstrengungen für eine komplexere und adaptivere Reaktion zu unternehmen, reagiert gewöhnlich positiv auf die Behandlung. Die Bedeutung dieser emotionalen Beteiligung ist so groß, daß oft andere Behandlungsprinzipien, wie das Verfolgen der Entwicklungssequenz des von Therapeuten sorgfältig zusammengestellten Behandlungsplanes, zeitweise vergessen werden sollten. Solange das Kind eine Aktivität verfolgt und Reaktionen zeigt, die ein Niveau der Exaktheit und Komplexität darstellen, die dem Grad seiner sensorischen Integration angemessen sind, ist es oft das beste, es seine eigene Aktivität bestimmen zu lassen. Man kann kein Kind zu einer adaptiven Reaktion zwingen, man kann nur die Umwelt so formen, daß sie wahrscheinlich diese Reaktion hervorrufen wird. Die Gelegenheit zur Erforschung kann für ein Kind motivierender sein als die, die ein Therapeut für die Behandlung geplant hat. Ferner hilft die Beobachtung eines explorierenden Kindes, solche Gebiete aufzudecken, die den Bedarf oder das Defizit sensorischer Integration zeigen und ebenso die Gebiete zu entdecken, in denen das Kind langsam die Fähigkeit einer erfolgreichen Reaktion entwickelt. Gelegentlich scheint das Kind mehr über den Charakter seiner Dysfunktion zu wissen und was dagegen zu unternehmen ist als der Therapeut, aber das Kind kann im allgemeinen das Problem nicht verbalisieren oder die Heilungssituation vorbereiten. Die Vorbereitung der Heilungssituation, die dem Kind die Erforschung und Befriedigung seiner Bedürfnisse ermöglicht, ist eine der Aufgaben, die den Therapeuten am meisten fordern.

Der „Lebensdrang", auf den SHERRINGTON (1955) mit Nachdruck hinweist, sollte erwähnt werden, weil er die bedeutendste Motivationsquelle darstellt, die zu adaptiven Reaktionen führt und ohne die der Therapeut relativ hilflos ist. Das menschliche Gehirn entwickelte sich als Reaktionsstruktur. Eine Unterstützung der Organisation des Gehirns erfordert, daß das Gehirn Reaktionen organisiert. Aus diesem Grunde ist die Übung, die die Bewegung der Arme, Beine oder des Körpers nach einem Routinemuster auslöst, keine Therapie, wenn nicht ein gewisser heilender Wert vorhanden ist.

Sie kann dem allgemeinen physiologischen Status des Kindes helfen und auch in anderer Hinsicht von bestimmtem Wert sein, aber sie ist nicht das effektivste Mittel zur Förderung der Neuralintegration. Das Organisieren adaptiver Reaktionen von steigender Komplexität ist wesentlich für den therapeutischen Prozeß. Aus dem gleichen Grund nimmt die passive Bewegung von Körperteilen durch den Therapeuten einen geringeren Platz in der Behandlung der sensorisch-integrativen Dysfunktion bei Kindern mit Lernstörungen ein, obwohl solche Vorgehensweisen angemessen sind, wenn sie das Kind auf effektivere Reaktionen vorbereiten.

Das Argument gegen die Wiederholung bereits gelernten sensomotorischen Verhaltens sollte nicht zu streng genommen werden, da die Wiederholung wichtig für die feste Begründung neuraler Verbindungen ist, die vermutlich während der Therapie hergestellt werden. Man nimmt an, daß nicht neue anatomische Bahnen entwickelt werden, sondern daß die bereits existierenden neuronalen Verbindungen, die mehr oder weniger ruhend vorhanden sind, mit größerer Zwanglosigkeit und Häufigkeit benutzt werden und daher mehr an Bedeutung für die Verhaltensdirektion gewinnen. Man glaubt, daß die Therapie potentiell existierende Synapsen und Muster von Synapsen oder Mechanismen benutzt, obwohl die Möglichkeit der Erstellung neuer Synapsen besonders beim jungen Kind nicht übersehen wird. Diese Erklärung geht mit den Untersuchungsergebnissen von Brazier et al. (1961) einher. Eccles (1961) hat diese Situation prägnant beschrieben. Die Häufigkeit des synaptischen Gebrauchs führt zu einer „andauernden Förderung der synaptischen Funktion" und „es hat eine nachteilige Wirkung auf die Potenz von Synapsen, wenn sie über längere Zeit nicht benutzt werden".

Man konnte beobachten, daß eine wiederholte Bombardierung des Nervensystems mit verschiedenen Arten sensorischer Reize, auf die es eine Reaktion geben mußte, notwendig war, um erreichte Verbesserungen zu erhalten. Ein Nervensystem, das viele Jahre lang in einer bestimmten Weise organisiert war, möchte zu dieser Organisation zurückkehren. Da die optimale Häufigkeit der Behandlung zu dieser Zeit nicht mit Sicherheit festgelegt werden kann, und sie auch unbezweifelbar mit steigenden Leistungen abnimmt, glaubt man, daß die tägliche Behandlung weit effektiver als die wöchentliche ist, wenn anhaltende Veränderungen in der Organisation eintreten sollen. Heute erfordert die Behandlung des schulpflichtigen Kindes fünf oder sechs Monate, um das Erreichte zu festigen, diese Dauer kann wahrscheinlich verkürzt werden, wenn ein vermehrtes Wissen über die Hirnfunktion die Effizienz der Behandlung steigert.

Je jünger das Kind ist, desto mehr kann man von einer sensorisch-integrativen Therapie erwarten, da das junge Gehirn formbarer ist und sich noch im Formungsprozeß der Neuralverbindungen befindet. Obwohl das Gehirn in allen Altersstufen irgendwie modifizierbar ist, ist seine funktionale Kapazität fast vollständig im Alter von zehn Jahren entwickelt, und die Periode der größten sensorisch-integrativen Entwicklung ist bereits einige Jahre früher abgeschlossen. Die sensorisch-integrative Therapie sollte der schulischen Arbeit ontogenetisch vorangehen.

9.6. Vorsichtsmaßnahmen

Die offensichtlichste Gefahr bei der Therapie sensorisch-integrativer Dysfunktion kommt von einer großen Anzahl von Bewegungen bei Kindern, die ungeübt in Bewegungen sind, die ihre Umwelt inadäquat interpretieren und die einen Mangel an Beurteilungsvermögen dessen, was für ihr physisches Wohlbefinden gefährlich sein kann, aufweisen. Der Therapeut bewältigt diese Situation, indem er die Gefahr mit den folgenden Mitteln so weit wie möglich reduziert: er räumt die Geräte weg, die nicht sofort gebraucht werden, so daß das Kind nicht in sie hineinlaufen kann; er benutzt Holz- und Plastik- anstatt Metallgeräte; er legt Matten unter die Kinder, wo sie fallen könnten; alle hängenden Gegenstände werden so weit wie möglich in Bodennähe gehalten und alle Geräte werden in gut repariertem Zustand gehalten. Trotz der Vorsichtsmaßnahmen ist ein gewisses Maß an Risiken nötig, um die therapeutischen Ziele zu erreichen, denn wenn ein Kind nicht das versucht, was schwierig für es ist, kann seine sensorische Integration nicht reifen. Einige Beulen und blaue Flecken von mißglückten Anstrengungen sind unvermeidlich.

Etwas weniger evident, jedoch fast genauso wichtig ist die Notwendigkeit von Vorsichtsmaßnahmen bei der Steigerung des Muskeltonus bei Kindern, die in einigen, aber nicht in allen Muskeln einen zu hohen Tonus haben. Die Handhabung dieser Situation erfordert den Gebrauch neuromuskulärer Vorgehensweisen, die außerhalb des Bereiches dieses Buches liegen (vgl. STOCKMEYER, 1967). Andere Modifikationen in der Behandlung können bei Kindern erforderlich sein, die älter oder noch jünger als das junge Schulkind sind. Eines der bedeutendsten Risiken bei der Anwendung der sensorisch-integrativen Therapie, das vom Laien am leichtesten übersehen wird, ist die sensorische Überladung. Wenn die sensorische Bombardierung so groß ist, daß das Kind nicht mehr erfolgreich reagieren kann, kann sein Verhalten zusammenbrechen und können die integrativen Effekte der sensorischen Reize abgeschwächt werden, um nur das Geringste anzuführen. Sensorische Reize sind machtvolle Medien, die das Gehirn sowohl disorganisieren als auch organisieren können. Die Anzeichen für sensorische Überladung sind Übererregung, die nicht innerhalb von einer halben Stunde nach Behandlungsende zu beruhigen ist, eine zerstörerische Haltung gegenüber der Umwelt oder ein Rückzug von ihr.

Eine Studie von RIESEN (1961 a) beschäftigt sich mit diesem Thema. Er berichtet von „heftigen emotionalen Stürmen" bei Katzen und Primaten, wenn sie nach sensorischer Deprivation einer normalen Menge von Reizen (für ein normal aufgezogenes Tier) ausgesetzt werden. Die deprivierten Tiere reagierten manchmal mit Angst und Übererregung auf die gesteigerte Stimulation. Obwohl ein Kind mit einer sensorisch-integrativen Störung nicht einer sensorischen Deprivation im gebräuchlichen Sinne unterzogen wurde, verarbeitete sein Gehirn die sensorischen Reize doch nicht in der gleichen Weise wie die meisten Kinder. Das kann in einer Art funktionaler Deprivation resultieren, die das Kind mit einem Verhalten ausstattet, das dem zuvor bei den Tieren beschriebenen ähnelt, die der sensorischen Deprivation unterworfen waren.

Bewegung, besonders die schnelle Akzeleration, die das vestibuläre System aktiviert, wirkt meistens exzitatorisch. Wenn die Erregung, die vom vestibulären Anteil des aufsteigenden retikulären Systems herrührt, zu der Erregung hinzutritt, die aus der emotionalen Reaktion auf diese Aktivität entspringt, kann ein labiles Nervensystem so erregt werden, daß es die augenblickliche Situation nicht länger beherrschen kann, und die Verhaltenskontrolle beginnt zusammenzubrechen. An diesem Punkt sollte der Therapie eine neue Richtung gegeben werden, um den zentralen exzitatorischen Zustand zu reduzieren. Kann das Verhalten innerhalb weniger Minuten nach Behandlungsende nicht auf ein angemessenes Niveau gebracht werden, sollte der letzte Teil der Therapiesitzung der inhibitorischen Stimulation gewidmet sein, wie z. B. langsame vestibuläre Stimulation entweder in einem kreisenden Netz oder auf einem großen Therapieball, durch Berührungsdruck oder durch Vibration auf einen entspannten Körperteil. Das Kind legt sich hin, um die Reize zu erhalten und dies hilft dabei, den exzitatorischen Status zu reduzieren. Eine Methode, einem übererregbaren Kind bei der Verhaltenskontrolle zu helfen, besteht darin, ein Minimum an Geräten in einen begrenzten Therapieraum zu stellen. Wenn die Situation das Kind zu überfordern beginnt, wird der größte Teil der verbliebenen Geräte weggeräumt, um so das Potential für den erhaltenden sensorischen Input zu reduzieren. Große, offene Räume sind in einigen Situationen sehr nützlich, aber sie laden bei einem ungehemmten Kind zur Aktivität, besonders zum Laufen ein. Flüstern hilft, das Kind zu beruhigen.

Die sensorische Überladung, die allgemein vermieden werden sollte, sollte nicht mit einem einfachen Anstieg der Erregung, die gewöhnlich und wahrscheinlich eine erfolgreiche therapeutische Erfahrung begleiten sollte, verwechselt werden. Erwachsene, die aus diesem Grund mit dem erregten Kind in Berührung kommen, sollten das Verhalten nach der Behandlung tolerieren und akzeptieren, eingedenk der Tatsache, daß das Entwicklungsniveau, auf dem sich das Kind organisiert, nicht mit dem ruhigen Verhalten übereinstimmt, das man in einer herkömmlichen Schule als angemessen betrachtet. Das Kind, das nur wenig erregt wird, macht auch nur wenig Fortschritte. Sobald sein Nervensystem besser integriert ist, sind seine Reaktionen nicht mehr so labil und sein Verhalten wird „akzeptabler". Häufig scheint ein übererregbares Kind in der Therapie zeitweise erregt zu werden, aber der kumulative Effekt wird in einer graduellen Inhibition resultieren, proportional zur Annäherung der Gehirnorganisation an den Normalzustand.

Die Möglichkeit, daß sensorische Überladung einen Anfall bei Kindern hervorrufen kann, die zu Anfällen neigen, sollte nicht übersehen werden, obwohl es nur mutmaßliche, aber keine konkreten Daten gibt, die eine solche Wahrscheinlichkeit nahelegen. In einer Studie von Riesen (1961 a) zeigten Tiere, denen zunächst sensorische Reize entzogen wurden und denen sie dann wieder unterworfen wurden, eine steigende Bereitschaft zu konvulsiven Störungen. Zieht man die Möglichkeit eines Anfalls in Betracht, sollte man sowohl die Anfallschwelle des Kindes und den Erregungs-Charakter des sensorischen Inputs betrachten. Jedes Gehirn hat eine Anfallschwelle, aber im Durchschnittsgehirn ist sie so hoch, daß die normale Lebenserfahrung sie nie berührt. Kinder mit Dysfunktionen können herabgesetzte Schwellen haben, und die Möglichkeit, diese Schwelle zu überschreiten, erfordert Beobachtungen, besonders dann, wenn es noch andere potentiell auslösende Gründe im Leben des Kindes gibt, wie z. B. Streß.

Einige Anfälle werden durch eine massive Entladung vom retikulär aktivierenden System auf den Kortex ausgelöst. Daraus würde sich ergeben, daß die therapeutischen Mittel, die auf die Aktivierung dieses Systems gerichtet sind, die größte Wahrscheinlichkeit zur Auslösung eines Anfalls beinhalteten. Leichte taktile oder vestibuläre Reize haben hohe exzitatorische Effekte auf das retikuläre Erregungs-System und können daher von den aktivierten Sinnen am leichtesten Bedingungen schaffen, die einen Anfall begünstigen. Auditorische Reize können ebenfalls dazu beitragen, die Anfallschwelle zu überschreiten. Sollte es zu einem Anfall kommen, der vermutlich in Zusammenhang mit der Therapie steht, sollte der Organisationsgrad des Kindes bewertet werden, sobald es sich vom Anfall erholt hat, bevor man den Anfall als negatives Ereignis betrachtet.

Die meisten haben irgendein Ergebnis vestibulärer Stimulation des autonomen Nervensystems erfahren und können es daher bei Kindern beobachten. Wenn während der Behandlung Erröten oder Erbleichen des Gesichts, ungewöhnliches Schwitzen, Brechreiz oder Gähnen auftreten, sollte jede Aktivität gestoppt werden, da solche Symptome bedeuten können, daß die vestibulären Reize in einem solchen Ausmaß auf das autonome Nervensystem gewirkt haben, daß ein beträchtliches Unwohlsein entstehen kann. Falls die Wirkung der sensorischen Reize am Ende der Behandlung aufgehört hat, sind keine Fernziele erreicht worden, aber manchmal dauert der Effekt der vestibulären Stimulation so lange an, daß während der Therapie wahrscheinlich eine sensorische Überladung stattgefunden hat. Erfahren Kinder bei Nacht Bewegungen besonders nach dem Zu-Bettgehen, oder berichten sie von Alpträumen, die als mit der vestibulären Stimulation verbundene Reaktion angesehen werden können, sollte die therapeutisch

induzierte Stimulation – zumindest zeitweise – reduziert werden.
Der größte mögliche Schaden, der aus der sensorisch-integrativen Therapie entstehen kann, ist vielleicht eine übermäßige Hemmung des Hirnstamms. Berichte von einem solchen Ereignis sind selten, sie fördern aber das Problembewußtsein eines jeden Klinikers. In einem Fall scheint ein Kind bewußtlos zu werden und in einem anderen Fall wurde ein Kind zyanotisch. Beide Fälle scheinen eine Unterdrückung vitaler Funktionen durch inhibitorische vestibuläre Reize darzustellen. Die Wirkung kann durch den inhibitorischen zerebellaren Einfluß auf den Hirnstamm zustandekommen. Sollte es zu einer solchen Reaktion kommen, kann ein normalerer exzitatorischer Zustand durch exzitatorische Reize erreicht werden, wie z. B. leichte Berührungsreize auf die Füße und das Gesicht oder durch Eis auf den Händen.
Einige Kinder mit wahrnehmungsmotorischen Schwierigkeiten sind sich ihrer Grenzen sehr bewußt und sehr empfindsam ihnen gegenüber. Für diese Kinder sind sogar Übungen, die dem Therapeuten einfach erscheinen, so bedrohlich, daß sie destruktive Reaktionen auslösen. Zerstört ein Kind therapeutisches Gerät oder wird es in der therapeutischen Situation destruktiv, sollte der Therapeut die Möglichkeit in Betracht ziehen, daß die Aufgabe für das Kind bedrohlich ist, ungeachtet dessen, ob sie im Bereich seiner potentiellen Kapazität liegt. In solch einem Fall wird der Gebrauch von Geräten, die weniger Anforderungen stellen, wie der Gebrauch eines Schaukelnetzes, empfohlen.
Zusätzlich zur augenblicklichen und irgendwie temporären emotionalen Reaktion des Kindes auf die Therapiesitzung gibt es in vielen, aber nicht in allen Fällen einen tiefgreifenderen umfassenderen emotionalen Wandel, der mehrere Monate nach dem Beginn der Behandlung eintritt. Der Wandel scheint das Kind zu überwältigen, und das Verhalten des Kindes kann den Therapeuten überwältigen, wenn er es nicht versteht. Diese emotionalen Wandlungen scheinen nicht auf der sensorischen Überladung zu beruhen, sie scheinen aber eine Phase positiven Persönlichkeitswachstums darzustellen, die mit neurologischen Veränderungen verbunden ist. Als solche brauchen sie nicht vermieden zu werden, sollten aber gedämpft werden, wenn sie das, was vom Kind erwartet werden kann, reduzieren.
Obwohl bisher wenig über die neurologischen Prozesse, durch die die sensorische Integration die Persönlichkeit direkt beeinflußt, bekannt ist, so weiß man doch, daß alle sensorischen Modalitäten Impulse zum limbischen System senden, das eine zentrale Rolle in der emotionalen Entwicklung spielt. Über diesen Weg kann z. B. die sensorisch-integrative Therapie zu einer Art „Neuropsychotherapie" werden. Wie bei anderen Formen der Psychotherapie verläuft der Wandel sehr heftig, so daß das Verhalten des Kindes oft gerade vor Erreichen eines reiferen Niveaus sensorischer Integration disorganisiert wird. Während der disorganisierten Periode zeigen einige Kinder ambivalente Gefühle gegenüber der sensorisch-integrativen Aktivität, und sie sind nicht in der Lage, effektiv in das Programm einzusteigen, obwohl sie gleichzeitig darauf bestehen, damit zu beginnen.
Andere Kinder zeigen eine Euphorie und handeln, als ob alle Probleme gelöst seien. Später können sie enttäuscht sein, wenn sie erkennen, daß das nicht die vorherrschende Situation ist. Es kann sein, daß die Psyche, aber nicht der Intellekt, irgendwie die Bedeutung der Behandlung erkennt und in einer diffusen, sehr emotionalen, aber wenig zielgerichteten Weise reagiert.
Der Therapeut sollte auf solche Entwicklungen achtgeben, sie verstehen und sie als wichtige Schritte im Behandlungsprozeß akzeptieren, indem er Geduld und Bestätigung für die aufbringt, die wissen müssen, daß die Reaktion ein positives Ereignis ist und mit aller Wahrscheinlichkeit in einigen Wochen vorübergehen wird. Manchmal ist es auch der Therapeut, der die meiste Bestätigung braucht, da es gerade dann, wenn ein Kind Fortschritte zu machen scheint, vorkommen

kann, daß er scheinbar alles verliert, was er gewonnen hat.

Zu diesem Zeitpunkt ist eine größere Flexibilität bei der Planung der Behandlung notwendig, indem das Kind das Vorrecht hat, seine Aktivität selbst zu bestimmen, besonders dann, wenn es eine leichtere ist, die es gut bewältigen und aus der es Sicherheit gewinnen kann. Das Kind, das auf der Fortsetzung einer bestimmten Übung besteht, hat gewöhnlich einen Grund. Es ist besser, die Wahl zu honorieren und ihm einmal alles zu erlauben, als ein Kind zu überfordern, das sich darauf vorbereitet, einen für es enormen und erschreckenden Reifungsschritt zu tun. Manchmal kann der Therapeut natürlich auch eine falsche Beurteilung abgeben.

10. Störungen der Stellungs- und Bilateralintegration

Eines der Neuralsysteme, in dem häufig eine Störung bei Kindern mit Lernproblemen, insbesondere mit Leseschwächen, gefunden wird, ist an posturalen und okularen Mechanismen sowie an der integrierenden sensomotorischen Funktion der beiden Körperhälften beteiligt. Zur Zeit scheint es, als wäre die Defizienz in der bilateralen Integration direkt mit der Lernschwäche verbunden und als stehe das postural-okulare Problem zum großen Teil mit dem Lernen in Verbindung, weil es direkt mit den neurologischen Mechanismen, die an der bilateralen Integration beteiligt sind, verknüpft ist. Die genaue Art dieser Verbindung ist noch nicht bekannt. Solange die präzise neurologische Situation nicht verstanden wird, stellt die Synthese von Verhaltenszügen und neurologischen Forschungsergebnissen zu einer heuristischen Theorie den versuchsweisen Leitfaden für das Verständnis und die Besserung der Störung dar.

10.1. Beschreibung des Syndroms

Die Hauptsymptome, die sich bei Kindern mit dieser Art von Dysfunktion manifestieren, sind gering integrierte primitive Haltungsreflexe, unausgereifte Gleichgewichtsreaktionen, geringe Okularkontrolle und Defizite in vielen subtilen Parametern, die mit der Tatsache, daß der Mensch ein bilaterales und symmetrisches Wesen ist, verbunden sind. Mangelnde Funktionsintegration der beiden Körperhälften charakterisiert das Syndrom. Posturale und okulare Probleme sind auch bei anderen Arten von Dysfunktionen feststellbar, die einen anderen Bezug zum Lernen haben. Zusätzlich zu den soeben aufgeführten Charakteristika sind häufig Defizite der visuellen Form- und der Raumwahrnehmung vorhanden, und gelegentlich weist auch das taktile System Störungen auf.

Gering integrierte posturale und okulare Mechanismen: Gewöhnlich findet man bei Kindern mit Störungen in diesem Neuralsystem einen abnormen Grad des verbliebenen tonischen Halsreflexes (TNR) und des tonischen Labyrinth-Reflexes (TLR), was sich in den in Kapitel 8 beschriebenen Testverfahren niederschlägt. Da dieses Syndrom häufig von einem Muskelhypotonus begleitet wird, kann man den Grad, in dem das Kind den TLR beherrscht, besser bestimmen, wenn das Kind sich aktiv auf einem Roller bewegt. In der Bauchlage kann es anfangs einen Buckel machen, aber durch die Ermüdung werden rasch die Beine hängengelassen, oder das Kind möchte bald die Stellung oder die Übung ändern. Es ist durchaus möglich, daß ein Kind, das in dieser Weise reagiert, die phasische Muskelkontraktion und nicht die tonische benutzt. Ähnlich will es auch nicht den Roller für länger als einige Minuten in der Rückenlage benutzen, da es eine große Anstrengung erfordert, den Kopf gegen die extensorische Muskelfacilitation des TLR hochzuhalten.

Bei den meisten therapeutischen Übungen ist der noch verbleibende TNR nicht so leicht zu beobachten, aber sein Einfluß kommt im Arm-Ausstreck-Test (Arm Extension Test = AET) und beim Versuch des Kindes, die Positionen einzunehmen, die den Reflex integrieren sollen, zum Ausdruck. (Dies wird später noch besprochen.)

Unausgereifte Stell- und Gleichgewichtsreaktionen lassen das Kind bei grob motorischen Aktivitäten ungeschickt erscheinen. Rollt es von der Rücken- in die Bauchlage, kann es seinen Hinterkopf gegen den Boden stemmen, um den TLR als Hilfe beim Umdrehen zu gebrauchen. Es soll vermieden werden, den Kopf in der Rückenlage gegen die Schwerkraft zu heben und den Rumpf zu drehen. Das Drehen ist steif oder ungeschickt, als ob es keine adäquate Reflexbasis hätte, was wahrscheinlich auch der Fall ist. Kinder mit dieser Art sensorisch-integrativer Dysfunktion neigen zu mangelnder Flexibilität beim Abrollen über die Längsachse des Körpers. Man nimmt an, daß dieser Mangel mit einer ungenügenden Aktivation, der eine Integration des Kopf-Halte-Reflexes in der frühen Entwicklungssequenz folgt, verbunden ist. Die Tendenz, nicht den Rumpf zu rotieren, wird in anderen Aktivitäten genauso wie beim Drehen gefunden.

Eine Verlagerung des Körperschwerpunkts – die Grundlage einer jeden Gleichgewichtsreaktion – ist häufig unzureichend und ist eines der am meisten aussagenden Anzeichen des Syndroms. Wenn das Kind auf dem Roller in eine Sitzposition gezogen wird, kann das Kind seinen Rumpf nicht richtig beugen, besonders dann, wenn die Richtung, in der gezogen wird, schnell verändert wird. Das Ergebnis ist oft ein Heruntergleiten vom Roller. Ähnlich kann es auch einen Mangel in der automatischen Verlagerung des Körpergewichts geben, um das Gleichgewicht in der Vierfüßlerstellung, beim Sitzen, beim Knien und beim Stehen auf zwei Füßen zu halten. Außerdem besitzt das Kind häufig kein kognitives Bewußtsein dafür, daß solch eine Verlagerung eine Voraussetzung zur Körperbalance darstellt.

Die mangelhaften Gleichgewichtsreaktionen werden in Tests der Stehbalance ausgewertet, beim Stehen auf einem Bein, beim Aufsetzen der Ferse des einen Fußes vor den Zeh des anderen während des Gehens oder beim Gehen auf einem schmalen Brett. Tests der Stehbalance sollten nicht das einzige Bewertungskriterium für den Integrationsgrad der Haltungsmechanismen sein. Bei kleinen Kindern gibt es eine natürliche große Schwankung in der Steh-Balance, und die meisten Kinder haben einige Praxis beim Balancieren.

Reduzierte grundlegende Haltungsbewegungen stellen einen subtileren Ausdruck ungenügender Gleichgewichtsreaktionen dar als der Verlust des Gleichgewichts. Sie selbst bzw. ihr ungenügendes Vorhandensein lassen sich besonders bei Übungen am Schreibtisch beobachten. Bei der Beschäftigung mit Papier und Bleistift wird das Kind seine Rumpfposition nicht spürbar ändern, um die Hand in eine vorteilhaftere Stellung zu bringen. Der gleiche Mangel kann bei der Durchführung des Kinästhesietests für den SCSIT beobachtet werden. Das Kind wird seine Rumpfposition nicht ändern, wenn der Versuchsleiter seine Hand nimmt und mit ihr „spazierengeht“. Eine solche Verlagerung geschieht beim Kind mit normalen Haltungsmechanismen automatisch.

Eine der Haltungsreaktionen, die bereits sehr früh in der Entwicklung auftaucht, ist die protektive Ausbreitung der Arme, wenn man zu fallen droht. Einige Kinder haben diese Haltungsreaktion nicht entwickelt, und ihr Mangel zeigt sich während der Übung. Liegt ein Kind z. B. auf einem großen Therapieball und beginnt zu fallen, wird sich das Kind eher am Ball oder am Therapeuten festhalten als die Arme auszustrecken und sich selbst beim Fall zu schützen.

Muskelhypotonus und verminderte Kokontraktion können Störungen in diesem Neuralsystem begleiten, jedoch kann auch Hypertonus beobachtet werden. Seine Manifestationsarten sind bei der klinischen Auswertung in Kapitel 8 besprochen worden. Der Hypotonus in einem Muskel zeigt nicht an, daß alle Muskeln hypotonisch sind, was besonders unter dem Einfluß bestimmter Reflexe gilt. Manchmal sind die Hüftflexoren und die inneren Drehmuskeln der Schultern hypertonisch, wenn die Muskeln, die die Ellbogengelenke kreuzen, hypotonisch sind.

Anzeichen gering integrierter Mechanismen der extraokularen Muskelkontrolle, die häufig, jedoch nicht immer bei diesem Syndrom beobachtet werden können, umfassen alle, die in Kapitel 8 beschrieben wurden. Das Symptom, das eine Störung in diesem Neuralsystem im Gegensatz zu anderen anzeigt, besteht in der Schwierigkeit der Augen, die Mittellinie zu kreuzen, d. h. die Verlängerung der mittelsagittalen Ebene des Kopfes. Um das Symptom weiter auszuführen: Wenn das Kind einem Gegenstand folgt, den der Versuchsleiter in horizontaler Ebene parallel zu den Augen bewegt, kann es einige Unterbrechungen bei der Überkreuzung der Mittellinie haben. Die Augen des Kindes können leicht zucken, es mag zu dieser Zeit kurz wegsehen, blinzeln oder versuchen, dem Gegenstand zu folgen, indem es seinen Kopf dreht, sobald der Reiz die Mittellinie erreicht. Wenn ein Kind sehr angestrengt versucht, die gewünschte Kontrolle über seine Augen beizubehalten, kann es das gut anstelle einer geringen Integration des Mechanismus bewerkstelligen; Erschöpfung und Müdigkeit sind dann die Hauptsymptome der Störung.

Die Beziehung zwischen dem Zucken bei der Mittellinie und den Haltungsmechanismen kann in der gemeinsamen Verbindung zum vestibulären System liegen. CARPENTER (1964) zeigte, daß konjugierte horizontale Augenbewegungen bei Affen abhängig vom vestibulären System sind. Er zitierte das Werk von Fluur, das die Nervenstimulation aus dem horizontalen Kanal als konjugierte horinzontale Abweichung der Augen identifizierte. Weder CARPENTER noch Fluur bezogen sich speziell auf den Teil der Augenbewegungen, die ein Überkreuzen der Mittellinie erfordern. Die Stellung des Kindes, das auf dem Roller in der Bauchlage liegt, ist für diese Verbindungen zwischen den Bogengängen und der horizontalen Augenbewegung von einiger Relevanz. In dieser Haltung befinden sich seine horizontalen Bogengänge in der maximalen Position für eine Stimulation.

Bilaterale Integration: Eines der signifikantesten Charakteristika einer Störung im hier besprochenen Neuralsystem besteht in der Tendenz des Kindes, jede Hand jeweils unabhängig von der anderen zu benutzen und zwar jeweils auf der zugehörigen Körperseite. Da das Symptom eher eine Verhaltenstendenz als eine echte Unfähigkeit ist, wird es, außer in sehr schweren Fällen, leicht übersehen. Die strukturierten Methoden zur Bewertung der Integration der Funktion der beiden Körperhälften – wie bereits in Kapitel 8 erwähnt – zeigen die am leichtesten zu beobachtenden Manifestationen. Hier ist allerdings eine weitere Ausarbeitung der Interpretation dieser Vorgehensweisen erforderlich.

Wie man feststellte, hat die Mittellinie des Körpers bei vielen Störungen eine besondere Bedeutung für das Körperschema (SCHILDER, 1951). Der Kopf scheint sie schwieriger kreuzen zu können als der Rumpf (SCHILDER, 1951) trotz der Tatsache, daß die somatosensorische Versorgung im Gesicht zweiseitiger vonstatten geht als im übrigen Körper, wo die kontralaterale Innervation die Regel ist, besonders wenn es um die Unterscheidung von Wahrnehmungen geht. Obwohl Kinder mit dieser Art der Dysfunktion nicht dazu neigen, die Körpermittellinie mit einer Hand zu kreuzen, so tun sie es doch, wenn sie mit der Notwendigkeit zur Überkreuzung konfrontiert werden. Im Mittellinien-Kreuzungs-Test der SCSIT-Reihe (Crossing the Mid-line of the Body Test) kreuzen Kinder mit leichten Dysfunktionen häufiger die Mittellinie. Der Test ist für ein auffassungsfähiges Kind etwas zu offensichtlich, aber in einigen Fällen ist er sehr aufschlußreich. Ein nicht-standardisierter und unveröffentlichter Test besteht darin, das Kind Knöpfe aufheben zu lassen – jeweils einen –, die in einer Reihe auf dem Versuchstisch liegen; dieser Test reagiert sensitiver auf die Tendenz, eher jede Hand auf ihrer Körperseite als die bevorzugte Hand die meiste Zeit zu benutzen (AYRES, 1965).

Da motorische Aktivitäten der beiden Hände nicht richtig koordiniert werden, kann die Durchführung des Bilateralen Motorischen Koordinations-Tests (Bilateral Motor Coordination Test) Bewegungen der beiden Hände hervorrufen, die dazu neigen, unabhängig voneinander und nicht wechselseitig miteinander zu handeln. Weist das Kind apraxische oder athetoidähnliche Bewegungen auf, stören diese jeden motorischen Test und sollten in die Betrachtung einfließen, wenn man versucht, den Koordinationszustand der beiden Körperhälften im Gegensatz zur allgemeinen Koordination zu bewerten. Ein Profil der SCSIT-Werte in einem klassischen Fall der Störung in der Haltungs- und Bilateralintegration ist im SCSIT-Handbuch gegeben.

Das Kind kann ein sich bewegendes Blatt Papier nicht mit einer Hand festhalten, während es mit der anderen darauf schreibt. Dieser Mangel an einer automatischen Reaktion kann ein Symptom für eine tendenzielle Vernachlässigung einer Seite darstellen oder eine mangelhafte Funktionsintegration der beiden Körperhälften vermuten lassen.

In schweren Fällen kann ein Kind seinen ganzen Körper drehen, um zu vermeiden, eine Linie von der einen Körperseite zur anderen zu ziehen, oder ein kleines Kind wird mit einer Hand die Linie auf der einen Körperseite ziehen und dann die Hand wechseln wollen, um die Linie zur anderen Seite weiterzuführen. Benutzt es eine Hand während der gesamten Leistung, wird die Linie auf der anderen Seite schwächer. Wird es mit einem Seil gezogen, wenn es auf dem Roller fährt, hält das Kind eher das Seil mit einer Hand als mit beiden Händen fest. Es wird außerdem Schwierigkeiten haben, mit beiden Füßen abzuspringen und daher vorziehen, den Sprung mit einem Fuß auszuführen.

Die Optometrie entwickelte eine raffinierte Augen-Hand-Aufgabe, die einen kleinen Ball benutzt, der an einem langen Faden hängt. Hält man an jedes Ende einen kleinen Holzpflock, stößt das Kind den Ball mit den Pflöcken an, eine Aufgabe, die eine integrierte Funktion der beiden Körperhälften erfordert. Nimmt man anstelle des Holzstükkes eine Papprolle, so ist der Zustand der Rolle nach dem Gebrauch ein gutes Anzeichen dafür, wie gut sich die beiden Hände gemeinsam bewegen. Wenn sie sich unabhängig voneinander bewegen wollen, nutzt sich die Pappe schnell ab.

Eine ähnlich gut bekannte Aufgabe erfordert das Werfen eines Balls, der an einem Faden befestigt ist, dessen Ende an einem tassenähnlichen Gerät befestigt ist, das sowohl einen Henkel als auch ein Gefäß hat, um den angebundenen Ball aufzufangen. Das Gefäß kann man herstellen, indem man das obere Ende einer Plastikflasche abschneidet, an der sich ein Henkel befindet. Hält das Kind jeweils ein Teil in einer Hand und versucht es, beide Bälle zur gleichen Zeit zu werfen, so wird der Grad, in dem beide Körperseiten zusammenarbeiten, aus der Ball- und Becheraktivität (Werfen und Fangen) ersichtlich. Kinder mit geringer bilateraler Integration neigen dazu, nur einen Ball werfen zu wollen, anstatt beide gleichzeitig.

Eine gute bilaterale motorische Funktion erfordert erstens adäquat koordinierte Extremitäten. Ist in einer Extremität eine Dysfunktion anderer Art vorhanden, können die Körperhälften nicht gut integriert sein. Die Unterscheidung zwischen einer gering integrierten bilateralen Funktion aufgrund einer Schwäche in einer Extremität ist nicht leicht von einer Schwäche der interhemisphärischen Integrationsmechanismen zu unterscheiden.

Eines der am häufigsten vorkommenden Anzeichen für eine Störung im Neuralsystem sind die niedrigen Werte beim Test der Rechts-Links-Diskrimination (Ayres, 1965, 1971), ein Symptom, das häufig mit retardiertem Lesen in Verbindung steht. Obwohl die Differenzierung zwischen rechts und links zum Teil eine höhere kognitive Funktion ist, so ist sie auch eine sensorisch-integrative. Vereeken (1961) sah die Unfähigkeit, die aktive Hand mit dem verbalen Konzept der rechten Hand zu verbinden, im Zusammenhang mit gekreuzter, vager oder labiler Handdominanz. Silver u. Hagin (1960) fanden eine geringe Rechts-Links-Diskrimination bei Leuten mit Leseschwächen, aber Coleman u. Deutsch (1964) fanden bei Kindern von ca. zehn Jahren keinen Unterschied. Bei der Untersuchung retardierter Leser fanden BELMONT u. BIRCH (1965) Schwierigkeiten in der Rechts-Links-Diskrimination. Der meist benutzte Lesetest erforderte ein sequentielles Lesen. Leute, die rechts und links vollkommen verwechselten, waren schlechtere Leser als die, die es nur ab und zu verwechselten. Da die Werte des Tests zur Rechts-Links-Diskrimination nicht in Beziehung zum verbalen IQ oder zum gesamten IQ nach der Wechsler-Intelligenz-Skala für Kinder stehen, aber zu Leistungstestwerten, nehmen die Autoren an, daß das Rechts-Links-Bewußtsein eher ein Aspekt des Körperschemas und der Praxis als der Sprachkenntnis sei.

Als vorläufigen theoretischen Leitfaden kann man annehmen, daß die Rechts-Links-Diskrimination ein Bereich ist, der erst nach der Integration der beiden Körperhälften reift. Nachdem der Körper als zwei integrierte Hälften funktionieren kann, wird die Differenzierung und die verbale Benennung für die beiden Körperhälften einfacher. Eine ähnliche Ansicht wurde von KEPHART (1960), der auf diesem Gebiet führend ist, vertreten. Er behauptete, daß die Seitigkeit gelernt werden müsse, indem man durch Bewegung die Verbindung zwischen den Körperhälften ausprobiere. Sensorische Eindrükke helfen bei der Unterscheidung von rechter und linker Seite. Er betrachtet die Seitigkeit als eine Funktion des inneren Bewußtseins der beiden Körperhälften und ihrer Unterschiede. KEPHART hält außerdem die Augenkontrolle bei der Entwicklung des Richtungssinns für wichtig, einem Entwicklungsschritt, der dem Sinn für Seitigkeit folgt. Der Richtungssinn erfordert das Bewußtsein der Richtungen im externalen Raum.

Man hat klinisch beobachten können, daß Kinder mit diesem Syndrom manchmal keine strenge Handpräferenz ausbilden. Die Dominanz liegt gewöhnlich rechts, aber bei diesen Kindern hat man mehr Linkshändigkeit gefunden als bei Kindern mit Apraxien (AYRES, 1971). Man nimmt an, daß das Versagen bei der Integration der Funktion der beiden Körperhälften die Tendenz, eine Hand als die dominante auszubilden, reduziert, da die nichtdominante Hand die meisten motorischen Tätigkeiten auf ihrer Seite ausführt. Bildet ein Kind im entsprechenden Alter keine Dominanz aus, so sollte das Vorhandensein einer Dysfunktion im Neuralsystem, das die interhemisphärische Integration vermittelt, untersucht werden.

Visuelle Wahrnehmung: Eine bestimmte Form des visuellen Wahrnehmungsdefizits wird normalerweise von einer Dysfunktion der Haltungs- und Bilateralintegration begleitet, aber ein spezifisches visuelles Wahrnehmungsproblem ist nicht einheitlich genug hervorgetreten, um mit dem betroffenen Neuralsystem identifiziert zu werden. In einer Untersuchungsstichprobe war es sehr eng mit der Unterscheidung seitenverkehrter Bilder verbunden (AYRES, unveröffentlichte Daten). Die Raumrelationen und die visuelle Figur-Grund-Wahrnehmung sind meistens unzureichend (AYRES, 1971, unveröffentlichte Daten). ROSENBLITH (1965) berichtete, daß die Wahrnehmung seitenverkehrter Bilder mit organischen Schwierigkeiten verbunden war. WECHSLER u. HAGIN (1964) fanden, daß Rotationsfehler mit dem Niveau der frühen Leseleistung in Verbindung stehen, daß aber die Links-Rechts-Rotation nicht der häufigste Typ war. Weder ROSENBLITH noch WECHSLER u. HAGIN verbanden in ihren Studien die visuelle Rechts-Links-Diskrimination mit anderen Symptomen dieses Syndroms.

10.2. Untersuchungen am Neuralsystem

Der neuroanatomische Ort der oben beschriebenen Symptome liegt wahrscheinlich hauptsächlich im Hirnstamm, wahrscheinlich im Mittelhirn. Man nimmt an, daß die Haltungsmechanismen in diesem Gebiet mit einem interhemisphärisch integrierenden Mechanismus in Verbindung stehen und daß dessen Funktionsdefizit für die Symptome geringer bilateraler Integration und Lernstörungen verantwortlich ist. Wahrscheinlich ist der oben angesprochene interhemisphärisch integrierende Mechanismus ein Teil des Penfieldschen zentrenzephalischen Systems. Eine wichtige Frage für die Diskussion dieses Kapitels, die trotzdem unbeantwortet bleibt, ist folgende: In welcher Art und Weise, wenn überhaupt, ist die interhemisphärische Kommunikation über das Corpus callosum mit dem interhemisphärisch integrierenden Mechanismus im Hirnstamm verbunden? Die mögliche Bedeutung eines solchen Mechanismus erfordert, daß man die Wichtigkeit der Tatsache, daß der Mensch zwei zerebrale Hemisphären besitzt, in Betracht zieht.

Die evolutionäre Entwicklung des Vorderhirns in zwei symmetrische Hälften hat vermutlich Überlebenswert besessen, was besonders auf die Förderung der adaptiven Kapazität der Wirbeltiere zutraf. Die zunehmende Fähigkeit hängt von der Koordination der Aktivität der beiden zerebralen Hemisphären ab. Da jeder Teil des ZNS potentiell mit jedem anderen Teil – entweder direkt oder indirekt – verbunden zu sein scheint (und es gibt über zehn Billionen Neurone, die diese Verbindungen herstellen), dient die Integration im wesentlichen zur Vermeidung eines Chaos, ganz zu schweigen von der Initiierung einer konstruktiven Handlung oder des Lesevermögens.

Zwei Hemisphären, die ihre Funktion integrieren, sind effektiver als zwei Hemisphären, die relativ unabhängig voneinander agieren. Die offenkundigste und wichtigste Notwendigkeit interhemisphärischer Koordination besteht für die Richtung der Fortbewegung, die ohne die Funktionsintegration der beiden Körperhälften kaum zur Sicherung des Überlebens ausreichen würde. Das Vorhandensein von Neuralstrukturen im Hirnstamm, die für die Fortbewegung sorgen, ist nicht nur rein zufällig oben erwähnt worden.

Die Rolle der interhemisphärischen Kommunikation in der höheren kognitiven Funktion ist weniger klar. Die Studien von SECHZER (1970) zeigten gewisse Anzeichen für eine solche Notwendigkeit; er zeigte an niederen Tieren, daß ein Mangel an interhemisphärischem Transfer durch das Corpus callosum (der Hirnstamm war intakt) in einer verlängerten Lernzeit resultierte, die manchmal doppelt so lang war wie bei intaktem interhemisphärischem Transfer.

Die Notwendigkeit einer interhemisphärischen Integration für höhere Funktionen ist bis zu einem gewissen Ausmaß von den Funktionen jeder Hemisphäre abhängig. Bei niederen Tieren erfüllen homologe kortikale Neurone innerhalb der Hemisphären annähernd die gleiche Funktion. Die interhemisphärischen Verbindungen beim Affen sind von solcher Art, daß eine Reaktion, die durch elektrische Stimulation in einer Hemisphäre konditioniert wurde, auch hervorgerufen werden kann, wenn der Stimulus in dem analogen Teil der anderen Hemisphäre appliziert wird (DOTY, 1965). Beim Menschen ist die Anordnung weniger genau und mit größerer örtlicher Beschränkung, was besonders für die linke Hemisphäre zutrifft. Trotzdem wird allgemein angenommen, daß beide Hemisphären an den meisten Funktionen beim Menschen beteiligt sind (LURIA, 1966 a; SEMMES, 1968; TEUBER, 1967).

LURIA (1966 a) fand heraus, daß die meisten schweren gnostischen Störungen beim Menschen durch bilaterale Läsionen in den entsprechenden Teilen des Kortex hervorgerufen wurden. Das Ausmaß der Beteiligung jeder Hemisphäre variiert von Funktion zu Funktion; so ist die Sprache wahrscheinlich mehr seitenbedingt und die visuelle Wahrnehmung weniger.

Die Bedeutung der interhemisphärischen Kommunikation für die Koordination der beiden Hälften des visuellen Feldes (jede Hälfte ist auf eine andere Hirnhemisphäre gerichtet) ist ein offensichtlicherer Prozeß, der einen interhemisphärischen Austausch auf Neokortikalniveau erfordert. Die Tatsache, daß viele lerngestörte Kinder Schwierigkeiten mit dem Vertauschen von Buchstaben und Zahlen haben, führt dazu, von einer Untersuchung über Tauben zu berichten;

denn Tauben weisen ein komplettes Kreuzen der optischen Neurone beim Chiasma und folglich nur eine kontralaterale im Gegensatz zu einer gemischten kontra- und ipsilateralen visuellen Repräsentation in den höchsten Zentren auf. Man fand bei den Tauben den Transfer eines visuellen Spiegelbildes und nicht eines genauen Bildes von einer Hemisphäre zur anderen (MELLO, 1965).

Sehen hängt im besonderen Maße von der Interaktion der beiden Kortizes bezüglich der Koordination der beiden visuellen Halbfelder ab, aber der integrative Prozeß, der auf die Wahrnehmung hinausläuft, ist nicht so einfach. Bei Affen, deren Chiasma sektioniert wurde, fand GAZZANIGA (1966), daß der gegenseitige Austausch der visuellen Information nicht augenblicklich geschehen muß, und daß er besser ablief, wenn die Wahrnehmungsaufgabe schwierig war. Der Forscher zog die Möglichkeit, daß Aufmerksamkeitsmechanismen aktiviert werden müßten, um die Informationsintegration der beiden Hemisphären herbeizuführen, in Betracht. Nach diesen Beobachtungen kann man annehmen, daß das Lesen eher eine interhemisphärische Integration als das Beobachten eines laufenden Menschen erfordert, und daß Hirnstammechanismen, die diese Aufgabe erfüllen, wahrscheinlich an der interhemisphärischen Integration beteiligt sind.

Man hat gezeigt, daß die Temporallappen zusätzlich zum Hirnstamm und zum Kortex zum visuellen Wahrnehmungsprozeß beitragen. BYRDEN (1965) fand, daß Individuen mit einer Schädigung im rechten Temporallappen Defizite in beiden visuellen Feldern aufwiesen, daß sie aber bei einer Schädigung im linken Temporallappen nur Defizite im rechten visuellen Feld aufwiesen. Diese Ergebnisse lassen im Einklang mit anderen Studien vermuten, daß der rechte Temporallappen dominant bezüglich der visuellen Wahrnehmung ist. Wenn beim lernbehinderten Kind die linke Hemisphäre sprachdominant ist und die rechte Hemisphäre zur visuellen Wahrnehmung erforderlich ist, dann erfordert das Lesen natürlich die interhemisphärische Kommunikation, und die über das Corpus callosum bereitgestellte ist zwar notwendig, aber für schulische Anforderungen nicht ausreichend. Ferner erfordert die Asymmetrie der Funktion der beiden Zerebralhemisphären die interhemisphärische Integration. Wenn letzteres gegeben ist, können die Hemisphären ihre Funktionen ungehindert differenzieren, spezialisieren und optimieren, weil die Information der einen Hemisphäre für die andere verfügbar ist.

AKELAITIS (1943) untersuchte 24 Epileptiker, bei denen das Corpus callosum teilweise oder ganz sektioniert war. Die Sprachfunktionen, einschließlich des Schreibens, waren auf der untergeordneten Körperseite nicht gestört, obgleich die sensomotorische Aktivität der linken Hand vermutlich eine Funktion der rechten Hemisphäre ist. Einige Patienten waren außerdem in der Lage, komplexe synchrone Bilateralaktivität, wie z. B. Klavierspielen, Maschinenschreiben mit zwei Fingern und Tanzen durchzuführen. Der Forscher nahm an, daß ein anderes Nervenstrangsystem als das Corpus callosum zur interhemisphärischen Kommunikation gebraucht wurde. Natürlich wurde die Interaktion der Funktion der beiden Körperseiten in der Hirnevolution intendiert und vorbereitet. Die Integration sensorischer Impulse, die in die beiden Hirnseiten eintreten, stellt einen offensichtlichen Fortschritt dar. Es gab die Interaktion der beiden Körperseiten eines Wirbeltieres in adaptiver Art und Weise lange vor dem Erreichen des Stadiums der Proenzephalisation.

Heute gibt es auf allen Niveaus des ZNS Mechanismen zur Funktionsintegration der beiden Körperseiten. Auf dem Niveau des Rückenmarks wird die Bewegung des Rumpfes und der Extremitäten durch spinale Interneurone koordiniert. Auf Mittelhirnniveau gibt es Interneurone zwischen den Kernen der Kranialnerven III, IV und VI, die zu koordinierten Augenbewegungen beitragen. Die meisten Kranialnerven versorgen beide Seiten des Gesichts, indem sie die strukturelle Basis für die Koordination der beiden Seiten dieser Struktur bilden. Zusätzlich gibt es noch Nervenstränge zwischen dem Colliculus superior und inferior, die für die Koordination visueller und auditorischer Information zur Verfügung stehen, die in die entgegengesetzten sensorischen Strukturen eingeht. Die inferiore Nervenbahn versorgt den interhemisphärischen Transfer von olfaktorischer und anderer Information. Der posteriore und habenulare Nervenstrang und der des Hippokampus und Fornix sind zusätzliche Kanäle. Das Corpus callosum nimmt im interhemisphärischen Transfer der Neokortikalinformation einen festen Platz ein. Obwohl diese kommunikativen Strukturen neuroanatomische Mittel der Bilateralintegration darstellen, können biochemische Prozesse (vgl. MORRELL, 1964) ebenfalls beteiligt sein.

Zusätzlich zu diesen bereits erkannten Strukturen sprechen Beweise aus Untersuchungen an niederen Tieren – einige davon wurden oben zitiert – für das Vorhandensein von interhemisphärisch integrierenden Mechanismen, die mit dem Hirnstamm und dem Dienzephalon in Verbindung stehen. Andere Untersuchungen, die den vorgeschlagenen Mechanismus stützen, wurden ausgeführt von BLACK u. MYERS (1965), EBNER u. MYERS (1962), GLICKSTEIN u. SPERRY (1960), HAMILTON (1967), MCCLEARY (1960), TREVARTHEN (1965) und RUTLEDGE (1965).

NELSON u. LENDE (1965) fanden, daß die elektrische Stimulation der neokortikalen Oberfläche des Oppossums, das kein Corpus callosum besitzt, elektrische Reaktionen in den homologenen Arealen der anderen Hemisphäre hervorrief. Diese Reaktionen waren auch nach der Sektion der anterioren und hippokampischen Nervenbahnen und des Mittelhirns noch vorhanden, was auf interhemisphärisch intergrierende Mechanismen im unteren Hirnstamm schließen läßt.

Im Werk von MYERS et al. (1962) wurde ein besonders interessanter Beweis eines Integrationszentrums im Hirnstamm erbracht. Sie benutzten Katzen und Affen, um die möglichen verschiedenen Nervenstränge für die visuelle Kontrolle der Gliederbewegung zu untersuchen; sie fanden heraus, daß eine Unterbrechung der Leitung zwischen den kortikal visuellen Arealen und den kortikal motorischen Arealen oder den interhemisphärischen Nervenbahnen die visuelle Lenkung der oberen Extremitäten nicht blokkierte, sogar dann nicht, wenn die okzipitalen Zentren in einer Hemisphäre und die prä- und postzentralen motorischen Zentren in der anderen zerstört waren, um die Verfügbarkeit der Nervenstränge für die Augen-Hand-Koordination zu kontrollieren. Diese Autoren nahmen an, daß die Information aus dem visuellen Kortex, die für die motorische Führung gebraucht wurde, zuerst durch Hirnstammzentren weitergegeben wurde. Eine alternative Erklärung, die sie anführen, besteht darin, daß das präzentrale Konvolut an der Vermittlung der visuellen Führung einer motorischen Reaktion beteiligt ist, die woanders initiiert und durch die Hirnstammmechanismen visuell ausgeführt wurde. Jede Interpretation legt besonderen Wert auf die Wahrscheinlichkeit der Existenz komplexer visueller Funktionen auf Hirnstammniveau.

Die Beobachtungen von AKELAITIS (1944) sowie BRIDGMAN u. SMITH (1944) sprechen für ein ähnliches interhemisphärisches integrierendes System im Hirnstamm des Menschen. Letztere Untersuchung unterstützte die Ansicht, daß die subkortikalen Niveaus des ZNS eine wesentliche Rolle in der binokularen Wahrnehmung und in der visuellen Fusion spielen, die unabhängig von bilateraler kortikaler Integration verläuft. BREMER (1966) nahm an, daß der Boden des Hirnstamms mit dem aufsteigenden retikulär aktivierenden System und das nicht spezifische thalamische System „die Wirkung eines großen schleifenartigen Verbindungsstranges und eines Kooperationsmechanismus zwischen den beiden zerebralen Kortizes" besäßen. Er fand, daß dieses System weniger spezifisch als das kallosale war und daß es die Einzigartigkeit des Verhaltens nach einer kallosalen Kommissurotomie beibehalten konnte. BREMER meinte, daß eine Fusion der beiden Hälften des visuellen Feldes nicht notwendigerweise das Corpus callosum erfordere.

Die theoretische Beschäftigung mit dem interhemisphärisch integrierenden Mechanismus im Hirnstamm kann dem Therapeuten helfen, die Behandlung auf ihr Grundprinzip zu beziehen. Von diesem Mechanismus ist eine adäquate visuelle Wahrnehmung komplexer Reize abhängig. Ferner erfordert die Verbindung der Sprache mit den visuellen Reizen des Lesens die interhemisphärische Interaktion im Hirnstamm. Das Sehen und die Haltungsmechanismen entwickelten sich zu einer komplizierten Wechselbeziehung mit dem die Haltung leitenden Sehen. Sensorisch-integrative und posturalmotorische Funktionen operieren auf dem phylogenetisch alten Hirnstammniveau so sehr als Einheit, daß eine Normalisierung der posturalen und anderer Mechanismen die Integration der visuellen Wahrnehmungsmechanismen und des interhemisphärisch integrierenden Mechanismus im allgemeinen fördert, was eine komplexere sensomotorische Entwicklung herbeiführt.

10.3. Das Heilungsprogramm

Die Neuronalverbindungen ändern sich infolge der Erfahrung. Für ein Neuron besteht die Erfahrung entweder im Empfang oder im Aussenden eines Impulses. Die Therapie beinhaltet eine speziell geplante Erfahrung, um den sensorischen Input zu kontrollieren und einen Output zu erreichen, der eine normalere Funktion – speziell auf Hirnstammniveau – herbeiführt. Das Ziel liegt natürlich in einer Förderung von Wahrnehmung und Lernen, nicht in der Entwicklung von motorischen Fähigkeiten. Die motorische Aktivität ist nur ein Mittel zum Zweck; sie stellt aber kein Endziel dar. Die beiden hier angewandten Prinzipien bestehen in der Wiederholung einer angemessenen ontogenetischen Abfolge und der Kontrolle des sensorischen Inputs in einer Situation, die zu ihrer Integration und der adaptiven Reaktion darauf führt.

Die Hauptschritte zur Erreichung dieses Ziels sind:

1. Normalisierung des taktilen und vestibulären Systems im allgemeinen;
2. Inhibition der primitiven Haltungsreflexe;
3. Entwicklung von Gleichgewichtsreaktionen;
4. Normalisierung der Augenbewegungen;
5. Förderung der Koordination der sensomotorischen Funktion der beiden Körperhälften und
6. Entwicklung der visuellen Form- und Raumwahrnehmung. Diese Schritte folgen der natürlichen ontogenetischen Entwicklung, obwohl es sich überschneidende Schritte gibt. Bei der Behandlung des kleinen Schulkindes wird es mehr Überlappungen geben als das ontogenetisch der Fall ist, da das lernbehinderte Kind in seiner Reifung Lücken aufweist und sich nicht gleichmäßig langsam auf allen Gebieten entwickelt.

Die Normalisierung des taktilen und vestibulären Systems im allgemeinen: Das Grundprinzip der Therapie mit taktiler und vestibulärer Stimulation sowie die Behandlungsmethoden wurden bereits in Kapitel 9 ausgeführt. Der zweite Heilungsschritt, der die primitiven Haltungsreflexe integriert, wird fast zur gleichen Zeit eingeführt wie die anfängliche taktile und vestibuläre Stimulation.

Integration der primitiven Haltungsreflexe: Der erste Schritt in der Behandlung ist der wichtigste, vielleicht weil er die schwerste Hürde zu sein scheint, die das Kind in kurzer Zeit selbst oder mit Hilfe des Therapeuten überwinden muß. Solange die primitiven Haltungsreflexe im Nervensystem nur geringfügig integriert sind, werden die entwicklungsmäßig späteren Gleichgewichtsreaktionen sich nicht optimal ausbilden können, obwohl ihre Entwicklung bis zu einem gewissen Ausmaß voranschreitet. Die Integration wird durch einen Prozeß der Unterdrükkung erreicht, der von den Therapeuten allgemein als „Inhibition" bezeichnet wird. Der Ausdruck „Inhibition" ist neurophysiologisch für den gesamten Prozeß nicht ganz zutreffend, aber aufgrund seines allgemeinen Gebrauches und der Idee, die er zum Ausdruck bringt, wird er hier benutzt, um auf eine spezielle Form der Integration hinzuweisen, die die Wahrscheinlichkeit einer bestimmten Reaktion herabsetzt. Das Ziel der Inhibition bzw. Unterdrückung der Reflexe liegt darin, die späteren Reifungsschritte zu ermöglichen. Die hier zitierten Methoden zur Inhibition der primitiven Haltungsreflexe stellen das Ergebnis und eine Erweiterung der Arbeiten von BOBATH u. BOBATH (1964) sowie von ROOD (HUSS, 1965) dar.

Die Vorgehensweise zur Inhibition des TNR oder TLR erfordert, daß das Kind aktiv eine Position einnimmt oder eine Bewegung ausführt, die die Kontraktion der Muskeln, die antagonistisch sind zu denen, die durch den primitiven Reflex aktiviert wurden, auslösen. Der integrative Prozeß wird beschleunigt, wenn die Stellung trotz gleichzeitiger Aktivation des primitiven Reflexes eingenommen wird. Eine optimale Integration des TLR wird z. B. erreicht, wenn das Kind eine ausgestreckte Horizontallage einnimmt. In dieser Position läßt der TLR den flexorischen Tonus ansteigen. Die ausgestreckte Haltung wird trotz des zunehmenden flexorischen Tonus eingenommen. Diese Position wird durch den sensorischen Input erleichtert, da die entgegengesetzte Position soweit wie möglich auf Subkortikalniveaus aktiviert werden soll; gerade auf diesem Niveau wird die Integration am meisten benötigt. Eine zu große Anstrengung auf kortikaler Ebene kann die Reflexaktivität, die die Basis für eine verbesserte Integration darstellt, stören. Je weniger bewußt sich ein Kind der Anstrengung bei einer solchen Position ist, desto weniger scheint die Reaktion kortikal zu sein.

Das effektivste Vorgehen zur Verbesserung der Integration des TLR in der Bauchlage besteht darin, mit dem Roller eine Rampe hinunterzufahren, die aus einer 1,20×2,10 m großen Sperrholzplatte besteht, die an einer Seite 30 cm und der anderen 45 cm hoch ist. Am idealsten steht diese Platte am Ende eines 1,70 m langen Stegs. Die schneller werdende Bewegung, die sich beim Herunterfahren der Rampe ergibt, stimuliert das vestibuläre System und dieses wiederum erleichtert reflexartig die Position eines gekrümmten Rückens, wie Abb. 1 zeigt. Eine natürliche (reflexbedingte) Neigung zu einer Anti-Gravitations-Reaktion trägt wahrscheinlich zur ausgestreckten Horizontallage bei. Der Reiz der Aufgabe und ihre Zweckmäßigkeit unterstützt die emotionale Beteiligung, die die gewünschte Reaktion zu fördern scheint.

Man nimmt an, daß das *Muster* des sensorischen Inputs, das aus einer solchen ausgestreckten Horizontallage resultiert (oder auch aus jeder anderen normalisierenden Haltung), die Therapie darstellt. Es ist nicht die Bewegung an sich, die heilend wirkt. TWITCHELL (1954) *deafferenzierte* die Arme eines Affen vollkommen, indem er die dorsale Nervenbahn durchschnitt, und fand, daß die noch verbleibenden Bewegungen Ausführungen des TNR darstellten. Während diese Studie nicht direkt zeigt, daß der normale somatosensorische Input den TNR hemmt, so stimmt die Hypothese, daß dies auftrat, mit dem Behandlungsprinzip überein, das normalisierenden sensorischen Input vorsieht.

Oft ist es nützlich, der Reflexinhibition eine Übung mit normalisierendem Muskeltonus vorangehen zu lassen, indem man manuelle Methoden wählt. Der normalere Muskeltonus ermöglicht eine normalere motorische Reaktion, die umgekehrt für einen natürlicheren sensorischen Input sorgt. Das Ziel liegt in einer Abnahme des Muskeltonus in solchen Muskeln, die eine exzessive Innervation aufgrund des TLR erhalten. Es gibt drei Hauptmethoden zur Hemmung eines exzessiven Tonus: durch eine Verlängerung der Muskelreaktion, durch Druck auf den Ausgangspunkt bzw. den Muskelansatz und durch reziproke Innervation.

Wird ein Muskel für einige Sekunden in seine verlängerte Stellung gebracht, neigt er zur Reduktion seiner Spannung. Gleichzeitig werden die Muskelspindeln in diesem Muskel in eine neue Stellung gebracht und ungünstig beeinflußt, so daß der sensorische Fluß über die primären Afferenzen von der

Spindel herabgesetzt wird, und es daher weniger sensorische Facilitation für die Kontraktion dieses Muskels gibt. Eine Methode, die von ROOD empfohlen wird, um diesen hemmenden Effekt zu erzielen, besteht darin, das Kind für einige Minuten auf dem Bauch liegen zu lassen, mit abgestützten Schultern, Hüften und ausgestreckten Beinen, so daß es passiv in einer Stellung mit gekrümmtem Rücken verharrt. Das Kind kann mit einer Decke oder einem Polster zu seiner Unterstützung auf dem Boden liegen oder auch in einem Schaukelnetz liegen. Wenn es im Schaukelnetz schwingt, wird die weitere Hemmung der flexorischen Muskeln durch die vestibuläre Facilitation erreicht.

Die Inhibition der Muskeln, die durch den TLR mittels Fingerdruck des Therapeuten auf den Muskelansatz erleichtert wird, verläuft wie folgt: ein Druck auf die obere äußere Oberfläche des Humerus hemmt den Pectoralis major, den Latissimus dorsi und den Teres major; Druck auf den coracoiden Prozeß hemmt den kurzen Kopf des Biceps und den Pectoralis minor; Druck auf das Becken hemmt den Sartorius und den Rectus femoralis; Druck auf den oberen medialen Teil des Femurs hemmt den Iliopsoas; und auf den Sehnenansatz des Biceps femoralis, Semimembranosus, Semitendinosus und Gracilis.

Die Anwendung der reziproken Innervation hemmt nicht nur die Muskeln, die einen zu großen propriozeptiven Fluß erhalten, sondern fördert auch die Antagonisten, die sich kontrahieren müssen, um den Körper in eine Position mit gekrümmtem Rücken zu versetzen. Schnelle taktile Stimulation über den Muskelbauch mit einer Bürste, wie sie ROOD (HUSS, 1965) entwickelte, fördert nicht nur die stimulierten Muskeln, sondern beeinflußt die Muskelspindeln durch die efferenten Gamma-Nerven negativ. Das Ergebnis einer solchen negativen Beeinflussung ist ein gesteigerter afferenter Fluß vom Muskel, der zur Kontraktion beiträgt. Taktile Stimulation zur Beeinflussung einzelner Muskeln muß vorsichtig in der Überlegung angewandt werden, ob tonische oder phasische Kontraktionen durch die Reize gefördert werden sollen. Eine tonische Kontraktion ist in gestreckter Bauchlage wünschenswert. Fördert das Bürsten eine zu große phasische Kontraktion, kann das durch den vestibulären Input unterbrochen werden, um die tonische Kontraktion zu steigern.

Die propriozeptive Facilitation mit wechselseitiger Innervation kann durch Reiben des kontrahierten Muskelbauches (nicht des Anfangs oder Ansatzes) gesteigert werden, wenn man in Richtung der Muskelfasern reibt. Das Reiben dehnt die Muskelspindeln, was zu einer Steigerung des sensorischen Flusses über die primären Afferenzen führt. Die Muskeln, die für diese taktile und vestibuläre Facilitation speziell zur Verfügung stehen, sind folgende: der Trapezmuskel, der rhomboide Muskel, der posteriore Deltoid, der Erector spinae, und der Gluteus maximus. Taktile Reize können appliziert werden, wenn sich das Kind in einer passiven, mit den Rücken gekrümmter, Lage befindet, aber das Reiben der kontrahierten Muskeln muß geschehen, wenn das Kind diese Position aktiv hält.

Obwohl der Gebrauch der Rampe die effektivste Methode der Facilitation in der ausgestreckten Bauchlage durch schneller werdende Bewegung ist, kann das Ziel auch mit anderen Mitteln erreicht werden. Eine andere Methode beinhaltet, das Kind auf dem Roller zu ziehen, während es das Seilende hält. Der Therapeut steht in der Mitte eines großen Feldes und wickelt das eine Ende des Seils um sich herum.

Das Kind wird dann in dem Kreis gezogen, in dessen Mitte der Therapeut steht. Diese Übung kann sehr aufregend werden, wenn zwei Kinder – eines an jedem Ende des Seils und mit seiner Mitte um den Körper des Therapeuten – in Kreisen gezogen werden, wobei einer den anderen zu fangen versucht. Das „Fangen" ist natürlich abhängig vom Therapeuten, der das Seil kontrolliert.

Die Position, die durch die Übungen reflexartig eingenommen werden soll, ist der *ausgestreckten Bauchlage* ähnlich, die schon als früher und wichtiger Entwicklungsschritt beschrieben wurde. Der Rücken ist gekrümmt, Kopf und Schultern sind gehoben, Beine und Hüften gestreckt, die Arme an den Ellbogen eingeknickt, wie Abbildung 1 zeigt. Mit Ausnahme der Flexion in den oberen Extremitäten erfordert die Position eine Kontraktion in den Muskeln, deren Antagonisten in der Bauchlage durch den TLR gefördert wurden.

Wird der Kopf gehoben, erleichtert das die Ausdehnung der Arme durch den symmetrischen TNR. Sobald die Arme gebeugt sind, kann das Heben des Kopfes (dorsal gebeugt) als Inhibitor oder Integrator des symmetrischen TNR dienen.

Eine bessere Integration des TLR wird in der Rückenlage dadurch erzielt, daß das Kind mit dem Rücken und nicht mit dem Bauch auf dem Roller liegt. Die Enden eines Seils werden an einem festen Punkt in beachtlichem Abstand zueinander angebracht, so daß das Seil straff und ca. 45 cm über dem Boden hängt. Das Kind zieht sich Hand um Hand am Seil entlang, indem es angeblich einen Fluß mit seinem Boot (Roller) überquert, ohne selber naß zu werden. Die gleiche Übung kann in der Bauchlage versucht werden. Als Variation der Aufgabe wird ein Ende des Seils am Roller befestigt, dann zieht man es durch einen befestigten Flaschenzug und führt es zum Kind zurück, das dann an diesem Ende zieht, um den Roller zu bewegen. Die abwechselnde Handaktivität dient als bilateral integrierende Übung, und Kinder mit geringer bilateraler Integration haben oft Schwierigkeiten mit der Hand-um-Hand-Bewegung.

Kinder mit gering integrierten primitiven Haltungsreflexen und mit normalen oder hypertonischen Muskeln finden die Rollerübungen oft zu schwierig. Ähnlich haben Kinder oft derartig unterentwickelte adaptive Reaktionen, so daß sie sich vor den Übungen auf dem Roller fürchten. In einem solchen Fall ist es naheliegend, die Reflexhemmung zu beginnen, wenn das Kind in der Bauchlage im Schaukelnetz liegt. Ein Ende des Netzes befindet sich unter seinen Armen und das andere unter den Oberschenkeln, was das Kind passiv in eine gestreckte Bauchlage versetzt. Wenn unter dem Schaukelnetz ein Teppich liegt, ist das für das Kind bequemer. Die passive Position plaziert die flexorischen Muskeln für eine Anzahl von Minuten in eine gestreckte Stellung, was ihre Beugung reduziert und den Muskelspindeln erlaubt, sich neu zu ordnen, und zwar für eine andere Länge, wie das vorher erklärt wurde. Ein Hin- und Herschwingen des Kindes stellt eine Bewegung dar, die die Extensoren fördert. Eine zusätzliche Förderung kann erzielt werden, wenn man das Kind mit den Füßen gegen eine Wand stoßen läßt oder der Therapeut das Kind an den Füßen zieht. Eine Kontraktion der extensorischen Muskeln an den Hüften und Beinen steigert den extensorischen Tonus der Rumpf- und Nackenmuskulatur; ein gewisser Druck auf die Fußsohlen aktiviert eine positive Stützfunktion. Läßt man das Kind sich an einem Ende des Seils festhalten, dessen anderes Ende an einem festen Punkt angebracht ist, so kann es sich selbst schaukeln. Eine andere Übung, die keine großen Anforderungen stellt und die die Streckhaltung in der Bauchlage fördert, ist das Herunterrutschen von der Rampe, die hochgestellt und zeitweise mit Teppichboden belegt wurde. Das Kind benutzt ein glattes Stück Plastik wie einen Schlitten.

Ein sehr großer Autoschlauch, der für viele Arten sensorisch-integrativer Übungen verwendet werden kann, sollte so aufgehängt werden, daß sich das Loch vertikal zum Boden und in ca. 60 cm Höhe befindet. Außerdem wird ein Seil mit zwei Griffen aufgehängt. Das Kind hängt in den Griffen und versucht so zu springen, daß seine Beine durch das Loch des Schlauchs schwingen. Beim Springen neigt sich der Körper des Kindes zur Rückenlage, und es muß seine Beine gegen den extensorischen Tonus, der durch den TLR hervorgehoben wird, beugen. Man kann zur Erreichung des gleichen Ziels auch ein Trapez benutzen. Während das Kind an seinen Händen hängend schaukelt, hebt es seine Beine, um über einen großen aufgeblasenen Beutel zu springen

und mit seinen Füßen auf der anderen Seite des Beutels zu landen.
Die ausgestreckte Bauchlage wird durch Bewegung und in Verbindung mit aktivierenden Gleichgewichtsreaktionen erleichtert, wenn das Kind über dem oder in dem Loch des Schlauchs liegt, indem es sich auf dem Bauch selbst balancieren muß, der auf dem inneren Teil des Schlauches liegt. Dreht man den Schlauch, so stellt dies die Bewegung zur Stimulation des vestibulären Systems dar.
Eine Anzahl von Übungen, die den Gebrauch des Rollers in der Bauch- und Rükkenlage erfordern, um die Integration des TLR zu unterstützen, kann etwas Abwechslung in den therapeutischen Prozeß bringen. Liegt das Kind in der Bauchlage auf dem Roller, soll es soweit wie möglich mit den Füßen rückwärts an die Wand fahren. Mit einem plötzlichen Stoß gegen die Wand rollt es auf sein Ziel zu, das darin besteht, die andere Seite des Raumes zu berühren, einen Gegenstand zu erreichen oder einen Turm von Pappkartons ineinander stürzen zu lassen. Die letzte Übung ist besonders effektiv für die Kokontraktion der Nackenmuskulatur. Zwei Kinder auf Rollern können Spiele wie Haschen, Wettrennen um oder das Zerstören einer Stadt aus Pappkartons spielen, was eine gute Gelegenheit zur Freisetzung von Gefühlen bietet. Eine Gruppe von Kindern kann Staffellauf spielen. Legt man ein großes Stück Sperrholz über eine kleine Schachtel oder einen anderen Gegenstand, der in der Mitte des Rollers als Drehpunkt dienen kann, fährt das Kind den Roller auf einem Ende aus und sobald es den Drehpunkt überwunden hat und der Krabbler die Richtung ändert, läßt es sich auf dem anderen Ende nieder. Diese Übung hilft dem haltungsunsicheren Kind, sich daran zu gewöhnen, eine Rampe hinunterzufahren.
Liegt das Kind rücklings auf dem Roller, kann das Kind einer einfachen Karte oder einem Labyrinth folgen, indem es sich mit seinen Füßen abdrückt, oder es drückt sich so mit seinen Füßen ab, daß der Kopf zu einem bestimmten Platz gelangt, wie z. B. durch einen Reifen hindurch. Schaukelt man ein Kind, das supin in dem vorgesehenen Schaukelnetz auf dem Rücken liegt, – Kopf und Beine werden aus dem Netz herausgestreckt –, wird reflexartig die flexorische Position des Kopfes und der Extremitäten aktiviert und die Arme werden gebeugt, um sich am Netz festzuhalten. Die Zentrifugalkraft steigert den Widerstand gegen das Beugen. Wird der Kopf für längere Zeit hochgehalten, während das Kind sich in der Rückenlage befindet, so erfordert das eine größere Anstrengung als in der Bauchlage, und die Kinder leisten gerne Widerstand gegen die Übung, obwohl sie gewöhnlich notwendig ist.
Versuche, angenehme und ansprechende Übungen zu entwickeln, die zur Integration des TNR beitragen, waren weniger erfolgreich als vergleichbare Versuche zur Unterdrückung des TLR. Die Stellungen, die in Abb. 6 gezeigt werden, tragen zur Integration des TNR durch Wahrnehmungen aus einer Position bei, die die Kontraktion der Muskeln, die antagonistisch zu den aktivierten sind, erfordern.
Propriozeptive Facilitation der entgegengesetzten Haltung über Neuralmechanismen trägt zum inhibitorischen Prozeß bei und reduziert den disorganisierenden Effekt der Positionserhaltung, die als unnatürlich empfunden wird. Bei den in Abb. 6 gezeigten Positionen ist der Kopf des Kindes nach links gedreht und wird auch dort gehalten. Das Halten eines zusammengefalteten Papiers zwischen Kinn und Schulter hilft dem Kind, diese Kopfposition beizubehalten. Diese *Kopfposition* aktiviert den TNR, der den flexorischen Muskeltonus im rechten Arm und die Streckungen im linken steigert. Die Kontraktion der Muskeln, die antagonistisch zu den durch den TNR geförderten sind, wird erreicht, indem man die linke Hand auf die Hüfte legt und die rechte zur Abstützung des Körpergewichts benutzt. Der Druck auf die rechte Hand aktiviert die positive Stützreaktion, die einen afferenten Reflexbezug im rechten Arm erfordert. Eine zusätzliche propriozeptive Unterstützung kann durch Reiben des kontrahierten Trizeps erreicht werden.

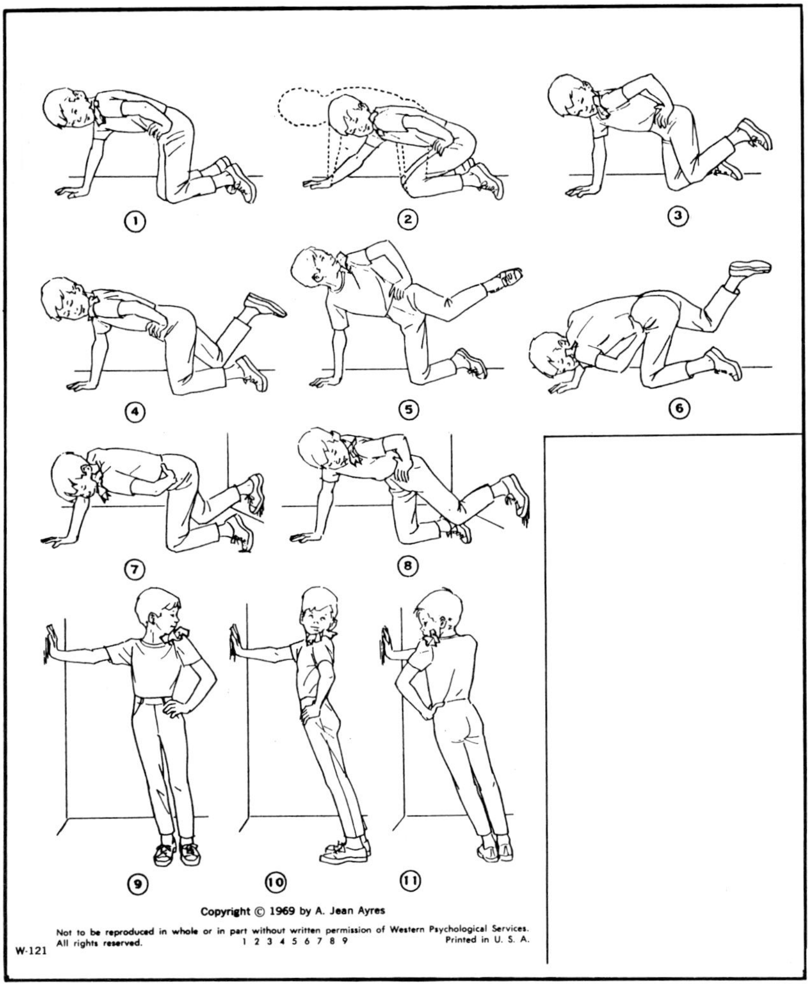

Abb. 6. Stellungen zur Hemmung des tonischen Halsreflexes. (Kopien von dieser Abb. mit dem Titel „Positionen zur Hemmung des TNR“ können bezogen werden durch: Western Psychological Services, 12 031 Wilshire, Blvd., Los Angeles, California 90 025)

In dieser Position kann der TNR den flexorischen Muskeltonus im rechten Bein fördern. Wenn das der Fall ist, kann die primitive Reflexhandlung gehemmt werden, indem man den rechten Fuß gegen die Wand drückt, wie Position 7 zeigt. Wenn das den flexorischen Tonus im linken Bein fördert, drückt der rechte Fuß wie in Position 8 gegen die Wand. Druck gegen den Fußballen aktiviert die positive Stützreaktion. Bevor man Position 7 und 8 einnimmt, sollte man das Kind untersuchen, um zu bestimmen, ob die Wirkung auf die Beine ipsilateral oder kontralateral ist. Eine Verstärkung des TNR durch die positive Stützreaktion sollte vermieden werden. Die Kontraktion der Extensoren eines Beines gegen einen Widerstand steigert die sensorische Unterstützung der Extensoren des stützenden Arms, da die Muskeln dazu neigen, nach Mustern zu handeln, wovon eines die vollkommene Streckung ist.

Man glaubt, daß die Aktivation der Gleichgewichtsreaktionen in der Vierfüßlerposition während der Hemmung des TNR die weitere sensorische Integration begünstigt. Diese Reaktionen werden in den Positionen 3, 4, 5 und 6 demonstriert. Lastet das Körpergewicht auf den Knien und versucht man, in den Positionen 3 – 8 das Gleichgewicht zu halten, so wird die Kokontraktion der Hüftgelenke gefördert, eine Reaktion, die häufig gefördert werden muß. Manuell applizierter Druck oder ein Reiben der kontrahierenden Hüftmuskulatur sowie ein leichtes Hin- und Herschieben fördert die Kokontraktion der Hüftgelenke.

Eine Hemmung des TNR ist in vielen Positionen wünschenswert, da jede Position ein ein wenig anderes Muster des sensorischen Inputs bereitstellt und da der sensorische Input gerade der wichtige Faktor ist. Die Positionen 2, 5, 6, 9, 10 und 11 zeigen die verschiedenen Arten der Variation der sensorischen Inputmuster. Bei der Ausführung der letzten drei Stellungen beginnt das Kind mit Position 9, dreht sich auf der Stelle, um Position 10 und schließlich Position 11 einzunehmen. Es gibt natürlich viele Zwischenstellungen. So wird der TNR während der Bewegung gehemmt, in der die positionale Verbindung zwischen Arm und Rumpf kontinuierlich modifiziert wird. Die Umkehrung aller dargestellten Positionen, nämlich mit nach rechts gedrehtem Kopf, sollte ebenfalls angewandt werden.

Diese Positionen sind für die Kinder nicht gerade attraktiv. Tatsächlich wirken sie anfänglich eher disorganisierend auf das Kind, das sich an einen dominanten TNR gewöhnt hat. Eine emotionale Verwirrung und der Widerstand gegen eine solche Position sind nicht ungewöhnlich. In solchen Fällen ist es angebracht, das Kind nicht zu schnell zur Bewältigung seiner Aufgabe bringen zu wollen und seine Reaktion als Ausdruck seiner neurologischen Probleme und als wertvolle klinische Information zu betrachten.

Können diese Haltungen ohne große Anstrengungen eingenommen werden, so soll man sie unter größeren Anforderungen für die Gleichgewichtsreaktion versuchen, wie z. B. beim Balancieren über einen Balken oder auf einer Plattformschaukel. Wird keine adaptive Reaktion gefordert, die nicht schwieriger ist als die vorhergehenden, ist die Therapie nicht optimal.

Nur einigen wenigen relativ „spaßigen“ Übungen, die den TNR integrieren, wurde Aufmerksamkeit geschenkt. Eine benutzt ein Gerät, das einem kurzen Hockeyschläger gleicht, der mit einem Kopfband befestigt ist. Das Kind stößt den Puck an, indem es in der Vierfüßlerstellung den Kopf dreht; das Körpergewicht lastet dabei auf dem Arm, in dem der flexorische Tonus durch die Kopfdrehung gesteigert wird. Um eine andere Aktivität auszuführen, sitzt das Kind auf dem Roller, der als Kanu angesehen wird, und drückt sich mit einem Holzpflock ab, auf dem eine Krückenspitze oder ein ähnliches Gerät befestigt ist. Das Kind sieht vom Stock, der seitlich vom Kanu gehalten wird, weg in die Richtung, in die es rudert, wobei es den Kopf dreht und den TNR hervorruft, der durch die aktive Extension in dem Arm, in dem die Beugung durch den Reflex erleichtert wird, integriert wird.

Die Reaktion auf Übungen, die den primitiven Reflex hemmen sollen, erfolgt nicht unbedingt sofort; eine dauerhafte Veränderung kann Wochen oder sogar Monate dauern. Ferner können die Reflexe, nachdem sie annähernd gehemmt wurden, wieder die Oberhand gewinnen, wenn die fortschreitende neurologische Entwicklung nicht aktiv unterstützt wird. Es ist ratsam, die grundlegenden hemmenden Vorgehensweisen sowohl für den TNR als auch für den TLR gelegentlich zu wiederholen, um ihre Integration zu sichern.

Aktivation der Aufrichte- und Gleichgewichtsreaktionen: Die Aufrichtereaktionen treten bald nach der Geburt in Erscheinung, und ihre Aktivation hilft wahrscheinlich bei der Hemmung der primitiven Haltungsreflexe. Dementsprechend ist es angemessen, die Integration primitiver Reflexe durch diejenigen motorischen Muster zu fördern, die von Anfang an mit den Aufrichtereaktionen verbunden sind. Der Labyrinthreflex, der auf das Kopfheben hinausläuft, wird in der ausgestreckten Bauchlage beim Fahren mit dem Roller wiederholt. Das Herumrollen ist ein anderes wesentliches motorisches Muster, das anfänglich mit dem Aufrichtereflex verbunden war. McGRAW (1963) zeigte vier Stufen eines Kindes, um von der Bauch- in die Rückenlage zu gelangen. Im vierten Stadium, das McGRAW ein bewußtes Stadium nennt und das er als integralen Teil der Aufrichtereaktion betrachtet, die das Kind in die Vierfüßlerstellung bringt, beugt das Kind Nacken, Rumpf, Hüften und Knie und schwingt den Arm über den Körper, wenn es sich in die Bauchlage dreht. Bei dieser Handlung muß das Kind gegen den steigenden extensorischen Tonus, der vom TLR herrührt, ankämpfen. Das Rollen mit heruntergehaltenem Kinn und gebeugten Hüften, um ins Rollen zu kommen, dient sowohl der Integration des TLR als auch der besseren Grundlage für Gleichgewichtsreaktionen. Das Interesse kann gesteigert und eine zusätzliche Stimulation erzeugt werden, indem man das Kind ein schräges Brett hinaufrollt, auf dem sich eine Decke befindet. Rollt man das Kind in eine Decke oder in ein großes Tuch (ein Fallschirm ist sehr gut) ein, so wirkt das anspornend. Rollt man es in einem Faß (mit Teppichboden ausgeschlagen zu größerer taktiler Stimulation), so aktiviert das verschiedene Haltungsreaktionen. Der Kopf-Stell-Reflex, der auf den Körper wirkt, beinhaltet die Rotation des Kopfes, wenn der Körper sich in der Rückenlage befindet. Die motorische Reaktion auf den sensorischen Input, der aus den Drehbewegungen des Kopfes resultiert, besteht in der Drehung des Körpers zur Bauchlage. Die effektivste Übung für den Gebrauch des Reflexes besteht im Rollen in einer Röhre, die aus fünf Autoschläuchen zusammengebunden ist, wie Abb. 7 zeigt. Die Bewegungsfreiheit des Kopfes fördert seine Drehung und der begrenzte Raum für den Körper erlaubt eine Körperdrehung entlang der Längsachse und verhindert kompensatorische Bewegungen.

Der Gebrauch dieser Rollröhre stellt eine hervorragende Berührungs-Druck-Stimulation aus dem intensiven Kontakt des Körpers mit den Schläuchen dar. Sie bewirkt außerdem einen großen Teil der vestibulären Stimulation in Bereichen, die durch die Positionen im Schaukelnetz und auf dem Roller nicht so berücksichtigt werden. Aufgrund der sensorischen Stimulation, die sie neben dem Kopf-Stell-Reflex bereitstellt, ist ein häufiger Gebrauch der Rollröhre für Kinder mit diesem Syndrom ratsam.

Da die Gleichgewichtsreaktionen subtil, manchmal praktisch nicht zu beobachten

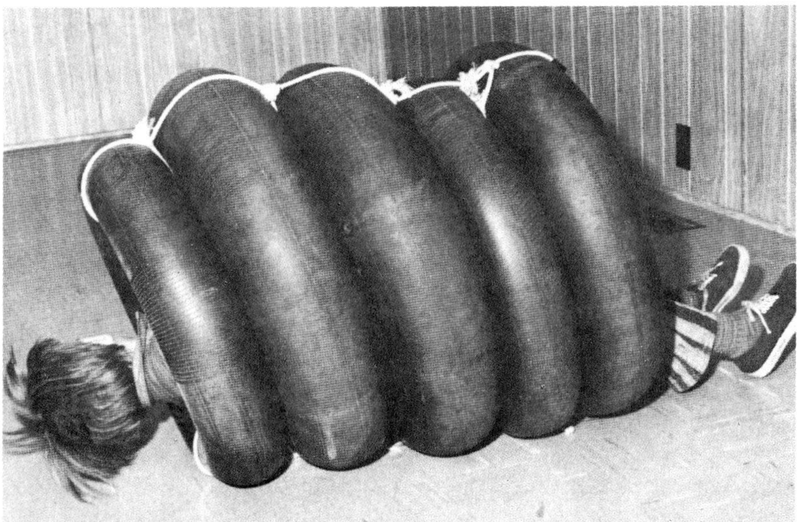

Abb. 7. Aktivation des Kopf-Stell-Reflexes

Abb. 8. Gebrauch eines großen Therapieballs

sind, wenn sie keine oder nur wenig Bewegung beinhalten, erfordern die Auslösung und die Beobachtung dieser Reaktionen spezielle Fachkenntnis. Es ist relativ einfach, die Bedeutung der Gleichgewichtsreaktionen in der Bauchlage zu übersehen. Argumente für die Aktivation der Haltungsmechanismen in der Bauchlage wurden bereits in einem vorangegangenen Kapitel dargelegt. Eine sehr gute Übung, die ein frühes Entwicklungsstadium wiederholt und das Kind in der Bauchlage hält, ist der Gebrauch eines großen Balls (ca. 90 cm Durchmesser), eine therapeutische Vorgehensweise, die bei Kindern mit neurologischen Problemen häufig angewandt wurde. Das Kind liegt auf dem Ball und hält, wie Abb. 8 zeigt, die Hand des Therapeuten. Dem Kind mit normaler Haltereaktion braucht man nicht zu sagen, was es tun soll; es zieht und schiebt an den Händen des Therapeuten und hilft seiner Balance mit Bewegungen des Rumpfes und der Beine nach. Das Kind mit bestimmten Arten der Dysfunktion im Haltemechanismus wird dazu neigen, nur auf dem Ball zu liegen oder – in schwereren Fällen – sich für den Therapeuten wie ein Mehlsack anfühlen.

Die einfache Erhaltung der Balance auf dem Ball, während man sich am Therapeuten festhält, erfordert leichte aber grundlegende Gleichgewichtsreaktionen. Ohne sie neigt der Ball, besonders bei Bewegungen, zum Rollen, und das Kind fällt entweder herunter, oder der Therapeut muß die Kraft aufbringen, die zum Balancieren des Kindes notwendig ist.

Wenn das Kind nicht weiß, wie es auf den Ball reagieren soll, bittet der Therapeut es, zu ziehen und zu schieben, so daß es auf dem Ball einfach leicht vor- und zurückgeht.

Wenn es seine Balance zu verlieren beginnt und nicht gleich automatisch reagiert, kann ihm der Therapeut mit seiner Hand oder mit verbalen Instruktionen Hilfestellung leisten. Zeigt das Kind nach ein paar Versuchstagen keine Gleichgewichtsreaktionen, ist eine Rückkehr zur Normalisierung der Haltungsreaktionen, die ein früheres Entwicklungsstadium widerspiegeln, angebracht.

Der Gebrauch des Therapieballs zeigt verschiedene bedeutende Prinzipien der sensorisch-integrativen Therapie auf:

1. Die Übung versorgt das Kind mit Wahrnehmungen, die es zu Reaktionen, die vorher nicht erfahren wurden, befähigt. Diese Empfindungen sind weitgehend vestibulär, aber auch taktile und andere propriozeptive Inputs tragen beträchtlich zur Förderung der Gleichgewichtsreaktionen in der Bauchlage bei.

Abb. 9. Eine Verwendungsweise der Plattformschaukel. (Eine allgemein gebräuchliche Version dieser und anderer Geräte ist beziehbar durch: Developmental Design, P. O. Box 55, Carpinteria, California 93 013.)

2. Die Übung ist nicht kognitiv. Die Kinder wissen durch angeborene Mechanismen, was von ihnen erwartet wird, obwohl einige Vorschläge des Therapeuten bei der Aktivierung dieser Mechanismen helfen.
3. Das Kind lernt durch die Selbstbestimmung der Übung. Es muß aktiv und initiativ teilnehmen. Die Therapeuten können dem Gehirn keine Organisation aufzwingen; sie können nur die Umgebung und die Ermutigung für das Kind bereitstellen, dessen Gehirn sich selbst organisieren muß.

Der folgende Bericht von einem Kind mit einer Lernstörung und gering entwickelten Haltungsreflexen illustriert diese Prinzipien. Wenn das Kind auf dem Ball lag und die Hände des Therapeuten hielt, begann es, an einer Seite herunterzurutschen. Anstatt zu versuchen, sich selbst zu schützen, indem es einen Arm und ein Bein ausstreckte, reagierte es in einer sehr häufig beobachteten Weise, indem es sich am Ball festklammerte. Um das Kind zu schützen, versuchte der Therapeut, es zurück auf den Ball zu ziehen, worauf das Kind antwortete: „Hör auf, mich zu ziehen; Du ziehst mich vom Ball herunter. Du bringst mich aus dem Gleichgewicht!" Die gleiche Ereigniskette vollzog sich bei verschiedenen Gelegenheiten. Jedesmal nach ein paar Einwänden des Kindes gegen sein Tun sagte der Therapeut: „Ich lasse Dich jetzt langsam herunter." Nach mehreren Realitätstests (dem Fallen) erlernte das Kind eine genauere Interpretation des sensorischen Inputs und war in der Lage, oben auf dem Ball zu bleiben. Für den Erzieher besteht eine der schwierigsten Umorientierungen seiner beruflichen Annäherung an die sensorisch-integrative Dysfunktion darin, ein „Belehren" zu vermeiden und eine Situation herzustellen, in der das Kind unter seinen eigenen Bedingungen lernen kann. Wenn der Therapeut diese innere Kontrolle erreicht und ihren Ausdruck erlaubt hat, so hat er das Optimum erreicht, um dem Kind zu helfen.

Eine andere Art eines allgemein angewandten Gerätes, das sowohl in der Bauch- als

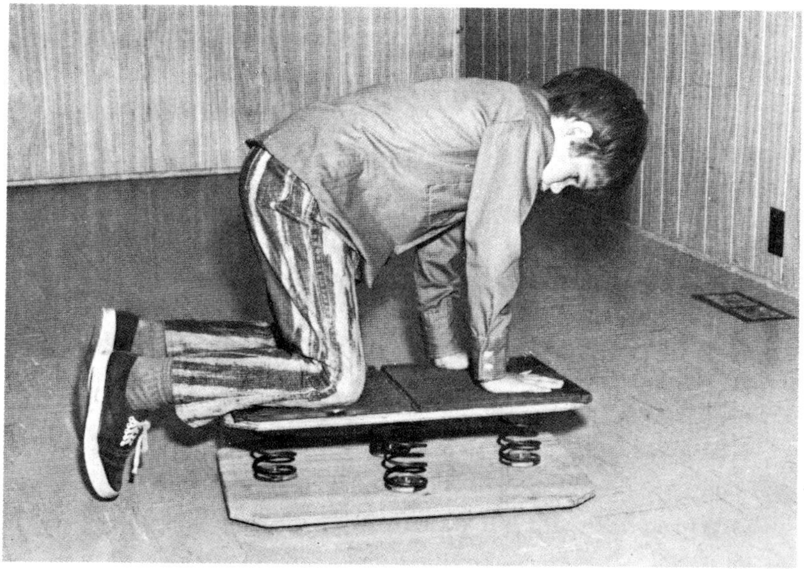

Abb. 10. Vierfüßlerbalancierbrett

auch in der Rückenlage Gleichgewichtsreaktionen hervorruft, ist ein Brett mit Kufen. Eine Änderung in der Position des Kindes aktiviert Gleichgewichtsreaktionen, einschließlich des schützenden Ausbreitens der Arme.

Die schützende Ausbreitungsreaktion der oberen Extremitäten wird ebenfalls durch den Gebrauch eines kleineren Therapieballs ausgelöst (zwischen 45 und 50 cm Durchmesser), oder man kann das gleiche erzielen, wenn das Kind in der Bauchlage auf einem Faß liegt – entweder längs oder quer – und dabei hin- und herschaukelt. Wenn die Sitzfläche eines einbeinigen Schemels groß und genügend bequem für das Kind ist, um darauf liegen zu können, kann ein Liegen darauf mit den Händen auf dem Boden beachtliche Anforderungen an die Gleichgewichtsreaktionen des Rumpfes stellen. Das zusätzliche Rollen eines Balles in dieser Lage erhöht die Anforderungen.

Nachdem das Kind automatische Haltereaktionen in der Bauchlage zeigt, ist es auch in der Lage, diese in der Vierfüßlerstellung auszuführen. Speziell für diesen Zweck wurde die Plattformschaukel, die Abb. 9 zeigt, entworfen. Man kann sie im Sitzen und im Liegen benutzen. Die Abb. 10 zeigt ein Balancierbrett, das speziell entwickelt wurde, um Gleichgewichtsreaktionen in der Vierfüßlerstellung hervorzurufen. Eine Balance in der Vierfüßlerstellung kann auch erreicht werden, indem das Kind auf einem Stück Sperrholz, unter dem ein anderes Stück Holz befestigt ist (5 cm in der Breite und 10 cm in der Höhe), balanciert. Auf einem fortgeschritteneren Niveau kann – und will – das Kind versuchen, auf Händen und Knien auf dem großen Therapieball zu balancieren. Ähnliche Anforderungen stellt aber auch das Fahren auf dem Roller in der Vierfüßlerposition, wenn der Therapeut den Roller zieht.

Das Gleichgewichtsbrett, das in Abb. 11 zu sehen ist, fördert die Reifung der Gleichgewichtsreaktionen beim Sitzen. Wird das Körpergewicht zuerst nach vorne verlagert, dann zur Seite, dann rückwärts und schließlich zur anderen Seite, manövriert das Kind das Gerät so, daß jeweils ein anderer Teil des Bretts den Boden berührt. Das Sitzen auf der Plattformschaukel, während man Gegenstände wirft oder das Sitzen auf dem einbeinigen Schemel (Abb. 12), während man mit einem Ball schießt, erfordert ausgefeiltere Gleichgewichtsreaktionen. Da das Zurückfallen mit

Abb. 11. Sitz auf einem Gleichgewichtsbrett

dem Stuhl sehr gefährlich sein kann, wird er an einer Matte aufgestellt.
Eine mit Teppich ausgelegte steile Rampe kann eine Skischanze darstellen, und das Skifahren kann man sich vorstellen, indem man sich auf dicke Zeitungsbögen, die die Ski sein sollen, hinhockt. Eine Übung, die nur leichte Anforderungen an das Gleichgewicht im Sitzen stellt, ist das *Schaukeln* mit nur einem Seil. Eine Feder im Seil trägt zum sensorischen Input bei und steigert die Gewandtheit, die für die Reaktion erforderlich ist. Für ein kleines Kind ist ein Schaukelpferd ideal zur Förderung der Haltungsentwicklung. Ein Pferd für ältere Kinder kann man herstellen, indem man ein Faß oder einen ähnlichen Gegenstand von der Decke hängen läßt. Eine Feder erhöht die Anforderung einer adaptiven Reaktion.
Wenn die Haltungsreaktionen bis zum Stadium des Sitzens gut entwickelt sind, ist für sie beim Knien oder Stehen nur ein geringe-

Abb. 12. Gebrauch eines einbeinigen Schemels

rer Aufwand nötig. Es ist jedoch nicht unangemessen und trägt zur Vielfalt bei, wenn man Übungen einschließt, die Balance in diesen Positionen erfordern. Der Therapeut kann die Rolle des Pferdes übernehmen, das an den Zügeln (Seil) zieht, die in den Händen des Kutschers (Kind) liegen, der auf den Knien auf seinen Wagen (Roller) fährt. Das Knien auf der Plattformschaukel oder auf dem Vierfüßler-Balancierbrett erfordert beachtliche Gewandtheit.

Ein Seil, das auf dem Fußboden befestigt ist, um liegen zu bleiben, stellt nur minimale Hindernisse zur Aktivation der Gleichgewichtsreaktionen im Stehen dar. Das Kind kann über das Seil laufen, ohne daneben zu treten, mit beiden Füßen zuerst auf die eine Seite und dann auf die andere springen, indem es an einem Ende des Seils beginnt und am anderen aufhört, das gleiche noch einmal hüpfend machen oder seitlich über das Seil balancieren, indem es einen Fuß über den anderen kreuzt, entweder vor oder hinter dem anderen. Es ist eine beachtliche motorische Planung notwendig, wenn ein Kind entlang dem Seil geht – entweder vorwärts oder rückwärts –, indem es den rechten Fuß auf die linke Seite setzt und den linken auf die rechte Seite.

Spielt man während des Stehens auf dem Schaukelbrett Fangen, so benutzt man theoretisch Gleichgewichtsreaktionen, die die Auge-Hand-Koordination verbessern. Ein ca. 6×10 cm großes Brett war lange Zeit die Standardausstattung für das wahrnehmungsmotorische Training. Die Anforderungen, die an das Kind gestellt werden, wenn es läuft, können variiert werden, indem man einbeinige Schemel verkehrt herum auf das Brett stellt und ein Kissen auf dem Kopf balancieren läßt. Altmodische Stelzen aus Zinnkannen sind sehr populär. Man stellt sie her, indem man ein Seil durch Löcher in den Zinnkannen führt – das Seil dient zum Festhalten der Kannen, wenn das Kind einen Schritt macht.

Ein Nervensystem, das eine bestimmte Organisationsform für viele Jahre aufrechterhalten hat, und dann einen reiferen Status erzielen soll, neigt dazu, zu seinem alten Status zurückzukehren. Diese Tendenz erfordert, daß der Therapeut gelegentlich den Status der primitiven Haltungsreflexe sowie die Aufrichte- und Gleichgewichtsreaktionen überprüft und, wenn diese nicht so gut integriert sind, muß er grundlegendere Übungen erneut einführen.

Entwicklung der Muskelkokontraktion: Wenn die Fähigkeit der antagonistischen Muskeln zum Zusammenziehen nicht ausreichend ist, sollten die Versuche ihrer Entwicklung bereits sehr früh im Heilungsprogramm ansetzen, da diese Art der Muskelkontraktion bei der Erstellung der Haltungsreaktionen eine wichtige Rolle spielt. Das Konzept der Kokontraktion scheint von RIDDOCH und BUZZARD (1921) eingeführt worden zu sein. Bei der Beobachtung der Reflexe bei erwachsenen hemiplegischen Patienten fanden RIDDOCH u. BUZZARD ziemlich viel gleichzeitige Innervation, die in einer Kokontraktion der Antagonisten resultierte, was eigentlich eher eine Haltung als eine Bewegung war. Sie beobachteten bei erwachsenen quadriplegischen und hemiplegischen Patienten, daß die gleichzeitige Innervation ein Charakteristikum aller Haltungsreaktionen des Rumpfes und der Glieder darstellte, wenn sich beides in Ruhe befand, und den strengen Reflex- und freiwilligen Bewegungen untergeordnet war. Diese frühen Beobachtungen gehen mit den empfohlenen Vorgehensweisen zur Förderung der Kokontraktion einher, d. h. es ist eine strikt aufrechterhaltene Haltungsreaktion, bei der die Konnervation der antagonistichen Muskeln erforderlich ist, um eine Stellung aufrechtzuerhalten sowie bei stabilisierenden Anforderungen.

Diese frühen Beobachtungen enthalten aber auch eine Warnung. Wenn die neurale Dysfunktion bei einem Kind nicht in verminderter Kokontraktion der Muskeln, sondern in einer normalen Kontraktionsfähigkeit mit normalem oder erhöhtem Muskeltonus mit der Freisetzung von primitiven Haltungsreflexen resultiert, so kann eine Zunahme der Kokontraktion kontraindiziert sein. Es kann zur Steigerung des Muskeltonus kommen, wenn diese nicht erwünscht ist, wie in Muskeln, die bereits einen gesteigerten Tonus aufgrund des Einflusses der primitiven Haltungsreflexe aufweisen.

Die Kokontraktion wird verbessert, indem man für einen alternierenden Widerstand einzelner Muskelgruppen sorgt. Eine gute Anfangsübung ist das abwechselnde Ziehen und Schieben des Kindes auf dem Roller. Beide, der Therapeut und das Kind, greifen nach Reifen.

Das Kind versucht, sich so steif wie eine Statue zu machen, während der Therapeut für die Kraft sorgt, die die Richtung wechselt, in der sich das Kind bewegt. Läßt das Kind seine Ellbogen auf den Knien ruhen, so hilft ihm das, die Idee der Muskelkontraktion ohne die Bewegung zu begreifen. Eine ähnliche Übung, die die starke Kokontraktion besonders der Rumpf- und Nackenmuskulatur erfordert, benutzt einen Roller und ein Gummiband, z. B. von einem Schlauch, dessen Enden fest an einem Rahmen oder der Wand befestigt sind. Das Gummiband sollte dreißig Zentimeter über dem Boden hängen und leicht gespannt sein. Das Kind sitzt auf dem Roller und greift nach dem Gummiband, an dem es abwechselnd zieht und schiebt, wodurch es seinen Roller vor- und zurückbewegt. Zwei Kinder können – sich gegenüber – miteinander am Gummiband arbeiten.

Normalisierung der okularen Muskelkontrolle: Da die extraokularen Muskeln so eng mit den Haltungsreaktionen verbunden sind, kann man annehmen, daß alle Behandlungsarten, die in diesem Kapitel empfohlen wurden, einen positiven integrierenden Einfluß auf die Kontrolle der Muskeln ausüben, die die Augäpfel bewegen. Wodurch dieser Einfluß zustandekommt, wurde bereits in Kapitel 6 dargelegt. Hier wird dieser Einfluß mit einigen Übungen verbunden. Das Schaukeln im Netz wirkt reflexartig auf die Augen, und zwar über die Bogengänge. Wird beim Schaukeln kein Nystagmus erzeugt, gibt es wahrscheinlich keine adäquaten Verbindungen zwischen dem Hirnstamm und dem vestibulären System. Bauch- und Rückenübungen auf dem Roller sorgen nicht nur für Bewegung, die vestibuläre Stimulation erzeugt, sondern auch für eine beachtliche Kontraktion der Nackenmuskulatur, die sehr eng mit dem medial-longitudinalen Fasciculus und dadurch mit den kranialen Nervenkernen in Verbindung steht, die die okulomotorischen Funktionen kontrollieren. Diese Aktivität stellt außerdem hohe Anforderungen an die Muskeln, die auf zervikalem Niveau innerviert werden. Diese Muskeln werden durch den visuellen Input beeinflußt, der in den medial-longitudinalen Fasciculus eintritt (Brodal, 1964), und umgekehrt scheint die Propriozeption von den Nackenmuskeln eine wichtige Interpretationshilfe vestibulärer Funktionen für das Gehirn zu sein. Cohen (1961) fand, daß die niederen Primaten keine Gleichgewichtsprobleme haben, die der Loslösung der extraokularen Muskeln folgen, daß sie aber schwere Defizite in der Balance, in der Orientierung und in der motorischen Koordination des gesamten Körpers aufweisen, wenn die Nackenmuskeln anästhesiert wurden. Man glaubt auch, daß diese gleichen Muskeln die extraokularen Muskeln beeinflussen und daß sich dieser Einfluß wahrscheinlich mit dem summiert, der von den Muskeln kommt, die von den Kranialnerven versorgt werden. Es scheint eine konstante Interaktion und Interdependenz der extraokularen Muskeln, des vestibulären Systems und der Nackenmuskulatur zu geben. Die letzten beiden dieser drei Elemente können das erste beeinflussen, und die Nackenmuskulatur stellt ein Mittel dar, das zur Integration der vestibulären Information beiträgt.

Je stärker und länger die Muskelkontraktion, desto größer ist die Wahrscheinlichkeit, daß die Kontraktion andere Muskeln durch die propriozeptive Facilitation beeinflußt. Alle Nackenmuskeln müssen stark kontrahieren, um den Kopf zu stabilisieren, wenn der Körper in seinen Bewegungen durch den Raum langsamer oder schneller wird. Man kann beobachten, daß die Nackenmuskeln stark herausstehen, wenn das Kind sich mit kokontraktiven Aktivitäten beschäftigt. Man nimmt an, daß die Muskelkontraktion die Aktivation einer hohen Schwelle in den tonischen Muskelspindelrezeptoren erfordert. Der sensorische Input von diesen Rezeptoren, die besonders mit den Haltungsreaktionen verbunden sein sollen, kann eine besonders bedeutende Wirkung auf die Augenmuskulatur haben und eine, die zusätzlich und andersartig zu der ist, die aus der Entladung der phasischen Muskelspindelrezeptoren resultiert. Sowohl Haltungsmechanismen als auch Mechanismen, die die extraokulare Muskelkontrolle ausführen, sind im weitesten Sinne Hirnstammfunktionen. Wie bei anderen sensomotorischen Funktionen, ist die kortikale Lenkung von einer adäquaten Integration der Hirnstammfunktion abhängig. Durch die Normalisierung der posturalen und okularen Hirnstammechanismen soll die kortikale Augenkontrolle gefördert werden.

Die integrierende Funktion der beiden Körperhälften: Wenn die vorangegangenen Schritte zur Normalisierung des Neuralsystems wirklich beherrscht werden, wird die sensomotorische Funktion der beiden Körperhälften automatisch besser koordiniert. Zeigt das Kind keine Anzeichen für einen koordinierteren Gebrauch der beiden Hände, sollte die Möglichkeit, daß es die vorangehenden Schritte nicht richtig beherrscht, in Betracht gezogen werden. Ist die Integration erfolgt, kann man dem Kind Aktivitäten anbieten, die es zu einer Verbesserung der interhemisphärischen Integration befähigen.

Alle diese Übungen, die posturale Mechanismen automatisch in Gang setzen sollen, erfordern eine adaptive Interaktion der beiden Körperseiten, obwohl diese Interaktion den zerebralen Kortex nicht in allzu großem Ausmaß betrifft. Die Benutzung der oberen und unteren Extremitäten zur Ausführung der gleichen Aufgabe zur gleichen Zeit sorgt für eine angemessene, frühzeitige Betonung der bilateralen Integration. Das Schieben eines Rollers mit beiden Händen gleichzeitig – oder mit beiden Füßen – ist elementar, aber nicht immer einfach. Hält man ein Seil in jeder Hand, während man auf dem Roller sitzt und an den Seilen gezogen wird, so erfordert das schon eine größere Kontrolle. Andere passende Übungen sind das Hüpfen wie ein Hase oder über eine Reihe von Holzpflökken, die auf dem Boden liegen; das Springen mit beiden Füßen gleichzeitig in und aus einem Reifen oder einem Rad, das auf dem Boden liegt; oder das Rollen eines Balls mit beiden Händen, die mit einem Riemen lose zusammengehalten werden.

Zwei Übungen, die zuvor in diesem Kapitel erwähnt wurden und die sehr gut sind, sind das Schlagen eines aufgehängten Balls mit einer Pappröhre und das Fangen eines an Seilen befestigten Balls mit Schalen, die aus abgeschnittenen Flaschen entstanden, wobei sich in jeder Hand eine Schale befindet. Gebraucht man eine große Schale mit zwei Griffen (einer kann aus den oberen Teilen von zwei Plastikflaschen zusammengesetzt werden), kniet das Kind bei dem befestigten Ball auf dem Boden. Es fängt und wirft den Ball mit der Schale, die es in beiden Händen hält. Den Ball auf eine Seite zu werfen und auf der anderen zu fangen, erfordert ein Überkreuzen der Körpermittellinie.

Entwicklung der Rechts-Links-Diskrimination und der visuellen Wahrnehmung: Wenn die Rechts-Links-Diskrimination und die visuelle Wahrnehmung zum Teil Reifungsfunktionen des Neuralsystems sind, entwickeln sie sich, sobald der integrative Prozeß in Gang gesetzt ist. Es ist nicht vernünftig, von der Therapie zu erwarten, das zu vollenden, was die Natur nicht in der Lage zu tun war, besonders wenn das Kind über das kritische Alter, in dem die Entwicklung noch gefördert werden kann, hinaus ist. Einige Übungen, die die Richtungserkennung und die Rechts-Links-Diskrimination betonen, sind angebracht, wenn die Reifung in früheren Stadien ihren höchsten Stand erreicht hat. Übungen zur direkten Förderung der visuellen Wahrnehmung sollten zur gleichen Zeit in besonderem Maße eingesetzt werden, obwohl gelegentlich auch eine frühere Einführung in das Programm angemessen ist. Methoden zur Verbesserung der visuellen Wahrnehmung werden in Kapitel 12 diskutiert.

11. Entwicklungsapraxie

Die Apraxie bei Kindern ist eine Störung der sensorischen Integration, bei der das Kind nicht die Fähigkeit besitzt, erfahrungsbedingte oder nicht habituelle motorische Aufgaben zu planen und auszuführen. Normalerweise besteht hier eine Unfähigkeit, die Abfolge der einzelnen Bewegungen zueinander in Beziehung zu setzen. Das dyspraxische Kind kann durch wiederholte Versuche und Übungen eine spezielle motorische Kenntnis erlangen, aber solange es nicht die allgemeine Fähigkeit erwirbt, unbekannte Aufgaben zu planen, ist die Apraxie noch vorhanden.

Ein motorischer Plan ist das „Schema" innerhalb des Gehirns für die Handlung. Dieser Plan basiert auf dem „Körperschema" oder auf dem sensomotorischen Bewußtsein der verschiedenen anatomischen Elemente des Körpers, der potientiellen Bewegungen dieser Elemente und darauf, wie sie sich bei der Bewegung zueinander verhalten. Eine Störung des Körperschemas resultiert nicht nur in einem dyspraxischen Zustand, da Kinder mit Störungen in der Haltungs- und Bilateralintegration allgemein auch ein gering entwickeltes Körperschema aufweisen. Das Konzept, wie es in dieser Theorie verwandt wurde, bezieht sich nicht auf die Einstellung dem eigenen Körper gegenüber, sondern auf einen sensomotorischen Prozeß, dessen man sich nur bewußt ist, wenn man nicht gerade die Aufmerksamkeit auf ihn lenkt. Das Körperschema, das das Substrat für die Praxis darstellt, ist ein Ergebnis der intersensorischen Integration. SCHILDER (1951), der dieses Konzept in einem sehr weiten Sinne anwandte, sagte: „Das Haltungs-Modell des Körpers besteht nicht aus der Summe optischer, kinästhetischer und taktiler Wahrnehmungen. Es handelt sich hier um eine Integration." Er stellte außerdem den wichtigen Punkt heraus, daß das Körperschema nicht statisch ist. Soll es für die allgemeine Fähigkeit der motorischen Planung benutzt werden, muß es fließend sein, sich ständig ändern und dazu in der Lage sein, als ein Modell zu dienen, nach dem jeder Plan ausgeführt werden kann. Das apraxische Kind weist einen Mangel an einem gut definierten und doch flexiblen Körpermodell auf.

Daten aus der Verhaltensforschung zeigen übereinstimmend, daß der Aspekt des taktilen Systems, der mit diskriminativen Wahrnehmungen befaßt ist, besonders auf die Fähigkeit der „Programmierung" einer erfahrungsbedingten motorischen Handlung angewiesen ist. Nicht alle Störungen des taktilen Systems laufen auf einen dyspraxischen Zustand hinaus. Eine verminderte Kinästhesie ist nicht selten mit geringer motorischer Planung verbunden, aber diese Verbindung ist nicht so konsequent, daß man sie für den Hauptauslöser der Apraxie halten könnte. Die Tatsache, daß apraxische Kinder oft Symptome gewisser Störungen der Haltungs- und Bilateralintegration zeigen, läßt vermuten, daß eine Dysfunktion in vestibulären und anderen propriozeptiven Mechanismen ebenso zum dyspraxischen Zustand beitragen kann. Die schon früher aufgeführten Daten über das vestibuläre System unterstützen die Ansicht, daß dieses System zu fast allen sensorisch-integrativen Prozessen beiträgt, einschließlich des Substrats für die Praxie.

11.1 Entwicklung und Art der Praxie

Die Effektivität der Behandlung einer Apraxie ist – wie die Behandlung jedes anderen Zustands – abhängig davon, ob der Therapeut die Art der Störung erkennt. Man kann aus der Diskussion einige Aspekte der menschlichen Evolution, des Wachstums und der Funktion eine gewisse Einsicht in die mögliche Natur entwicklungsbedingter und neuraler Prozesse gewinnen.

Während der Evolution der Wirbeltiere entwickelte sich das ZNS aus dem Ektoderm. Könnte diese evolutionäre Genese mit der Tatsache verbunden sein, daß das taktile System des Menschen ein sensitiver Indikator für das Ausmaß bestimmter Integrationsarten des ZNS ist? Bei niederen Tieren transportieren einige Nervenfasern sowohl Impulse von der Haut als auch von den Muskeln, so daß ein bestimmter Nervenimpuls Nachrichten von zwei Quellen gleichzeitig transportiert. Bei höheren Wirbeltieren sind die Nervenfasern getrennt (COGHILL, 1929). Dieses phylogenetische Erbgut spiegelt eine enge Verbindung zwischen den taktilen und muskulären Systemen wider.

Bei der Geburt gehört das taktile System zu den ausgereiften Strukturen des Gehirns. Das Kind reagiert unterschiedlich auf taktile Reize. Sensomotorische Reflexe können in vielen Regionen der Haut leicht hervorgerufen werden. Der *Zungenwurzelreflex* zwingt das Kind, seinen Kopf in die Richtung des taktilen Reizes zu bewegen, in der Hoffnung, daß es sich um eine Nahrungsquelle handelt. Wird das Kind sehr eng von einer Berührungs-Druck-Stimulation umgeben, so zeigt es eine Verhaltensreaktion, die Wohlbefinden ausdrückt. Die Berührungs-Druck-Reize, die durch das Halten hervorgerufen werden, wirken anscheinend durch einige integrative Mechanismen und führen zu einer Erniedrigung des zentral-exzitatorischen Status. Das Kind ist mehr von seinen „Nahrezeptoren", wie z. B. die Berührung, als von seinen „Distanzrezeptoren", wie z. B. das Sehen, abhängig (vgl. SCHOPLER, 1965).

Für das kleine Kind kommt ein Großteil der frühen Information über die Welt und über sich selbst vom Kontakt zwischen der Haut oder den Schleimhäuten und der Umwelt. Das Gebiet um den Mund, das mit sehr vielen Rezeptoren ausgestattet ist, stellt eine bedeutende Quelle der sensorischen Stimulation der Mechanorezeptoren dar und ist bei zeitlicher und räumlicher Interpretation der Reize eine Informationsquelle über kleine Gegenstände und kleine Segmente der Anatomie. Obwohl diese kognitiven Funktionen des taktilen Systems leicht zu erkennen sind, ist die hoch signifikante Rolle des taktilen Systems in der Stimulation des Erregungs-Systems in der Formatio reticularis und der generellen integrativen Funktionen dieser Struktur von gleicher oder sogar noch größerer Bedeutung. Es ist schwierig, spezifische Daten zur Unterstützung dieser Hypothese zu finden; dennoch kann man annehmen, daß diese Funktion der taktilen Stimulation im frühen Leben einen beachtlichen Beitrag zur Entwicklung der Praxie leistet. CASLERS Studie (1965) an acht Paaren von im Krankenhaus untergebrachten Babies unter einem Jahr mit jeweils denselben Symptomen zeigte, daß eine leichte Berührungs-Druck-Stimulation den Entwicklungsquotienten nach Gesell in der Experimentalgruppe im Vergleich zur Kontrollgruppe steigerte. In allen Untertests – mit Ausnahme des motorischen – traten statistisch signifikante Unterschiede auf. Der motorische Untertest schien in diesem Alter in erster Linie mit den Haltungsreaktionen in Verbindung zu stehen, obwohl der adaptive Untertest mehr auf die Praxie bezogen war. Diese Ergebnisse lassen vermuten, daß die taktile Stimulation zu Unterschieden in den Reifungsschritten der Kinder führt und daß dies möglicherweise durch das retikuläre System zustande kommt. Im frühen Leben werden taktile Reize häufig diffus und unpräzis interpretiert. Das Kind ist sich nicht nur über den Charakter dessen, was es berührt, nicht sicher, sondern es ist sich auch über den Körperteil, der einen Gegenstand berührt, nicht im klaren. Vielleicht resultiert die Neigung des Kindes, jeden Gegenstand in den Mund zu nehmen, nicht nur aus einer oralen Orientierung zum Leben, sondern auch aus dem Bedarf nach taktiler Stimulation und Erkenntnis. Sein Mund kann ihm eine der genauesten Informationsquellen über seine Umgebung sein.

Obwohl das Kind über die räumlichen Eigenschaften der taktilen Reize im Zweifel sein kann, zweifelt es nicht an dem emotionalen Charakter der Reize. Schmerz wird als Schmerz empfunden, und es wird entsprechend darauf reagiert, aber die Reizquelle wird nicht gut lokalisiert. Bestimmte Reiztypen, wie z. B. solche, die beim Waschen des Gesichts hervorgerufen werden, werden so erfahren, daß sie eine Vermeidungsreaktion hervorrufen. Im theoretischen Rahmen dieses Buches wird eine solche Reaktion als „taktile Abwehr" klassifiziert.

Man nimmt an, weiß es aber nicht genau, daß die Kinästhesie im frühen Leben besonders gering entwickelt ist. Ein Kind hat wahrscheinlich nur eine vage Vorstellung über Position und Bewegung seiner verschiedenen Körperteile. Daher kann man annehmen, daß mit der Reifung die Nachrichten aus den Gelenkrezeptoren eine immer genauere Information über die Gelenkstellung und -bewegung geben. Die Kinästhesie sollte nicht mit der Information aus Impulsen von Muskelrezeptoren verwechselt werden, die besonders auf Dehnung reagieren, obwohl das auch sehr wichtig ist. Man fand heraus, daß die Muskeldehnung beim Kind deutliche simultane Reaktionen im EEG hervorrufen kann, die einen höheren Reifungsgrad als visuelle Reaktionen aufweisen (Hrbek et al., 1968).

Der sensorische Input von der Haut und den Gelenken, besonders aber von der Haut, trägt zur Entwicklung eines Modells oder internalen Schemas der Körper-Vorstellung als einem motorischen Instrument im Gehirn bei. Zwei Prozesse sind für die Entwicklung einer verbesserten Differenzierung in der somatosensorischen Wahrnehmung erforderlich: eine genügende Menge an Stimulation und die Kapazität des Gehirns, diese sowohl im Hirnstamm als auch auf höheren Stufen zu integrieren. Der zweite Prozeß schließt seine Aufnahmefähigkeit ein. Daten, die die Bedeutung der Quantität unterstützen, wurden von Casler (1961) präsentiert, der Untersuchungen über physikalische, intellektuelle und emotionale Defizite machte, die er an Kindern und Tieren, die in der frühen Kindheit ohne Mutter aufwuchsen, beobachtete; er schloß daraus, daß der grundlegende Faktor in der Entwicklung die Gesamtmenge der sensorischen Interaktion mit der Umwelt ist. Die Beobachtung von Kindern mit sensorisch-integrativen Störungen legt nahe, daß das Problem seltener auf die „offensichtliche Menge" als vielmehr auf die Fähigkeit des Gehirns zu normaler Verarbeitung zurückzuführen ist. Wenn ein Teilproblem in einer verminderten Aufnahmefähigkeit des Gerhirns für den sensorischen Input besteht, dann wird die Quantität besonders dann, wenn man eine therapeutische Annäherung in Betracht zieht, zu einem wichtigen Faktor. Von gleicher Bedeutung ist das Ausmaß, in dem die Verarbeitung des Gehirns auf Eindrücke hinausläuft, die mit der Realität übereinstimmen. Abercrombie (1968) nahm nach einer beachtlichen Studie über die afferente Wahrnehmung bei Kindern mit verschiedenen Arten neurologischer Störungen an, daß bei Kindern mit zerebralen Lähmungen das sensorische Feedback und die zentrale Wiedergabe der efferenten Nachricht, die mit einer aktiven Bewegung verbunden ist, es wahrscheinlich zutrifft, daß die motorischen Störungen der zerebralen Lähmung die Wahrnehmungsfähigkeiten beeinflussen. Man nimmt an, daß das Ausmaß der Echtheit des sensorischen Feedback einen wichtigen Aspekt darstellt. Es ist möglich, daß ein athetoides Kind während einer Bewegungsstörung akkurate und präzise Informationen über diese Bewegung erhält. Andererseits kann ein apraxisches Kind mit einer besseren Koordination nur ein vages sensorisches Feedback von seiner Handlung erhalten, und diese Ungenauigkeit kann natürlich nur wenig zur Entwicklung eines genauen Körperschemas beitragen.

Die normativen Daten der Tests dieser Art der sensorischen Integration und die Studien über diese sensorischen Modalitäten liefern die faktische Grundlage für die Annahme, daß die Reifung die Diskrimination der räumlichen und zeitlichen Qualitäten in der somatosensorischen Wahrnehmung und die Integration zwischen Berührung, Kinästhesie und Sehen verbessert (vgl. BIRCH u. LEFFORD, 1967). Die Reifung der taktilen und kinästhetischen Wahrnehmung und ihre Verbindung mit der Wahrnehmung in anderen sensorischen Modalitäten ist im Alter von acht oder neun Jahren nahezu vollständig abgeschlossen. Eine optimale intersensorische Integration ist natürlich von der diskriminatorischen Wahrnehmung in jeder Modalität abhängig, aber die intersensorische Integration kann genauso eine bestimmte Modalität der Wahrnehmung verbessern.

Eine Studie von GHENT (1961) zeigt, daß es noch viel über die Entwicklung der taktilen Funktionen zu lernen gibt; diese Studie weist Veränderungen in der taktilen Sensitivität bei Mädchen im Alter von fünf und bei Jungen im Alter von elf Jahren nach. Der Wandel verlief von einer größeren Sensitivität der dominanten Hand im jüngeren Alter zu einer größeren Sensitivität der nicht dominanten Hand im späteren Alter. Die Sensitivität muß nicht notwendigerweise ein Anzeichen für räumlich diskriminative Wahrnehmung sein, aber alle Wahrnehmungsaspekte tragen zum sensorisch-integrativen Gesamtbild bei. Ein geschlechts-spezifischer Unterschied wurde in einer Untersuchungsreihe von FISHER (1964) gefunden, der die Schlußfolgerung zog, daß Frauen wahrscheinlich ein deutliches, klareres und stabileres Konzept der Beziehung zwischen ihrer Umgebung des Körpers und dem Wahrnehmungsfeld besitzen als Männer.

Der ontogenetische Trend in der taktilen Wahrnehmung vom Diffusen zum mehr Spezifischen und Lokalisierten kann genauso in der Phylogenese beobachtet werden. Der Amphibienkortex z. B. verfügt allenfalls wenig über die Art der Funktionslokalisation, die der Mensch besitzt, und bei Reptilien ist sie nur im Anfangsstadium vorhanden. Diese Tiere neigen zu einer sensomotorischen Gesamtleistung anstelle von einzelnen Leistungen. Das apraxische Kind neigt eher zur Manifestation totaler als einzelner motorischer Handlungen, was sich in einem begrenzten Verhaltensrepertoire und dem Mangel an der Flexibilität widerspiegelt, die von einem getrennten und nicht von einem diffusen sensorischen Input abhängig ist.

Einer der bedeutendsten Entwicklungsprozesse, der zum Reifungstrend vom Diffusen zum Spezifischen beiträgt, entspringt aus der Bewegung, die mit dem sensorischen Input in Verbindung steht. Das somatomotorische System befindet sich in einem Zustand ständiger Musterveränderungen, wobei die somatischen Veränderungen aus der Bewegung hervorgehen und im Gehirn irgendeine Erinnerung zurücklassen, durch die eine ähnliche oder kompliziertere Bewegung ausgeführt werden kann, die in der nächsten Zeit benötigt wird. Der Gebrauch des Körpers bestimmt sein Konzept oder Schema als Ergebnis einer Handlung und der Reize, die aus dieser Handlung resultieren. Sobald die Bewegung an Bedeutung gewinnt, erlernt das Kind die motorische Planung oder das kortikale Dirigieren seiner Bewegungen, besonders der serienmäßigen Einzelbewegungen, um eine Aufgabe zu erfüllen, die bisher nicht automatisch war. Wenn die Information, die der Körper aus seinen somatosensorischen Rezeptoren erhält, nicht präzise ist, hat das Gehirn nur eine geringe Basis zum Aufbau seines Körperschemas; daraus folgt, daß sich die Kapazität der motorischen Planung nicht normal entwickeln kann. Diese Konzeptdarstellung ist zweifellos stark vereinfacht, aber sie dient der Klarheit des geläufigen Konzepts der Apraxie und ihrer Behandlung.

Die Notwendigkeit der Entwicklung der potentiellen Körperkapazität zur Ausführung gewandter motorischer Handlungen kann im Interesse und im Antrieb der Kinder gesehen werden. Das Vorschulkind ist gewöhnlich damit beschäftigt, die verschiedenen Körperpositionen zu explorieren, auf Gegenstände einzuwirken, durch Berührung und Bewegung etwas über die Dinge zu lernen und im Kritzeln und Zeichnen Befriedigung zu finden. Diese Kritzeln ist der Anfang dessen, was später zu einer der Handlungen wird, die die größte Erfahrung in der motorischen Planung erfordert – das Schreiben. Das Schulkind strukturiert seine fortschreitende Reifung der praktischen Fähigkeit beim Spiel auf Spielplätzen mit komplizierten Spielen, die große motorische Koordination erfordern. Wenn ein motorisches Muster wie das Laufen oder sogar das Knüpfen eines Knotens zur Gewöhnung wird, erfordert es nicht länger die motorische Planung und spiegelt auch keine Gewandtheit der Bewegung wider. Sind die Grenzen der Fähigkeit der motorischen Planung erreicht und ist die Reifung des Körperschemas im wesentlichen vollendet, wenden sich die meisten Individuen einem weniger aktiven Leben zu. Es soll vermerkt werden, daß diese Verlangsamungsperiode ziemlich früh im zweiten Lebensjahrzehnt beginnt, während die kognitiven Prozesse immer noch sehr schnell reifen.

Mason et al. (1959) haben den Antrieb für die Manipulation der Hände an Rhesusaffen untersucht. Sie beobachteten den manipulatorischen Antrieb bereits in den ersten Lebenstagen. Seine frühe Erscheinung und seine stetige und anhaltende Reifung ließen die Autoren vermuten, daß die Aktivität angeboren war und wahrscheinlich mit der Selbstverstärkung durch die Ergebnisse der Manipulation zunahm. Hier kann man erneut einen angeborenen Antrieb sehen, der zusammen mit dem sensorischen Input auf die Entwicklung einer fundamentalen sensomotorischen Funktion hinausläuft.

Die Praxie besteht also nicht nur aus Bewegung, sondern aus der erlernten Fähigkeit, eine zeitliche Serie von Bewegungen zur Erzielung eines Ergebnisses zu planen und zu dirigieren – das ist normalerweise eine erfahrungsbedingte und keine habituelle Handlung. Das Endprodukt des Entwicklungsprozesses stellt die afferente Synthese der gesamten vergangenen ontogenetischen Erfahrung dar, die mit einem bestimmten motorischen Muster verbunden war. Jeder frühere wie jeder noch bestehende Kanal für den sensorischen Input hat zur derzeitigen Handlung beigetragen, aber von allen Systemen scheint das taktile den wichtigsten Beitrag zu leisten, oder aber es kann sein, daß die gleiche neurologische Organisation, die zur Apraxie führt, auch wesentlich auf die taktile Wahrnehmung einwirkt. Wenn die afferente Information nicht verarbeitet wird, wird das Endprodukt nicht gut integriert. Wie das neurale Subsystem, das der Haltungs- und Bilateralintegration dient, hängt auch die Reifung des Neuralsystems, das für die Praxie zuständig ist, vom integrierenden sensorischen Input und dem Folgen eines Antriebs, der im Gehirn programmiert wurde, ab. Das System unterscheidet sich insofern vom Haltungs- und bilateralen „Integrationssystem", als es in einer geringeren direkten Abhängigkeit von Hirnstammreflexen steht. Es handelt sich um einen Prozeß, der sich in den ersten zehn Jahren der postnatalen Entwicklung abspielt. Haltungs- und Bilateralintegration reifen früher. Während die Haltungs- und Bilateralintegration speziell und direkt vom vestibulären Input abzuhängen scheint, ist die Praxie speziell und direkt abhängig von diskriminativen taktilen Funktionen, wobei das vestibuläre System mehr als nur ein Substrat darstellt. Beide Systeme sind von Propriozeptoren abhängig, wobei die Haltung mehr mit den Muskelspindeln und die Praxie mit den Gelenkrezeptoren in Verbindung steht.

Die Praxie ist mehr kortikal und auf den Menschen bezogen, während die Haltungs- und Bilateralintegration mit den niederen Tieren geteilt wird. In gewisser Hinsicht übertreffen die niederen Tiere die Menschen in posturalen und Fortbewegungsleistungen, aber keines übertrifft den Menschen in der Planung der feinen, erfahrungsbedingten Bewegungen, besonders der Hand und der Zunge. Diese Unterscheidungen gehen mit dem Unterschied in dem, was als Hauptzug der Integration der beiden neuralen Subsysteme betrachtet wurde, einher. Man hält das Hauptsubstrat der Praxie für diencephalisch und kortikal, während der Hirnstamm hauptsächlich für die Haltungs- und Bilateralintegration sorgt. Diese Unterschiede helfen bei der Bestimmung verschiedener Behandlungsarten der beiden Syndrome, wobei die Behandlung der Haltungsstörungen vorangeht und sich dann auf die Behandlung der Praxie konzentriert.

11.2. Beschreibung des Syndroms

Die Tatsache, daß man die Apraxie (und nicht zu Unrecht) als Outputstörung betrachtet hat, entspricht der Tatsache, daß die motorische Komponente besser als die sensorische zu beobachten ist, was besonders dann zutrifft, wenn man keine speziellen diagnostischen Tests verwendet. Das Problem liegt weniger im sensorischen Input oder dem motorischen Output, als in dem Koordinationsprozeß der sensorischen Integration, der Planung und der Bewegung. Der russische Ausdruck „Handlungsabnehmer" (ANOKHIN, 1961) beinhaltet den Gedanken der grundlegenden Integration sensorischer und motorischer Faktoren der Apraxie, obwohl die Bedeutung dieses Ausdruckes weit über die erfahrungsbedingte motorische Planung hinausreicht. Der „Abnehmer" steht mit der Intention, dem Ziel oder dem Gedanken der Handlung in Zusammenhang.

Aufgrund ihrer motorischen Komponente ist die Entwicklungsapraxie leicht zu beobachten, wenn das Kind nicht weiß, wie es die Ausführung einer ungewöhnlichen motorischen Aufgabe bewerkstelligen soll. Dieser Verhaltensparameter wird im Test der Imitation von Stellungen des SCSIT bewertet, und ein solcher Testwert ist einer der besten Einzelindikatoren für die Bewegungsfähigkeit des Kindes. Gelegentlich kann sich ein – gewöhnlich besonders intelligentes – Kind einem wahrnehmungsmotorischen Problem durch höher kognitive Prozesse wie die Vernunft nähern, und es wird diesen Test gut durchführen. Aus diesem Grunde und weil man nie nur einem einzigen Test zur sensorischen Integration vertrauen sollte, sind zusätzliche Beobachtungen ratsam. Das apraxische Kind hat gewöhnlich Schwierigkeiten mit dem motorischen Genauigkeitstest (Motor Accuracy Test) und mit dem Test zur bilateralen motorischen Koordination (Bilateral Motor Coordinating Test). Bei diesen Tests ist keine Kompensation durch intellektuelle Mittel möglich.

Die Beobachtung eines Kindes bei freien oder spielerischen Übungen, besonders wenn das Kind sie nicht als Bruchstücke von Erfahrungen gelernt hat, kann zur Festlegung des Grades der motorischen Planungsfähigkeit beitragen. Das dyspraxische Kind lernt nur langsam, sich selbst anzuziehen, aber mit der Zeit erreicht es das. Hat es dies erlernt, so bedeutet das jedoch nicht eine Beseitigung des praxischen Problems. Es hat Schwierigkeiten beim konstruktiv-manipulatorischen Spiel und kann zum Zerstören der Gegenstände neigen. Schwierigkeiten beim Zeichnen, Schneiden, Kneten und Sammeln werden gewöhnlich beim Vorschulkind gefunden, und das Schreibenlernen ist eine äußerst große und normalerweise überfordernde Anforderung an ein apraxisches Kind, das gerade in die Schule kommt.

Die motorischen Probleme des apraxischen Kindes unterscheiden sich von denen des athetoiden Kindes darin, daß letzteres keine Schwierigkeiten hat, seinem Körper Anweisungen für motorische Ausführungen zu geben. Dem Muskel fehlt die Kontrolle, um ihnen ohne irgendeine eigenartige Bewegung zu folgen. Andererseits wird das apraxische Kind nicht von unfreiwilligen Bewegungen geplagt, aber es weiß nicht, wie es seinem Körper präzise Anweisungen geben soll.

Da es sich um eine Störung in der Integration der somatosensorischen Reize handelt, wird die Differentialdiagnose des Syndroms weitgehend durch die Untersuchung der Testwerte aus den somatosensorischen Tests des SCSIT unterstützt. In den meisten, aber nicht allen taktilen Tests ist die Leistung normalerweise gering, und in schweren Fällen ist der Wert im Kinästhesietest niedrig. Die Schwierigkeit im Erkennen, wo man gerade berührt wurde, ob am Arm oder an der Hand, oder im Erkennen oder in der Wiedergabe eines einfachen Musters, das auf den Handrücken gezeichnet wurde, läßt auf eine geringe Wahrnehmung der Raumqualitäten taktiler Reize schließen.

Die Fähigkeit zu identifizieren, welcher Finger berührt wurde, ohne den Kontakt gesehen zu haben, ist für das apraxische Kind häufig, aber nicht immer schwierig. Wenn ein Kind nicht sagen kann, welcher Finger den taktilen Stimulus erhielt, so kann man nicht von ihm erwarten, richtig zu wissen, wie es diesen Finger zur Manipulation von Objekten oder zum Gebrauch von Handwerkszeug – einschließlich des Bleistiftes – geübt benutzen soll. Die Fingerlokalisation ist mehr als ein Test der taktilen Wahrnehmung. HALNAN u. WRIGHT (1960) untersuchten die Fähigkeit, Finger und Zehen zu lokalisieren und zogen die Schlußfolgerung, daß propriozeptive und visuelle Reize zu dieser Fähigkeit beitragen. Ähnlich fand McKINNEY (1964), daß sehende Kinder bei geschlossenen Augen ein visuelles Schema benutzten, um sagen zu können, welcher Finger beim Finger-Identifikations-Test berührt wurde. Seine Schlußfolgerung basierte auf der Tatsache, daß Kinder viele Fehler machten, wenn sich die Hand bei der Berührung der Finger in der supinen Stellung befand und die Antwort mit der Handfläche nach unten gegeben werden mußte. Blinde Kinder machten keine vergleichbaren Fehler, aber viele von ihnen machten Fehler, wenn die Hand zwischen dem Reiz und der Antwort herumgedreht wurde. Offensichtlich störte die Bewegung den taktilen Eindruck. Diese Daten gehen mit der Faktorenanalyse von AYRES (1966 b; 1972 c; unveröffentlichte Daten) einher, in der der SCSIT-Test der Fingeridentifikation dazu neigte, dieselben Abweichungen wie die anderen Tests zur visuellen Wahrnehmung aufzuweisen. Ein Profil der SCSIT-Werte für den klassischen Fall der Apraxie wird im Handbuch für diese Tests gezeigt.

Eine Apraxie wird beim Zusammenlegen eines Puzzles einer menschlichen Form oder beim Zeichnen seines Bildes nicht richtig aufgedeckt (vgl. ABERCROMBIE u. TYSON, 1966; BERGÈS u. LEZINE, 1965; AYRES u. REID, 1966; KRAFT, 1968). Statistische Tests lassen vermuten, daß diese Aufgaben mehr mit der visuellen als mit der somatischen Wahrnehmung verbunden sind.

Die extraokulare Muskelkontrolle wie auch die Kontrolle über andere Skeletmuskeln werden oft durch die Apraxie beeinflußt (AYRES, 1965; SANDIFER, 1963; ABERCROMBIE, 1963). Betrachtet man die Präzision der Kontrolle, die die extraokularen Muskeln erfordern, ist die Verknüpfung logisch. Sie wird als Schwierigkeit beobachtet, einem Objekt ständig mit den Augen zu folgen. Bewegungen am Ende der muskulären Reichweite können besonders unregelmäßig sein. Augen, die einem willentlichen Befehl nicht folgen, lassen Schreibtischarbeit äußerst hohe Anforderungen stellen.

Die motorische Unbeständigkeit oder die Unfähigkeit, bestimmten willentlichen Handlungen Folge zu leisten, wie z. B. die Zunge herausgestreckt zu halten, die Augen auf einen Gegenstand zu fixieren, der sich auf der Seite befindet, oder die Finger in einer besonderen Position zu halten, kann ein Teil des Syndroms der Apraxie sein (GARFIELD, 1964; JOYNT et al., 1962; AYRES, unveröffentlichte Daten).

Bei der Betrachtung der somatosensorischen Wahrnehmung sollte man die orale Region nicht übersehen. McDONALD u. AUNGST (1966) fanden Beweise, die die Ansicht stützen, daß die Qualität der oral-motorischen Leistung im Zusammenhang mit der oralsensorischen Kapazität steht und daß eine experimentelle Unterbrechung der oralen Wahrnehmung eine Verschlechterung der artikulatorischen Leistung hervorzubringen scheint.

Der klinische Eindruck – der mit den Erkenntnissen aus der Tierforschung einhergeht – zeigt, daß ein Kind mit geringer somatosensorischer Integration emotional labil zu sein scheint und eine überdurchschnittliche Tendenz zu Verhaltensproblemen aufweist.

11.3. Neurologische Überlegungen

Bei vielen Versuchen der Koordination der Daten aus der Grundlagenforschung zu einem vielfältigen Bild, das der therapeutischen Praxis dienen soll, kommt es vor, daß bei der Untersuchung der neurobiologischen Grundlagen der Praxie das Ziel nicht zur vollkommenen Zufriedenheit erreicht wird. Anstelle einer Vertrauen erweckenden Klarheit muß man mit Teilen eines Ganzen zufrieden sein und hoffen, daß die Zusammenhänge mit der Zeit klarer werden.

Die Exploration erfordert eine besondere Beachtung der sensorischen Integration auf kortikalem und dienzephalischem Niveau unter Berücksichtigung des konstanten neuralen Flusses zwischen dem Dienzephalon und dem Kortex. Ferner sollte man die Tendenz des Gehirns, als ein Ganzes mit einer gewissen Interdependenz unter den Strukturen zu funktionieren, beachten. LURIA (1966 b) betrachtet die Praxie als eine Funktion des gesamten Gehirns, wobei jedes Hirnsegment seine eigene Rolle bei der Koordination schwieriger Bewegungen einnimmt. Der motorische Kortex ist der „Analytiker der Bewegung", und er ist funktional gesehen ein afferenter Apparat, weil hier die afferente Synthese stattfinden muß, bevor die Bewegungen geplant werden können. Eine charakteristische Richtung der Evolution lag in einer Zunahme der Kortexteile, die für die Kontrolle des afferenten Inputs verantwortlich waren, und einer relativen Abnahme der kortikalen Zellen, von denen die muskuläre Kontraktion ausging. Nach LURIA (1966 a) sind die höchsten Assoziationsareale des ZNS und die kortikalen motorischen Areale die phylogenetisch jüngsten Regionen des Neokortex. Mit LURIAS Worten heißt das: „Dem frontalen Teil des Kortex, in dem externale und internale Information integriert und in definitive motorische Handlungen umgesetzt wird, die das Verhalten des Organismus als Ganzes bestimmen, kann eine grundsätzliche Bedeutung beim Menschen zugemessen werden."

Eine Durchsicht der Werke vieler Wissenschaftler zusätzlich zu seinen eigenen Betrachtungen führten TEUBER (1966) zu derselben Auffassung wie LURIA; d. h. die visuell-motorische Koordination findet auf einem höheren Niveau als dem der primären visuellen Bahnen statt. Diese Auffassung ermöglicht es, die frontalen motorischen Areale als das höchste Niveau anzusehen, und unterstützt die Anwendung geschickter motorischer Reaktionen, die den vom Kortex empfangenen sensorischen Fluß integriert, einschließlich des visuellen Inputs. Die wahrscheinliche Rolle der integrierenden Zentren im Hirnstamm in diesem Koordinationsprozeß muß noch erforscht werden. Eine adäquate Erklärung geben MYERS et al. (1962) mit der Erklärung des zentrenzephalischen Systems nach PENFIELD: „Die Muster von visuellen Reizen, die zur Regulierung der motorischen Reaktion bestimmt sind, ... werden zuerst vom okzipitalen Kortex zu einem zentral integrierenden Mechanismus kanalisiert, um anschließend wieder nach außen auf den präzentralen Kortex gerichtet zu werden, wo die finalen Muster der willentlichen Aktivität hervorgerufen werden".
Wenn der sensorische Input von den taktilen Rezeptoren einen großen Beitrag zur Wahrnehmung leistet, die auf kortikalem und subkortikalem Niveau integriert werden soll, sind sie und ihre Entladungsbahnen der Diskussionen wert. Die anatomischen und physiologischen Aspekte der taktilen Funktionen sind sehr unklar, und mit fortschreitender neurologischer Forschung werden sie immer komplexer.
Um eine Basis für eine vorläufige Konzeptbildung der Hautrezeptoren zu erhalten, wird das Werk von SIMINOFF (1965) zitiert. Er identifizierte zwei spezifische Mechanorezeptoren in der haarigen Haut, einen im Haar selbst und einen in der Haut zwischen den Haarschäften. Die Rezeptoren der Haare reagieren auf Bewegung dieser Haare und können hohe oder niedrige Sensitivität besitzen. Diese Rezeptoren adaptieren schnell. Die Rezeptoren der Haut adaptieren langsamer. Die Aktivität in den Rezeptoren kann

spezifisch oder nichtspezifisch sein, wobei die ersteren zur taktilen Diskriminination und die letzteren zur Schmerz- und Temperaturempfindung beitragen. Schmerz und Temperatur (sie werden von den kleinen C-Fasern versorgt) sind keine „niederen Sinne", sondern das Ergebnis der Musterbildung von sensorischen Impulsen über die Neurone. Verschiedene Typen der taktilen Funktion haben gemeinsame Fasern, die es den zeitlichen Mustern und den Rezeptoren, den Fasern und Bahnen ermöglichen, die zum Gehirn gesandte Nachricht zu bestimmen.

Die C-Fasern sind die ältesten somatosensorischen Neurone. Sie besitzen nur eine geringe Größe, eine langsame Konduktionsrate und hohe Schwellen. Sie transportieren Nachrichten von diffuser Berührung genauso wie von Schmerz und Temperatur, wobei alle diese Nachrichten fundamentaler für das Überleben sind als die räumliche taktile Information. Viele dieser Fasern enden im Hirnstamm, um ein sehr niedriges Niveau der adaptiven sensomotorischen Funktion zu erreichen. Angesichts ihrer hohen Schwellen erfordert ihre Aktivation wahrscheinlich eine schnelle und längerfristigere Stimulation der Rezeptoren. Der Vorschlag von BISHOP (1959), daß das mehr diskriminative System über dem primitiven liegt, kann ein Anzeichen dafür sein, daß die Aktivation der kleineren taktilen Neurone bedeutsam für die Entwicklung der Unterscheidung im taktilen Bereich wiederum die Aktivationswahrscheinlichkeit der großen Fasern fördert, die die räumliche taktile Information befördern.

Die Spezifität der Information kann in den afferenten Nervenendungen und deren Fasern vorhanden sein, aber die Spezifität muß nicht notwendigerweise in diesem Typ von Rezeptor liegen (MOUNTCASTLE, 1957). Die Spezifität, d. h. die Projektion eines einzelnen stimulierten Punktes, die auf eine Entladung in den kortikalen Zellen hinausläuft, würde in einer weiteren Umgebung eine geringere Entladung verursachen. Einige Neurologen nehmen an, daß man sich eher Neuronenpoole vorstellen sollte als einzelne Neurone. Zusätzlich besteht die Möglichkeit, daß die thalamokortikalen Systeme multisensorische Komponenten wie eine integrierte Nachricht übertragen (JUNG, 1961). Ein Teil der Hirnkapazität für die spezifische Lokalisation des taktilen Reizes stammt aus der Inhibition (MOUNTCASTLE u. POWELL, 1959) der kortikalen Zellen, die solche umgeben, die die bewußte Erfahrung eines bestimmten berührten Hautfleckes erbringen.

Aus diesem kurzen und vereinfachten Überblick des anatomischen Status lassen sich zwei Hauptkonzepte ableiten, die bei der sensorisch-integrativen Therapie für das apraxische Kind beachtet werden sollten: die Spezifität versus die Nichtspezifität des sensorischen Prozesses und die Erregung versus die Hemmung der Wahrnehmung. Die Integration schließt wahrscheinlich das Gleichgewicht aller vier Bedingungen ein. Gelegentlich ist ein apraxisches Kind hypotonisch, was auf mangelhafte Rezeptivität oder unzureichende Verarbeitung des ZNS oder auf eine Überaktivation der inhibitorischen Funktionen schließen läßt. Häufiger ist jedoch der Muskeltonus normal, und das Kind neigt zu überdurchschnittlicher Aktivität. Man nimmt an, daß in diesen Fällen ein Teil der Schwierigkeit in einer inadäquaten Hemmung der Sperre der diffusen taktilen Reize liegt, die das Hirn ständig bombardieren. Solch eine normale Inhibition entspringt – wenn sie vorhanden ist – der taktilen und propriozeptiven Stimulation, besonders der, die durch Berührungsdruck oder in den Rezeptoren hervorgerufen wird, die mit Haltungsreaktionen zu tun haben. Die Hemmung kann eine größere Spezifität der sensorischen Analyse erlauben.

Wahrscheinlich wird die neurale Störung, die auf eine Apraxie hinausläuft, durch eine entwicklungsbedingte Abweichung in den Nerven verursacht, die die Reifung der inhibitorischen Mechanismen und die Entwicklung der integrativen Mechanismen verhindert. Es kann aber auch sein, daß die Aufnahmefähigkeit des Gehirns für hemmende Reize vermindert ist. Sowohl taktile Rezeptoren als auch Propriozeptoren leisten ihren

Beitrag zu den inhibitorischen Mechanismen des Gehirns.

Diese Tatsachen weisen nicht klar auf die therapeutischen Methoden hin, aber sie laufen sicherlich auf die Notwendigkeit intersensorischer Integration hinaus, wobei die Betonung auf dem taktilen und kinästhetischen System liegt oder auf den Empfindungen, die aus geplanter Bewegung entspringen, und sie machen die Notwendigkeit sensorischer Inhibition aus den propriozeptiven Quellen deutlich. Die neurobiologische Diskussion in dem Kapitel über taktile Defensivität ist auch für dieses Kapitel wichtig und führt zu einem Verständnis der Physiologie taktiler Sinne und damit zu einer theoretischen Basis für die Behandlung der Apraxie.

11.4. Behandlungsplan und -prinzipien

Im Einklang mit der These, daß der Kortex ohne eine gute Organisation der Hirnzentren nicht richtig funktioniert und daß das diskriminative System das diffuse überlagert, beginnt die Besserung der gestörten sensorischen Integration damit, daß das Gewicht auf die Förderung der sensorischen Integration auf Hirnstammniveau gelegt wird. Der Ansatz ist der in Kapitel 9 beschriebene, „Allgemeine Prinzipien und Methoden der Intervention", der zu Beginn einer Behandlung eine allgemeine vestibuläre und taktile Stimulation empfiehlt. Der intermodale Einfluß kann auf vestibuläre Reize hinauslaufen, die die Organisation der taktilen und anderer sensorischer Reize in der Formatio reticularis fördern. Die Grundprinzipien, die die integrierenden Eigenschaften der taktilen Stimulation allgemein unterstützen, sind ziemlich ausführlich in früheren Kapiteln und in dem Kapitel über taktile Defensivität diskutiert worden.

Theoretisch wird ein leichtes Bürsten mit einem batteriegetriebenen Gegenstand am besten dazu geeignet sein, die kleineren taktilen Neurone mit höheren Schwellen, aufgrund der Möglichkeit zur zeitlichen Summation, zu aktivieren. Die große Vorliebe der Kinder für eine leichte, schnelle Bürstenmassage der Haut läßt auf die Richtigkeit dieser Form der taktilen Stimulation für das apraxische Kind schließen. Der Gebrauch eines ganz normalen Pinsels, so wie er zum Bemalen von Möbeln gebraucht wird, erfüllt einen ähnlichen Zweck. Eine Richtlinie für den Typ und die Quantität der Reize wurde bereits früher in Form der kindlichen Reaktion empfohlen. Allgmein gesagt wirkt das, was dem Kind am angenehmsten ist, am meisten integrierend. Man nimmt dabei natürlich an, daß das angenehme Gefühl die Integration widerspiegelt und daß bei gegebener Gelegenheit das Gehirn versucht, sich selbst zu organisieren.

Nur wenn sich der Therapeut seiner Methode sehr sicher ist, sollte er mit der taktilen Stimulation beim Kind beginnen. Eine erzwungene Stimulation kann unter der Bedingung akzeptiert werden, daß das Kind emotional verwirrt ist und der Therapeut aus früherer Erfahrung weiß, daß ein bestimmter Typ der taktilen Stimulation vom Nervensystem des Kindes akzeptiert wird. Der Einfluß der taktilen Stimulation, die zum Beginn der Behandlung verabreicht wird, dauert ca. eine halbe Stunde, so daß sie mit der folgenden Übung interagiert. Andere Reize, die in das Nervensystem eintreten, interagieren natürlich auch mit dem vorhergehenden Input.

Taktile Stimulation kann als inhärenter Teil einer Übung bereitgestellt werden, so wie durch das Auskleiden eines Fasses, in dem sich das Kind rollt, mit Stoff o. ä. oder durch den Kontakt mit einem Stück Teppich auf dem Boden des Tunnels, durch den das Kind auf verschiedene Arten hindurchkrabbelt. Eine Wolldecke, die auf einem schrägen Brett befestigt ist, worauf das Kind sich abrollt, erzeugt taktile Stimulation, besonders wenn die Neigung des Brettes so groß ist, daß das Kind aufgrund der Schwerkraft vom Brett herunterrutschen kann. Das Kombinieren der taktilen Stimulation mit einer zweckgerichteten motorischen Handlung hat neurophysiologischen Wert, da auf diese Weise die taktil-motorische Planung eines jeden Kindes reift. Ferner sind Hautoberfläche und darunter liegende Muskeln funktional sehr eng miteinander verbunden.

Ein weiterer Vorteil der Kombination von taktiler Stimulation und Aktivität liegt darin, daß das Kind den Reiz selbst initiiert. Ein selbstinitiierter Reiz wird besonders von taktil-defensiven Menschen eher akzeptiert. In gleicher Weise kann ein Kind, wenn es Schwierigkeiten hat, die taktile Stimulation durch den Therapeuten zu tolerieren, in der Lage sein, eine direkte Stimulation, die es sich selbst gibt, zu akzeptieren. Sich selbst zu berühren entspricht nicht demselben neurologischen Prozeß wie berührt zu werden. In ähnlicher Weise aktiviert das Sich-Selbst-Berühren, auch wenn es nur passiv geschieht, wenn man z. B. über einen Teppich geht, automatisch einen inhibitorischen Prozeß, der die Reize annehmbar und für das Nervensystem nutzbar macht. Wahrscheinlich ist eben für diesen inhibitorischen Prozeß die Aktivation besonders notwendig, um dem diskriminatorischen, taktilen Prozeß die Vorherrschaft über die diffusere, emotional geladene, räumliche unspezifische Reaktion zu ermöglichen.

Bei der Verabreichung der taktilen Stimulation muß der Therapeut beachten, daß die Reaktion eines jeden kindlichen Körpers auf einen sensorischen Reiz weitgehend von aller vorherigen neuralen Erfahrung und dem momentanen Status des Gehirns bestimmt wird (vgl. Brazier et al., 1961). Da der Therapeut nur Vermutungen über die frühere neurale Erfahrung und den momentanen Hirnstatus anstellen kann, ist die kindliche Reaktion auf die taktile Stimulation der beste Maßstab und ein indirekter Beweis für den früheren und jetzigen Neuralstatus. Da einige Reaktionen auf die taktilen Reize sofort erfolgen und einige der kumulativen erst zehn oder fünfzehn Minuten später, sollte die Beobachtung über diese Periode andauern. Der Therapeut sollte natürlich die sensorischen Reize in Betracht ziehen, die nach der taktilen Stimulation in das Nervensystem eingehen. Der Vorteil, die kindliche Reaktion beim therapeutischen Bemühen in diesem und allen anderen Fällen einzusetzen, liegt darin, daß das Gehirn des Kindes auf der Basis all jener Aspekte des Nervensystems arbeitet, über die der Therapeut noch nicht Bescheid weiß oder die er noch nicht alle kennt. Zusätzliche Ratschläge für eine direkte taktile Stimulation enthält das Kapitel über taktile Defensivität.

Es gibt nur wenige Untersuchungen, die den Gebrauch der taktilen Stimulation zur Förderung der taktilen Wahrnehmung und Praxie unterstützen. Die meisten kleinen Studien erfordern eine isolierte Einzelanwendung der taktilen Stimulation ohne ihre Einflechtung in ein natürliches umfassendes Interventionsprogramm. Trotzdem legen die Studien einen beachtlichen Einfluß der taktile Stimulation dar. Adams (1965) fand, daß man dadurch die Kinästhesie bei Kindern mit neurologischen Störungen steigern könne. Fox (1964) wies eine verbesserte Fingeridentifikation und manuelle Wahrnehmung von zweidimensionalen Formen bei hemiplegischen Erwachsenen nach fünfminütiger Berührungs-Druck-Stimulation, so wie sie durch das Reiben mit einem Stück Stoff hervorgerufen wird, nach. In einer Studie an Kindern fand Griffin (1964), daß der Berührungsdruck das Erkennen von Mustern, die auf die Haut gezeichnet wurden, fördern konnte und die Zwei-Punkt-Raumschwelle herabsetzte. Kein Unterschied erreichte statistische Signifikanz. Die Zwei-Punkt-Diskrimination wurde jedoch im Vergleich zu nachfolgenden Berührungsdruckreizen signifikant verbessert nach einer leichten Berührungsstimulation durch eine batteriegetriebene Bürste. Eine mögliche Erklärung dieser Ergebnisse liegt darin, daß die leichten Berührungsreize die Sensitivität über das aufsteigende retikulär aktivierende System verbesserten, während Berührungsdruck dieses System hemmen kann. Die Interpretation geht mit den Ergebnissen von Armstrong (1968) einher. Sie zeigte mit statistischer Signifikanz, daß die taktile Stimulation mit einer batteriegetriebenen Bürste die taktile Diskrimination steigert, die mit dem Druck-

Ästhesiometer von Semmes-Weinstein gemessen wurde. Die Probanden dieser Studie wurden als neurologisch normal betrachtet. Von besonderer Bedeutung ist die bereits zitierte Studie von CASLER (1965), in der in Anstalten untergebrachte Babies unter einem Jahr auf die unpersönlich verabreichte leichte Berührungs-Druck-Stimulation mit einem verbesserten Entwicklungsquotienten nach Gesell reagierten. Das Ergebnis der Experimente über die Wirkung der motorischen Aktivität auf die Praxie hängt wahrscheinlich von der Interpretation der Forscher ab. PAINTER (1966) fand, daß rhythmische und sensomotorische Aktivität bei Kindergartenkindern mit niedrigen Goodenough-Werten für das Mental-Alter (Mental-Alter ist ein Teil der Gleichung zur Bestimmung der Intelligenz: Mentales Alter/Chronologisches Alter × 100 = IQ, oder abgekürzt: MA/CA × 100 = IQ.) signifikante Veränderungen gegenüber der Kontrollgruppe in Tests zeigten, die das Körperbild und die wahrnehmungsmotorische Integration testen sollten.

Da die Kinästhesie zur Praxie beiträgt, werden Vorgehensweisen, von denen man glaubt, daß sie die Gelenkrezeptoren aktivieren, in das Heilungsprogramm einbezogen. Sowohl Gelenkzug als auch Annäherung können die Entladung von den Gelenkrezeptoren steigern. Das Ziehen wird erreicht, indem man während der Übung schwere Handschellen um Handgelenke und Knöchel legt. Die *Annäherung* wird durch die Kokontraktion der Muskeln erreicht, die ein Gelenk umgeben, oder indem man an der ausgestreckten Extremität auf die Hand oder Ferse drückt oder indem man auf Kopf und Schultern des sitzenden Kindes drückt. Die zuvor beschriebenen Übungen zur Verbesserung der Kokontraktion werden auch für die Apraxie empfohlen. Das Springen auf einem Sprungbrett, Kastenhüpfen oder Seilspringen stimulieren die Gelenkrezeptoren. Immer wenn das Körpergewicht auf der Hand ruht, wird in den oberen Extremitäten – besonders bei ausgestreckten Armen – eine Gelenkkompression erzeugt. Das Springen in sitzender Haltung auf einem Autoschlauch, einem großen Gummiball oder einer Matte aktiviert die Koinnervation der Rumpfmuskeln, was wahrscheinlich durch die *Annäherung* geschieht, ebenso wie die Aktivation der Gleichgewichtsreaktionen.

Der mögliche Beitrag der Reize der Muskelrezeptoren zur Praxie kann nur angedeutet werden, und zwar über die wahrscheinliche Rolle ihres Beitrags zu und der Organisation der sensorischen Muster im Hirnstamm. Entwicklungsforscher behaupten allgemein, daß sich diese komplexen motorischen Muster aus früheren einfacheren entwickeln und daß die integrierenden Zentren für einige der einfachsten Muster der Gesamtkörpermotorik sich im Hirnstamm befinden. Eine Aktivation dieser Muster führt zur Integration der Reize, die in den Hirnstamm eingehen.

Aus einem ähnlichen Grunde sollte jede Störung der Haltungsmechanismen beim apraxischen Kind nach den zuvor gegebenen Empfehlungen behandelt werden. Sogar wenn keine Störungen, die zur Dysfunktion im Hirnstamm gezählt werden, vorhanden sind, sind einige Übungen, die besonders die integrierenden Mechanismen im Hirnstamm erfordern, für das apraxische Kind passend. Das Prinzip, das diese Empfehlung stützt, liegt in einer möglichen Stärkung des Fundaments für die mehr kortikal gelenkte Bewegung und in der Möglichkeit, daß kleine Abweichungen in motorischen Funktionen, die vom Hirnstamm gelenkt werden, übersehen werden können. Sogar die am meisten von Geschicklichkeit abhängige Bewegung besitzt eine Reflexbasis.

Verschiedene bedeutende Prinzipien leiten die Auswahl der Übungen. Zuerst sollte der gesamte Körper in die motorischen Ausführungen einbezogen werden, auch wenn der Plan die Betonung auf die Bewegung in nur einem Körperteil legt. Übungen auf dem Roller sind ein Beispiel für dieses Prinzip. Je mehr Körperteile benutzt werden, desto größer ist der sensorische Input und desto größer ist das generalisierte Lernen. Ferner verläuft die kindliche Entwicklung von groben

zu feinen Prozessen, und das sensomotorische System des apraxischen Kindes kann als hinter der Entwicklung zurückgeblieben betrachtet werden.
Dieser Aspekt des Interventionsprogramms für das apraxische Kind, der es am meisten von den Heilungsarten anderer Syndrome unterscheidet, besteht in dem Einbeziehen einer Unzahl von Variationen der Aktivitäten, die die motorische Planung erfordern. Da das Erlernen eines motorischen Plans oder die Ausbildung eines Körperschemas den Versuch an einer unbekannten oder unbewältigten Aufgabe erfordert, wird die Zusammenstellung verschiedener Übungen empfohlen. Die Notwendigkeit eines großen Repertoires an Übungen strapaziert sogar den kreativsten Therapeuten. Der Therapeut sollte nie vergessen, daß die Aktivitäten Mittel zum Zweck sind; sie stellen nicht das Endziel an sich dar. Nicht das Erwerben einer spezifischen motorischen Erfahrung ist therapeutisch, sondern ein Anstieg in der sensorischen Integration, die die Kapazität des Kindes steigert, zu lernen und auch sonst mit dem Leben fertig zu werden. Der Lernprozeß kommt zur sensomotorischen Integration als Ganzem hinzu. Wurde einmal Erfahrung erworben, so besteht ihr Hauptbeitrag in der emotionalen Befriedigung oder – im Falle einer Aufgabe wie Schuhe zubinden – ist sie das Endergebnis einer motorischen Handlung. Der offenkundige Charakter der Bewegung kann die Aufmerksamkeit des Therapeuten von dem wichtigeren Punkt der sensorischen Integration ablenken.
Wird die Apraxie als Störung der sensorischen Integration gesehen, werden besonders zu Anfang Aktivitäten geplant, um einen hohen damit verbundenen sensorischen Input hervorzurufen. Die adaptive motorische Reaktion auf die Übung zwingt zur Organisation des sensorischen Inputs. Der Zweck dieser Bewegung verleiht dem sensorischen Input Sinn, einschließlich dem der somatosensorischen, vestibulären und visuellen Rezeptoren, und Sinn impliziert Integration. Tatsächlich erhalten Empfindungen eine funktionale Bedeutung in Form des Ergebnisses der damit verbundenen Bewegung. Ohne erkennbares Ergebnis der Handlung wird sich nie die Fähigkeit zur Interpretation der Wahrnehmung entwickeln. Wenn die Bewegung der Wahrnehmung eine funktionale Bedeutung verleiht, ruft sie gleichzeitig auch viele andere Empfindungen hervor. Je größer der sensorische Input ist und je mehr Sinnesmodalitäten angesprochen werden, desto allgemeiner ist die sensorische Integration.
Das lerngestörte Kind, für das Übungen der motorischen Planung passend sind, ist normalerweise in der Lage, sich selbst zu dirigieren, und dieses Dirigieren sollte angeregt werden. Nur das Kind kann sein Nervensystem integrieren; der Therapeut schafft die fördernde Umwelt. Ein *introvertiertes* Kind erreicht das Ziel der sensorischen Integration schneller als eines, das viele Anweisungen vom Therapeuten braucht.
Der Therapeut ist dafür verantwortlich, Aufgaben zu stellen, die das Entwicklungsniveau ansprechen, das dem Kind ermöglicht, sich selbst zu lenken. Anfänglich wird das Kind mit einem schlecht entwickelten Körperschema unfähig sein, den verbalen Anweisungen zu folgen, um eine Aufgabe auszuführen. In diesem Fall sollte die Instruktion von der Demonstration der Bewegung für das Kind begleitet werden, oder man bringt das Kind passiv in die geforderte Bewegung. Ein größeres Engagement von seiten des Kindes wird erreicht, wenn man es fragt, ob es eine Aufgabe durchführen *kann* und nicht, indem man etwas von ihm fordert. Wenn ein Kind dazu in der Lage ist, verstärkt Verbalisierung dessen, was es vor dem Ausprobieren der Aufgabe tun will, die Organisation des motorischen Plans. Sind zwei oder mehr Kinder an derselben Übung beteiligt, so fördert das die Komplexität des Planes.

11.5. Übungsvorschläge für die Entwicklung der Praxie

Durch die neuerdings eingetretene Konzentration auf die wahrnehmungsmotorische Dysfunktion erschienen viele Bücher, die größtenteils heilende Übungen beschreiben. Die Verfügbarkeit solcher Vorschläge verringert die Notwendigkeit einer langen Aufzählung der Übungen. Da das hier aufgezeigte theoretische System mehr Wert auf die Wiederholung früher entwicklungsbedingter sensomotorischer Erfahrungen und auf den somatosensorischen und vestibulären Input sowie die Integration legt als das die meisten Heilungsversuche tun, sollen hier einige typische Übungen beschrieben werden. Viele dieser Übungen werden in einem Film demonstriert (AYRES u. HESKETT, 1970 a).

Rollerübungen: Diese Übungen sollten in einem drei mal zwölf Meter großen Raum mit einer Rampe von 1,2 m mal 1,8 m stattfinden, wobei die Rampe an einem Ende ungefähr von 30 oder 45 cm bis 60 cm hoch ist. Eine Plattform am Ende dieses erhobenen Endes ermöglicht es dem Kind, auf den Roller zu steigen und sich auf ein Hinunterfahren der Rampe vorzubereiten. Viele Übungen sind dazu bestimmt, die primitiven Haltungsreflexe während der Planung einer motorischen Handlung zu integrieren.

1. Bauchlage auf dem Roller, Hindurchfahren zwischen Pappkartons, ohne diese zu berühren. Versuch der gleichen Aufgabe, indem man sich von der Wand mit den Füßen abdrückt und durch einen Tunnel aus Pappkartons hindurchfährt. Versuch der gleichen Aufgabe mit geschlossenen Augen, nachdem das Kind sich die Position der Kartons gemerkt und überlegt hat, wie es sich abstoßen muß. Versuch der gleichen Übungen in der Rückenlage. Versuch während des Fahrens nach dem Herunterrollen der Rampe.

2. Mit den Füßen von der Wand abdrücken und voll in einen Kartonturm hineinfahren. Gebrauch von Schutzhelmen zur Sicherung des Kopfes und um sicherzugehen, daß die Nackenmuskulatur gut genug kontrahiert, um den Kopf zu stabilisieren. Von der Wand mit den Händen abdrücken und den Turm mit den Füßen treffen. Versuch beider Aufgaben mit geschlossenen Augen.

3. Bauchlage auf dem Roller und Beine hoch, mit den Händen abdrücken, so daß die Beine durch einen aufgehangenen Reifen kommen. Den Reifen mit den Füßen fangen und ihn nach vorne ziehen. Wiederholung mit geschlossenen Augen nach Festlegung der räumlichen Orientierung von Körper und Reifen. Wiederholung mit einem Bein, dann mit dem anderen. Versuch, den Reifen mit nur einem oder mehreren Zehen zu fangen und ihn zu ziehen. Wiederholung aller Aufgaben in der Rückenlage. In dieser Position und mit dem Reifen vor dem Kopf anstatt vor den Füßen abdrücken, so daß der Kopf durch den Reifen geht. Versuch, beide Arme durch den Reifen zu stecken, dann den rechten, dann den linken. Dann Versuch aller Variationen mit geschlossenen Augen; der Reifen soll gefangen und leicht mit Arm oder Kopf gezogen werden. Versuch aller beschriebenen Übungen mit geschlossenen Augen, zu Beginn ist der Reifen am Kopf plaziert, dann erfolgt während der Bewegung auf dem Roller eine Drehung, so daß Annäherung an den Reifen mit Füßen. Dann Versuch, mit den Füßen gegen den Reifen zu starten und sich dann zu drehen, so daß Kopf und Arme durch den Reifen gehen. Versuch, sich dem Reifen so zu nähern, daß der rechte Arm und das rechte Bein durchgehen und dann der linke Arm und das linke Bein. Kann sich das Kind andere Möglichkeiten ausdenken? Der Therapeut hält den Reifen für eine individuelle Arbeit bereit und hilft dem Kind, sein Ziel zu erreichen. Reifen werden für Gruppenarbeit aufgehangen. Ein guter und dauerhafter Reifen kann aus einem Stück alten Gartenschlauch gemacht werden, in den ein Draht eingeführt wurde, dessen Enden an einem eingesetzten kleinen Holzzapfen befestigt sind.

4. Abdrücken von der Wand mit den Füßen, Berührung des überhängenden Reifens mit einer Hand oder beiden Händen und mit einem Fuß oder beiden Füßen. Versuch in Bauch- und Rückenlage. Versuch, den Reifen mit geschlossenen Augen nach Festlegung der Position des Reifens zu berühren. Gebrauch eines hängenden Balles anstelle des Reifens. Annäherung an den Reifen oder Ball zuerst mit den Füßen, indem das Kind

sich mit den Händen entweder von der Wand oder vom Boden abdrückt.

5. Rückenlage auf dem Roller und sich selbst abdrücken durch einen Wald von Pappkartons ohne Gebrauch der Hände und ohne Berührung der Schachteln. Versuch der Aufgabe mit einem Papiersack über dem Kopf, um das Sehen zu verhindern und um die Plazierung der Schachteln mit den Händen zu ertasten, aber die Berührung der Schachteln mit dem Roller soll vermieden werden. Versuch in gleicher Form mit kleinen verstreuten Objekten auf dem Fußboden und in der Bauchlage auf dem Roller. Die Gegenstände sollen Felsen im Fluß darstellen, an die das Kanu nicht stoßen darf. Dies erfordert rückwärts- und vorwärtsgerichtete Bewegungen.

6. Sitzen auf Roller, Drehen des Rollers um die Längsachse des Körpers, Gebrauch der Füße. Erst in eine Richtung, dann in die andere. Der Roller soll auf einem bestimmten Punkt auf dem Fußboden gehalten werden. Versuch, sich mit einer Hand abzudrücken, dann mit der anderen. Dann eine Hand auf den markierten Fleck auf den Fußboden legen und sich um diese Hand drehen, indem man sich mit den Füßen abdrückt. Drehen um die andere Hand. Vorwärts und rückwärts fahren.

7. Sitzen auf dem Roller und sich selbst gegen ein Faß oder eine Schachtel abdrücken und einen Ball hineinwerfen. Versuch, sich dem Faß zunächst mit dem Rücken so schnell wie möglich nähern. Bauchlage auf dem Roller, mit den Füßen gegen Wand und Rand abdrücken und Ball in die Schachtel werfen. Erneuter Versuch in der Rückenlage. Nach allen Versuchen mit offenen Augen Versuche mit geschlossenen Augen nach Einschätzung der räumlichen Situation und der Handlungsplanung.

8. Spannen eines Seils zwischen zwei Punkten ungefähr 30 cm über der Erde. Bauchlage auf dem Roller und sich selbst von einem Ende zum anderen Ende des Seils „befördern", indem man Hand um Hand zieht. Gleicher Versuch in der Rückenlage, später mit geschlossenen Augen. Befestigung des Seils an höheren Punkten und Sitzen auf dem Roller, sich selbst Hand um Hand ziehen, zuerst vorwärts, dann rückwärts. Jeder Versuch erneut mit geschlossenen Augen.

9. Bauch- oder Rückenlage auf dem Roller. Bewegung gegen leere Pappkartons, Füße voran. Heben des Kartons mit einem oder beiden Füßen und Beförderung zu einem bestimmten Platz. Abdrücken mit Händen oder einem Fuß. Gleiche Vorgehensweise mit dem Kopf und der Hand. Versuch mit geschlossenen Augen nach Festlegung der Position der Kartons.

10. Pappkarton auf den Boden legen. Liegen auf Roller, Entfernung ca. 1,5 m. Um den Karton herumfahren, ohne ihn zu berühren; Rückkehr zum Ausgangspunkt; Bewußtsein über die Gefühle bei dieser „Reise". Dann mit geschlossenen Augen versuchen, demselben Weg zu folgen. Wenn es zu schwer ist, die Augen geschlossen zu halten, lege man einen Papiersack über den Kopf.

11. Bauchlage auf dem Roller, sich selbst von einer Wand zur anderen abdrücken, die Hände berühren die eine Wand, die Füße die andere. Mehrere Male hin und her ohne Berührung des Fußbodens. Wiederholung mit Berührung der rechten Wand mit der rechten Hand und dem rechten Fuß und die linke Wand mit der linken Hand und dem linken Fuß.

12. Zwei Kinder liegen in der Bauchlage auf dem Roller und drücken sich mit den Füßen von entgegengesetzten Wänden ab und berühren sich mit den Händen, während sie aneinander vorbeifahren. Erneuter Versuch mit Ergreifen der Hände, Drehung umeinander und Rückkehr in die Ausgangsposition.

13. Führung des Seils über einen Flaschenzug an einem entfernten Punkt und Befestigung eines Seilendes am Roller. Sitzen auf dem Roller und Ziehen am freien Seilende, um den Roller zu bewegen. Versuch, beim Sitzen in verschiedenen Positionen auf dem Roller zuerst die Füße oder den Kopf zu bewegen oder seitwärts zu drehen. Versuch, das Seil an verschiedenen Körperteilen zu befestigen, wie z. B. an den Füßen.

14. Sitzen auf dem Roller und Festhalten eines aufgehangenen Seils. Ziehen am Seil und loslassen, so daß der Roller zu einem bestimmten Punkt rollt. Versuch, in einen Pappkarton zu fahren. Versuch mit geschlossenen Augen nach Festlegung der Position des Kartons. Befestigung des Seils an einer Feder, die von der Decke hängt, Ziehen am anderen Ende des Seils, so daß sich der Roller in eine Richtung bewegt, dann nochmaliges Ziehen, so daß der Roller in die entgegengesetzte Richtung fährt. Das Seil nicht loslassen.

15. Eine Hand oder beide Hände zurückhalten oder in die Hosentaschen stecken. Auf dem Roller liegen oder sitzen und einfache Bewegungen versuchen, wie abdrücken oder vom Roller heruntergehen. Danach Versuch einiger schwieriger Spiele wie bereits beschrieben. Zurückhaltung der rechten Hand zur Steigerung des Bewußtseins über die linke Körperseite.

16. In der Bauchlage eine Rampe mit dem Roller hinunterfahren und einen hängenden Ball mit einer Hand erreichen. Beim nächsten Mal ihn mit der anderen Hand erreichen. Dann der Versuch, ihn mit beiden Händen zu heben. Ist es möglich, ihn mit einem Fuß zu heben? Mit dem Kopf?

17. Mit dem Roller eine Rampe hinunterfahren, einen Ball, ein Kissen oder eine Tasche dabei halten und diese durch einen Reifen in eine Schachtel werfen. Ist es möglich, den Ball zu fangen, nachdem er den Reifen durchquert hat? Versuch, die Tasche in eine Schachtel zu werfen, die sich in der entgegengesetzten Richtung bewegt. Die Schachtel kann auf einem anderen Roller gezogen werden.

18. Mit dem Roller eine Rampe hinunterfahren und mit der rechten Hand ein Kissen aufheben, das rechts auf dem Boden liegt. In der nächsten Runde Gebrauch der linken Hand zum Aufheben des Kissens auf der linken Seite. Dann der Versuch, mit der rechten Hand ein Kissen auf der linken Seite und mit der linken Hand ein Kissen auf der rechten Seite aufzuheben. Wenn das beherrscht wird, der Versuch, das Kissen auf verschiedene Arten aufzuheben und es durch einen Reifen in eine Schachtel zu befördern. Versuch, einen Ball, der über den Fußboden rollt, aufzuheben, unter Anwendung der verschiedenen Kombinationen von Händen und Seiten.

19. Mit dem Roller eine Rampe hinunterfahren und nach dem Bein des Therapeuten greifen, der ca. 6 m von der Rampe entfernt steht. Drehung um den Therapeuten. Zuerst Gebrauch einer Hand und einer Richtung und dann der anderen Hand und der anderen Richtung. Dann die Rampe mit dem Roller hinunterfahren und die Hand dort auf den Fußboden legen, wo der Therapeut gestanden hat und sich um die Hand drehen. Erneuter Versuch mit der linken Hand. Versuch, mit den Händen zu starten, Versuch, den Roller ein- oder zweimal zu drehen, nachdem er den Fußboden erreicht hat und bevor er weiterfährt.

20. Mit dem Roller eine Rampe hinunterfahren und einen Turm aus Pappkartons mit der rechten Hand zusammenschlagen, dann mit der linken, dann der Versuch, ihn mit den Füßen zu treffen. Versuch, die Rampe hinunterzukommen, und zwar mit den Füßen zuerst, und den Turm zu treffen.

21. Die Rampe hinunterfahren und nach einem schweren Ball greifen, der an einem Seil und einer Feder aufgehangen ist. Versuch, sich an den Ball zu hängen, ohne vom Roller zu fallen. Versuch, den Ball, während er sich bewegt, zu fangen. Ein Ball kann aufgehangen werden, indem man ihn in ein Basketballnetz gibt und daran ein Seil befestigt. Ein Stück Schlauch kann die Feder ersetzen.

22. Die Rampe in der Bauchlage hinunterfahren und sich seitwärts drehen, sobald die Matte erreicht ist. Der Roller stoppt an der Matte, das Kind rollt hinunter und rollt auf der Matte weiter.

23. Herstellung eines Gummistreifens, indem man den inneren Schlauch eines Autoreifens in Spiralen schneidet. Befestigung der beiden Enden an entgegengesetzten Fixpunkten, die sich ca. 6 bis 9 m von der Rampe oder der Wand entfernt befinden. Die

Rampe hinunterfahren oder sich von der Wand abdrücken und unter dem Gummistreifen hindurchfahren, ohne ihn zu berühren. Ist das Kind dabei sicher, kann es dies mit geschlossenen Augen versuchen.

24. In der Bauchlage die Rampe mit dem Roller hinunterfahren, unter dem Schlauchstreifen hindurch, ihn mit beiden Beinen, die an den Knien abgewinkelt sind, fangen. Erneuter Versuch mit nur einem angezogenen Knie, dann mit dem anderen. Versuch, den Streifen mit den Fersen, dann mit nur einer Ferse zu fangen. Versuch, die Rampe in der Bauchlage mit den Füßen voran hinunterzufahren und den Streifen mit den Schienbeinen zu fangen, aber sehr vorsichtig sein und zuerst langsam fahren.

25. Mit dem Roller in der Bauchlage die Rampe hinunterfahren, unter dem Schlauchstreifen hindurch, ihn mit einem ausgestreckten und am Ellbogen leicht angewinkelten Arm fangen. Nächste Runde mit dem anderen Arm fangen. Ist es möglich, den Streifen mit beiden Armen gleichzeitig zu fangen? Versuch, den Kopf unter den Streifen und die Arme darüber zu halten. Die Rampe mit den Füßen nach vorne hinunterfahren und den Streifen mit den Armen, die über dem Kopf gehalten werden, fangen.

26. In der Rückenlage die Rampe hinunterfahren, Füße nach vorne, den Gummistreifen mit den Oberschenkeln fangen. Hüften und Knie sind angezogen. Versuch, den Gummistreifen mit den Schienbeinen zu fangen. Vorsichtige und langsame Annäherung an diese Aufgabe, um zu sehen, welche Anforderungen an den Körper gestellt werden.

27. Sitzen auf dem Roller und hinunterfahren, dabei den Streifen mit dem Rumpf treffen. Erneuter Versuch und mit beiden Händen nach dem Streifen greifen und mit Hilfe seiner Elastizität und einem Abstoßen der Hände sich selbst gegen die Rampe schieben. Dann einen Ball aufhängen und versuchen, den Ball mit dem Körper während der Rückkehr zur Rampe zu treffen.

28. Auf dem Roller sitzen und sich mit den Händen in der Mitte des Gummistreifens festhalten. Sich selbst vor- und zurückziehen und -schieben. Versuch mit einem Partner, jeder in anderer Richtung.

29. Sitzen auf dem Roller und sich selbst mit einem Holz mit einer Krücke am oberen Ende oder mit einem Schlagbolzen abdrükken. Zur Hemmung des TNR auf dem Roller sitzen und nach links sehen. Linke Hand auf die Hüften legen. Mit dem rechten Arm sich abdrücken, um denjenigen, der einen ansieht, zu erreichen, oder sich im Kreis zu drehen. Versuch, nach rechts zu sehen und sich mit dem linken Arm abzudrücken.

30. Änderung dieser Übungen durch Anlegen einer schweren Handschelle an einen oder beide Knöchel bzw. Handgelenke oder Auflegen eines Sandsackes auf die Schultern oder den Kopf. Ein Spiel daraus machen, den Sandsack nicht herunterfallen zu lassen.

Allgemeine Übungen zur Entwicklung der Praxie:

1. Einrollen in eine Decke oder ein großes Tuch. Auf einer Decke oder einem Teppich von einem bestimmten Ort zu einem anderen rollen und sicher sein, daß Kopf und Füße an diesem bestimmten Ort ankommen. Die Wolldecke auf eine leichte Schräge legen und darauf hinauf- und hinunterrollen.

2. Eine Decke aufrollen. Das Kind geht oder springt entlang der Decke, wobei es den linken Fuß auf der linken Seite und den rechten Fuß auf der rechten Seite hält, ohne mit den Beinen die Decke zu berühren.

3. Einen Nylonreifen über den Kopf und über den Körper ziehen und dann wieder hinaussteigen. In den Schlauch hineinsteigen, ihn hochziehen und über den Kopf ausziehen. Der Reifen soll eng genug sein, um einen beachtlichen Berührungsdruck hervorzurufen und eine gewisse Anstrengung beim Hindurchsteigen zu erfordern.

4. Winden durch ein Baumwollnetz oder Nylonnetz, das ca. 270 cm lang ist und ca. 180 cm im Umfang mißt. Ein Nylonnetz erlaubt das Sehen und wird für ein Kind empfohlen, das sich in einer Situation, in der es nichts sehen kann, bedroht fühlt.

5. Durch eine Hindernisbahn von Pappkartons krabbeln, in die irgendwelche Gegen-

stände, Stöcke und Seile in verschiedener Höhe gelegt sind, ohne diese Gegenstände zu berühren. Über einige Stöcke steigen und unter anderen hindurchkrabbeln.

6. Pappkartons in verschiedenen Positionen aufstellen. Von einem in den anderen steigen, ohne sie zu bewegen.

7. Startpunkt für einen Sprung des Kindes auf dem Boden markieren und ebenso den Punkt, wo seine Füße landen sollen. Mit grün oder rot Start und Stop markieren. Die Markierungsstreifen können im Abstand variieren. Die Länge des Streifens zeigt die Position wo die Füße landen sollen. Ein Quadrat heißt, daß es auf den Fersen, ein Dreieck, daß es auf den Zehen landen soll. Durch das Landen auf einem bestimmten Punkt, das ansonsten nur eine automatische Bewegung wäre, wird das motorische Planungselement gesichert. Wenn sie nicht rutschen, können auch Stücke gummierten Teppichs anstatt Klebeband benutzt werden.

8. Ein Seil in gewundener und gedrehter Form auf den Boden legen. Kind geht mit je einem Fuß auf einer Seite und benutzt Fersen oder Zehen, ohne das Seil zu berühren.

9. Seil gerade auf den Boden legen. Mit dem rechten Bein auf der linken Seite des Seils und mit dem linken Bein auf der rechten Seite gehen, bei jedem Schritt soll das hintere Bein vor das vordere gesetzt werden. Das gleiche rückwärts.

10. Langes Seil auf den Boden legen, das sich selbst oft kreuzt. Am Seil entlang gehen, über jede Kreuzung springen.

11. Während der Therapeut das Seil „schlangenartig" bewegt, indem er ein Ende bewegt, springt das Kind darüber.

12. Seilenden zusammenbinden, so daß eine Schlinge von ca. 1 m Umfang entsteht. Das Kind macht Fäuste, so daß es sich nicht am Seil festklammern kann, daß es sie aber ähnlich wie einen Fuß gebrauchen kann. Es sitzt auf einer Decke, das Seil neben ihm, dann versucht es, sich durch das Seil zu manövrieren. Die Aufgabe kann erschwert werden, wenn das Kind auf einem mit einer Decke bezogenen schrägen Brett sitzt. Je mehr es auf der Decke rutscht und schliddert, desto mehr taktile Stimulation erhält es.

13. Auf eine Kanne oder eine Trommel einen einfachen Rhythmus klopfen.

14. Holzpflöcke als Pferde benutzen, auf denen das Kind reitet; erst gehen (gleicher Gang wie das Kind), dann traben (Körpergewicht vom einen auf den anderen Fuß verlagern wie beim Springen vom einen Fuß auf den andern) und galoppieren (es führt immer der gleiche Fuß).

15. Reifen mit einem Durchmesser von 60 – 80 cm bieten vielfältige Gelegenheiten zur motorischen Planung auf höherem Niveau. Der Reifen liegt auf dem Boden und das Kind springt vorwärts und rückwärts hinein, zuerst mit einem Bein, dann mit dem anderen, dann mit beiden. Es erhält verschiedene Instruktionen, wie Kopf und eine Hand in den Reifen stecken, aber alles andere nicht. Es hält den Reifen hoch und beugt sich hindurch, ohne ihn zu berühren. Auf dem Rücken liegend hält es den Reifen mit beiden Händen und stemmt seine Füße gegen die Innenseite des Reifens, dann dreht es den Reifen in der horizontalen Position, indem es Hände und Füße entsprechend bewegt. Während die Hände in die eine Richtung gehen, wandern die Füße in die andere. Das Kind dreht den Reifen in der Vertikale, indem es mit den Füßen am Innenrand entlanggeht, während die Hände den Reifen halten. Die Handposition muß geändert werden, wenn der Reifen sich dreht.

16. Ein ausgeschlagener Autopneu bietet viele Möglichkeiten, die alle einen hohen sensorischen Input hervorrufen. Das Kind geht vorwärts, seitwärts, rückwärts, wobei es seine Fußstellung planen muß, um nicht aus dem Schlauch herauszurollen. Es wiederholt die Fortbewegung in der Vierfüßlerstellung im Gegensatz zur Zweifüßlerstellung. Während es die Hand des Therapeuten hält, springt es mit den Füßen in den Schlauch hinein, landet auf den Knien und setzt sich im Schlauch hin. Es läuft und springt zuerst auf einer Seite des Schlauches, dann auf der anderen, dann heraus auf den Fußboden. Es wird auf-

gefordert, im einzelnen anzugeben, wie oft es auf einen Fleck springen will, dann wie oft auf einen anderen, dann tut es das.

17. Das Kind stößt einen Ball an, der erst hinter ihm, dann seitlich von ihm hängt.

18. Plastikringe werden in verschiedenen Mustern auf den Boden gelegt und zwar als „weiße Wände". Dann springt oder hüpft das Kind von einem zum andern.

19. Durch einen Tunnel kriechen, durch den ein Teppichbodenstreifen verläuft, wobei beide Ellbogen und nur ein Knie den Streifen berühren.

20. Ein Faß rollen, indem man die Hände auf den Boden legt und den Körper von der Vierfüßlerposition in die Rückenlage dreht, dann wieder in die Vierfüßlerposition usw.

21. Einen an einem Helm befestigten Plastikball mit einem langen Gummistück schlagen.

22. Fortbewegung mit einem Knie und dem Fuß des anderen Beins; das gleiche mit der Hand und dem Bein der gleichen oder der entgegengesetzten Seite; mit leicht angewinkelten Knien; ohne die Beine vom Boden zu heben; zur Seite oder nach hinten; Kombinationen.

23. Herstellung einer elastischen Schlaufe von 40 – 50 cm Umfang aus einem alten Reifenschlauch eines Autos. Das Kind legt die Schlinge um die Fußgelenke und verhindert durch das Spreizen der Beine, daß sie beim Gehen herunterfällt. Es kann auch den rechten Fuß vor den linken setzen und dann in die umgekehrte Fußstellung springen, wobei es versucht, eine rhythmische Bewegung zu erhalten, ohne die Schlinge von den Füßen rutschen zu lassen.

24. Das Kind sitzt auf einem einbeinigen Schemel dem Therapeuten gegenüber, der ihm eine Geschichte mit vielen Gesten erzählt, die es nachmacht.

25. Das Kind stellt sich vor, eine Katze zu sein, die eine Maus fängt; ein Krokodil, das einen Fluß überquert; eine Kuh, die Gras frißt; ein hüpfender Hase; ein Elefant, der sich aus seinem Rüssel mit Wasser bespritzt; eine Taube, die die Straße überquert, und ein Lamm, das ausgelassen im Sonnenschein herumtollt.

12. Form- und Raumwahrnehmung

„Der Raum ist eine Idee, ein Produkt des Geistes“ (GOODDY u. REINHOLD, 1952). Er ist wie alle Wahrnehmungen eine Eigenschaft, die ein Individuum der Empfindung zuschreibt. Die Methode, durch die der Mensch diese Fähigkeit organisiert und entwickelt, stellt den Schlüssel zur Behandlung von Störungen der Raumwahrnehmung dar.

Nach der Erkenntnis, daß einige Lernstörungen zu den Wahrnehmungsdefiziten gehören, wurde die visuelle Wahrnehmung untersucht, da dabei Anforderungen ans Lesen ziemlich offensichtlich sind. Eine exemplarische Studie aus dieser frühen Zeit zeigte (GOINS, 1958), daß in einer Gruppe von 120 Grundschulkindern grundlegende Korrelationen zwischen den Werten im Lesetest und dem Abzeichnen von Mustern oder Bildern (r = .52) und zwischen dem Lesen und Erkennen eines vertauschten Bildes (r = .49) bestand. Jüngere Studien (z. B. PUNWAR, 1970) deckten einen ähnlichen Zusammenhang der Raumvisualisierung und dem Lesen sowie anderer schulischer Arbeit junger Schulkinder auf.

Nachdem Frostig, eine der größten Pioniere auf diesem Gebiet, entdeckt hatte, daß visuelle Wahrnehmungsprobleme die häufigsten Symptome bei Lernstörungen darstellten, entwickelte sie zusammen mit anderen eine Testbatterie, die das erschloß, was sie als den Haupttyp der Wahrnehmungsstörung betrachtete. Sie bezogen die Augen-Hand-Koordination ein, die Formkonstanz und die Figur-Grund-Wahrnehmung sowie die Position im Raum und räumliche Relationen (MASLOW et al., 1964). Über die Untertests für diese speziellen Gebiete, die die räumlichen Relationen testeten, wurde eine große Konsistenz in der Korrelation mit der sensorisch-integrativen Dysfunktion im allgemeinen gezeigt.

12.1. Beschreibung von Störungen der Form- und Raumwahrnehmung

Selten wird eine Unregelmäßigkeit in der Entwicklung der Form- und Raumwahrnehmung unabhängig von anderen sensorisch-integrativen Problemen bei Kindern mit Lernstörungen gefunden. Sie erscheint normalerweise in Verbindung mit posturalen, okularen und somatosensorischen Störungen. Trotzdem zeigten statistische Analysen wiederholt, daß eine Anzahl von Verhaltensdimensionen, die mit der Form- und Raumwahrnehmung verbunden sind, genügend assoziative Verbindungen aufweisen, um als bedeutungsvolle funktionale Einheit zu funktionieren, die man als neurales Subsystem postulieren kann. Es betrifft verschiedene Niveaus der simultanen Hirnfunktion. Wie bei anderen Aspekten der sensorisch-integrativen Dysfunktion liegen die meisten Probleme in den unteren Strukturen, und diese sind – nach therapeutischen Ergebnissen zu urteilen – der Hauptansatzpunkt für die Heilung.

Das neurale Subsystem, das als untergeordnete Form- und Raumwahrnehmung identifiziert wurde, wird durch seine über verschiedene Modalitäten hinwegreichende Funktion gekennzeichnet, eine Bedingung, die für die Methode der therapeutischen Vorgehensweisen sehr wichtig ist. Die in einer Faktorenanalyse aufgezeigten Verhaltensdimensionen oder die über andere statistische Verfahren ermittelten Dimensionen bestehen im wesentlichen aus der Form- und

Raumwahrnehmung, der Kinästhesie, der manuellen Formwahrnehmung und in geringem Ausmaß der Figur-Grund-Wahrnehmung und der Wahrnehmung in anderen Sinnesmodalitäten, die eine Art der Formwahrnehmung erfordern, wie z. B. die Wahrnehmung geometrischer Muster, die bei geschlossenen Augen des Probanden auf die Hand gezeichnet wurden (AYRES, 1965; 1969 a; 1972 c). Diese Vermutungen gehen mit den Ergebnissen von SEMMES (1965) einher, der einen nicht räumlichen Faktor in der Astereognose fand, sowie mit den Studien von BIRCH u. LEFFORD (1967) und SEMMES et al. (1955).

Es scheint möglich, daß die starke Tendenz der visuellen Testwerte, sich alle auf Faktoren zu konzentrieren, die von Haltungsmechanismen unabhängig sind, zum Teil der Tatsache entspricht, daß die zuerst benutzten Tests (aber nicht ausschließlich) hauptsächlich die kortikal vermittelte Wahrnehmung und die im Hirnstamm verlaufende gemessen haben. Der kortikal-visuelle Prozeß kann auf spezielles Training reagiert haben. Der kortikale Beitrag zum neuralen Subsystem kann für einen größeren statistischen Unterschied zwischen der visuellen Wahrnehmung und anderen neuralen Subsystemen sorgen als klinisch allgemein beobachtet wird. Während die statistische Analyse die Hypothese stützt, daß die Raumwahrnehmung und Haltungsmechanismen zu verschiedenen neuralen Subsystemen gehören, deutet eine andere Analyse auf den engen Zusammenhang zwischen den Systemen hin.

Manchmal sind Probleme der visuellen Wahrnehmung mit Störungen im Hirnstamm verbunden, aber bei einigen Kindern scheinen sie mit der rechten Zerebralhemisphäre verbunden zu sein. Bei jeder Stichprobe von Kindern mit Dysfunktionen im Gehirn gibt es wahrscheinlich einige mit einer ziemlich unbeständigen Dysfunktion der rechten Hemisphäre. Diese Bedingung und die Tatsache, daß kortikal gelenkte Wahrnehmung gerade dem Lernen unterworfen ist und häufig in der Schule „gelehrt" wird, könnte zu der Tatsache beitragen, daß die visuelle Wahrnehmung dazu neigt, als einzelner Faktor zu erscheinen und getrennt von dem der „Postural- und Bilateralintegration" genannt wird. Obwohl eine gestörte visuelle Wahrnehmung, die primär dem rechten Zerebralkortex zugerechnet werden kann, als eine Störung betrachtet werden kann, die sich von der, die mit dem Hirnstamm verbunden ist, unterscheidet, operiert kein System je ganz unabhängig von den anderen. Hirnstamm, Thalamus, der alte Kortex und der Neokortex tragen alle zum Endresultat bei.

12.2. Aspekte der Neuroanatomie bezüglich visueller Wahrnehmung

Der okzipitale (visuelle) Kortex der menschlichen Zerebralhemisphären wurde bisher am gründlichsten untersucht, und man schenkte der visuellen Wahrnehmung sehr viel Beachtung, aber das Wissen über die Entwicklung und die Funktion des menschlichen Gehirns wird durch natürliche Restriktionen beim Experimentieren begrenzt. Das, was man nicht weiß, ist genauso wichtig wie das, was man weiß. Daher muß man sich auf die Analogiebildung verlassen, die aus den Kenntnissen über niedere Tiere gewonnen wird.

So soll an diesem Punkt das Prinzip der Hirnfunktion, das bereits zuvor dargelegt wurde, noch einmal in Erinnerung gerufen werden. Bei der Hirnentwicklung wurden Funktionen hinzugefügt, aber nicht ersetzt. Die höchstentwickelte visuelle Form des Menschen und die Raumwahrnehmung bleiben in irgendeiner Art und Weise abhängig von den niederen Hirnstrukturen (genauso wie von Zwischenstufen). Eine Interdependenz und eine Interaktion der verschiedenen Funktionsniveaus geben eine genauere Beschreibung ab, als eine bloße Abhängigkeit. Diese neuroanatomische Abhängigkeit von der niederen Hirnfunktion und die klinische Beobachtung, die die gestörte visuelle Wahrnehmung mit den Haltungsmechanismen im Hirnstamm verbindet, lenken die Aufmerksamkeit auf die Grundlagenforschung am Hirnstamm, speziell auf Mittelhirnniveau.

Eine experimentell herbeigeführte Zerstörung im Mittelhirn und benachbarten Arealen bei niederen Tieren resultierte in einer Vielzahl von Störungen im visuellen Prozeß. Tompson et al. (1967) fanden eine Zerstörung der visuellen und kinästhetischen Funktion von Ratten nach Läsionen im thalamischen Mittelhirngebiet, obwohl die primär sensorischen Verbindungen für das Sehen und die Kinästhesie nicht zerstört waren. Eine unilaterale Vernachlässigung der Reize in den kontralateralen visuellen Feldern folgte einer unilateralen Läsion im Colliculus superior des Mittelhirntektums (Sprague u. Meikle, 1965) und im Subthalamus (Adey, 1964). Man hat festgestellt, daß eine bilaterale Zerstörung der Colliculi superiori in einer transitorischen visuellen Störung resultiert (Myers, 1964) und ebenso in einer Schwierigkeit, visuell zu folgen, in der Schwierigkeit der Lokalisation feststehender Gegenstände und der Lokalisation der taktilen Reize (Sprague u. Meikle, 1965). Man fand außerdem, daß die Colliculin superiori mit der Bewegung des Kopfes, des Körpers und der Augen in Zusammenhang stehen (Sprague u. Meikle, 1965). Diese Forscher kamen zu dem Schluß, daß die Colliculi superiori der visuellen Aufmerksamkeit und Wahrnehmung sowie der Kontrolle der Bewegungen des Kopfes und der Augen dienen (Sprague u. Meikle, 1965).

Craddock (1971) interpretierte den Verlust der visuellen Diskrimination bei Ratten als einen tegmentalen Schaden aufgrund der Dysfunktion des Nucleus ruber. Thompson u. Myers (1971) fanden, daß ein Schaden in der prätektalen hinteren Kernregion des Hirnstamms von Affen visuelle Diskriminationsaufgaben störte, die eine Merkfähigkeit erforderten. Sie nahmen an, daß das prätektale Gebiet visuelle Assoziationsfunktionen beinhalte. Die Studie unterstützt den Gedanken von der Existenz eines kortikofugalen Systems vom Kortex zum Mittelhirn über den Thalamus, der die visuelle Diskrimination vermittelt.

Bei niederen Tieren gibt es eine genaue topographische Darstellung der visuellen Felder oder des Umgebungsraumes in den Colliculi superiori. Nach einer sorgfältigen Durchsicht der Ergebnisse aus der Grundlagenforschung seiner Werke und der anderer Autoren schloß Trevarthen (1968), daß es bei Primaten eine präzise visuelle Repräsentation im Mittelhirn gibt. Man muß jedoch bemerken, daß die Anzahl der optischen Fasern, die zu den Colliculi superiori führen, beim Menschen deutlich geringer ist (Crosby et al., 1962).

Der Hirnstamm stellt ein wichtiges niedrigeres Niveau der Hirnfunktion in diesem System bereit, das mehrere Niveaus zur gleichen Zeit benutzt. Trevarthen (1968) stellte heraus, daß diese Studien „die Betonung auf die Bedeutung der Colliculi als sensorisch-motorisch integrierende Mechanismen im Mittelhirn legten, die ein visuoräumliches Netz für die auf den Gesamtkörper gerichtete Handlung darstellten". Er glaubt, daß visuelle und damit verbundene motorische Funktionen, speziell die okulomotorischen und einfache Haltungs- und Fortbewegungsreaktionen, eine wesentliche integrierte Funktion auf Mittelhirnniveau darstellen.

Es ist klar, daß das Mittelhirn in der Forschung über die neurophysiologische Basis verschiedener Verhaltensaspekte eine immer größere Rolle spielt. Denny-Brown (1962), der seine Auffassung auf seine eigenen Forschungsquellen und die anderer stützt, kommentiert: „Es ist außerordentlich, daß die Entfernung eines relativ kleinen Gebietes der Neuraxis, das Tektum im Mittelhirn, die ausgefeilte hemisphärische Organisation einer Reaktion auf die Ereignisse in der externalen Welt inaktivieren soll." Während das Tektum lebensnotwendig für die Organisation der Bewegung ist, ist es nach Denny-Brown für die Wahrnehmung genauso wichtig. Trevarthen (1968) und Held (1968) sind der gleichen Ansicht. Doty (1966) zog aus seinem umfassenden Werk über das Gehirn niederer Primaten die

Schlußfolgerung, daß die mesenzephalische Formatio reticularis eine wesentliche Kontrolle über die synaptische Transmission im visuellen Feld der Primaten ausübe, daß sie aber auch die Quelle der Kontrolle darstelle. Diese Beobachtungen und die Tatsache, daß viele Haltungsmechanismen im Mittelhirn integriert sind, gehen mit der statistischen Analyse von gestörten sensomotorischen Funktionen bei Kindern einher. Eine bestimmte Assoziation wurde zwischen den Störungen der Haltungsmechanismen und der visuellen Wahrnehmung gefunden. Die Haltungsmechanismen stehen sehr eng mit der okularen Muskelkontrolle in Verbindung. Man nimmt an, daß einige der Symptome, die man beim Kind mit Lernstörungen findet, eine Unfähigkeit der visuell integrierenden Zentren im Hirnstamm widerspiegeln, ihren Beitrag zum kortikal-visuellen Prozeß zu leisten, wodurch es zu Störungen beim visuellen Aspekt des Lesens kommt.

Obwohl der Hirnstamm besondere Aufmerksamkeit bei der Untersuchung der visuellen Wahrnehmung verdient und seine Funktionen heute recht gut verstanden werden können, sollten auch andere Teile des Vorderhirns als der visuelle Kortex aufmerksam untersucht werden, da auch sie ihren Beitrag zur visuellen Wahrnehmung leisten. In einer der klassischen Beschreibungen der Wirkung der Entfernung der beiden Temporallappen – von Affen – einschließlich des Unkus und des größten Teils des Hippokampus auf das Verhalten, fanden KLÜVER u. BUCY (1939) eine beachtliche Störung der visuell-diskriminatorischen Reaktionen. Das kann ein Beispiel für eine einfacherere und ältere Struktur sein, die am visuellen Wahrnehmungsprozeß beteiligt ist.

12.3. Entwicklung der visuellen Wahrnehmung beim Menschen

Phylogenetische Betrachtungen: Es soll nicht impliziert werden, daß das menschliche Gehirn in der gleichen Weise funktioniert wie das niederer Tiere, aber die Annahme, daß es Ähnlichkeiten gibt, führte zu einer offenbar wirksamen Behandlung von Kindern mit sensorisch-integrativen Störungen. Die Forschung an niederen Tieren wurde dargelegt, um die potentielle Bedeutung für die visuelle Wahrnehmung auf verschiedenen Stufen des Gehirns zu erhellen. Ein Überblick über die Prinzipien der Hirnevolution soll helfen, die Ergebnisse aus der Grundlagenforschung in den weiteren Kontext einzuordnen.

Als sich die Wirbeltiere entwickelten, gab es eine Zeit, in der die höheren Wirbeltiere auf der Erde – und wahrscheinlich in einer der Linien, aus der der Homo sapiens hervorging – einen sehr kleinen zerebralen Kortex besaßen. Alle diese Tiere bewegten sich jedoch erfolgreich fort, und das nicht zufällig auf vier Füßen, indem sie ihren Körper in Beziehung zu ihrer räumlichen Umwelt und die Welt zu ihrem Körper durch die fundamentalste Form der Raumwahrnehmung setzten. Die Evolution des Umweltschemas und der visuellen Wahrnehmung war mit den primitiven motorischen Handlungen verbunden, die zu dieser Zeit einen wichtigen Überlebenswert besaßen. Dieses Zeitalter gab es lange vor der Notwendigkeit, ein „p“ von einem „q“ zu unterscheiden oder zu bestimmen, in welches Loch ein Nagel soll, und die dazu notwendige Neuralstruktur gab es nicht.

Obwohl das Verhalten im Vergleich zu dem, was man heute beim Menschen beobachten kann, nicht komplex war, war die Integration des Verhaltens vollständig. Eine Struktur im Gehirn gab genau das visuelle Bild des Umweltschemas wider, und andere Strukturen regulierten automatisch die Augenbewegungen, so daß das visuelle Feld mit den Bewegungen koordiniert wurde, die den Organismus befähigten, auf die Umwelt einzuwirken. Diese Handlung bestand weitgehend in der Fortbewegung, und zusätzliche Strukturen im Hirnstamm und andere niedrigere neurale Strukturen organisierten diese Fortbewegungshandlungen. Gleichzeitig versorgte das vestibuläre System das Tier mit Informationen über den Zusammenhang zwischen ihm und der Schwerkraft und über die Geschwindigkeit seines Körpers im Raum.

Es ist wichtig, diese vier eng miteinander verbundenen für das Überleben wesentlichen Funktionen zu nennen: 1. Wahrnehmung der Schwerkraft und Bewegung durch den Raum, 2. extraokulare Muskelkontrolle, 3. Fortbewegung und Haltungsreaktionen sowie damit verbundene Propriozeption und 4. visuelle Raumwahrnehmung. Diese vier Funktionen wurden durch die integrierenden Mechanismen im Hirnstamm enger verbunden. Diese Mechanismen setzen die Funktion noch heute in nahezu gleicher Form beim Menschen fort, obwohl die kortikale visuelle Aktivität die menschliche Fähigkeit zur visuellen Wahrnehmung beträchtlich erhöht hat. Man nimmt an, daß die höheren Stufen der Hirnfunktion, die der visuellen Warnehmung beim Menschen dienen, nicht optimal ohne eine adäquate Funktion auf Hirnstammniveau funktionieren, was speziell für das Mittelhirn gilt.

Genau dieses Prinzip der Hirnfunktion drückte DENNY-BROWN (1962) aus, indem er schrieb, daß die Reaktionen, die auf Mittelhirnniveau organisiert werden, das „grundlegende Substrat für alle höher entwickelten Verhaltensreaktionen darstelle".

Ontogenetische Betrachtungen: Genau wie die Entwicklung der visuellen Form und besonders der Raumwahrnehmung weitgehend von den Assoziationen abhing, die zwischen der Empfindung und der Bewegung hergestellt wurden, ist die visuelle Wahrnehmungsentwicklung eines jeden einzelnen Kindes bis zu einem gewissen Ausmaß von einem ähnlichen Prozeß abhängig. Von besonderem Interesse ist die Rolle des vestibulären Systems und der Bewegung in bezug auf die von ihr gelieferte Information.

Die fundamentalste Form der Raumwahrnehmung liegt für den Organismus im Erkennen und der genauen Interpretation der Richtung der Erdanziehungskraft. Aus dieser Interpretation gewinnt man die Erkenntnis dessen, was oben und was unten ist. Dies ist der Beginn der Erstellung eines „Umweltschemas", das eine „Landkarte" oder ein Modell der Umwelt darstellt. Das Umweltschema ist dem Körperschema analog, wobei sich das letzte auf ein Modell oder einen Plan dessen, wie der Körper als mechanische Struktur funktioniert, bezieht. Die Art des einen Schemas ist zum Teil von der Art des anderen abhängig, da der Körper das Zentrum des Umweltschemas bildet und der Umweltplan nur in Verbindung mit dem Körper, der über diese „Landkarte" verfügt, existiert.

Der Körper des Organismus ist im Umweltschema lokalisiert und wirkt innerhalb dieses Schemas. Das Umweltschema ändert sich jedesmal, wenn die Position des Kopfes oder des Körpers sich ändert, da dieses Schema die räumliche Beziehung zwischen Körper, Erde und den Objekten darstellt. Lord BRAIN (1963) stellte diese Beziehung folgendermaßen dar: „Jede Handlung in der externalen Welt erfordert und impliziert die Information über die bestehende Orientierung des Körpers innerhalb dieser Welt und über das Verhältnis der Körperteile zueinander."

Obwohl die elementarste Wahrnehmung der Umwelt in der Wahrnehmung der Richtung der Erdanziehungskraft besteht, ist die Wahrnehmung der Bewegung, ihrer Richtung und ihrer Schnelligkeit davon nicht zu trennen. Diese Funktionen des vestibulären Systems – die Wahrnehmung der Bewegung und der Schwerkraft – sind zentral für den Ursprung der Raumwahrnehmung. Sobald sich das Individuum in seinem Umgebungsraum bewegt, wird zunehmende Information über die räumlichen Eigenschaften von anderen Quellen der Propriozeption und der taktilen Stimulation gewonnen. Diese somatosensorischen und vestibulären Informationsstücke verleihen einander Bedeutung, und zwar versorgen beide durch den Prozeß der intersensorischen Integration das Gehirn mit der Information, die es visuellen Reizen, die Umwelt widerspiegeln, ermöglicht, zu einer akkuraten Bedeutung zu gelangen. Daher ist das Umweltschema in erster Linie visuell – eine sich ständig ändernde „Karte" zur Planung und Durchführung motorischer Handlungen innerhalb der Umwelt. Die visuelle Interpretation paßt sich der propriozeptiven an, nicht umgekehrt.

Eines der typischen Experimente innerhalb dieses theoretischen Gebäudes (HELD u. REKOSH, 1963) beinhaltet aktive und passive Bewegung während des Sehens mit Prismen. Die Adaptation an die visuellen Verzerrungen, die durch die Prismen hervorgerufen wurden, wurde durch aktive Bewegungen und das daraus resultierende sensorische Feedback erreicht. Vergleichbare Ergebnisse erzielten HELD u. HEIN (1963) mit Kätzchen. Diese Kätzchen, die den gleichen sensorischen Input wie die Kontrollgruppe erhielten, aber keine somatosensorische Stimulation durch selbstproduzierte Fortbewegung, waren in der Durchführung visuell-lokomotorischer Aufgaben schlechter als die Kontrollgruppe, einschließlich der Plazierung der Pfoten, der Vermeidung einer visuellen Klippe und des Augenblinzelns bei einem sich nähernden Gegenstand. Die Ergebnisse lassen vermuten, daß normale Katzen die visuelle und die propriozeptive Information verbinden, um eine motorische Handlung durchführen zu können.

GERNANDTS (1964) Ansicht über die Raumwahrnehmung betont ebenfalls die multisensorische Quelle. Er betrachtet das okulare System, das vestibuläre System und die Wahrnehmungen aus den Muskeln, den Gelenken und der Viszera sowie der Haut als interdependent und die Wirkungsweise als „Gleichgewichtstriade" mit dem Zweck, den Körper im Raum zu regulieren und zu plazieren. Er stellt heraus, daß der Einfluß aus diesen sensorischen Quellen auf einem gemeinsamem Endweg zusammenfließt. Für den Therapeuten, der sich mit Lernstörungen beschäftigt, ist der zentripetale Einfluß genauso wichtig wie der zentrifugale Output. So wie es ein erlernter Prozeß ist, Buchstaben einen Sinn zu verleihen, und dies nicht vom visuellen Reiz herrührt (E. J. GIBSON, 1963) so ist auch die Fähigkeit, dem Sehen der Körper-Raum-Umwelt eine Bedeutung zu verleihen, ein erlernter Prozeß. Er ist in erster Linie das Endresultat angepaßter motorischer Reaktionen.

Haltungsreaktionen im allgemeinen wurden im einzelnen in einem früheren Kapitel behandelt. Hier werden nur einige Punkte hervorgehoben, die einen direkten Bezug zu visuellen Funktionen haben. Die Propriozeption von Kopf, Nacken und Augenmuskulatur ist für das Gleichgewicht wesentlich. Diese Kombination der Muskulatur wird auf verschiedenen Stufen des Gehirns integriert. Es ist herausgestellt worden, daß die Koordination speziell im Hirnstamm stattfindet; wahrscheinlich findet sie aber auch in den Frontallappen statt. LURIA (1966 b) schloß aus einem Überblick über die Literatur und aus eigenen Beobachtungen, daß Läsionen im Frontallappen die Systeme stören, die mit der Regulation des Kopfes, der Augen und des Nackens verbunden sind und daß es dadurch unvermeidbar zu einer Störung der visuellen Wahrnehmung kommt. Therapeutische Maßnahmen stützen sich auf den Zusammenhang zwischen dieser bestimmten Muskulatur und dem visuellen Wahrnehmungsprozeß. Die Nackenmuskulatur ist von besonderer Bedeutung.

Zusätzlich zur Abhängigkeit von der Integration der Wahrnehmung aus den verschiedenen sensorischen Quellen innerhalb des Hirnstamms ist die visuelle Wahrnehmung von einer adäquaten somatosensorischen Information abhängig, die über die spezifischen sensorischen Bahnen verläuft. Katzen, bei denen der kortikale Empfang des Körpersinns durch einen Eingriff im Mittelhirn gestört wurde, zeigten visuelle und somatosensorische Defizite, obwohl es – soweit das die Forscher berichten konnten – eigentlich keine Beteiligung der zu dieser Zeit bekannten afferenten visuellen Bahnen gab (SPRAGUE et al., 1961). Das visuelle Defizit bestand zunächst in der Unfähigkeit, die Bedeutung der visuellen Reize zu erkennen. Die Katzen konnten die visuelle Information nicht für eine adaptive Reaktion verwenden. Wenn die Tiere im Gebiet unter den Colliculi superiori oder auf beiden Seiten der spezifischen sensorischen Bahnen Läsionen hatten, waren beide visuelle Felder betroffen. War die Läsion unilateral, befand sich das visuelle Problem im kontralateralen Feld. Das Gebiet unter dem Colliculus erhält direkte Projektionen aus dem Assoziationskortex. SPRAGUE et al. schlossen daraus: „Die visuellen Symptome unserer Tiere ... lassen stark annehmen, daß die normalen visuellen Funktionen von der Unversehrtheit des Mittelhirnmechanismus abhängen, die ihre Projektionen aus dem Lemnisci [spezielle somatosensorische Bahnen], den aufsteigenden retikulär aktivierenden Bahnen und den kortikalen wie subkortikalen Gebieten erhalten."

Nach Durchtrennung des optischen Chiasmas sowie des Corpus callosum und der Entfernung des größten Teils des zerebralen Kortex, mit Ausnahme des visuellen Kortex, fanden die Forscher, daß die Katze nahezu alle zuvor trainierten visuellen Diskriminationen beim Auge auf der betreffenden Seite verloren hatte. Vergleichbare Ergebnisse gab es nicht für die somatosensorische Wahrnehmung nach der Isolation des somatosensorischen Kortex (SPERRY, 1958). Anscheinend sind die übrigen kortikalen Areale, die andere sensorische Quellen, die Assoziation und die motorischen Areale einschließen können, notwendig für die Vermittlung der visuellen Wahrnehmung bei der Katze und möglicherweise auch beim Menschen. Nach einem Überblick über die Forschung, speziell über die Untersuchungen zu Rattenlabyrinthen, schloß GLEITMAN (1963), daß die Ratten wahrscheinlich anstatt räumliche Konzepte zu bilden, eine frühere Erfahrung beim Explorieren des Raumes durch die Wahrnehmung und die Motorik haben mußten und daß „komplexes Lernen einen beachtlichen Hintergrund an sensorischer Erfahrung und anderen Arten der Stimulation erfordert".

Diese Studien können mit erklären, warum apraxische Kinder oft – aber nicht immer – ein Defizit in der Form- und Raumwahrnehmung aufweisen. Nicht nur das somatosensorische Defizit stört die visuelle Wahrnehmung, sondern das apraxische Kind ist in seinem manipulativen Spiel mit Spielzeug, in dem es sich erfolgreich engagieren kann, eingeschränkt, so daß die Chancen zum Erlernen der kortikal gelenkten visuellen Wahrnehmung verringert werden.

Kapitel 3 beschrieb die Rolle der multisensorischen Neurone und stellte die Häufigkeit heraus, mit der die Rezeptoren auf visuelle und andere Reize aus anderen Sinnesmodalitäten reagieren. In der Diskussion über die multisensorische Konvergenz eines einzelnen Neurons stellte ECCLES (1966) die These auf, daß die visuelle Wahrnehmung „eine Interpretation der retinalen Daten ist, die durch die Assoziation mit sensorischer Information gelernt wurden, die über Rezeptoren in den Muskeln, Gelenken und der Haut sowie im vestibulären Apparat verlief". Die Tatsache, daß einige der multisensorischen Neurone der Katze im motorischen Kortex liegen (BUSER u. IMBERT, 1961), läßt die Bewegung als einen Integrator der visuellen Wahrnehmung und der somatischen Reize, die mit der Bewegung verbunden sind, vermuten.

Daß die visuelle Wahrnehmung durch bestimmte Arten der motorischen Aktivität verbessert werden kann, unterstützen die oben zitierten Arbeiten an der Universität von Kalifornien in Berkeley (BENETT et al., 1964; ROSENZWEIG, 1962). In dieser Rattenstudie lag die Betonung auf dem Klettern und der Bewegung im Verhältnis zu Gegenständen, besonders in einer Situation, die vielfältig und herausfordernd war. Die größte strukturelle Veränderung im Hirn gab es im visuellen Areal und die geringste in der somato-sensorischen Region.

Obwohl die Propriozeption fundamental für die Entwicklung der visuellen Raumwahrnehmung ist, gibt es eine gleichzeitige Notwendigkeit strukturierter visueller Stimulation, um den ontogenetischen Prozeß zu fördern. RIESEN (1961 b) nahm an, daß mit dem phylogenetischen Trend der Enzephalisation des visuell-sensorischen Systems zunehmend auf die strukturierten Reize vertraut wurde, die für die Ontogenese der visuellen Wahrnehmung wichtig sind.

Wie in Kapitel 2 herausgestellt, resultierte eine leichte Deprivation der visuellen Reizmuster während der frühen Reifung von Hunden in einer größeren Schwierigkeit der Wahrnehmungsdiskrimination und im Gebrauch dieser Diskrimination (MELZAK, 1962).

Während die Ontogenese der visuellen Form- und Raumwahrnehmung teilweise von der Interaktion der hervorgerufenen posturalen und lokomotorischen Reaktionen abhängig ist (mit gleichzeitigem visuellem und propriozeptivem Feedback), sollte man nicht übersehen, daß einige Aspekte der visuellen Form- und Raumwahrnehmung angeboren sind. Es gibt einige Hinweise darauf, daß die Tiefenwahrnehmung bei allen Wirbeltieren angeboren ist (GIBSON, 1963). Die Wahrnehmung der Parallaxe und Struktur sind ebenso beteiligt wie die muskuläre Anstrengung der Akkomodation und Konvergenz der Augenmuskulatur (SCHIFFMAN u. WALK, 1963). Einfache Formwahrnehmung ist beim Menschen und bei den niederen Primaten bereits bei der Geburt vorhanden (GANZ u. WILSON, 1967).

12.4. Vermutete Bipolarität des Sehens

Wenn das Gehirn die Konsequenzen der Bewegung benutzt hat, um damit die Entwicklung der Form- und Raumwahrnehmung zu unterstützen, ist es wesentlich, die Mittel so zu erforschen, daß sie dem Therapeuten helfen, das zentrale Konzept zu erfassen und es anzuwenden.

Eine besonders sachdienliche Theorie, die eine Bipolärität des Sehens bei Wirbeltieren annimmt, stammt von TREVARTHEN (1968). E. J. GIBSON (1970) stellte fest, daß diese Theorie mit den Ergebnissen ihrer langjährigen Wahrnehmungsuntersuchungen übereinstimmte, und HELD (1968), der durch seine Beiträge über die Wahrnehmungsentwicklung bekannt ist, hat ähnliche Übereinstimmungen aufgedeckt. Diese Theorie deckt sich mit der zuvor zitierten Hirnforschung und der Verhaltensforschung, aus der man die empfohlenen Behandlungsmethoden ableitete. TREVARTHEN stützte seine Gedanken auf die Basishirnforschung, einschließlich seiner eigenen Untersuchungen an niederen Tieren, aber er glaubt, Anzeichen dafür zu haben, daß man die Ergebnisse auf den Menschen übertragen kann. Die beiden parallelen visuellen Prozesse nehmen die Umgebung wahr, d. h. sie nehmen den Raum wahr, mit dem der Körper in Zusammenhang steht, und sie sind „fokal", d. h. sie nehmen ein kleines Gebiet oder eine kleine Form im einzelnen wahr. Der umgebende Raum bedeutet das gleiche wie das, was zuvor mit Umweltschema bezeichnet wurde. Es steht mit der Orientierung des Kopfes, der Haltungsausrichtung, mit den lokomotorischen Veränderungen und den Veränderungen in der Beziehung zwischen dem Körper zum Raum, zur Oberfläche, zu Ereignissen und Gegenständen im Raum in Verbindung. Das Sehen, das im cerebralen Kortex abläuft, ist mit der praktischen Handlung verbunden und dient dem Organismus, auf einen bestimmten Aspekt der Umwelt, speziell auf Gegenstände, manipulativ einzuwirken. E. J. GIBSON (1970) glaubt, daß es einen Unterschied in der phylogenetischen und der ontogenetischen Entwicklung dieser beiden Wahrnehmungsarten gibt. Das Körper-Raum-Schema oder das Umweltschema entwickelt sich am frühesten und ist neurologisch primitiver als die kortikale Wahrnehmung, die sich über eine längere Zeitperiode entwickelt, und hängt auch mehr vom Lernen ab; es hat beim Menschen sich zu einem komplexeren Niveau als bei den Wirbeltieren ausgebildet.

TREVARTHEN stellt heraus, daß Untersuchungen an Wirbeltieren zeigen, daß es einen körperzentrierten visuellen Raum an der Oberfläche der Colliculi superiori des Mittelhirntektums gibt, der eine Art „Landkarte" des Verhaltensraumes darstellt. Man glaubt, daß diese kortikal-visuelle Karte mit dem visuellen System des Mittelhirns verbunden ist, was eine Interaktion der beiden Systeme erlaubt, und daß jede Art des Sehens in das motorische System integriert ist, was für Handlungen, die mit dem visuellen System

verbunden sind, wichtig ist. Affen, deren Zerebralhemisphären durch einen Eingriff getrennt wurden, zeigen Störungen in der Bilateralität der visuellen Formwahrnehmung und der Handaktion, obwohl die Tiere eine adäquate Integration der Funktion ihrer beiden Körperseiten beim Klettern und bei der Fortbewegung haben. Vergleichbare Ergebnisse gibt es auch für den Menschen.
Die ontogenetische Entwicklung des Orientierungssystems Körper–Raum ist bei der Katze zum Teil von der visuellen Stimulation nach Mustern abhängig sowie von der Gelegenheit, sich innerhalb dieser Umwelt zu bewegen (HELD, 1968). Die Bewegung muß aktiv verlaufen, d. h. auf die Umwelt einwirken, im Gegensatz zur Passivität (HELD u. HEIN, 1963). HELD (1968) und TREVARTHEN (1968) sind überzeugt, daß das visuelle Feedback von den Handlungen grundlegend für die Integration der visuellen und motorischen Prozesse ist, die dem Hirnstamm zugerechnet werden. Es scheint allgemeine Übereinstimmung darüber zu herrschen, daß die beiden visuellen Systeme, obwohl relativ unabhängig, in einer engen Verbindung zusammenarbeiten.
Setzt man sie zueinander in Beziehung, so laufen alle diese Daten, Hypothesen und klinischen Beobachtungen auf folgende Postulate hinaus: Der Mensch entwickelt die visuelle Wahrnehmung nicht allein durch die Augen, noch sieht er nur mit dem visuellen Kortex. Bedeutungsvolles Sehen wird durch das integrierte Handeln vieler Teile des Gehirns erreicht, das – zusammen mit den visuellen Reizen – andere sensorische Reize, besonders somatosensorische und vestibuläre und damit verbundenes motorisches Verhalten auslöst. Viele Kinder mit Lernunfähigkeiten haben visuelle Wahrnehmungsprobleme mit inadäquaten okularen und posturalen Reaktionen sowie Defizite in anderen somatosensorischen Funktionen, die letztlich auf eine inadäquate Integration im Hirnstamm zurückgeführt werden können. Ein Ergebnis der nicht optimalen Hirnstammintegration besteht in Lernproblemen besonders in frühen Jahren, wenn die Wahrnehmung eine bedeutende Rolle beim formalen Lernen spielt. Man nimmt an, daß viele, wenn auch nicht alle, visuellen Wahrnehmungsprobleme, die mit dem Lesen in Verbindung stehen, bei kleinen Kindern mit einem Mangel an normaler Reifung der Hirnstammechanismen verbunden sind.

12.5. Behandlung für die Entwicklung der Form- und Raumwahrnehmung

Das Interventionsprogramm für Kinder, die inadäquat integrierte vestibuläre und taktile Systeme aufweisen, beginnt mit einer allgemeinen Stimulation über Sinnesmodalitäten, die durch das Schaukelnetz oder das Bürsten, wie in Kapitel 9 beschrieben, angesprochen werden. Ein massives Bombardieren des Gehirns mit vestibulären Reizen ist besonders für solche Kinder wichtig, die Symptome eines verminderten Nystagmus und reduzierten Schwindel nach dem Schaukeln zeigen. Diese Symptome lassen vermuten, daß neurale Impulse, die von vestibulären Rezeptoren generiert werden, ihre Bestimmungsorte beim Menschen nicht erreichen. Wenn diese Impulse nicht die notwendigen synaptischen Verbindungen schaffen und einfach den Produktionsprozeß des sensorischen Inputs ablaufen lassen, der in verschiedene Hirnzentren geht, so wird das nicht sehr effektiv sein. Es ist wichtig, zunächst alles zu tun, um eine optimale Leitfähigkeit des sensorischen Inputs zu schaffen.
Bei Kindern, deren Neuralkreise die vestibulären Impulse ziemlich gut zu leiten scheinen, fördert eine kleinere Menge der nicht spezifischen vestibulären Stimulation die Aktion in den Neuralsystemen, die der Form- und Raumwahrnehmung dienen. Ähnlich fördern taktile Reize die Neuralreaktion durch ihre Wirkung auf die kongruenten Neurone und auf die Formatio reticularis und ihre auf- und absteigenden Bahnen. Die Basishirnforschung läßt vermuten, daß taktile Reize auch zur adäquaten visuellen Wahrnehmung allgemeinerer Natur sowohl

auf kortikaler Ebene, dem Hirnstammniveau, und in anderen subkortikalen Arealen beitragen.
Da man annimmt, daß einige Typen der inadäquaten Form- und Raumwahrnehmung bei Kindern mit Lernstörungen gering integrierte Hirnstammechanismen widerspiegeln, ist die Förderung der Integration in dieser Struktur der zweite wichtige Schritt im Interventionsprogramm. Das kann sich mit den anfänglichen Vorgehensweisen der taktilen und vestibulären Stimulation überschneiden. Die betreffenden Hirnstammechanismen sind jene, die sich auf die Reaktion auf Bewegung und Schwerkraft, Nacken- und Körperstell-Reflexe, auf die Fortbewegung (speziell auf allen Vieren), auf die Kopf- und Augenkontrolle und auf die visuelle Wahrnehmung der Umgebung beziehen. Die empfohlenen Vorgehensweisen zur Normalisierung der Hirnstammechanismen wurden im einzelnen in Kapitel 10 behandelt. Sie werden hier nur im Überblick mit besonderer Betonung der Augenfunktion dargestellt. Primitive Haltungsreflexe werden im Nervensystem integriert und die Reifung der Aufrichte- und Gleichgewichtsreaktionen wird gefördert. Von besonderer Bedeutung ist die Aktivation des *Kopf-Stell-Reflexes,* einerseits wegen seiner Rolle in der Entwicklungsfolge der Haltungsmechanismen und andererseits wegen der engen Verbindung zwischen der Nackenmuskulatur und den Augenmuskeln. Man hat beobachten können, daß bei Kindern mit gestörter Entwicklung des Nervensystems dieser Entwicklungsschritt nicht bis zum optimalen Grade ausgeführt wurde. Ein rein kortikal gelenktes Rollen kann natürlich nicht den gleichen integrierenden Effekt haben. Der Kopf-Stell-Reflex wird auf Hirnstammniveau durch die Aktivation der Rezeptoren im Nacken ausgelöst. Der Reflex besitzt einen besonderen Überlebenswert, indem er einem Tier dabei hilft, von der Bauch- in die Rückenlage zu wechseln. Das effektivste Mittel zur Hervorrufung des Kopf-Stell-Reflexes besteht im Rollen des Kindes im Rollschlauch, wie ihn Abb. 7 (s. S. 118) zeigt. Das Kind sollte dazu gebracht werden, seinen Kopf zu „führen" und auf das Ziel zu blicken, auf das es zurollt, indem es seinen Kopf nach vorne dreht. Die motorische Abfolge ist: 1. die Augen blicken zur Seite, 2. der Kopf folgt ihnen und der Rumpf dreht sich dabei, und 3. der Rumpf folgt dem Kopf. Die Automatik der Reaktion wird durch den Therapeuten gefördert, der an dem Punkt steht, auf den das Kind zurollt und der zum richtigen Zeitpunkt in die Hände klatscht, um die Aufmerksamkeit des Kindes auf sich zu lenken. Beim Händeklatschen sieht das Kind den Therapeuten an, und die Abfolge des Kopf-Stell-Reflexes beginnt.
Wie bereits zuvor beschrieben, erfordern die Bauch- und Rückenlage sowie Übungen, die eine schnelle Änderung der Bewegungsrichtung während des Sitzens beinhalten, eine starke Kontraktion der Nackenmuskulatur, die propriozeptiv die extraokularen Muskeln fördert. Man glaubt, daß eine starke Kontraktion der Nackenmuskulatur auf eine bessere Neuralintegration der okulomotorischen Mechanismen im Hirnstamm hinausläuft. Da die Bewegung der Augen oder des gesamten Körpers eng mit der Empfindung und der Wahrnehmung auf Hirnstammniveau verbunden ist, kann eine bessere Funktion des okularen Mechanismus die visuelle Wahrnehmungsfunktion im Hirnstamm unterstützen. Diese Hypothese geht mit einer beachtlichen Anzahl von Ergebnissen aus der Grundlagenforschung einher, die früher in diesem Kapitel dargelegt wurden. Dieses Postulat scheint einleuchtend zu sein, obwohl man keine signifikanten Verbindungen zwischen der Augenkontrolle und Verbesserungen im Lernverhalten fand.
Die Grundlagenforschung hat die Bedeutung der Möglichkeit betont, propriozeptive Reize vom Körper mit dem visuellen Input zu verbinden. Taktile und vestibuläre Stimulation, die eine allgemeine Wirkung auf das Nervensystem ausüben, sollen einen größeren propriozeptiven Fluß von den Muskeln und eine größere Wahrscheinlichkeit der Entladung einiger motorischer Neurone erzielen. Die motorische Aktivität produziert

umgekehrt einen vermehrten sensorischen Fluß, der dann für die Verbindung mit den visuellen Wahrnehmungen zur Verfügung steht. FREDRICKSON et al. (1966) untersuchten die vestibuläre Nervenprojektion auf den Zerebralkortex des Affen und fanden eine Überlappung der Repräsentation der vestibulären und der Gelenkrezeptoren. Die Kinästhesie, die die Wahrnehmung der Gelenkposition und -bewegung umfaßt, war in statistischen Analysen immer mit der visuellen Wahrnehmung verbunden. Theoretisch kann eine verbesserte kinästhetische Wahrnehmung die visuelle verbessern. Vestibuläre Stimulation kann die Kinästhesie fördern. ADAMS (1965) verbesserte die Testwerte im Kinästhesietest bei einer Gruppe von Kindern mit neuralen Dysfunktionen. Der taktilen Stimulation wurde durch die Streck-Horizontallage gegen einen Widerstand für ca. eine Minute und dann durch die Fortbewegung auf Händen und Knien für ca. zwei Minuten mit einem Widerstand auf den Schultern hervorgerufen. ADAMS fand, daß der facilitatorische Effekt direkt nach der therapeutischen Übung am größten war. Die Gelenk-Annäherung, die aus dem Widerstand, den ADAMS gebrauchte, resultierte, soll die Gelenkrezeptoren, die für die Kinästhesie verantwortlich sind, aktivieren.

Übungen, die die gleichzeitige Einnahme der Vierfüßlerstellung und das Hervorrufen von Gleichgewichtsreaktionen erfordern, stellen sehr viele propriozeptive Stimuli bereit, von denen die Grundlagenforschung gezeigt hat, daß sie für den visuellen Raumwahrnehmungsprozeß wichtig sind. Gleichzeitig erfordern diese Übungen den motorischen Output, der die Funktion im visuellen Kortex verbessert und dazu beiträgt, die visuellen Impulse in Wahrnehmungen zu transponieren.

Einfaches Hin- und Herschaukeln auf einem Schaukelbrett oder einem großen Therapieball sorgt für einen beachtlichen vestibulären und anderen propriozeptiven Input, einschließlich der von der Nackenmuskulatur. Balancieren auf Händen und Knien auf dem großen Therapieball oder auf dem Vierfüßler-Balancierbrett – wie Abb. 10 (s. S. 121) zeigt – stellt höhere Anforderungen und führt zu einer besseren Organisation, vorausgesetzt das Kind ist erfolgreich. Während all dieser Übungen wird der Raum, mit dem der Körper in Verbindung steht, vom visuellen Kortex registriert und man hofft, daß er aufgrund der größeren Normalität der Funktion, die aus diesem sensorischen Input resultiert, genauer aufgenommen wird.

Übungen auf dem Roller sorgen für die Bewegung durch den Raum, die speziell eine visuelle Raumwahrnehmung erfordert, die die Richtung der motorischen Handlung überwacht. Was man sieht, verleiht dem Verhältnis zwischen dem Wahrnehmenden und dem Wahrgenommenen Bedeutung. Dieses Verhältnis ist vom Wahrnehmenden abhängig, der seine Handlung auf die Wahrnehmung richtet. Die Wahrnehmung ist ein adaptiver Prozeß, und die offenkundige Aktivität hilft dem Kind, die Genauigkeit der Wahrnehmung abzuschätzen. Man sollte durchaus die Meinung von SPERRY (1952) behalten, daß Wahrnehmung die Vorbereitung einer adaptiven Reaktion ist.

Das Werfen von Gegenständen zu einem bestimmten Ort erfordert ein fortgeschritteneres Trainingsniveau in der visuellen Wahrnehmung. Die Integration der Körperbewegungen, das Umweltschema während des Werfens steigert die Komplexität der erforderlichen adaptiven Reaktion. Passende Übungen dieser Art umfassen das Werfen von mit Erbsen gefüllten Kissen durch einen Reifen oder in eine Schachtel während der Fahrt mit dem Roller und das Werfen und Fangen eines schweren Balls beim Sitzen auf der sich drehenden Plattformschaukel. Beide Male ist das Werfen über die Körpermittellinie erforderlich, um beide Seiten im Körper-Raum-Schema zu integrieren.

Eine komplexe Aufgabe, die die visuelle Lenkung innerhalb des Umwelt-Raum-Schemas erfordert, besteht im Halten einer Karte, auf der Linien zwischen Flecken eingezeichnet sind, die auf den Boden gezeichnete Flecken darstellen. Den Linien auf der Karte folgend geht das Kind von Fleck zu

Fleck auf dem Boden. Die Fähigkeit der visuellen Vorstellungskraft wird angeregt, indem man dem Kind einen Sack über den Kopf legt, das mit dem Roller fährt und sich durch einen einfachen Hinderniskurs, den es zuvor gesehen hat, hindurchfühlt. Während des Balancierens auf einem Schaukelbrett oder einem anderen Gerät Fangen zu spielen und einen Ball beim Sitzen auf einem einbeinigen Schemel (Abb. 12, s. S. 122) zu schießen, erfordert die Ausführung einer visuell-motorischen Aufgabe, während man auf die Anforderungen an das Gleichgewicht reagiert.

Der nächste Schritt in der Entwicklung der Form- und Raumwahrnehmung reduziert den somatosensorischen Input und steigert die Anforderungen an den Wahrnehmungsprozeß. Für diesen Schritt sind Puzzles und manipulatorische Spiele, die auch gekauft werden können, besonders angebracht. Ihre Anwendung sollte vom Therapeuten nach Schwierigkeitsgrad und Problemannäherung ausgewählt werden. Viele Puzzles können schnell und leicht vom Therapeuten hergestellt werden. So können z. B. farbige Würfel in folgender Weise angewendet werden. Dem Kind wird nur kurz ein Blatt Papier gezeigt, auf dem farbige Quadrate zu sehen sind; es wird dann aufgefordert, farbige Würfel in der gleichen Reihenfolge anzuordnen. In einer anderen Aufgabe werden zwei oder mehr farbige Würfel auf eine Pappröhre gelegt, während das Kind zusieht. Sobald sie nicht mehr zu sehen sind, soll das Kind wiedergeben, in welcher Reihenfolge sie von einem bestimmten Ende der Röhre erscheinen. Auf einem einfacheren Niveau wird ein durchsichtiges Rohr benutzt und das Kind fügt die Würfel selbst ein. In einem fortgeschrittenen Stadium wird das Rohr gedreht, bevor das Kind die Würfel herausnehmen darf. Ein anderes Folgespiel erfordert, zwei Stücke eines Pappkartons in mehrere kleine Teile zu zerschneiden. Therapeut und Kind sollen gleiche Stücke haben. Der Therapeut legt eine Reihe von Teilen vor dem Kind aus, damit es sie sich ansehen kann, dann verdeckt er sie, während das Kind sie nachmacht.

Für das junge Schulkind ist es angebracht, eine Therapiesitzung, die somatosensorische und vestibuläre Stimulation betont hatte, mit Aufgaben der visuellen Form- und Raumwahrnehmung abzuschließen. Das setzt voraus, daß die frühere Behandlung die Fähigkeit der visuellen Wahrnehmung fördert und daß ein Stillsitzen während der Beschäftigung mit visuellen Wahrnehmungsaufgaben dem Kind hilft, sich zu beruhigen, bevor es die Therapiesitzung verläßt.

Wenn das Problem der visuellen Wahrnehmung in erster Linie mit einer unilateralen Dysfunktion der Zerebralhemisphäre verbunden zu sein scheint, ist es passend, das Therapieprogramm mit manipulatorischen räumlich-visuellen Aufgaben beginnen zu lassen. Sogar im Falle einer kortikalen und nicht Hirnstamm-bedingten Dysfunktion werden weitgehend Hirnstammechanismen aktiviert, da diese – wie man glaubt – den kortikalen visuellen Wahrnehmungsprozeß zusätzlich unterstützen.

Ähnlich können somatosensorische und vestibuläre Reize zum kortikalen visuellen Wahrnehmungsprozeß beitragen. Die sensorische Integration verläuft über die Konvergenz des sensorischen Inputs von verschiedenen Sinnesmodalitäten auf ein einzelnes Neuron oder einen begrenzten Bereich in verschiedenen Arealen des Gehirns, einschließlich des Thalamus und Kortex. Wie bereits früher bemerkt, sendet besonders das vestibuläre System bei niederen Tieren Impulse zu den meisten Arealen des Kortex, einschließlich des visuellen Kortex, und der visuelle Kortex für eine adäquate Interpretation der visuellen Reize hängt vom kortikalen Empfang der Wahrnehmungen aus dem Körper ab. Daher kann man annehmen, daß die kortikale visuelle Wahrnehmung durch Reize aus den Modalitäten gefördert werden kann, von denen bekannt ist, daß sie Informationen zu den Arealen senden, die auch auf visuelle Reize reagieren. Eine direkte Stimulation des vestibulären Systems – wie beim passiven Schaukeln – oder eine direkte taktile Stimulation – wie das Bürsten der Haut – können einen gewissen Beitrag zum kortikalen visuellen Prozeß leisten. Ähnlich können propriozeptive Reize, die während einer Übung im Körper hervorgerufen werden, und besonders die, die eine Sperre der Propriozeption hervorrufen, das Sehen auf kortikalem Niveau fördern. Empfindungen aus diesen sensorischen Quellen können auch über das retikulär aktivierende System arbeiten, indem sie der visuellen Aufgabe vorausgehen und diese noch beeinflussen.

Kontraindikationen der oben beschriebenen therapeutischen Übungen liegen natürlich in der Anwendung gerade solcher Reize, die am effektivsten sein können. Hier sollten die in Kapitel 9 diskutierten Vorsichtsmaßnahmen angewandt werden. Zusätzlich zu normalen Vorsichtsmaßnahmen sollte die Aufmerksamkeit besonders auf eine anomale extraokulare Funktion gerichtet sein, wie z. B. die konstante Abweichung der Augen. Eine Übung, die die Kontraktion der extraokularen Muskeln fördert, kann genauso in einer negativen Richtung fördernd wirken, wenn das Kind bereits eine anomale Tendenz für Muskelreaktionen zeigt. Das beste Kriterium für das, was nützlich ist und für das, was es nicht ist, ist die Reaktion des Kindes. Sie muß beobachtet und fachliche Beurteilungen ihrer Bedeutung müssen abgegeben werden.

13. Taktile Defensivhaltungen sowie damit verbundene Verhaltensreaktionen

Viele Kinder mit sensorisch-integrativen Störungen zeigen aversive Reaktionen auf bestimmte Typen taktiler Reize. Dieses Phänomen bezeichnet man als „taktile Defensivität“ („tactile defensiveness“). Seine Verhaltenskorrelate der Hyperaktivität und der Zerstreutheit sind oft für den Klassenlehrer offenkundiger als die taktile Dysfunktion selbst. Taktile Reize können natürlich nur von dem Individuum, das das Problem hat, wahrgenommen werden. Taktile Defensivität ist nicht nur eine subjektive Erfahrung, sondern das Subjekt ist sich der genauen Natur seiner Erfahrung auch nicht immer bewußt.

Faktorenanalysen einer Anzahl von Parametern, die mit der sensorisch-integrativen Dysfunktion in Verbindung stehen (Ayres, 1965, 1966 a, 1966 b, 1969 a, 1972 c), haben übereinstimmend Hyperaktivität, Zerstreutheit, taktile Defensivität und verminderte taktile Wahrnehmung miteinander verbunden. Das Syndrom ist häufig, aber nicht immer mit der Apraxie verbunden, vielleicht weil es sich bei beiden um eine Störung des taktilen Systems handelt. Nicht alle Fälle von Überaktivität und Zerstreutheit sind mit taktiler Defensivität verbunden.

Taktil-defensives Verhalten und die subjektive emotionale Erfahrung eines Individuums während der taktilen Stimulation, auf die es defensiv reagiert, sind meistens leicht und objektiv zu beobachten, wenn man Tests zur diskriminativen taktilen Wahrnehmung, wie im SCSIT, benutzt, obwohl diese Tests dazu bestimmt sind, eine präzise Interpretation der räumlichen und zeitlichen Eigenschaften der taktilen Wahrnehmung zu geben.

Analysiert man die Testbedingungen, unter denen das Kind eine negative emotionale Reaktion zeigt oder eine Art von unangenehmem Gefühl, so trägt das dazu bei, den Charakter des Syndroms zu erhellen und darzulegen, wie das Kind seine Erfahrungen in Beziehung zu vielen anderen Lebensaspekten macht.

Während der Anwendung des Manual Form Perception Test (manueller Form-Wahrnehmungstest) erhält das Kind einige taktile Stimulationen der Hand durch die Form, die ihm der Therapeut gibt, aber vermehrte taktile Stimulation wird durch den Therapeuten hervorgerufen, der die Form in der Hand bewegt. Sich selbst zu berühren – direkt oder indirekt – ist ein anderer neurologischer Prozeß, als berührt zu werden; diese Tatsache sollte in Betracht gezogen werden. Der Manual Form Perception Test ruft normalerweise keine negativen emotionalen Reaktionen hervor, aber in dieser Serie folgt der Test zur Fingeridentifikation, in dem das Kind ahnt, daß es von der Hand des Therapeuten berührt wird, obwohl es den Vorgang nicht sehen kann, noch genau weiß, wo es berührt werden wird. Ein taktil-defensives Kind wird Anzeichen von Unruhe oder unangenehmen Gefühlen während des Tests zeigen. Das können einfache Anzeichen sein, wie z. B. die Hände unter den Tisch zu legen oder ein kummervolles Gesicht. Der Test zur taktilen Lokalisation ist eher geeignet, eine defensive Antwort hervorzurufen als die davor angewandten Tests. Drei die Angst fördernden Bedingungen herrschen vor: 1. dem Test geht ein anderer bedrohlicher Test voraus, der einen kumulativen Effekt erlaubt; 2. das Kind kann nicht sehen, wo es berührt werden wird, aber es weiß, daß es berührt werden wird; 3. der taktile Reiz ist schnell, leicht und wird einzeln verabreicht. Alle drei Situationen tragen dazu bei, eine defensive oder feindliche Reaktion auszulösen.

Der Test zur Wahrnehmung doppelter taktiler Reize kann ein Kind auch belasten. Ein Reiz, der von hinten kommt, erlaubt ihm nicht, sich zu verteidigen. In einer nicht prüfungsbedingten Situation wird ein taktil-defensives Kind negativ auf die Berührung durch eine andere Person reagieren, besonders wenn der Reiz von außerhalb seines visuellen Feldes kommt oder irgendwie unerwartet ist.

Es ist wichtig zu erkennen, daß das taktil-defensive Kind seine Reize ganz anders erfährt als ein neurologisch besser integriertes Kind. Die defensive Reaktion auf taktile Reize wird leicht übersehen. Der Therapeut muß auf ihre Möglichkeit gefaßt sein, um sie zu identifizieren. Die Reaktion eines taktil-defensiven Kindes auf taktile Reize kommt oft in gesellschaftlich akzeptierten Formulierungen zum Ausdruck, die vermuten lassen, daß es sich seinem unangenehmen Gefühl nicht recht bewußt ist. „Es kitzelt" ist eine der offensichtlichen, allgemeinen und suggestiven Reaktionen, wie auch das Kratzen. „Ich muß ins Bad", „Mutter, bist du hier?", „Es ist Zeit für eine Pause", „Ich darf das Mittagessen nicht verpassen", „Ich muß etwas trinken", sind verdeckte und eine andere Art des Ausdrucks, und Körper- und Gesichtsausdruck ist es um so mehr. Einige offensichtlichere Anzeichen sind die Interpretation der Berührung mit einem Kugelschreiber als eine Injektion mit einer Nadel, ein Moskitostich oder ein Elektroschock. Kinder, die sich ihrer Reaktionen durchaus bewußt waren, sagten dazu:, „Ich hasse dieses Spiel", „Ich mag dieses Stück nicht", „Ich setze mich dorthin, wo du mich nicht berühren kannst", „Es ärgert mich ein bißchen". Einige Kinder reagierten mit Gekicher und motorischem Rückzug. Ein Kind verließ den Versuchstisch und ging zu seinem Vater, der daneben saß, und begann, den erstaunten Mann zu schlagen. Die offensichtlicheren Reaktionen spiegeln Angst, unangenehme Gefühle, das Bedürfnis, sich zurückzuziehen, und eine Art Feindschaft wider.

Therapeuten, die Kinder mit Verhaltensproblemen testen, sollen genau beobachten und das kindliche Verhalten während der taktilen Tests mit dem während der Tests zur visuellen Wahrnehmung und motorischen Aktion vergleichen. Das Verhalten, das aus einer defensiven Erregung während der taktilen Tests resultiert, kann auch durch Müdigkeit hervorgerufen worden sein, wenn dieses Verhalten nicht mit dem Testverhalten unter gleichen oder noch ermüdenderen Bedingungen verglichen wurde, in denen keine belastenden taktilen Reize gegeben wurden. Taktile Defensivität ist ein kumulatives Phänomen und wird daher im Verlauf des Tests immer deutlicher. Ihr Einfluß wird auf die den taktilen Tests folgenden übergreifen.

Dieses Syndrom wirkt sich hauptsächlich auf das Verhalten aus und nicht so sehr auf das schulische Lernen. Taktile Defensivität an sich scheint das Lernen nicht zu behindern, aber einige Bedingungen, die zu den Ursachen des Syndroms beitragen, können bei einigen Kindern zu Problemen führen, die ihrerseits wieder das Lernen stören. Man hat festgestellt (Steward et al., 1966), daß die Symptome des hyperaktiven Kindes bereits in der Kindheit vorliegen. Kinder mit einer schweren Form des Syndroms neigen dazu, später unsoziales Verhalten zu zeigen. Wahrscheinlich sind einige dieser Kinder taktil defensiv.

Obwohl keine objektiven Daten bekannt sind, die diese Idee stützen, hat man vorgeschlagen, daß die taktile Defensivität ein allgemeinerer Teil des Nervensystems sei, und zwar zur Interpretation der Reize in Form von „Gefahr, gib auf sie acht und bereite dich auf Flucht oder Kampf vor" oder wenigstens „Ich kann diese Reize nicht aushalten". Eine „Überreaktivität" für auditorische, olfaktorische und sogar einige visuelle Reize wird gelegentlich beim taktil-defensiven Kind gefunden. Berührung, Gehör und Geruch sind grundlegende und phylogenetisch alte Mittel zur Aufdeckung der Umweltgefahr. Taktile Funktionen oder ihre pri-

mitiven analogen Formen gehörten zu den ersten Mitteln, die den Organismus zur Informationsaufnahme über die Umwelt befähigten, so daß sie adaptiv bewältigt werden konnte.
Taktil-defensive Reaktionen scheinen mit der Stimulation der kleinen, phylogenetisch alten, afferenten C-Fasern übereinzustimmen, die eine primitive nicht diskriminierende Reaktion vermitteln. Entwicklungsstörungen des Nervenfasersystems laufen oft auf ein allgemein weniger entwickeltes und weniger diskriminatorisches Verhalten hinaus. In diesem Zusammenhang kann dieses Syndrom als gering und unregelmäßig entwickelter bzw. integrierter Mechanismus definiert werden, der der Integration bestimmter sensorischer Information dient, besonders der, der mit primitiven Reaktionen mit Überlebenswert verbunden ist. Alle Menschen brauchen die Fähigkeit zur defensiven Reaktion. Das Syndrom spiegelt einen anomalen Grad der defensiven Reaktionsfähigkeit wider.
In der Tierforschung sind Hyperaktivität und feindliche Reaktionen mit taktilen Störungen verbunden worden. Eines der Ergebnisse der Sektion der lemniskalen Bahnen im Mittelhirn der Katzen war stereotypes, hyperexploratives Verhalten (SPRAGUE et al., 1960, 1961, 1963). SOKOLOV (1963) zitiert Orbeli und Popov, um zu zeigen, daß nach der Durchtrennung einer sensorischen Bahn das Tier zu einer spezialisierten Analyse unfähig war und auf die Stimulation mit einer „stürmischen defensiven Reaktion" reagierte. Die defensive Reaktion wurde nach einer Sektion des *posterioren Stranges (Hinterstrang)* gesteigert.
Wenn das Nervensystem eines Kindes dahin tendiert, einige Reize als potentiell gefährlich zu interpretieren, beinhalten seine Reaktionen eine gewisse Logik. Es schafft es nicht, eine Reaktion auf viele Reize zu hemmen, die der Lehrer oder Therapeut für den Augenblick als irrelevant betrachtet, die aber eine größere Bedeutung für den Teil des Nervensystems besitzen, der für das Überleben verantwortlich ist, als z. B. die Antwort auf die Frage „Wieviel ist zwei und zwei?". Das Kind reagiert auf die dem Lehrer irrelevant erscheinenden Reize und wirkt deshalb abgelenkt. Es reagiert mit einer Bewegung und wird als hyperaktiv angesehen. Es neigt dazu, ängstlich und emotional labil zu sein. Es ist ein häufig bedrohtes Kind. Dieses Kind ist weniger gut darauf vorbereitet, sich mit der fortgeschrittenen Zivilisation auseinanderzusetzen, als ein Kind, dessen Nervensystem normaler integriert ist, aber alle seine Reaktionen stehen mit der Organisation seines Nervensystems in Einklang.

13.1. Neuroanatomische und physiologische Überlegungen

Die Effektivität der Modifikation des Nervensystems eines Kindes mit der Tendenz zu negativen Reaktionen wird direkt vom Verständnis des Zustands abhängig sein. Aus diesem Grunde muß man sich eingehend mit der zugrundeliegenden Neurobiologie beschäftigen.
Das Konzept der taktilen Defensivität hat seine Wurzeln in den frühen Beobachtungen von H. HEAD (1920), dessen Ansicht über die Funktion des Nervensystems einen Vorläufer dieser Postulate darstellt. Es ist nicht sinnvoll, von seiner Arbeit, die nun schon ein halbes Jahrhundert alt ist, zu erwarten, daß die technischen Aspekte vollständig mit den heutigen neurophysiologischen Daten übereinstimmen, aber viele seiner Konzepte haben sich als nützliche Einblicke in das Verständnis der menschlichen Funktion erwiesen.
Der Hauptpunkt der Theorie von HEAD besteht aus zwei dualistischen funktionalen afferenten Systemen, dem protopathischen und dem epikritischen. Das protopathische System – es heißt aufgrund seiner primitiven Eigenschaften so – war dazu bestimmt, den Organismus gegen potentiellen Schaden zu schützen, zu warnen, und zu verteidigen. Das epikritische System, das das phylogenetisch ältere protopathische überlagerte, war mit der höheren diskriminatorischen Funk-

tion befaßt, die zur Lokalisation der taktilen Reize und zum Wiedererkennen von zwei- und dreidimensionalen Gegenständen befähigte.

Das protopathische System hatte besonders mit Kratzen, Kribbeln und unangenehmen Gefühlen zu tun. Die Reize, die auf dieses System einwirkten, wurden als diffus und sich strahlenförmig verbreitend, manchmal auch auf einen entfernteren Körperteil bezogen, empfunden. Beide Systeme konnten Schmerznachrichten übermitteln, aber das protopathische war besonders dafür zuständig. Dieses letztere System war besonders in der Lage, affektive Reaktionen hervorzurufen – schmerzliche oder angenehme – und lief daher auf Aktionen wie Zurückweisung oder Anziehung hinaus. Es ermöglichte die motorische Aktivität.

Von besonderem theoretischen Interesse war die Art, in der HEAD ein Konzept über die Interaktion der beiden Systeme aufstellte. Das epikritische System sollte eine überwachende und kontrollierende Funktion über das protopathische erfüllen. Als das höhere und spezifischere System neigte es bei Störungen eher zu Ausfallerscheinungen als das niedrigere.

Zusätzlich zu dieser Theorie der dualen Hauptsysteme (die auf Beobachtung von peripheren Nervenverletzungen basierte) beschrieb HEAD sensorische Störungen auf der Basis von Hirnverletzungen. Die Störungen zerfallen in zwei Kategorien, die den dualen afferenten Systemen ähneln. Bei Läsionen des optischen Thalamus zeigte das Individuum charakteristischerweise übermäßige affektive Reaktionen, mit einer Überreaktion auf Schmerz, Hitze, Kälte, bestimmte Arten der taktilen Reize und gelegentlich auf Vibration. Erregung wurde als unangenehm empfunden und manchmal resultierten Musik und laute Geräusche in Erschöpfung. Die Reaktion auf angenehme Reize konnte durchaus akzentuiert sein. HEAD bemerkte bei den Patienten unregelmäßige Bewegungen, die im Laufe des Tests noch zunahmen.

Bei kortikalen Läsionen fand HEAD einen Mangel an Konstanz und Einheitlichkeit der Reaktion auf taktile Reize. Manchmal war die Lokalisation eines taktilen Reizes mangelhaft. Häufiger traten jedoch Schwierigkeiten bei der Unterscheidung zweier Punkte auf der Haut auf, bei der Unterscheidung zweier Gewichte und beim Wiedererkennen von Objekten durch Betasten. HEAD betrachtete die kontrastierenden Elemente der Wahrnehmung als „affektive und diskriminative". Er argumentierte, daß die übermäßige Reaktion auf affektive Reize nicht durch eine Reizung der Hirnstruktur, sondern durch die Beseitigung der kortikalen Kontrolle verursacht wurde, was in thalamischer Dysfunktion resultierte. Die Situation entsprach einem Mangel an Kontrolle, der sich manifestierte, wenn das protopathische System über das epikritische vorherrschte. Die primitiveren Aktivitäten wurden durch das Hinzukommen neuer Zentren modifiziert, die wiederum ihren Zweck ohne die Existenz niederer Zentren, die von den neuen beherrscht wurden, nicht erfüllen konnten.

HEAD betonte den protopathischen Prozeß als einen primitiven und den epikritischen als mehr vorangeschritten. Seine Zuschreibung dieser Prozesse zur Phylogenese trafen auf Einwände, besonders von WALSHE (1942), der herausstellte, daß jedes Tier auf jedem phylogenetischen Niveau ein Instrument der Präzision sei. Die jüngeren Untersuchungen an niederen Tieren von MOUNTCASTLE und seinen Mitarbeitern sind dazu besonders sachdienlich (POGGIO u. MOUNTCASTLE, 1960; MOUNTCASTLE u. POWELL, 1959; ROSE u. MOUNTCASTLE, 1959). Diese Forscher sprechen von dualen Verbindungen und Projektionen der somatischen Empfindung, d. h. des spinothalamischen und lemniskalen Systems. Die Neurone des spinothalamischen Systems reagieren besonders auf Reize der potentiell gefahrvollen Natur, aber auch auf leichte Berührung und auf Haarverlagerung. Die rezeptiven Felder waren groß, gelegentlich umfaßten sie die gesamte Körperoberfläche. Die Stimulation des Systems löste fluchtähnliches Verhalten und starke emotionale Reaktionen aus.

Manchmal kam es durch einen Reiz zur Hemmung, der in irgendeinem Teil der gesamten kontralateralen Seite appliziert wurde, dem größten Teil der ipsilateralen Seite und im Gesicht. Man fand, daß die thalamischen Kerne des Systems vom Kortex abhängig sind.

Das lemniskale System, das nur auf hochspezifische Reize reagiert, soll einer diskriminativen Funktion in der Interpretation von räumlichen und zeitlichen Aspekten des Berührungsdrucks und kinästhetischer Reize dienen. Jeder thalamische Kern steht mit einem speziellen begrenzten kontralateralen rezeptiven Feld in Verbindung. Die Hemmung dieses Systems – im Gegensatz zum spinothalamischen – verläuft über die Herabsetzung der Aktivität in den Neuronen, die das Neuron, das die Hautstimulation erhalten hat, umgeben. Diese Forscher nahmen an, daß das lemniskale System HEADs epikritisches System darstellt, während das spinothalamische das protopathische System darstellt, vorausgesetzt, daß letzteres existiert.

Ein Teil des trigeminalen spinalen Kerns enthält einige Zellen, die Charakteristiken aufweisen, die denen des spinothalamischen Trakts sehr ähnlich sind, besonders der Reaktion auf taktile, schädliche und starke Wärmereize von langer Latenz und verlängerter Entladung. Das rezeptive Feld ist groß und weist keine somatotopische Anordnung auf. Diese Fasern werden auf das retikulär aktivierende System im Hirnstamm verteilt und können der Erregung und Wachsamkeit dienen, die man bei der taktilen Defensivität feststellt.

KING et al. (1956) beobachteten den kontrastierenden Effekt bei der Verabreichung von Aluminagel in die sensorischen und spinalen Hauptkerne der trigeminalen Nerven der Katze. Von diesem spinalen Kern (der in Analogie zum spinothalamischen Trakt steht) wurden ständig unangenehme Reaktionen beobachtet, und diese standen mit dem Mangel an unangenehmen Reaktionen, die vom sensorischen Hauptkern hervorgerufen wurden, in Kontrast. Zusätzlich zu diesen unangenehmen Reaktionen resultierte das Gel in den spinalen Kernen in einer Überreaktion zur Gesichtsstimulation.

Einer der thalamischen Kerne, das Centrum medianum, ist besonders mit dem nichtspezifischen retikulären System verbunden. Sein afferenter Beitrag kommt hauptsächlich von den spinothalamischen oder indirekten spinoretikulären Verbindungen, aber er erhält auch einen gewissen lemniskalen Input. Der Input aus den beiden Systemen ist für die Behandlung der Syndrome von theoretischer Bedeutung, da er sowohl der Exzitation als auch dem inhibitorischen Einfluß vom zerebralen Kortex unterliegt.

ALBE-FESSARD u. FESSARD (1963) erkannten eine duale somato-sensorische Projektion und nahmen die beiden Ausdrücke „diskriminativ" und „konvergent" als für diese Systeme zutreffend an, die HEAD als protopathisches und epikritisches bezeichnete und die MOUNTCASTLE und seine Mitarbeiter als primär spinothalamisch und lemniskal identifizierten. Die extralemniskalen Fasern (die zum größten Teil aus dem spinothalamischen Trakt bestehen) projizieren auf die konvergenten Kerne des Thalamus, d. h. Kerne mit Neuronen, die auf viele verschiedene Sinnesmodalitäten reagieren. Das konvergente System wird leicht durch schädliche Reize aktiviert. Sie stellten fest, daß es zwei unterschiedliche afferente Systeme im Gesicht gibt. Ein neospinothalamisches System, das beim Menschen am besten entwickelt ist, stellt die ipsilaterale somatotopische Information bereit.

SEMMES (1969) sprach sich für eine Identifizierung des protopathischen Systems mit dem extralemniskalen und der epikritischen oder diskriminativen Empfindung mit dem lemniskalen System aus. Sie stellte heraus, wie das phylogenetisch junge und hochspezialisierte lemniskale System aus dem älteren extralemniskalen System hervorging, das ursprünglich im Hirnstamm oder im Thalamus endete, aber Verbindungen zum Kortex ausbildete, als sich dieser entwickelte. Das neue System entwickelte sich auf dem Hintergrund eines „Ursystems, das die gesamte

Skala der somästhetischen Funktionen für alle Körperteile abwickeln konnte". Das lemniskale System entstand wahrscheinlich, um den Transport einer präzisen Information von den Mechanorezeptoren zu fördern, was besonders auf die distalen Enden der Gliedmaßen zutraf. Im Einklang mit dem Prinzip der Interdependenz von höheren und später entwickelten Funktionen mit niederen und früher entwickelten Funktionen funktionieren die lemniskalen und extralemniskalen afferenten Bahnen in Verbindung miteinander und vermitteln nicht qualitativ verschiedene Formen der Empfindung. Das ältere System enthält einige diskriminatorische Fähigkeiten, und das jüngere kann eine Erfahrung von Schmerz hervorrufen.

Der Dualismus der beiden Reaktionssysteme stellt eher ein Kontinuum oder eine Vermischung als eine strikte Dichotomie dar. SPRAGUE et al. (1963) stellten heraus, daß es „wahrscheinlich ein kontinuierliches Gefälle der funktionalen Organisation des aufsteigenden Systems zwischen der am höchsten lokalisierten lemniskalen Bahn und der diffusesten retikulären Bahn gebe".

Das Konzept mehrerer somato-sensorischer Systeme, die zusammenarbeiten, um für ein Kontinuum an Information und Reaktion zu sorgen, mit dem Bedarf nach Verteidigung, Interpretation und Reaktion an einem Ende des Kontinuums und einer diskriminativen Interpretation sowie einer einzelnen Reaktion am anderen Ende, stimmt mit einer Schmerztheorie überein, die von MELZACK u. WALL (1965) entwickelt wurde. Obwohl der taktile oder ein anderer sensorischer Stimulus, der eine defensive Reaktion hervorruft, nicht unbedingt mit dem Schmerzreiz gleichzusetzen ist, können doch Analogien gezogen werden.

MELZACK u. WALL (1965) benutzten die Konzepte der zentralen Summation, der Input-Kontroll-Mechanismen und des zentrifugalen Einflusses zusammen mit der physiologischen Spezialisierung in einem theoretischen Prozeß, den sie als „Gate"-Kontrolle (gate = Tor, Tür) oder die Fähigkeit des ZNS bezeichnen, sensorischen Impulsen das Aufsteigen zum Gehirn zu ermöglichen oder sie daran zu hindern.

Sobald die afferenten Impulse in das dorsale Horn eintreten, moduliert dort eine Zellgruppe die Impulse, bevor diese die Verbindung zu den Neuronen herstellen, die die Nachricht ins Rückenmark befördern. Die Neuralaktivität, die dem Stimulus vorausgeht, der Charakter des Reizes, und das relative Gleichgewicht zwischen der Aktivität der kleinen und großen Neurone beeinflussen das Öffnen und Schließen des „Gates". Kleine, ständig aktive und langsam adaptierende Neurone neigen dazu, das „Gate" offenzuhalten. Ein zusätzlicher Reiz, wie ein leichter Druck oder ein Kratzen, aktiviert die großen Fasern, die nicht nur Nachrichten zum Gehirn bringen, sondern auch teilweise das „Tor" geschlossen halten. Sobald sich die großen Fasern an die fortgesetzten Reize adaptiert haben, öffnet sich das „Tor" wieder. Wenn die Aktivität, die von diesem Gate-System verändert wurde, ein kritisches Niveau erreicht, wird der Prozeß ausgelöst, der als Schmerz empfunden wird. Über die absteigenden Neurone beeinflußt die Neuralaktivität, wie z. B. Aufmerksamkeit und Emotion, das Öffnen und Schließen des „Tors". Einige Hirnprozesse, die als „Gate-Kontrolle" agieren, werden über das dorsal kolumnal-lemniskale System und die dorsallaterale Bahn vermittelt. Das „Tor" kann aufgrund dieser Faktoren mehrere Male geöffnet und geschlossen werden. Diese Autoren schlagen vor, daß Schmerz bzw. Nichtschmerz von dem Gleichgewicht zwischen dem sensorischen Einfluß und dem des ZNS auf das Kontrollsystem des „Tors" bestimmt wird [1].

Die Theorie von MELZACK u. WALL scheint einige der bedeutendsten Konzepte von HEAD, MOUNTCASTLE und seinen Mitarbeitern und SEMMES zu verbinden. Danach kann es sein, daß eine taktil-defensive Reaktion oder andere negative Reaktionen auf

[1] Copyright 1965 durch American Association for the Advancement of Science. Mit Genehmigung zitiert.

schmerzvermittelnde Eigenschaften in den sensorischen Reizen eine ungenügende inhibitorische Komponente in einem funktionalen System darstellt, das eine bestimmte Art des sensorischen Flusses kontrollieren soll. Daher herrscht das auf das Verhalten bezogene Reaktionssystem, das für Schutzmaßnahmen und zur Überlebenssicherung bestimmt ist, über ein System vor, das dem Organismus ermöglichen soll, auf räumliche und zeitliche Eigenschaften der taktilen Reize zu reagieren.

Diese Ansicht geht mit den Beobachtungen der taktilen *Defensivität* und ihrer Behandlung einher. Die Defensivität verändert sich mit den emotionalen und anderen Äußerungen des Neuralstatus des Kindes. Sie wird durch die taktile Stimulation beeinflußt, die das Kind als angenehm empfindet. Was angenehm ist, kann von Kind zu Kind unterschiedlich sein und sich von Tag zu Tag ändern. Anderer sensorischer Input, so wie die Propriozeption, der das lemniskale Hinterstrang-System aktiviert, scheint auch „das Tor zu schließen", indem er Hyperaktivität und Zerstreutheit reduziert. So antwortete ein Kind auf die Frage, wie es sich fühle, wenn es nach der Behandlung in die Klasse zurückkehre: „Der Krach der anderen Kinder stört mich nicht mehr so sehr."

13.2. Entwicklungspsychologische Überlegungen

Was ist im Entwicklungsprozeß schiefgelaufen, wenn taktile Defensivität vorhanden ist? Wenn die oben zitierte Begründung auch nur annähernd richtig ist, verarbeitet das normal entwickelte kindliche Gehirn eine große Anzahl somatosensorischer Reize durch angeborene Mechanismen. Das Endergebnis ist eine graduelle, aber steigende Tendenz zur Hemmung einer affektiven Interpretation und Reaktion sowie zur Förderung der Interpretation der räumlichen und zeitlichen Charakteristika der taktilen Reize und schließlich der taktilen Diskrimination. Die emotionale Labilität – ein Charakteristikum der frühen Kindheit – nimmt ab und die Stabilität nimmt zu.

Da das Syndrom der taktilen Defensivität erst kürzlich definiert wurde (Ayres, 1964), richtet sich ein großer Teil der Entwicklungsforschung auf die Wahrnehmung und affektive Entwicklung. Ein beachtlicher Teil der Forschung über den Einfluß der sensorischen Deprivation auf die emotionale Stabilität beim Menschen verbindet die Deprivation mit der Instabilität. Daß die emotionalen Reaktionen bei Affen mit dem Kontakt, speziell mit dem taktilen, verbunden sind, wurde von den nun schon klassischen Studien von Harlow (1958) aufgezeigt.

Eine der Schlußfolgerungen von Casler (1961) aus Studien an Kindern und Tierjungen, die nicht bemuttert wurden, war die, daß die Fähigkeit, mit Streß fertigzuwerden, mit der taktilen Stimulation in der frühen Kindheit zusammenhing. Bei Ratten lag die wichtige Periode für die taktile Stimulation, die zur Entwicklung der Fähigkeit, mit Streß fertigzuwerden, beiträgt, vor oder bei der Entwöhnung. Diese Ergebnisse unterstützte Ells (1961) durch Studien an Ratten, bei denen ein Mangel an Stimulation sich auf die emotionale Entwicklung negativer auswirkte als eine gewisse „Mißhandlung". Am besten ging es den Ratten, die leicht stimuliert wurden.

Man kann ziemlich sicher schließen, daß die taktile Stimulation des Kindes zur Integration der neuralen Grundlage der Emotionalentwicklung beiträgt. Nur die Versorgung mit einer größeren Menge an Stimulation ist wahrscheinlich nicht genug, da die meisten Kinder mit Entwicklungsstörungen des Nervensystems anscheinend eine normale sensorische Stimulation in der Kindheit erfahren haben. Das Problem liegt wohl eher in der Störung der Integration sensorischer Reize.

Indem er eine Streuung der Werte der Gesell-Skala innerhalb der Untertests und zwischen ihnen, wie z. B. „motorisch", als Index für die Integrationsfähigkeit der neurologischen Funktion benutzte, fand Fish (1963), daß eine geringe Integration in der Kindheit mit der verringerten Fähigkeit des Individuums, die psychologische Integrität auch in Zeiten von Streß zu erhalten, korreliert.

Es wird postuliert, daß ein Teil der Integrationsstörung in der Inadäquatheit eines hemmungsähnlichen Prozesses des zur Diskussion stehenden Systems liegt. Das „verarbeitende“ oder „ausgleichende“ System scheint gestört zu sein. Die Inhibition dürfte nicht nur von der Integration taktiler Impulse abhängig sein. Propriozeptive Impulse können ebenso beteiligt sein. Der Moro-Reflex, der normalerweise in einer bestimmten Phase der frühen Kindheit zu beobachten ist, wird normalerweise durch auditorische und vestibuläre Reize hervorgerufen (als ein plötzliches Herablassen des Kindes), aber das Kneifen in die Haut und subkutanen Schichten des Epigastriums kann sie auch hervorrufen (LESNÝ, 1967). Alle diese Reize sind potentielle Bedrohungen, die vermuten lassen, daß die Reaktion Teil des defensiven Systems ist. Kann die Tatsache, daß sich die Landau-Reaktion zum Zeitpunkt der Hemmung des Moro-Reflexes manifestiert, ein Anzeichen dafür sein, daß die Reifung der Haltung, die beim Landau-Reflex und verwandten Mechanismen eingenommen wird, eine inhibitorische Wirkung auf das defensive Reaktionssystem ausübt? Wenn das der Fall sein sollte, würde das die aus klinischen Beobachtungen entstandene Hypothese stützen, daß gewisse Haltungsreaktionen das defensive System hemmen können.

13.3. Das Therapieprogramm

Die Forderung, auf der die Behandlung basiert, besteht darin, daß bestimmte Arten des sensorischen Inputs den neuralen Prozeß hemmen oder normalisieren, der eine Schutzreaktion und einen besseren Ausgleich zwischen den Schutz- und diskriminativen Aspekten des gesamten Subsystems bewirkt. Diese Reize werden als inhibitorisch bezeichnet, da dieser Ausdruck am ehesten den grundlegenden Charakter eines sehr komplexen neurologischen Prozesses abdeckt, der weit mehr als nur die Hemmung in ihrer regulatorischen und modulierenden Rolle betrifft. Das Konzept der „Input-Kontroll-Mechanismen“ und des „zentrifugalen Einflusses“, das MELZACK u. WALL in ihren theoretischen Formulierungen benutzen, nimmt in der Behandlung eine zentrale Rolle ein. Der sensorische Input, der bei der Beeinflussung der modulierenden Mechanismen besonders effektiv zu sein scheint, operiert über das taktile System, wobei auch das propriozeptive eine bedeutende Rolle spielt. Die Theorien von MOUNTCASTLE et al. sowie von MELZACK u. WALL sprechen sich für die Aktivation der größeren taktilen Neurone durch Berührungsdruck aus. Diese Form der Stimulation ist – wie man herausfand – bei einigen Personen besonders wirksam für die Herabsetzung der ablehnenden Reaktion. Der Berührungsdruck wird gewöhnlich mit Stoff von verschiedener Schwere appliziert, von ganz leichter Seide bis zu dickem Samt. Ein normaler Pinsel ist auch sehr effektiv. Bei einem sehr defensiven Kind kann die Hand des Therapeuten oder seine eigene mit Lotion darauf, das einzige sein, was toleriert wird. Jeder, der durch das Kratzen an einem Moskitostich Erleichterung verspürt hat, hat schon einmal den Prozeß aktiviert, der am therapeutischen Prozeß beteiligt sein soll.

Ungeachtet der Ergebnisse aus der Hirnforschung sind Berührungsdruckreize nicht immer in der Wahl des taktil-defensiven Kindes enthalten. Viele Kinder ziehen die leichten, schnell applizierten Reize einer batteriegetriebenen Kamelhaarbürste vor. Die Organisation des taktilen Systems variiert bei Kindern, und die Vielfalt des Einflusses und der Reaktion des ZNS auf taktile Stimulation übersteigt jegliche Begründung der Unterschiede. Viele Kinder erwecken den Eindruck, daß ihre Schwelle für taktile Rezeptoren übermäßig niedrig ist, und ein Reiz, der vom Therapeuten als leichte Berührung betrachtet wird, ist tatsächlich vom neurophysiologischen Standpunkt aus ein Berührungsdruck. Ferner aktiviert ein leichtes Bürsten zweifellos den diskriminativen Aspekt des Systemkontinuums.

Die Geschwindigkeit des Bürstens oder Reibens wird vom Kind bestimmt, aber sie verläuft gewöhnlich ziemlich schnell. Einige Kinder bevorzugen ein Drücken mit der Bürste, andere eine leichtere Berührung. Die Dauer des Bürstens richtet sich nach der Wahl des Kindes oder ist eine Sache der Übereinkunft. Am besten erhält das Kind soviel, wie es als angenehm empfindet, und das möglichst zu jeder Stunde, solange es das Bürsten nicht dazu benutzt, eine andere Aktivität zu vermeiden. Die Wirkung des Bürstens kann ca. zehn Minuten später, aber auch sofort auftreten. Die Reaktion ist vom Zustand des Nervensystems abhängig, in das diese Reize fließen. Der exzitatorische Status des Nervensystems kann so groß sein, daß der Einfluß der hemmenden Reize für den Beobachter nicht offenbar wird.

Das Hauptgebiet, auf das die Reize appliziert werden, ist häufig eine Angelegenheit der Bequemlichkeit. Die Hände, das Gesicht, die Beine und der Rücken können gut erreicht werden. Die ventrale Oberfläche des Rumpfes sollte vermieden werden, wenn nicht das Kind sich selbst dort reiben will. Es ist ratsam, das Bürsten in der am wenigsten defensiven Region der Haut zu beginnen – normalerweise die Arme oder Handrücken –, bevor man auf andere Gebiete übergeht. Der Beginn bei annehmbaren Hautgegenden scheint den inhibitorischen Effekt der Reize, die an anderen Stellen appliziert werden, zu steigern. Dieser Effekt kann ein Beispiel für den zentrifugalen Einfluß sein. Die verminderte Empfindlichkeit der Hände und Arme kann aus ihrem häufigen Kontakt mit irgendwelchen Gegenständen resultieren, wobei der Kontakt einem modulierenden Effekt diente. Der Rücken akzeptiert gewöhnlich die Reize, besonders dann, wenn die Seiten des Rückens nicht berührt werden. Das Gesicht, speziell die Mundregion, ist eher defensiv als andere Hautregionen. Das kann an seiner wichtigen Rolle für das Überleben liegen; denn das Gesicht ist vom defensiven Reaktionssystem besonders ausgestattet worden.

Wenn ein Kind defensiv ist, sollte die taktile Stimulation nicht gegen die Haare gerichtet werden, da die Haarzellrezeptoren mit dem defensiven System in Verbindung stehen. Es ist außerdem ratsam, ein Kreuzen der Körpermittellinie bei einem Bürstenstrich zu vermeiden, wenn nicht sicher ist, daß das Kind dadurch nicht negativ beeinflußt wird. Ein verwirrendes Problem, mit dem der Therapeut konfrontiert wird, besteht darin, wann und in welchem Maß man die taktile Stimulation bei einem taktil defensiven Kind erzwingen sollte, das sich bei jedem taktilen Reiz unwohl fühlt. Ein bedeutender Punkt, an den in diesen Fällen erinnert werden sollte, ist der, daß taktile Reize, die in der Therapie auf ein Nervensystem gerichtet werden, das sie als normalen Verlauf der Ereignisse akzeptiert, eher einer inhibitorischen und verändernden Rolle dienen können als einer defensiven. Der Unterschied kann durch die zentrifugalen Prozesse zustandekommen. Eine gewöhnliche motorische Aktivität erfordert eine gewisse taktile Stimulation, die gewöhnlich akzeptiert wird. Dieser natürliche Verlauf kann durch den Gebrauch von Wolldecken, kleinen Teppichen und Sand während der Übung ausgenutzt werden. Ein ähnlicher Effekt wird erreicht, wenn das Kind sich selbst berührt, anstatt berührt zu werden. Wenn es sich selbst die Stimulation nicht geben kann, kann der Therapeut versuchen, seine Hand zu nehmen und das Kind damit zu reiben. Eine andere Annäherung besteht darin, die Aufmerksamkeit des Kindes abzulenken, ein Prozeß, der zur Hemmung des defensiven Reaktionssystems beiträgt und die taktilen Reize annehmbarer erscheinen läßt. Eine Methode, die in Einklang mit den oben aufgeführten verwandt werden kann, ist der Einsatz eines propriozeptiven Inputs, der eine regulatorische Rolle bezüglich des taktilen Systems spielt. Die Schwelle der Rezeptoren, die dem defensiven System dienen, wird durch Kälte erhöht. Eine kalte Haut akzeptiert manchmal eher die taktile Stimulation.

Gelegentlich ist der Therapeut auch gerechtfertigt, wenn er Reize trotz des Unbehagens, das sie hervorrufen, einige Tage lang anwendet, in dem Bemühen, eine ausreichende Veränderung im Gleichgewicht zwischen dem Schutz- und diskriminatorischen Reaktionssystem zu erzielen, um die Entwicklung zur Toleranz einiger Reize zu ermöglichen. Wenn das unangenehme Gefühl nach einigen Wochen immer noch bedenklich ist, sollte der Therapeut die Situation noch einmal überdenken und sich daran erinnern, daß man noch viel über das taktile System in Erfahrung bringen muß.

Es gibt einige Kontraindikationen für die Applikation taktiler Reize. Wenn die Aktivität des Kindes über das erwünschte Niveau hinausgegangen ist anstatt zu sinken, haben die Reize wahrscheinlich einen zu großen Effekt auf das retikuläre Erregungssystem. Für einige Kinder ist die Übererregung nicht wünschenswert, obwohl ihr durch bestimmte Arten der vestibulären Stimulation begegnet werden kann. Da taktile Reize tatsächlich auf den Muskeltonus und möglicherweise auf unfreiwillige Bewegungen einwirken, sollten sie bei Hypertonus und Athetose vorsichtig angewandt werden.

Es gibt keinen direkten experimentellen Beweis dafür, daß diese Vorgehensweisen effektiv sind, aber der klinische Eindruck spricht dafür. Einige darauf bezogene Studien unterstützen sie. BLITZ et al. (1964) zeigten, daß ein leichter Schmerz – durch Elektroschock hervorgerufen – durch die Vibration gedämpft werden kann, die aus dem Dehnen der Haut mit Gummiteilen, die auf einen sich drehenden Motorschaft montiert sind, entsteht. WEIDENBACKER et al. (1963) untersuchten den Schmerz von den Druckschwellen der Füße bei zerebral gelähmten und bei normalen Kindern. Obwohl sie keinen Unterschied in der Schmerzschwelle zwischen normalen und zerebral gelähmten Kindern feststellen konnten, gab es einen signifikanten Unterschied zwischen Kindern, die gingen und solchen, die es nicht konnten, wobei die letzteren eine niedrigere Schwelle besaßen oder eher dazu geneigt waren, den Reiz auf den Fuß als Schmerz zu interpretieren. Diese Ergebnisse können dahingehend interpretiert werden, daß häufige Berührungsdruckreize auf den Fuß helfen, die Schwelle für Schmerzreize herabzusetzen, und zwar durch die zentralen Kontrollmechanismen, über die schon früher gesprochen wurde.

Die Modulation des zur Diskussion stehenden Systems durch einen propriozeptiven Input über die afferenten Bahnen zum Gehirn hat eine akzeptable Basis in der neurobiologischen Forschung. Eine richtige Gelegenheit für diesen Input, die Abwehrreaktion zu modulieren, erscheint kortikal sowie auf einigen niedrigeren Niveaus des Nervensystems. ANDERSON (1962) fand, daß die ventrale spinothalamische afferente Bahn der Katze unter bestimmten Bedingungen einen weitreichenden kortikalen Effekt produziert, der unterhalb des somatisch-sensorischen Kortex zu lokalisieren ist. Er stellte die Hypothese auf, daß diese kortikalen Effekte aus der Beseitigung der tonischen Inhibition auf Kortikalniveau oder aus den aufsteigenden ventralen Bahnen resultiere, und daß diese Bahnen so leichter durch Reize an der Peripherie aktiviert werden könnten. Er postulierte ferner, daß dieser weitreichende kortikale Effekt auf der Entlastung der Inhibition von der spezifischen Projektion oder den lemniskalen Projektionsbahnen auf einem Schrittmachermechanismus beruhe, der von den ventralen oder extralemniskalen afferenten Bahnen aktiviert wird.

Daraus folgt, daß die meisten, wenn nicht sogar alle empfohlenen Übungen für die Normalisierung des Systems, das der Haltungs- und Bilateralintegration dient, zur Normalisierung des Systems beitragen können, das die taktile Defensivität betrifft. Der klinische Eindruck läßt darauf schließen. Da viele Übungen auf dem Roller eine starke Kontraktion der Haltungsmuskeln erfordern, können sie zu den sensorischen Reizen beitragen, die helfen, das taktile System zu integrieren, das bei der Defensivität beteiligt ist.

14. Vernachlässigung einer Gehirnseite und Funktionen der rechten Cerebralhemisphäre

Man ist vom vollständigen Verständnis der sensorisch-integrativen Dysfunktion bei Kindern mit Lernstörungen noch weit entfernt. Einige Symptome waren nicht so miteinander verknüpft, daß man sie als Syndrome identifizieren konnte. Andere Muster der Dysfunktion sind häufig genug aufgetreten, daß sie einige Aufmerksamkeit rechtfertigten, aber hinreichende Interventionsprogramme wurden weder entwickelt noch getestet. Die Aufgabe, ein Grundprinzip für die Behandlung zu finden, erfordert, daß man zuerst den Charakter der Funktion im neuralen Subsystem theoretisch darstellt und dann daraus schrittweise die Vorgehensweisen entwickelt. Der letzte Schritt besteht in einem formalen oder informalen Test der Vorgehensweisen.

Ein Syndrom, das allgemein als Vernachlässigung einer Seite („unilateral disregard") bezeichnet wird, wurde in klinischen Beobachtungen und statistischen Analysen identifiziert. Das Ziel der Entwicklung einer Behandlungsbasis ist aber noch nicht erreicht. Das Material dieses Kapitels wird in gewisser Weise „stückweise" angeboten, da dies dem Stand der Kenntnisse über dieses Syndrom und seine Behandlung entspricht. Diese „Stücke" werden hoffentlich für eine weitere Untersuchung des Problems sorgen und vielleicht in ein einheitlicheres Ganzes hineinpassen.

14.1. Definition des Syndroms

In einer Studie, die bisher nicht erkannte Arten der sensorisch-integrativen Dysfunktion bei Kindern mit Lernproblemen aufdecken sollte, häuften sich folgende Symptome in der Faktorenanalyse des technischen Q-Faktors: niedrige Standardwerte der linken Hand im Motorischen Genauigkeitstest (im SCSIT), besonders im Gegensatz zu den Standardwerten der rechten Hand; gewisse Unregelmäßigkeiten in den posturalen und okularen Mechanismen sowie eine Tendenz zur Adiadochokinese. Die Leistungen der Kinder mit diesen Symptomen waren bei kognitiven Tests und Höhr-Sprach-Tests relativ besser (Ayres, 1969 a). Spätere Analysen der Werte, die aus verschiedenen, aber vergleichbaren Stichproben von Kindern gewonnen wurden, führten nur zu einem suggestiven Beweis für die Existenz des Syndroms. Von den quantitativ gemessenen Symptomen stellte man bei denen, die den Typ der Störung identifizierten, einen Unterschied zwischen rechter und linker Hand in den Testwerten des Motorischen Genauigkeitstests und in den niedrigen Werten der räumlichen Vorstellung fest. Dieser Mangel stand im Gegensatz zu den relativ höheren Werten im Höhr-Sprach-Test (Ayres, 1971).

Informale klinische Beobachtungen von lerngestörten Kindern mit diesem speziellen Problem definieren ferner die Parameter der Störung. Die linke obere Extremität wird nicht so oft als helfende Hand für die dominante Extremität gebraucht, wie das der Fall bei Kindern mit anderen wahrnehmungsmotorischen Problemen oder bei Kindern ohne Lernstörungen ist. In einer sorgfältigen Beobachtung kann man sehen, daß das Kind es vermeidet, sich zur linken Seite des extrakorporalen Raumes zu bewegen oder, anders gesagt, die linke Seite des Körperraumes in das Umweltschema zu integrieren. Wird ein Kind mit diesem Syndrom zum Beispiel aufgefordert, mit einem Roller eine Rampe hinunterzufahren und dann seine rechte Hand auf den Boden zu legen und sich darum zu drehen, so kann es diese Aufgabe erfolgreich ausführen. Wenn es gebeten wird, das gleiche mit der linken Hand auf dem Boden und dem Drehen um die linke Hand zu wiederholen, kann es zwar seine linke Hand auf den Boden legen, aber sogar nach wiederholten Versuchen und Demonstrationen kann es sich nur nach rechts drehen.

Der subtile Charakter dieser Tendenz, die Interaktion mit der linken Seite des Körperraumes zu vermeiden, wird an folgendem Ereignis deutlich. Nach mehreren Behandlungsmonaten konnte sich das gleiche Kind um seine linke Hand drehen und wollte diese Errungenschaft seinen Eltern vorführen. Während der Vorführung streckte es seine rechte Hand aus, legte sie auf den Boden und drehte sich darum! Vorkommnisse solcher Art können dem Therapeuten zeigen, daß ein „Lehren" kognitiv gelenkter Handlungen beim Kind für die Heilung des zugrundeliegenden Problems unzureichend ist. Die Dysfunktion muß auf dem neurologischen Niveau angegangen werden, wo das Problem liegt, und das liegt wahrscheinlich nicht auf neokortikalem Niveau.

Andere Manifestationen der Tendenz zur Störung oder zum Widerstand gegen die Interaktion mit einer Seite des Umweltschemas zeigen sich im Gebrauch des Rollers auf begrenztem Raum. Fährt das Kind mit dem Roller in eine Richtung, die es an einen Punkt bringt, an dem es sich links herum drehen muß, um nicht in die Wand zu fahren, hält es lieber an. Spielt man mit ihm ein Spiel, in dem es sich in der Vierfüßlerposition befindet und den Kopf drehen oder seitlich beugen muß, um einen Gegenstand anzustoßen und ihn auf die linke Seite des Umweltschemas zu bringen, manövriert es seinen Körper so, daß es den Gegenstand zum gewünschten Ziel führt, allerdings auf der rechten anstatt auf der linken Seite. Möglicherweise besteht ein Teil des Problems, auf das das Kind in dieser Aufgabe stößt, im Hervorrufen des TNR, wenn der Kopf gedreht wurde, eine Reaktion, die die meisten Kinder zu vermeiden versuchen, wenn der Reflex nur schlecht integriert ist. Man nahm an, daß diese Vermeidungsstrategie der Furcht vor Gleichgewichtsverlust zugeschrieben werden konnte, aber die Möglichkeit, daß es auch andere Gründe dafür gibt, sollte nicht übersehen werden.

Beim Fahren mit dem Roller unter einem Gummistreifen hindurch, der mit einem am Knie angewinkelten Bein gefangen werden sollte, hob das gleiche Kind wiederholt das rechte Bein anstatt, wie beabsichtigt, das linke. Manchmal, nachdem es das rechte Bein gehoben hatte, um den Gummistreifen zu fangen, behauptete es, das linke Bein gehoben zu haben.

Eine der häufig angewandten Rollerübungen erfordert das Fahren mit dem Roller in der Bauchlage in Richtung auf eine Matte. Nähert es sich der Matte, dreht sich das Kind so, daß es sich seitlich zur Matte befindet. Erreicht der Roller die Matte, rollt das Kind von ihm herunter und anschließend auf der Matte weiter. Kinder mit einer Vernachlässigung der linken Seite haben geringe Schwierigkeiten, sich rechts anzunähern und abzurollen, aber sie haben Schwierigkeiten, nach links abzurollen.

Ein Interagieren mit dem Raum auf der linken Körperseite während einer zweifüßigen sensomotorischen Übung scheint weniger Schwierigkeiten zu bereiten, als wenn das Kind sich in der Bauchlage oder in der Vierfüßlerstellung befindet. Inwieweit dieser Unterschied zwischen der zweifüßigen und anderen Stellungen auf einer umfassenderen Erfahrung bezüglich der Einwirkung auf die Umwelt basiert, ist noch nicht bekannt. Gewisse Unterschiede können von dem Ausmaß abhängen, in dem das Kind seine Bewegung über das Sehen lenken kann. Es ist relativ leicht, beim Stehen nach links zu sehen und das Sehen weitgehend zur Orientierung der Drehung nach links zu gebrauchen, aber das Rollen nach links auf einer Matte erfordert eine beachtliche Abhängigkeit vom Körperschema und der Visualisierung im

Gegensatz zur Beobachtung des Umweltschemas.

Versuche, die Tendenz zu bewerten, visuelle Reize links von der Körpermittellinie zu übersehen, haben zu nicht überzeugenden Ergebnissen geführt. Es bestand der klinische Eindruck, daß die meisten Kinder dazu neigten, Fehler auf der linken Seite zu machen, so z. B. beim Zusammenlegen von Puzzles, oder mit den Reizen auf der linken Seite nur dann zu interagieren, wenn man zuvor auf solche der rechten Seite reagiert hatte. Wenn z. B. eine Anzahl verschiedenfarbiger Holzperlen vor einem Kind ausgelegt wurde, das die Tendenz der Vernachlässigung einer Seite aufwies, und es aufgefordert wurde, Perlen von einer bestimmten Farbe herauszunehmen, neigte es dazu, erst die auf der rechten und dann die auf der linken Seite zu nehmen. Die Untersuchung von Zeichnungen eines Kindes während der frühen Schulzeit zeigte eine geringe bildliche Darstellung auf der Seite der Störung. In einem Bild, in dem es einen Jungen zeichnete, waren die eine Gesichtsseite und ein Arm viel kleiner als die bzw. der andere. Die Hand war auf der vernachlässigten Seite vergessen. Das Bild sah aus, als könne es ein Abbild des Körperschemas des Kindes sein.

Da die Störung nur eine Tendenz ist, ist ihre Bewertung am genauesten in einer informalen Situation, wenn das Kind sich der Beobachtung nicht bewußt ist. Das kognitive Bewußtsein über den Charakter der präsentierten Aufgabe scheint dem Kind zu helfen, zu erkennen, daß es sich anstrengen muß, auf die Reize zu achten, die es sonst übersehen könnte, wenn es seine Aufmerksamkeit nicht streng darauf richtete. Aus diesem Grunde ist das Aufnehmen von Klötzen einer bestimmten Farbe ein weniger angemessener Test für die Vernachlässigung einer Seite als die Untersuchung von Zeichnungen, die in einer relativ unstrukturierten Situation angefertigt wurden.

Häufig ist bei diesem Syndrom der Automatismus der Reaktion vermindert. Das Kind, dessen linke Hand während der Durchführung der räumlichen Vorstellung im SCSIT in seinem Schoß liegt, kann diese Hand sofort gebrauchen, wenn eine Aufgabe die Benutzung beider Hände erfordert.

Diese Fähigkeit, die Tendenz zu einer Vernachlässigung einer Seite kognitiv zu überwinden, macht die Bewertung des Syndroms durch typische, strukturierte psychologische Tests so schwierig. Der Test für das Kreuzen der Körpermittellinie im SCSIT ist ein Beispiel für das Bemühen, nach einem strukturierten Muster einen Verhaltensparameter zu bewerten, der eine Tendenz widerspiegelt, die durch Aufmerksamkeit überwunden werden kann. Einige Kinder mit einer Tendenz zur Vernachlässigung einer Seite erbringen in diesem Test für die eine Hand geringere Werte als für die andere, aber das ältere und testerfahrene Kind erbringt Werte im normalen Bereich, möglicherweise weil es die Aufgabe kognitiv meistert.

Das klinische Material, das man aus Beobachtungen von hirngeschädigten Erwachsenen mit einer Vernachlässigung einer Seite gewann, läßt vermuten, daß es Unterschiede in der somatosensorischen Wahrnehmung der beiden Körperseiten bei Kindern mit einem ähnlichen Syndrom gibt. Versuche, diese Unterschiede aufzudecken, erbrachten keinen schlüssigen Beweis, und die Hypothese der somatosensorischen Unterschiede braucht eine sorgfältige und gründliche Untersuchung. Ähnlich muß die Art und Weise, in der ein Kind mit diesem Syndrom den vestibulären Input verarbeitet, weiter analysiert werden. Einige dieser Kinder zeigen eine niedrige Toleranz gegenüber vestibulärer Stimulation, was speziell für Rollerübungen gilt. Die Implikationen dieser Reaktion werden noch nicht verstanden, aber sie können sehr bedeutsam sein.

Der größte Teil der Kinder, die die beschriebenen Symptome aufwiesen, zeigte auch Verhaltensprobleme. Es gibt keinen objektiven Beweis, der diese emotionalen Symptome, die mit der linken Körperseite in Verbindung stehen, direkt auf die zugehörige Dysfunktion in einer verwandten Neuralstruktur bezieht, obwohl eine solche Möglichkeit nicht ausgeschaltet werden kann. Es ist natürlich möglich, daß die meisten Zustände der neuralen Dysfunktion, einschließlich der, die auf eine Vernachlässigung einer Seite hinausläuft, die Fähigkeit des Individuums vermindern, mit schwierigen Umweltanforderungen fertigzuwerden; so ist es durch das Auf und Ab des Lebens leichter verletzbar, und es steigt auch die Wahrscheinlichkeit, daß sich Probleme entwikkeln, die das Lernen zusätzlich stören. Man nimmt an, daß es eine beachtliche Anzahl von Symptomen gibt, die mit diesem Syndrom in Verbindung stehen und noch nicht identifiziert oder untersucht worden sind. Einige dieser Symptome können in der kognitiven Dysfunktion liegen, die das fortgeschritgenere Lernen stört im Gegensatz zum anfänglichen Lernen, das seinem Charakter nach weitgehend wahrnehmungsmotorisch ist.

Obwohl die Symptome der meisten Kinder mit diesem Syndrom mit der linken Seite des Köpers und des extrakorporalen Raumes verbunden sind, konnte man dieses Syndrom auf der rechten Körperseite solcher Kinder beobachten, bei denen die Störung bereits bei der Geburt vorhanden war. Mit Ausnahme schulischer Schwierigkeiten fand man keinen Unterschied in der Hauptsymptomatologie bei Kindern mit Störungen auf der rechten im Vergleich zu solchen mit Störung auf der linken Seite, aber die Stichprobe der beobachteten Kinder war zu klein, um darauf eine endgültige Schlußfolgerung aufzubauen. Die Symptome treten natürlich entsprechend der Körperseite auf, auf der sie auftauchen. Die wenigen Kinder mit Störung auf der rechten Seite waren Linkshänder, obwohl es wahrscheinlich eine genetische Tendenz zur Rechtshändigkeit gab, und die rechte Hand war in motorischen Tests besser. Detailliertere Information darüber, welche Werte Kinder mit diesem Syndrom im SCSIT erreichen, findet man im Handbuch des Tests.

14.2. Theoretische Diskussion

Das Syndrom, das mit einer Vernachlässigung einer Seite verbunden ist, ist gewiß nicht bei den Menschen ungewöhnlich, deren Gehirn nach der Reifung oder sogar der Präadoleszenz an einem unilateralen Trauma leidet. Man kann durchaus annehmen, daß das Syndrom, wie es bei Kindern mit keiner bekannten Geschichte einer Hirnschädigung gefunden wird, in einigen Aspekten dem der Erwachsenen neurologisch ähnelt. Die geringere Spezifität kann teilweise darauf beruhen, daß die Plastizität des jungen Gehirns ihm die Möglichkeit gibt, einen Teil der Dysfunktion zu kompensieren. Ferner ist das reife Gehirn in seinen Funktionen spezialisierter, so daß sich eine spezifische Schädigung in einzelnen, abgetrennten Symptomen manifestiert. Allgemein ist die Ätiologie der Dysfunktion beim lerngestörten Kind so unklar, daß sie nur einen geringen Beweis liefert, auf dem man die Hypothese eines spezifischen Hirntraumas aufbauen könnte, aber die Symptome, die man bei Kindern mit einer Vernachlässigung einer Seite auf der linken Seite gefunden hat, gehen alle mit der Hypothese über die Dysfunktion auf der rechten Seite des Gehirns einher. Dieses Syndrom wird bei Kindern nicht häufig beobachtet, und die Symptome sind so undeutlich, daß sie leicht übersehen werden können. Das Problem nicht zu sehen, heißt noch nicht, daß es dieses nicht gibt. Seine Häufigkeit und seine Tragweite können größer als heute erkennbar sein. Aus diesen Gründen verdient die Diskussion der möglichen neurologischen Prozesse einige Aufmerksamkeit.Vielleicht kann ihr besseres Verständnis dazu beitragen, ihren Charakter zu erhellen und das Ausmaß der Erkenntnis dieser Störung und ihrer Implikationen zu steigern.

Schilder (1951) glaubte, daß die organische Läsion, die bei Erwachsenen auf eine linksseitige personale und räumliche Störung hinauslief, in etwas resultierte, das man psychoanalytisch „Repression" nennt. In diesem Sinne wird die „Repression" als organisches Mittel betrachtet, den Teil des Körpers auszuschalten, der nicht zufriedenstellend funktionieren kann. Man hat beobachtet, daß Kinder mit einer Vernachlässigung einer

Seite oft eine merkliche negative Reaktion auf den Druck, die Extremität über das gewöhnliche Maß hinaus zu benutzen, zeigten. Vielleicht sollte die „Befriedigung“ als Information interpretiert werden, die zur Bestimmung der adaptiven Reaktion ausreicht. Es erhebt sich die Frage, ob jemand mit einer Vernachlässigung einer Seite Information empfängt, die es ihm erleichtert, eine Reaktion zu planen, die eine Seite des Körpers und des Raumes betrifft.

Wenn die Information nicht zufriedenstellend ist, lautet die nächste logische Frage: Bezüglich welcher Verhaltensparameter ist die Information nicht zufriedenstellend? Die meisten Beweise von Kindern weisen auf einen Aspekt der Raumwahrnehmung als den sensorisch-integrativen Hauptmangel zusammen mit einer Störung in einigen Aufmerksamkeitsmechanismen hin. Diese Art der sensorisch-integrativen Dysfunktion kann eine größere Rolle im Leben des Lerngestörten spielen, als man allgemein erkannt hat.

Die meisten sensorisch-integrativen Auswertungen verwenden nur den unmittelbaren Körperraum des Kindes und seine dominante Hand. Die Fähigkeit des Kindes, seinen Körper mit dem Umweltschema in Beziehung zu setzen, wird selten beachtet. Diese Voreingenommenheit des Tests kann zu einem Übersehen des Aspektes einer potentiellen Dysfunktion in der sensorischen Integration führen. Seine Rolle ist leichter zu bewerten, wenn man das Kind in einer Schul- oder Spielsituation beobachtet.

GESCHWIND (1965) hat einen Grund genannt, warum die unilaterale Vernachlässigung der eigenen Person und des extrakorporalen Raumes eher auf der linken als auf der rechten Seite anzutreffen sind. Er schrieb die Diskrepanz einem neuralen Nachteil der rechten Hemisphäre gegenüber der linken zu, weil die Bahnen von der rechten Hemisphäre zu den Assoziationsarealen der linken Seite um ein Neuron länger sind als die entsprechenden Teile der linken Hemisphäre. Je länger die Bahn, desto größer der Abbau des Reizes. GESCHWINDS Argument kann für die Sprache und den Raum zutreffen, aber die Assoziationsfähigkeit in der rechten Hemisphäre sollte nicht übersehen werden.

Die Vernachlässigung einer Seite beinhaltet die *Tendenz*, die Aufnahme von Reizen auf der einen Körperseite zu vermeiden, nicht die *Unfähigkeit* dazu. Der Mangel liegt im Registrieren, im Assimilieren und im einfachen Übersehen. Dieser Aspekt des Syndroms führt zur Annahme der Beteiligung eines Aufmerksamkeitsmechanismus, besonders eines solchen, der auf die Reize auf einer Körperseite reagiert, wie z. B. die Orientierungsreaktion, ein Mechanismus, der auf relativ hohem neuroanatomischem Niveau organisiert ist und die Information registriert sowie ihre biologische Bedeutung abschätzt. Dieser Reflex ist eine ungelernte, lebenswichtige Reaktion, um externale Reize von Überlebenswert aufzudecken. Er ist teilweise von dem retikulären Erregungssystem abhängig, wie alle Wahrnehmungsmechanismen, aber andere Strukturen sind ebenfalls beteiligt. Er schließt die Konzentration der Aufmerksamkeit entweder auf einen spezifischen Reiz oder auf die Vorbereitung der Orientierung auf das, was ein spezifischer Reiz sein soll, mit ein. FANGEL u. KAADA (1960) nannten ihn den „Was ist das? Laß uns das herausfinden!“-Reflex. Kortikale und subkortikale Neuralstrukturen sind daran beteiligt, wobei die kortikal induzierte Komponente von der subkortikalen abhängt. Diese Autoren vermuten, daß Empfindungen, Emotionen und höhere mentale Prozesse in der Orientierungsreaktion impliziert sind.

Wie bei anderen neurologischen Mechanismen kommt die Information, die zum Verständnis des Orientierungsreflexes führt, weitgehend aus Studien an niederen Tieren. Bei niederen Tieren ist die Orientierungsreaktion äußerlich am Drehen des Kopfes, an der Abweichung der Augen und des Rumpfes erkennbar, die dem Tier bei der Orientierung nach dem ursprünglichen Reiz helfen, sowie an einer allgemeinen motorischen Stille. KAADA (1951) wies diese Reaktionen bei Katzen und Hunden über die Stimulation ihres limbischen Systems nach. Später beobachteten FANGEL u. KAADA (1960) nach Hervorrufen der Orientierungsreaktion bei Katzen einen flüchtigen Blick und suchende Bewegungen, autonome Reaktionen und bei starken Reizen Angst, Furcht und schließlich Flucht.

Als GABOR u. PEELE (1964) bestimmte Gebiete der grauen Substanz unterhalb des Neokortex von wachen Katzen stimulierten, bestand das Ergebnis in einer gesteigerten Reaktivität für externale Reize und in einem Drehen des Kopfes und der Augen. Bei fortgesetzter Stimulation bewegte sich der Rumpf in Richtung von der stimulierten Hemisphäre weg. Nach weiterer Stimulation wurde das kontralaterale Vorderbein ausgestreckt, was den Körper des Tieres dazu zwang, sich zur Seite der stimulierten Hemisphäre zu lehnen. Die Ergebnisse dieser Studie sind besonders deswegen interessant, weil eine Position hervorgerufen wurde, die dem TNR ähnlich ist. Die Ähnlichkeit führte zur Spekulation über die Existenz einer neurologischen Verbindung zwischen TNR und Orientierungsreaktion. Der TNR wird manchmal durch eine Augenbewegung ausgelöst, die zum Drehen des Nackens führt, was wiederum den Reflex auslöst. ELLINWOOD (1968) verband die unilateralen Aufmerksamkeitsmechanismen mit den visuovestibulären Mechanismen. Die Verbindung zwischen Haltungs- und Orientierungsreaktionen wird durch klinische Beobachtungen bestätigt.

Bei der Durchsicht der neurologischen Literatur besteht immer die Gefahr, seine Gedanken durch die Auswahl der Literatur ungünstig zu beeinflussen. Um das zu vermeiden, sollte eine gewisse Aufmerksamkeit auf die Möglichkeit gerichtet werden, Reflexe auszulösen, die der Orientierungsreaktion entgegenarbeiten. DENNY-BROWN u. CHAMBERS (1958) präsentierten Ergebnisse einer extensiven Studie zum Vermeidungsverhalten, wie es bei Experimentaltieren und Erwachsenen mit Hirnschäden zu beobachten ist. Die Reaktion, die mit einer Verletzung im Parietallappen verbunden ist, bestand im Zurückziehen der Hand und im Wegdrehen des Gesichts, wenn die somatische oder visuelle Stimulation auf der entgegengesetzten Seite der Läsion eintraf. Die Reaktion wurde als eine „Freigabe“ der visuellen Vermeidungsreaktion erklärt sowie als konsequente Unterdrückung der Greifreaktion. Symptome dieser Stärke wurden natürlich nicht beim lerngestörten Kind mit einer Vernachlässigung einer Seite beobachtet, aber die Möglichkeit, daß ein solcher Mechanismus existiert und in einer abgeschwächten Art und Weise arbeitet, kann von einiger Bedeutung sein.

Wenn DENNY-BROWN u. CHAMBERS in ihren Annahmen recht haben, daß die Parietallappen für das Explorationsverhalten und die Orientierung im Raum wichtig sind, wird jede Unterdrückung der Exploration und Orientierung einer Raumhälfte, die von der Vermeidung visueller und somatischer Reize in diesem Raum begleitet sind, die normale wahrnehmungsmotorische Entwicklungsfolge hemmen.

Es ist möglich, daß bei lernunfähigen Kindern einer oder beide – vielleicht auch keiner – dieser zwei Mechanismen, der Orientierungsreflex und die Vermeidungsreaktion zusammen mit spezifischen unilateralen räumlichen Problemen beteiligt sind. Die Orientierungsreaktion, die normalerweise an Aufgaben beteiligt ist, die die Aufmerksamkeit erfordern, kann zu wenig aktiv sein, während die Vermeidungsreaktion überaktiv sein kann.

14.3. Weitere Funktionen der rechten Cerebralhemisphäre

Da eine Vernachlässigung einer Seite eher bei einer Dysfunktion der rechten als der linken Hemisphäre vorhanden ist, kann man über einige andere Mittel diskutieren, über die die rechte Hemisphäre zur Wahrnehmung und anderen sensorisch-integrativen Funktionen beiträgt. Ihre Rolle in der visuellen Wahrnehmung, besonders von räumlicher und komplexer Natur ohne Beachtung des visuellen Feldes, ist recht fest begründet.

Ein Beispiel für die neueren Studien, die diese Tatsache unterstützen, ist das von BOGEN (1969 a, b). Es wurden acht rechtshändige Erwachsene untersucht, deren rechte und linke Hemisphäre durch eine Kommissurotomie getrennt waren. Unter diesen Split-Brain-Bedingungen zeichnete die linke Hand Muster und Figuren besser ab als die rechte, schrieb (eine Funktion der Sprache) aber nur sehr schlecht. Die rechte Hemisphäre spielt auch bei auditorischer Wahrnehmung eine Rolle. In Untersuchungen an Menschen mit dem Sprachzentrum in der linken Hemisphäre fand MILNER (1969), daß der rechte Temporallappen eine besondere Rolle bei nichtverbalen auditorischen Aufgaben spielt und daß der linke Temporallappen eine Hilfsrolle bei der Ausführung dieser Funktionen einnimmt. In den letzten Jahren gab es mehrere Studien, die die rechte Hemisphäre als Ort der musikalischen Fähigkeiten, besonders für die Diskrimination von Tonmustern und -eigenschaften, betrachten (vgl. BOGEN, 1969 b). Auditorische Defizienzen im linken Temporallappen wurden von MILNER (1962) als von verbaler Natur und strenger lateralisiert als in der rechten Hemisphäre befunden.

Die Information über die Seitenunterschiede, die auf der Beobachtung von hirngeschädigten Erwachsenen beruht, muß vorsichtig interpretiert werden. TEUBER (1962) fand, daß unilaterale Läsionen kontralaterale oder bilaterale Konsequenzen haben können oder daß es paradoxe Wirkungen gibt, die keine Summation jener Effekte repräsentieren, die nach einer der Komponenten unilateraler Läsionen erwartet würden. Mit anderen Worten, was nach der Störung aktiv im Gehirn bleibt, bestimmt das Verhaltensbild. Seitenunterschiede sind noch komplizierter, wenn die neurale Dysfunktion bereits früh im Leben beginnt und sie dem plastischen Gehirn ermöglicht, sich anders zu reorganisieren als ein Gehirn, das einer normalen Ontogenese unterlag.

Einige der jüngsten Untersuchungen (SEMMES, 1968; BOGEN, 1969 b; MCFIE, 1970) lassen stark vermuten, daß, obwohl die rechte Zerebralhemisphäre mit der Raumwahrnehmung zu tun hat, diese Art der Wahrnehmung eine Funktion einer mehr generellen hemisphärischen Kapazität ist, und zwar zur Integration der Daten aus verschiedenen Sinnen und verschiedenen Quellen. Diese Fähigkeit befähigt das Individuum nicht nur zur Interpretation und Bezugsetzung unserer Wahrnehmung mit der externalen Welt (MCFIE, 1970), sondern auch zur Organisation komplexen Verhaltens auf der Basis der Integration zweier oder mehrerer Faktoren (SEMMES, 1968) sowie zur Zusammenstellung, zum Vergleich und zur Gegenüberstellung von Daten mit vorausgegangenen Daten (BOGEN, 1969 a). Obwohl diese Formulierungen für eine Anzahl von Störungen in der rechten Hemisphäre, die die reduzierte Raumwahrnehmung stören, zutreffen, treffen sie nicht so sehr auf die *unilaterale Störung* zu.

Zusätzlich zur Kapazität, Wahrnehmungen und Schemata zu vergleichen oder entgegenzusetzen (obwohl sogar die linke Hemisphäre zu verschiedenen Ergebnissen kommt), schlagen BOGEN u. BOGEN (1969) vor, daß die rechte Hemisphäre über Fähigkeiten verfügt, einschließlich einiger Formen der Kreativität, die noch nicht erkannt worden sind. Der Integrationsmodus der rechten Hemisphäre – wie ihn SEMMES (1968) vorschlägt – ist für die Unterstützung komplexer und kreativer Aktivität wichtig. Die rechte Hemisphäre ist diffus repräsentiert, was im Gegensatz zur fokalen Repräsentation der linken Hemisphäre steht. Die fokale oder lokalisierte Repräsentation läuft auf eine Art Integration hinaus, die es ermöglicht, daß es zu so hoch präzisierten sensomotorischen Aktionen wie Schreiben und Sprechen kommt. Diese Handlungen erfordern Prozesse in ähnlichen Einheiten, die zur optimalen Integration lokalisiert sind. Andererseits läuft die diffuse Repräsentation der rechten Hemisphäre auf eine häufigere Konvergenz ungleicher Einheiten hinaus, die dann die Integration unähnlicher Information erlauben.

Dieser vorgeschlagene Funktionsmodus der rechten Hemisphäre geht mit den Beobachtungen von HÉCAEN (1967) einher, der eine Herabsetzung der intellektuellen Vigilanz mit einer Dysfunktion der rechten Hemisphäre verband. Die postulierte Funktion kann außerdem bei der Interpretation der Ergebnisse von FITZHUGH et al. (1962) dienen. Diese Forscher untersuchten eine Stichprobe von 144 rechtshändigen hirngeschädigten Epileptikern und fanden, daß die sensomotorischen Daten von der linken Hand enger mit dem intellektuellen Niveau in Verbindung standen als die der rechten.

Diese neueren Interpretationen der Hirnfunktion lassen vermuten, daß bei einer strengen Erziehungsbetonung der Funktion der linken Hemisphäre – wie z. B. die Sprachfunktion – einige gleichermaßen bedeutende Formen des Lernens vernachlässigt werden könnten.

Die Diskussion dieses Kapitels läßt auf die Notwendikeit einer guten Kommunikation zwischen den Hemisphären für ein optimal funktionierendes Gehirn schließen. Das Sprachzentrum liegt gewöhnlich in der linken Hemisphäre, aber um einen größtmöglichen Beitrag zum Leseprozeß zu leisten, muß es zum Beispiel freien und leichten Zugang zur nichtsprachlichen auditorischen Wahrnehmung, zur visuellen Raumwahrnehmung und zur Orientierungsreaktion sowie zu Aufmerksamkeitsmechanismen der rechten Hemisphäre haben. Der Bedarf nach interhemisphärischer Integration beim Lesen und anderen kognitiven Prozessen wird wiederum durch diese vorgeschlagenen Mechanismen aufgedeckt, die bestenfalls eine zu grobe Vereinfachung der wirklichen Erfordernisse für die interhemispärische Integration darstellen.

Eines der am besten erkannten Bedürfnisse für die transkallosale interhemisphärische Kommunikation ist das, was die beiden Hälften des visuellen Feldes vereinigt. Bezüglich dieses Typs der interhemisphärischen Integration ist es angemessen, den Vorschlag von MISHKIN (1962) zu betrachten. Indem er die Tatsache akzeptiert, daß die visuellen Mechanismen der beiden Hemisphären integriert sind und daß der rechte Temporallappen beim Menschen über den linken bezüglich der visuellen Funktion dominiert, legt er nahe, daß es eine asymmetrische Entwicklung der transkallosalen Strukturen gegeben haben muß mit einer Betonung der Bahn vom linken visuellen Kortex zum rechten temporalen Kortex. Diese Anordnung würde es dem rechten Temporalkortex ermöglichen, die Aktivität von den visuellen Kortices beider Hemisphären zu integrieren und über den linken für visuelle Funktionen dominant zu sein. Da diese Funktionen für die linke Hemisphäre zur Sprachinterpretation zur Verfügung stehen, erfordern sie eine Kommunikation, die zurück zur linken Hemisphäre über irgendwelche Bahnen verläuft, die das Corpus callosum erfordern oder auch nicht.

Die mögliche Wirkung einer inadäquaten interhemisphärischen Kommunikation auf das Lernen wird in einer Studie von SECHZER (1970) behandelt. Katzen brauchen mindestens zweimal so lange, um eine visuelle oder somatosensorische Aufgabe zu lösen, wenn nur eine Hemisphäre die Aufgabe lernt, als wenn – im Gegensatz – beide Hemisphären eine normale interhemisphärische Kommunikation über das Corpus callosum und mit ungeteiltem *Chiasma opticum* aufweisen. Dieser Forscher vermutet, daß die Ergebnisse auf der Basis von Hirnzellen interpretiert werden können, die für das Lernen verfügbar sind. Ferner stellt SECHZER heraus, daß eine Reduzierung der für das Lernen verfügbaren Hirnzellen auch die Anzahl der für das Gedächtnis während und nach der Aneignung verfügbaren Zellen reduziert.

Wenn diese Daten von Katzen auf visuelles und somatosensorisches Lernen bei Kindern ausgedehnt werden können, ermöglicht die rechte Hemisphäre Funktionen, die generell auf die rechte Hemisphäre zentriert sind, aber zu Funktionen der linken Hemisphäre beitragen, vorausgesetzt, es gibt eine adäquate Kommunikation zwischen ihnen über das Corpus callosum. Ferner ist die rechte

Hemisphäre über ihre diffuse Neuralorganisation in der Lage, zu einer Art sammelnder Verarbeitung der Daten beizutragen, die die linke Hemispäre allein gewöhnlich nicht erbringen kann, die aber grundlegend für eine optimale Hirnfunktion ist. Eine Störung in der rechten Hemisphäre hat daher unausweichlich einen Einfluß auf das Lernen, das Gedächtnis und höhere konzeptuelle Prozesse, die gewöhnlich mit der linken Hemisphäre verbunden sind. Obwohl die transkortikale interhemisphärische Kommunikation sehr bedeutend für eine optimale Hirnfunktion ist, ergibt sich aus der Diskussion in einem früheren Kapitel folgende Frage: In welchem Ausmaß und wie steht der interhemisphärische Transfer über das Corpus callosum in Verbindung zur interhemisphärischen Integration im Hirnstamm? Die Bedeutung dieser Frage und ihrer Antwort kann zeitweilig nicht erkannt werden.

14.4. Das Interventionsprogramm

Es gibt kein gut definiertes und durchgetestetes Behandlungsprogramm für die Vernachlässigung einer Seite beim lernunfähigen Kind. Dieser Mangel hängt teilweise von der Tatsache ab, daß das Problem erst kürzlich und nicht sehr häufig als sensorisch-integratives Problem in dieser Population erkannt wurde. Die oben beschriebenen Symptome und die geringe Erfahrung bei Kindern mit diesem Problem lassen auf folgende Prinzipien und Praktiken schließen. Diese Schlußfolgerungen müssen als äußerst vorläufig angesehen und mit Vorsicht und Beachtung der Reaktionen, die eine Kontraindikation anzeigen, angewandt werden.

Der Charakter der sensorischen Integration legt im allgemeinen nahe, zu Beginn der Therapie eine „Basis“ von taktilen und vestibulären Reizen zu legen, die über eine direkte Stimulation der entsprechenden Rezeptoren verlaufen soll. Das Kriterium der Anwendbarkeit sollte in der Reaktion des Kindes liegen. Wenn irgendein Typ der Stimulation unangenehm ist oder dazu tendiert, das Kind zu desorganisieren, sollten Menge und Art gewechselt werden, und zwar solange, bis man angenehme Gefühle erreicht; dann kann man die Stimulation graduell steigern und modifizieren, bis eine akzeptable Menge und Verschiedenheit von Reizen angenommen wird.

Es gibt eine logische Basis für die Versorgung der linken Körperseite mit einer Anhäufung von Reizen, besonders für die oberen Extremitäten. Die Vibration ist gelegentlich akzeptabel und kann durch handelsübliche Apparate für diesen Zweck angewandt werden. Die Betonung des Gebrauchs des linken Arms und Beins bei allen Roller- und anderen Übungen sorgt nicht für einen propriozeptiven Input, sondern ruft auf dieser Körperseite Reflexe und Haltungsreaktionen hervor. Diese Reaktionen können auch hervorgerufen werden, während sich das Kind auf dem Roller, dem Balancierbrett oder dem Therapieball befindet, wobei der Therapeut gewöhnlich die linke Hand des Kindes hält, um die Extremität zu zwingen, auf die Haltungsbedürfnisse des Körpers einzugehen.

Die mögliche Rolle des Orientierungsreflexes bei der Vernachlässigung einer Seite führte zur Untersuchung des Nutzens eines Rollrohres, wie es Abb. 7 (s. S. 118) zeigt. Das Kind wird gebeten herumzurollen, besonders zur linken Seite hin, wenn diese Seite vernachlässigt wird. Die Augen sollen die Bewegung führen, gefolgt von Kopf, Schultern und Rumpf. Das Rollen stimuliert natürlich das vestibuläre System, von dem man annimmt, daß es die Orientierungsreaktion erleichtert. Diese Übung sollte langsam, vorsichtig und maßvoll angewandt werden, da sie manchmal ein beachtliches Unwohlsein und Angst bei Kindern mit der Störung auf der linken Seite hervorruft, eine Tatsache, die mit der Beteiligung des limbischen Systems am Orientierungsreflex einhergeht.

Vestibuläre Stimulation scheint ebenfalls geeignet zu sein, während sich das Kind in der Bauchlage oder der Vierfüßlerstellung befindet, und das Kind toleriert sie auch mehr als das Rollen. Das Liegen auf dem Roller mit

einer Wendung nach links, indem man sich dreht oder einer bestimmten Route folgt, erfordert einen Bezug zu dem Raum, der tendenziell vernachlässigt wird. Man hofft, daß der sensorische Input den gestörten Aufmerksamkeitsmechanismus verbessert. Eine fortgeschrittenere Übung besteht im Sitzen auf der Plattformschaukel (Abb. 9, s. S. 120) und im Drehen nach links, wobei Bälle in eine Schachtel geworfen werden, wenn man daran vorbeikommt. Die Absicht, den Ball auf einen bestimmten Punkt zu werfen, richtet die Aufmerksamkeit nach links.
Es kann einen gewissen integrativen Wert im Muster des sensorischen Inputs geben, der aus der Vierfüßlerstellung resultiert, die das Störungsproblem beeinflussen kann. Die folgende Übung enthält diese Art des sensorischen Inputs und lenkt ebenfalls die Aufmerksamkeit nach links. Ein Gerät, das zum Stoßen eines 2,5 cm großen Würfels oder eines anderen kleinen Gegenstandes dient, wird am Kopf des Kindes befestigt. Ein Stab, der an einem Kopfband befestigt ist, ist dafür geeignet. Durch schnelles Drehen des Kopfes stößt das Kind den Würfel mit dem Stab an. Es zielt den Würfel auf einen Punkt zu seiner Linken. Das Drehen des Kopfes ruft den TNR hervor, aber wenn das Kind seine Reaktion genau organisiert, kann diese Übung die Integration des primitiven Reflexes fördern. Befindet sich die Störung auf der Rechten, soll das Kind den Würfel auf der Rechten anstoßen. Es ist interessant, den Einfluß zu postulieren, den diese Konstellation des sensorischen Inputs und die Organisation der motorischen Reaktion auf die Heilung der Vernachlässigung einer Seite haben können.
Eine andere, recht nützliche Übung, gebraucht einen kleinen Lichtstrahl – so wie aus einem Blitzlicht –, in einem dunklen Raum als ein Zeichen, auf das das Kind sich mit dem Roller zubewegt. Ein kurzer Lichtblitz ist ein starker Reiz für den Orientierungsreflex, und wenn er auf der linken Seite appliziert wird, hat er eine gute Chance, die Aufmerksamkeit an sich zu ziehen. Die Navigation im Dunkeln reduziert die Abhängigkeit vom Sehen und erfordert eine starke Verläßlichkeit auf die somatosensorische Komponente des Körperschemas für die Lenkung der Bewegung innerhalb eines *visualisierten* Umweltschemas und führt hoffentlich deren Verbesserung herbei.
Die Einbeziehung der Handaktivität hilft bei der Ausrichtung der Aufmerksamkeit. Die folgende Aufgabe, die extra für eine fortgeschrittene Therapie zur Unterstützung der Integration der beiden Körperseiten entwikkelt wurde, kann auch für die Vernachlässigung einer Seite angewandt werden. Ein 60 cm großes Blatt Papier wird auf dem Boden ausgebreitet. Drei Punkte mit einem Durchmesser von ca. 2,5 cm werden auf das Papier gezeichnet: einer auf der linken Seite, einer in der Mitte und einer auf der rechten Seite. Während das Kind auf den Knien und der nichtdominanten Hand verweilt, zeichnet es mit Kreide eine Linie über die Seite durch die Punkte hindurch. Eine Zeitlang richtet das Kind seine Augen nur auf einen Punkt, wobei die anderen sich am Rande des Gesichtsfeldes befinden, während es Linien zeichnet, die in dem Punkt, auf den es seine Augen gerichtet hat, beginnen und im entfernten Punkt enden. Ein anderes Mal richtet es seine Augen auf den Punkt, zu dem die Linien gezeichnet werden, oder auf den mittleren Punkt. Die Linien können von links nach rechts und umgekehrt gezogen werden. Die Aufgabe erfordert eine starke Aufmerksamkeit für Reize an der visuellen Peripherie, und häufig ist es gerade der periphere Reiz, der bei der visuellen Störung übersehen wird. Diese Aufgabe ist ermüdend und sollte nicht länger als je ein paar Minuten verfolgt werden.
Man sollte die Möglichkeit in Betracht ziehen, daß die Störung der visuellen Raumwahrnehmung als Teil dieses Syndroms auftreten kann. Wenn das der Fall ist, sollten die Vorgehensweisen, die im Kapitel über Form- und Raumwahrnehmung beschrieben wurden, in dieses Programm mit einbezogen werden.

15. Hör- und Sprachstörungen

Bei lerngestörten Kindern gilt den Sprachproblemen im allgemeinen die größte Aufmerksamkeit. Bei der Entwicklung des theoretischen Systems finden wir den umgekehrten Fall. Die klinische Beobachtung und die daraus resultierenden Ergebnisse zwingen zu einem Umdenken angesichts der sensorisch-integrativen Grundlagen der auditorischen Wahrnehmung und der Sprachstörungen. In einer Untersuchung von Kindern, deren einziger identifizierter Grund für Lernprobleme im Hör-Sprach-Bereich und nicht im somatosensorischen und visuellen Bereich lag, wurde eine signifikante Verbesserung im Lesen gegenüber der Kontrollgruppe erzielt (AYRES, 1972 a). Diese Ergebnisse führten zu einer Untersuchung möglicher Mittel, mit denen ein nichtsprachliches Interventionsprogramm der sensorischen Integration die Lesefähigkeit verbessern könnte. Wären dies die einzigen Daten zur Stützung eines nichtsprachlichen sensorisch-integrativen Programms als Hilfe bei Sprachstörungen, so könnten die Ergebnisse einem Zufall zugeschrieben werden, wenn auch diese Möglichkeit nur 1% oder sogar weniger betrug. Klinische Beobachtungen, an deren Beginn wahrscheinlich die der BOBATHS in England stehen, haben immer sprachliche und andere Verbesserungen des Lernens im Zusammenhang mit dem Gebrauch bestimmter Arten der neuromuskulären und sensorisch-integrativen Therapie gesehen. Explizite Gründe zur Erhellung der neurophysiologischen Basis sind noch nicht vollständig klar.

Zusätzlich zur Beschreibung der Syndrome und ihrer Behandlung durch die sensorisch-integrative Therapie versucht dieses Kapitel, die Arten des Neuralprozesses, die hier in Frage kommen, zu erforschen. Von der gesamten – in diesem Buch hypothetisch dargestellten – Neurophysiologie ist die, die in Zusammenhang mit Hör-Sprach-Problemen erforscht wurde, am provisorischsten und noch sehr unausgegoren, und sie wird zweifellos einer beachtlichen Ausweitung und Revision bedürfen, wenn die Forschung die Beziehung zwischen sensorisch-integrativen Prozessen und der Sprachentwicklung geklärt hat.

15.1. Die Art des Syndroms

Die Hör-Sprach-Dysfunktion kann von den in diesem Buch diskutierten sensorisch-integrativen Dysfunktionen am leichtesten identifiziert werden. Kognitive Funktionen können verläßlicher gemessen werden als somatosensorische Funktionen, und die längere Geschichte der Untersuchung der Sprache hat ihren Vorsprung in der Entwicklung von Meßinstrumenten eingebracht. Obwohl das Sprachproblem, besonders das des lernunfähigen Kindes, in der Diskussion über gestörte sensorische Integration eingeschlossen sein kann, hat man erkannt, daß die Sprache selbst zusätzliche Prozesse umfaßt, wie z. B. rhetorischer oder syntaktischer Natur, die über die sensorisch-integrativen Funktionen hinausgehen. Hier sollen hauptsächlich die elementareren und fundamentaleren Aspekte der Hör-Sprach-Funktion betrachtet werden. Diese Aspekte enthalten ein umfassendes Element der sensorischen Integration. Wenn BENTON (1964) recht hat, indem er das ursprüngliche Wahrnehmungsdefizit als sprachliches Entwicklungsproblem betrachtet, dann ist das eine richtige Annäherung an einige Sprachprobleme, da er die rezeptiv-expressive Entwicklungsaphasie als eine Funktion des Defizits in der auditorischen Wahrnehmung betrachtet.

Das Syndrom wird am besten durch Tests der auditorischen Wahrnehmung und verschiedener Sprachfunktionen identifiziert. Die Mehrheit – aber nicht alle – der Kinder, die in diesen Tests niedrige Werte erreichen und die als lerngestörte Kinder identifiziert wurden, weisen in anderen Arten der sensorischen Integration Defizienzen auf, besonders in der posturalen und bilateralen Integration, aber auch bei Praxien und in der visuellen Wahrnehmung. In diesen Fällen wird das Hör-Sprach-Problem als Teil einer erweiterten Form der neuralen Dysfunktion betrachtet.

Bei einigen Kindern, deren Probleme nur Hör-Sprach-Probleme zu sein scheinen und nicht mit anderen Syndromen auftreten, gibt es Anzeichen, die auf eine lateralisierte Dysfunktion schließen lassen, wie z. B niedrigere Standardwerte für die rechte als dominante Hand im Gegensatz zur linken und die gelegentliche Tendenz, die linke der rechten Seite beim Überkreuzen der Mittellinie vorzuziehen (AYRES, 1971). REED (1967) fand, daß zehnjährige Kinder mit geringer Fingerlokalisation in der rechten im Gegensatz zur linken Hand signifikant schlechter lasen als die Gruppe mit der Hauptdefizienz in der linken Hand. Diese Beziehung wurde bei sechsjährigen Kindern nicht gefunden. LURIA (1966 b) hat die Sequenz-Methode eingeführt, d. h. zeitlich organisierte Reize, die sukzessiv und nicht simultan in der linken Hemisphäre ankamen; ein Merkmal, das mit den von AYRES (1971) gesammelten Daten übereinstimmte. Die Verbindung dieser anderen sensorisch-integrativen Probleme mit Hör-Sprach-Problemen ist nicht so häufig und nicht notwendigerweise intensiv, so daß sie nicht viel zu einer allgemeineren unilateralen zerebralen Dysfunktion beiträgt. Obwohl es nur einen geringen Beweis gibt, der den Wissenschaftler weiterführen könnte, sollte die Möglichkeit, daß die Hör-Sprach-Probleme von einer Dysfunktion der linken Zerebralhemisphäre oder von einer allgemeinen Dysfunktion stammen könnten, nicht übersehen werden, da die Heilungsprobleme verschiedene Methoden erfordern können.

15.2. Neurale Grundlagen von Hören und Sprechen

Wie bei den anderen Sinnen trägt ein kurzer Blick auf die evolutionäre Entwicklung des auditorischen Sinnes zur Erstellung eines Grundprinzips bei, das für die Wirksamkeit bestimmter Behandlungsarten sorgen soll. Das auditorische System der Wirbeltiere entwickelte sich nach dem Erscheinen des vestibulären Systems und war schließlich ein Teil davon, was dazu führt, eine enge Verbindung zwischen den beiden Systemen zu postulieren, eine Verbindung, die eine bedeutende Determinante bei der Behandlung von Sprachstörungen ist. Als sich das menschliche Gehirn entwickelte, wuchs das kortikale auditorische Gebiet nicht in seiner Kapazität der auditorischen Wahrnehmung (viele niedere Tiere sind auditorisch besser ausgestattet als der Mensch), aber statt dessen entwickelte sich das Sprachzentrum. Dieses Zentrum entwickelte sich topographisch nahe dem sensorischen Gebiet für das Hören und den motorischen und somatosensorischen Gebieten für die untere Gesichtshälfte. Sowohl die phylogenetische als auch die ontogenetische Sprachentwicklung zeigt die Abhängigkeit von auditorischen Prozessen. Letzteres verdient deswegen eine besondere Aufmerksamkeit.

Zwei Neuralkonzepte sind für das Verständnis des Hörens und der Sprachstörungen und ihrer Behandlung durch sensorisch-integrative Prozesse besonders wichtig. Das erste Konzept betont die Rolle des Hirnstamms und anderer subkortikaler Strukturen, und das andere Konzept hebt die Bedeutung der Verbindung zwischen dem kortikalen Sprachfeld und anderen Teilen des Gehirns hervor.

Ein früheres Kapitel erklärte, wie – bei der Entwicklung der Tiere – neue Systeme allmählich zu den alten hinzukamen, die mit den bereits bestehenden Neuralsystemen in der sensorischen Integration zusammenarbeiteten, aber in einer gewissen Abhängigkeit von ihnen blieben. Wenn das Konzept relevant für die Hör-Sprach-Entwicklung ist, kann dieser Bereich des menschlichen Verhaltens teilweise von der Integration auditorischer und damit verbundener primitiver motorischer Reaktionen abhängig sein. Die primitiveren Strukturen für auditorische Funktionen liegen im Hirnstamm. Man hat herausgestellt, daß der größte Teil der klanglichen Neuralprozesse bei der Katze im Hirnstamm und besonders in anderen subkortikalen Strukturen verlaufen. Wenn das auditorische System des Menschen dem der Katze ähnlich ist, beginnt die auditorische Kodierung bereits kurz nach dem Eintritt des Reizes in das Gehirn, und die vielen Verbindungen mit anderen weiterlaufenden Prozessen bieten die Gelegenheit einer weiteren Verarbeitung, bevor die Reize den Kortex erreichen. Auf Hirnstammniveau sind die Prozesse nicht im gleichen Sinn wie Sprachdominanz lateralisiert. Mit anderen Worten, unterhalb des Kortex haben beide Seiten des Gehirns ähnliche auditorische Aufgaben. Obwohl die Sprachproduktion beim Erwachsenen die kortikale Aktion erfordert, spiegeln die ausgestoßenen Laute bei und direkt nach der Geburt die Hirnstammfunktion wider, die das Vorhandensein motorischer und sensorischer Mechanismen auf diesem Niveau anzeigen und daran erinnern, daß der Hirnstamm Mechanismen für gut integrierte sensomotorische Reaktionen auf niedrigem Niveau enthält.

Das retikuläre System, die Hauptintegrationsstruktur im Hirnstamm, verarbeitet nicht nur auditorische Prozesse in dem Ausmaß, daß die Reize sich möglicherweise einer werdenden Wahrnehmung annähern, sondern es bietet auch die beste Gelegenheit zur Integration auditorischer Information mit der aus anderen sensorischen Quellen. Eine beachtliche Anzahl von auditorischen Fasern endet in der Formatio reticularis und ist hier wahrscheinlich für die gesamte integrative Aktivität verantwortlich. Wieviel diese Funktion über die anfängliche Erregung und die Organisation der Reflexe hinausgeht, ist Spekulation, genau wie auch der größte Teil der Theorie. Beobachtungen des Interventionsprogramms lassen vermuten, daß die retikuläre Aktivität auf eine Organisation hinausläuft, die weit komplexer ist als die dieser elementaren Funktionen.

Die mesenzephalische Formatio reticularis ist der Sitz beachtlicher sensorischer Konvergenz, und gerade zu diesem Gebiet werden viele auditorische, vestibuläre und möglicherweise noch andere propriozeptive Informationen gesandt. Die Integration mit anderen Sinnen verläuft wahrscheinlich an den konvergenten Neuronen und den Kernen im Hirnstamm, im Thalamus und im Kortex. Auditorische Reize gehören zu den meist zitierten Modalitäten, die eine Konvergenz aufweisen, was auf die Wichtigkeit und Mittel der Errichtung von Verbindungen zwischen auditorischen Reizen und anderen sensorischen Modalitäten schließen läßt. Vestibuläre und akustische Reize aktivieren wohl generell die gleiche Neuralstruktur. Es ist nachgewiesen, daß die intersensorische Integration einen bedeutenden Beitrag zur gesamten Hör-Sprach-Entwicklung leistet und effektiv im interventionsprogramm verwendet werden kann.

Eine andere wichtige Rolle des Hirnstamms und des thalamischen Gebietes in der Hör-Sprach-Funktion ist diejenige, die von den meisten als Hauptsystem zur Integration kortikaler mit subkortikaler Information zum Zwecke einer Endanalyse bezeichnet wird, nämlich, um mit den Worten PENFIELDS zu sprechen, das „zentrenzephalische System". Bei der Untersuchung von Katzen fand ADES (1959), daß der Hirnstamm und die thalamischen Kerne Töne verarbeiten, die von oben und unten sowie aus auditorischen und nicht auditorischen Quellen stammten. MYERS (1967), dessen Arbeit sich weitgehend mit niederen Primaten beschäftigte, stellte fest, daß die Organisationmethode verschiedener Teile des Kortex für die Sprachproduktion über Systeme verlief, die auf die Hirnstammzentren projizierten und nicht über die Assoziationsfasern im präzentralen motorischen somatischen Kortex. Letztere mußten jedoch notwendigerweise mit den Endbewegungen des Mundes und der Kehle in Zusammenhang stehen.

Als Antwort auf die Annahme, daß sich das Gehirn auf die Verbindung subkortikaler Strukturen verläßt, stellte GESCHWIND (1967) die Gegenbehauptung auf, daß Tiere subkortikale Verbindungen nur dann benutzen, wenn die normale transkortikale Bahn nicht länger verfügbar ist und daß die Kommunikation über das Corpus callosum beim Menschen von sehr großer Bedeutung für die Sprache ist. Der allgemeine Augenschein aus diesen Humanstudien begünstigt die Interpretation, daß die menschliche Sprache von subkortikaler ebenso wie von kallosaler Kommunikation abhängt.

Berichte von SPERRY u. GAZZANIGA (1967) über Tests an einigen wenigen Menschen, bei denen das Corpus callosum sektioniert wurde, zeigen, daß eine gewisse visuelle, somatosensorische und sprachliche Information immer noch von einer zur anderen Hemisphäre befördert werden kann, wie das für die linke Hemisphäre erforderlich ist, um die linke Hand beim Schreiben zu dirigieren. Bei diesen rechtshändigen Menschen war jedoch der verbale Ausdruck auf die Information beschränkt, die in der linken Hemisphäre verarbeitet wurde. Diese Fälle ließen die Autoren vermuten, daß gerade die exekutiven und motorischen Komponenten der Sprache mehr lateralisiert sind als die auditorischen. Man kann auch annehmen, daß die Neuralverbindungen, die nach einer Kommissurotomie intakt geblieben waren, nicht in der Lage sind, die Information auf Sprachniveau zu übertragen, obwohl offensichtlich einige Arten der Information übertragen werden konnten.

Diese Beobachtungen gehen mit der Feststellung einher, daß die auditorischen Beiträge zum Lernen und die Ausführung der Sprache teilweise von Mechanismen im Hirnstamm und im Thalamus abhängen. Es besteht immer noch die Möglichkeit, daß die Sprachausführung selbst den Gebrauch von Hirnstammechanismen erfordert, besonders wenn höhere Zentren ohne die damit verbundenen subkortikalen Zentren nicht richtig arbeiten.

Heute nimmt man an – und das wird sich in Zukunft zweifellos ändern –, daß die oben diskutierten subkortikalen Mechanismen zu besseren Lesewerten bei Kindern mit Hör-Sprach-Problemen beitragen, die eine sensorisch-integrative Therapie erhielten, deren Betonung auf nichtsprachlicher sensorischer Stimulation und der Integration von Hirnstammechanismen lag.

Der zweite wesentliche neurale Gesichtspunkt bei den Sprachfunktionen ist der, daß das Sprachgebiet mit allen anderen in Bezug stehenden Gebieten des Gehirns verbunden sein muß. Die Bedeutung der Notwendigkeit, diese Verbindungen beim lerngestörten Kind zu verbessern, kann nur vermutet werden, da auch die Schwäche dieser Verbindungen nur vermutet werden kann. Der Fall ist klarer bei einem Menschen, der den Hirnschaden als Erwachsener erleidet. In Fällen von Aphasie nennt man diesen Zustand auch „*unverbundenes* Syndrom" (W. R. RUSSEL, 1963; GESCHWIND, 1965), ein Ausdruck, der die Notwendigkeit neuraler Verbindungen zwischen Spracharealen und anderen Gebieten impliziert.

Einige der frühesten Erkenntnisse über die Beteiligung der niederen Hirnzentren an der Sprache stammen von PENFIELD u. ROBERTS (1959), die der Meinung waren, daß es ein Sprachverständnis nur dann gebe, wenn höhere Hirnstammzentren und beide kortikale Areale die Impulse empfangen und höherer Hirnstamm und linke Hemisphäre interagieren. Die Sprache selbst formuliert sich nach der Interaktion zwischen dem höheren Hirnstamm und der linken Hemisphäre; die Impulse, die zu beiden kortikalen motorischen Arealen wandern, dirigieren die Muskeln für den Sprachgebrauch.

Viele von denen, die Sprachstörungen untersuchten (PENFIELD u. ROBERTS, 1959; LURIA,

1966 a; GESCHWIND, 1965, 1967; W. R. RUSSEL, 1963; MYERS, 1967) haben die Tatsache betont, daß viele verschiedene Teile des Gehirns zur Sprachfunktion beitragen und der adäquate Zugang zu diesen Gebieten ist für eine optimale Sprachentwicklung wesentlich. MYERS (1967), PENFIELD u. ROBERTS (1959), RUSSEL (1963) und LURIA (1966 a) betonten alle die Beteiligung vieler Neuralniveaus und beider Hemisphären für die Sprache. LURIAS Arbeit (1966 a) zeigte, daß Läsionen in den kortikalen Gebieten, die außerhalb der Gebiete liegen, die normalerweise als Sprachgebiete bestimmt sind, zu Aphasien führen können.

Eine vollständige Kommunikation mit der Neuralinformation anderer sensorischer Modalitäten, speziell der visuellen, der auditorischen und der somatosensorischen, wird sowohl von GESCHWIND als auch von RUSSEL für die Sprache als wichtig betrachtet. GESCHWIND (1965) stellte fest, „*daß die Sprachentwicklung selbst von der Fähigkeit abhängig sei, stabile intermodale Assoziationen zu bilden*, besonders visuell-auditorische und taktil-auditorische Bindungen". Die fortgeschrittene Fähigkeit des Menschen (im Gegensatz zu niederen Tieren), Verbindung zwischen den Sinnen herzustellen, hat zu seiner Kapazität der Sprachentwicklung beigetragen. Ferner trägt umgekehrt die Sprachentwicklung nach GESCHWIND zur Herstellung der intermodalen Verbindungen bei.

Wahrnehmung kann in einem anderen Sinn von Bedeutung sein. Der Beitrag des taktilen und propriozeptiven Feedbacks von Strukturen, die mit der motorischen Formung von Klängen und Worten zu tun haben, werden für die Sprachentwicklung als wichtig erachtet, obwohl die der Mundgegend erst kürzlich untersucht wurden. Somatosensorisches und auditorisches Feedback stellt den einzigen Anhaltspunkt des Menschen bezüglich der Genauigkeit der von ihm abgegebenen Töne dar. Das Sehen ist von geringem Nutzen. Man glaubt, daß das somatosensorische Feedback zur Entwicklung der allgemeinen Fähigkeit der Wahrnehmung von Klängen, die von einer anderen Person gesprochen werden, beiträgt und diese leise, halb bewußt vom Kind wiederholt werden. SNYDER (1971) hat die Rolle der zeitlichen Muster in der auditorischen Wahrnehmung betont, und die Forschung zeigt (AYRES, 1972 a), daß eine Gruppe von Kindern mit Sprachstörungen, die ihre Testwerte beim Lesen durch sensorisch-integrative Therapie verbesserten, ihre besten Werte im Hör-Sprach-Test erzielten, wenn eine Folge von auditorischen Reizen erinnert werden mußte.

Extrapoliert man einige Gedanken aus Untersuchungen an Erwachsenen und Kindern über Lernstörungen von Kindern, so kann man folgende Hypothesen aufstellen: 1. Integrationsstörungen sensorischer Modalitäten, besonders der auditorischen, der vestibulären und somatosensorischen Reize, können leicht die Sprachentwicklung stören und 2. eine adäquate Kommunikation zwischen den beiden Hemisphären ist besonders wichtig für das Lesen. Anzeichen einer vermuteten inadäquaten interhemisphärischen Integration wurden in einem früheren Kapitel dargestellt. So wie wir nicht nur mit unseren Augen lesen, so sprechen oder hören wir auch nicht nur mit den Hör-Sprach-Zentren im zerebralen Kortex.

Eines der älteren Konzepte zur Theorie von Sprachstörungen verbindet diese mit dem dominanten Handgebrauch. Der Streit über den Charakter dieser Beziehung und ihr Ausmaß hat nie aufgehört und ist nie beigelegt worden, was auf die Komplexität von miteinander verbundenen Funktionen schließen läßt, die noch nicht konzeptualisiert werden konnten. Da die Hirnforschung und die damit verbundene Theorienbildung neue Gedanken hervorbrachte, können diese dazu benutzt werden, das Verständnis des Einflusses der dominanten Hand auf die Sprache auszuweiten.

LASSEK (1957) stellte heraus, daß während des größten Teils der menschlichen Entwicklung im Gegensatz zu der der niederen Tiere das Überleben im wesentlichen vom Gebrauch der Hand abhängig war. Diese wichtigen Handlungen wurden immer geübter, indem sie gleichzeitig zunehmend spezialisiertere Funktionen des zerebralen Kortex erzwangen und ein Ergebnis dieser Funktion waren.

Die Spezialisierung einer Funktion und die Asymmetrie der hemisphärischen Funktion dienten dem gleichen Ziel, nämlich der Entwicklung der Fähigkeit der linken Hemisphäre, die rechte Hand in sehr geübten motorischen Handlungen zu lenken. Eine solche Lenkung erforderte eine präzise Interpretation des damit verbundenen sensorischen Inputs. Die manuelle Fähigkeit soll sich vor der Sprache entwickelt haben. SEMMES (1968), die ihre Gedanken auf Untersuchungen an hirnverletzten Erwachsenen stützte, zog die Möglichkeit in Betracht, daß die hemispärische Spezialisierung der Sprache aus der Tatsache stamme, daß die linke Hemisphäre besonders zur Kontrolle der feinen sensomotorischen Kontrolle organisiert ist. Sie vermutet, daß die Asymmetrie der beiden Hemisphären für die Sprache nicht sekundär ist. Diese Studien stützen den frühen Gedanken einer engen Verbindung zwischen Handdominanz und Sprache.

Es scheint so, als gäbe es Gründe, die die Praxis der Betonung der Entwicklung von gewandter motorischer Fähigkeit in einer Hemisphäre unterstützen, um so zur Entwicklung der Sprache und anderer gewandter motorischer Fähigkeiten beizutragen. Dieser Akzent kann am besten dann gelegt werden, wenn eine gute interhemisphärische Kommunikation hergestellt worden ist. Die Effektivität eines Interventionsprogramms, das eine feste Etablierung der Dominanz einer Hand betont, wird wahrscheinlich von der Förderung der Fokalfunktion in der Hemisphäre abhängig sein, in der sich die Sprache bereits entwickelt hat. Beim Durchschnittskind, das keine Probleme der Handdominanz aufweist, ist die Annahme, daß die Sprache in der linken Hemisphäre zu lokalisieren ist, ziemlich gesichert; diese Annahme ist aber weniger sicher, wenn man ein Kind mit neurologischen Störungen betrachtet, die die Lokalisation der Sprache in der linken Hemisphäre verhindert haben könnten.

15.3. Das Interventionsprogramm

Klinische Beobachtungen der kindlichen Reaktionen auf die sensorisch-integrative Therapie, die in Verbindung mit der neurologischen Basis von Hören und Sprechen sowie anderen Hirnfunktionen interpretiert wurden, führten zu den folgenden Empfehlungen, von denen wahrscheinlich einige für die beobachteten Besserungen verantwortlich sind und von denen andere wenig dazu beigetragen haben. Weiteres Experimentieren ist notwendig, um das Problem und die Therapie genauer anzugleichen.
Wenn, wie WORDEN u. LIVINGSTON (1961) behaupten, die Formatio reticularis ein transaktionales Bindeglied für Teile des Nervensystems ist, dann macht das Hör-Sprach-System keine Ausnahme bezüglich seines organisierenden Einflusses, obwohl die Organisation der Formatio reticularis weniger spezifisch als die des Kortex ist. Dementsprechend scheint eine sehr elementare, präsprachliche, nichtkognitive Übung, die Empfindungen aus dem Körper, Reflexe und adaptive Reaktionen darauf, auslöst, das Beste für eine anfängliche Therapie bei Sprachstörungen zu sein. Die größten Begrenzungen dieser Therapie bestehen in ihrem mangelndem Eindruck auf den Beobachter und in der Tatsache, daß der Therapeut nicht sehen kann, wie die sensorische Integration verläuft. Manchmal hilft das Beobachten des nachfolgenden Verhaltens des Kindes bei Schlußfolgerungen, ob nun eine Neuralintegration stattgefunden hat. Das Lehren einer Sprache ist für die Therapie nicht angemessen, die versucht, im Hirnstamm eine Basis zu legen. Für das Lernen von Worten kann eine kognitivere Methode folgen.
Die Bedeutung der intersensorischen Integration für die Sprachentwicklung erfordert, daß der Therapeut die allgemeine Praxis der Konzentration auf nur auditorische Reize aufgibt, besonders wenn man den Versuch einer neuralen Integration macht. Anstelle dessen wird ihm geraten, für eine beachtliche Anzahl somatosensorischer und besonders vestibulärer Reize zu sorgen. Es ist all-

gemein nicht notwendig, auditorische Reize für die Assoziation zu verwenden, da die natürliche Aktivität, besonders die, die vestibuläre Stimulation umfaßt, gewöhnlich zur Vokalisation, oft von einer primitiven Art, führt. Diese Art der Vokalisation und die gewöhnlichen Reize aus der Konversation und aus dem Spiel hält man für einen guten Beitrag zur sensorischen Integration auf Hirnstammniveau. Gewöhnlich besteht das Problem darin, Personen, die nicht am Therapieprogramm teilnehmen, nicht damit zu nahe zu treten, was für sie keine therapeutischen Reize, sondern nur Lärm ist. Obwohl man argumentieren könnte, daß dieser Typ der Vokalisation dem Kind keine Worte beibringt, sollte man wissen, daß das Gegenargument darin besteht, daß das Lehren von Worten nicht angemessen für eine Therapie ist, die versucht, den Hirnstamm für das nachfolgende Lernen von Worten zu organisieren. Das Aussenden und Hören von Klängen und die elementaren Formen der Sprachkommunikation zusammen mit somatosensorischen und vestibulären Reizen werden als geeignete Kombination zur Herstellung der intersensorischen Sinnesbasis betrachtet. Eine mehr kognitive Annäherung kann später folgen, entweder noch am gleichen Tag, wenn das Alter des Kindes das erlaubt, oder zu einem späteren Zeitpunkt.

Wenn das Kind irgendwelche Anzeichen aufweist, daß die vestibulären Reize nicht die normalen synaptischen Verbindungen herstellen, was durch einen reduzierten Nystagmus oder Schwindel nach dem Schaukeln bewiesen wird, ist das Bombardieren des Gehirns mit vestibulären Reizen, wie z. B. vom Drehen im Netz oder auf dem Roller oder dem Trampolin besonders geeignet, wenn es keine Kontraindikationen gibt. Ähnlich sollten auch andere Defizienzen in anderen Arten der sensorischen Integration Aufmerksamkeit erhalten. Bevor effiziente auditorische Verbindungen zu anderen Sinnesmodalitäten hergestellt werden, muß die intrasensorische Integration adäquat verlaufen. Die Förderung der sensorischen Integration im allgemeinen kann theoretisch auch eine bessere Kommunikation zwischen dem kortikalen Sprachfeld und anderen Arealen des Gehirns ermöglichen, von denen Sprachwissenschaftler glauben, daß sie für eine adäquate Sprache wesentlich sind. Alle in früheren Kapiteln empfohlenen Übungen sind mehr oder weniger für die Heilung der Hör-Sprach-Probleme geeignet, da sie alle auf die Normalisierung der sensorischen Integration des einen oder anderen Typs gerichtet sind. Ein erweitertes Verständnis auf diesem Gebiet wird zweifellos zu einer größeren Spezifität der Vorgehensweisen führen. In diesem Stadium scheint sich die fruchtbarste Methode um den Gebrauch von vestibulären Reizen und die entsprechenden Reaktionen zu zentrieren.

Es ist möglich, daß eine gleichzeitige Bombardierung des Gehirns mit sensorischem Input aus verschiedenen Quellen während einer einfachen, groben Übung nicht nur die Gelegenheit bietet, intersensorische Integration zu fördern, sondern auch die Verarbeitung auditorischer Reize *per se* im Hirnstamm. Die Verarbeitung kann sowohl kortikofugale Reize, die herunter zum zentrenzephalischen System führen, als auch zentripetale Reize, die aus den niederen Zentren stammen, umfassen.

Die Rolle der zweckgerichteten Bewegung oder adaptiver motorischer Reaktionen im integrativen Prozeß, der der Hör- und Sprachfunktion dient, kann weniger leicht hypothetisiert werden als die vergleichbare Rolle in der Entwicklung der visuellen Funktionen. Man kann nur einige Verallgemeinerungen über die Hirnfunktion vorlegen, die relevant oder auch nicht relevant sein können, in der Hoffnung, daß der Verlauf der Zeit eine Klärung in die Forschung bringt.

Wie bereits zuvor diskutiert, spielt die zweckgerichtete Bewegung eine bedeutende Rolle in der Entwicklung der intra- und intermodalen sensorischen Integration. Herrick (1956) und Coghill (1929) betonten besonders die motorische Gesamtreaktion des Organismus als eine Kraft in der Ent-

wicklung des Geistes. Wenn man sich die Evolutionsspanne, in der die neuralen Grundlagen für die intersensorische Sinnesintegration gelegt wurden, ansieht, ist es klar, daß während des größten Teils der Zeit motorische Muster in der Vierfüßlerstellung ausgeführt wurden, die während des meisten nicht ruhenden motorischen Outputs vorherrschte. Alle Haltungsreflexe und damit verbundene Reaktionen, einschließlich des Kopf-Stell-Reflexes und des Kopf-Hebe-Reflexes sowie einiger Gleichgewichtsreaktionen, haben für die Vierfüßlerposition enge neurale Verbindungen mit neurologischen Mustern. Ein großer Teil des motorischen Outputs dieser Wirbeltiere, die sich auf allen Vieren fortbewegten, war mit auditorischen Reizen von Überlebenswert verbunden, wie z. B. das Fliehen vor einem Geräusch, das ein Raubtier ankündigte, oder das Finden voraussichtlicher Nahrung. Es kann sein, daß alle diese Reaktionen enge Verbindungen zu Hirnstammmechanismen, die mit dem Hören zu tun haben, herstellten.
Jedes heutige menschliche Neuralmuster, das aus der präsprachlichen, präbipedalen Evolutionsphase übriggeblieben ist, in der auditorische und motorische Neuralmuster erstellt und integriert wurden, ist wahrscheinlich im Hirnstamm und möglicherweise dem Thalamus als seinem oberen Ende ansässig. In dem Ausmaß, in dem diese sensomotorischen Muster noch im Hirnstamm vorhanden sind, können sie Bedeutung für die aktuellen Funktionen beim Menschen haben.
Lerngestörte Kinder mit hörbedingten Sprachproblemen und ohne merkliche Störung in den Haltungsmechanismen verbesserten ihre Werte im Lesen infolge eines Programms, das eine beachtliche motorische Aktivität erforderte, z. B. beim Gebrauch des Rollers in der Bauchlage sowie vieler anderer Geräte, die Haltungsreflexe und -reaktionen hervorrufen sollten. Wenn diese Übungen zur Förderung der Neuralintegration des Kindes beitrugen, die den Hör-Sprach-Prozessen diente, kann das aus den oben genannten Gründen geschehen sein.
Ein stärkeres Argument stellt die mögliche Wirksamkeit der motorischen Aktivität für die Sprachfunktion dar, die aufgrund der inadäquaten interhemisphärischen Integration nicht ausgereift ist, wie man sie im Syndrom der Dysfunktion in der Postural- und Bilateralintegration findet. Mit anderen Worten, wenn das Leseproblem aufgrund einer geringen interhemisphärischen Integration besteht, wird eine Förderung dieser Integration durch die zuvor vorgeschlagenen Methoden der Sprachentwicklung helfen.
Man hat vermutet, daß Sprache abhängt von Verbindungen zwischen dem Sprachzentrum in der linken Hemisphäre und wichtigen Teilen des Gehirns, einschließlich der rechten Hemisphäre, in der einige Aspekte der auditorischen Wahrnehmung, wie Tonqualität und Musterdiskrimination, wahrscheinlich wesentlich verarbeitet werden (vgl. MILNER, 1967; BOGEN, 1969 b). Wenn das der Fall ist, dann ist aus diesem Grunde die Notwendigkeit adäquater interhemisphärischer Integration auf Hirnstammniveau sehr bedeutend.
Das Corpus callosum spielt zweifellos bezüglich der Sprache eine wichtige Rolle in der interhemisphärischen Integration. Diese Rolle ist – wie BOGEN und BOGEN (1969) annehmen – mit den höchsten und komplexesten Hirnaktivitäten verbunden, wobei die Sprache natürlich eine davon ist. Wahrscheinlich benutzen bei den tatsächlichen Leseversuchen des Kindes die gewöhnlich verwendeten taktilen und kinästhetischen Reize zusammen mit visueller und auditorischer Information die transkallosale Bahn zur interhemispärischen Kommunikation in größerem Ausmaße als die meisten in diesem Buch empfohlenen Vorgehensweisen. Ähnlich wird das Lehren eines verbalen Konzeptes wie z. B. „unter dem Tisch" oder „zwischen den Schachteln" über dessen Ausführung durch das Kind in erster Linie als kortikal-kortikale Aktivität betrachtet, die die visuelle Raumwahrnehmung der rechten Hemisphäre mit der Sprache in der linken verbindet und eine gewisse Betonung auf den Gebrauch von sensomotorischen und integrativen Mechanismen im Hirnstamm legt.

Die Erkenntnis ist zwar wichtig, daß Empfindungen aus einer Modalität die Wahrnehmung in einer anderen fördern können, aber man muß auch in Betracht ziehen, daß sie sich stören können, besonders wenn die Formatio reticularis die gegebenen Reize nicht so gut hemmen kann. Viele schließen ihre Augen, um sich damit auf das Hören eines Tones zu konzentrieren; kitzelt man jemanden im Nacken, der gerade telefoniert, so kann man damit seine Aufmerksamkeit abschätzen. Wenn ein Kind aufgefordert wird, sich sehr genau auf die Interpretation dessen, was ihm eine Person sagt, zu konzentrieren, wird eine gleichzeitige vestibuläre Stimulation, die die Haltung bedroht, hemmend wirken, weil die vestibulären Reize die Überlebenspriorität besitzen; wenn das Kind aber sicher in einem aufgehangenen Schaukelnetz schwingt, werden die daraus resultierenden Reize wahrscheinlich die Verarbeitung von Geräuschen fördern, die eine Spielsituation automatisch begleiten.

16. Dominanz einer Hand und Lateralisation von cerebralen Funktionen

Die Handdominanz und die Übereinstimmung zwischen Augen- und Handdominanz gehören zu den ersten Verhaltensparametern, die als signifikante Indizes des Status der Neuralfunktionen angesehen wurden, die mit Lernstörungen in Verbindung stehen. Die Bedeutung einer Anzahl anderer Parameter wurde durch die Forschung nicht aufgehellt. Obwohl das Thema der Dominanz nicht im Mittelpunkt der Forschung, auf der dieses theoretische System basiert, steht, verdient es doch eine Behandlung, die über die in den vorherigen Kapiteln hinausgeht. Hier soll der Sachverhalt in einer breiteren Perspektive dargestellt werden.

Es gibt zu viele Untersuchungen über Augen- und Handdominanz, um sie hier im einzelnen aufzuführen; es sollen nur ein paar typische Beispiele erwähnt werden. Wissenschaftler haben in ihren Beobachtungen wiederholt Leseprobleme mit einer inadäquaten Lateralisation der Zerebralfunktion in Verbindung gebracht, z. B. Critchley (1964), Hécaen u. Ajuriaguerra (1964), und Zangwill (1960). Bei der Untersuchung von 250 zufällig ausgewählten Schulkindern der zweiten Klasse fanden Balow u. Balow (1964), daß die Stärke der Handdominanz, die Richtung der Dominanz (rechts oder links) oder die Übereinstimmung zwischen Augen- und Handdominanz keine signifikante Wirkung auf das Lesen hatten.

Andererseits untersuchte Koos (1964) eine Gruppe von Grundschulkindern mit einem IQ unterhalb des Gruppenmedians und wies eine Verbindung zwischen der Leseleistung und einer gemischten Auge-Hand-Dominanz sowie der Rechts-Links-Diskrimination nach. Gottlieb et al. (1964) fanden, daß rechtshändige und rechtsseitig taube Kinder einen höheren Sprachgrad erzielten als die mit einer gemischten Auge-Hand-Dominanz. Flick (1966) fand, daß vierjährige Jungen mit Linkshändigkeit und -äugigkeit geringere wahrnehmungsmotorische Fähigkeiten und IQs aufwiesen als solche mit anderen Verbindungen der Auge-Hand-Dominanz.

Wenn die Forschungsergebnisse sich zu widersprechen scheinen, so liegt eine Lösung der unterschiedlichen Ergebnisse oft in der theoretischen Konzeptbildung, die komplexer ist als die, die zuvor entwickelt wurde. Diese Studien, die repräsentativ für viele andere sind, zeigen, daß die Beziehung zwischen Lernstörungen und der Auge-Hand-Dominanz wahrscheinlich bei einigen Kindern vorhanden ist, aber die Aufdeckung wird durch zu viele Variable erschwert, die zu Lernstörungen, zur Etablierung der Auge-Hand-Dominanz und zu jedem Datensammeln gehören. Während die Basisforschung nicht viel zur Klärung der Bedeutung der Übereinstimmung in der Augen- und Handdominanz beigetragen hat, sind leichte Fortschritte im Verständnis der Lateralisation einer Funktion zu verzeichnen, was besonders auf die *erfahrungsbedingte* motorische Funktion zutrifft.

16.1. Lateralisation als Entwicklungsprozeß

Der Evolutionsprozeß verlief in Richtung auf die Lokalisation und Spezialisierung der Kortikalfunktion, was auf die Dominanz einer Hemisphäre bezüglich bestimmter Funktionen und die Dominanz der anderen Hemisphäre bezüglich anderer Funktionen hinauslief. Der signifikante Unterschied zwischen den zerebralen Hemisphären des Menschen und denen der niederen Tiere besteht in der Organisation der höheren kognitiven Funktionen. Bei niederen Tieren scheint die Organisation weitgehend symmetrisch zu sein, während die Funktionen beim Menschen asymmetrisch und seitenbedingt sind. Das vorhergehende Kapitel zeigte einige neuere Gedankengänge zu den unterschiedlichen Organisationsarten auf, die verschiedene Funktionen der beiden Zerebralhemisphären fördern. Die Betonung lag auf den Organisationsunterschieden im Gegensatz zur unilateralen Dominanz. Die Studie von HÉCAEN (1967), SEMMES (1968) und TEUBER (1967) stellen alle die Wahrscheinlichkeit heraus, daß die beiden Hemisphären mit der gleichen Funktion befaßt sind, daß aber diese Funktionen in verschiedener Art und Weise repräsentiert werden, wobei die linke Hemisphäre eine hoch lokalisierte und fokalisierte Repräsentation für die von ihr gelenkten Funktionen aufweist. Wie bereits zuvor herausgestellt, fördert die fokale Organisation die Entwicklung feiner, gewandter motorischer Fähigkeiten.

Nach SEMMES (1968), deren Arbeit auf der Untersuchung von Kriegsveteranen mit schwerwiegenden Hirnverletzungen basiert, resultieren Läsionen in einer fokal repräsentierten linken Hemisphäre mehr in beobachtbaren Defizienzen als vergleichbare Läsionen in der rechten Hemisphäre. Sie weist darauf hin, daß die Wirkung auf das Verhalten ebenso beobachtbar war, wenn die Läsionen in der rechten Hemisphäre sehr schwer waren. Diese Vermutung geht auch mit den Arbeiten von BOGEN (1969 a, b) und BOGEN u. BOGEN (1969) einher, die vorschlagen, daß die rechte Hemisphäre genauso schwer, kompliziert und mit genauso viel Kapazität an Information wie die linke arbeitet und daß sie für bestimmte höhere Funktionen dominant ist, von denen einige noch nicht erkannt worden sind.

Es kann demnach sein, daß das, was die Erwünschtheit der Hemisphärendominanz genannt wurde, tatsächlich die Notwendigkeit einer Lateralisation der Zerebralfunktion darstellt, was auf die Lokalisation und Spezialisierung von Neuronengruppen im Neokortex – wahrscheinlich im linken – hinausläuft, um die Sprache und die gewandten motorischen Funktionen der rechten Hand zu erleichtern. Eines Tages wird die Spezialisierung der Neurone in der rechten Hemisphäre vielleicht die gleiche Aufmerksamkeit erhalten.

Obwohl jedes Kind eine ererbte Disposition für die Lateralisation der Zerebralfunktion zu besitzen scheint, wird der tatsächliche Prozeß der Herstellung einer spezialisierten Kortikalfunktion weitgehend durch den Entwicklungsprozeß bestimmt. Die Handdominanz ist vor dem Schulalter nicht evident, und eine definitive Ipsilateralität gibt es nach der Studie von BELMONT u. BIRCH (1963) an normal intelligenten Kindern nicht vor dem zehnten Lebensjahr, obwohl sich die Handdominanz im siebten Lebensjahr festigt. Sie fanden heraus, daß es im Alter von neun Jahren einen wesentlichen Bruch in der Anzahl der Kindern gibt, die eine gemischte Händigkeit zeigen.

Die Lateralisation einer Funktion ist nur ein Aspekt der zerebralen Dominanz. An diesem Punkt im Verständnis der zerebralen Hemisphärendominanz glaubt man, daß generell eine Hemisphäre dominieren kann, aber manchmal übernimmt das auch die andere Hemisphäre, und beide Hemisphären arbeiten besser, wenn sie Zugang zu den Quellen der anderen Hemisphäre haben. Diese Anordnung wird durch EEG-Studien an Menschen und von Berichten über Experimente mit Split-Brain-Tieren gestützt, wie z. B. die von SPERRY (1961), in denen eine Hemisphäre über die andere zu dominieren neigte, wobei aber die Dominanz wechselte. HÉCAEN u. AJURIAGUERRA (1964) vertraten eine Meinung, die man in Betracht ziehen sollte. Sie glauben, daß eine gering etablierte Seitigkeit eher mit Lesestörungen in Zusammenhang gebracht werden kann als ein Kampf um zerebrale Dominanz. Sie schlagen vor, daß die Lateralisation im motorischen Bereich beginnt und wenn dieser nicht klar etabliert ist, neigt der Kortex zu einer Ambilateralität, die aber generell der der rechtshändigen Person ähnelt. Diese Art der Argumentation war anscheinend die Basis für die therapeutische Praxis der Förderung der Handdominanz. Der Gebrauch der Hand ist wahrscheinlich eine der offensichtlicheren Methoden zur Erzwingung der Lateralisation der Zerebralfunktion, die feine motorische Aufgaben erfüllt. Das führt jedoch zu Spekulationen über die Entwicklungsschritte, die in dem Prozeß ausgelassen wurden.

HYDÉN u. EGYHAZI (1964) zeigten in ihrer Studie, in der sie den RNA-Anstieg und die qualitative Veränderung in kortikalen Neuronen, die mit der Händigkeit bei Ratten in Verbindung standen, analysierten, daß es als Ergebnis der Erstellung der Handdominanz zu biochemischen Veränderungen im Kortex kommen kann. Wenn rechtshändige Ratten gezwungen wurden, linkshändig zu werden, gab es eine signifikante Veränderung in der Quantität und der Basiskomposition des RNA in den sensomotorischen Gebieten des rechten im Gegensatz zum linken Kortex. Daß diese Veränderungen eine Funktion des Lernens waren, wird von der Tatsache gestützt, daß man keine signifikanten Unterschiede im rechten und linken kortikalen RNA-Gehalt und in der Zusammensetzung bei rechtshändigen Ratten fand, die nicht Gegenstand von Transferexperimenten waren.

16.2. Störungen bei der Ausbildung der Handdominanz

Die Etablierung einer Hand als die dominante ist ein Aspekt der Entwicklung, der einige Bedeutung für den gesamten sensorisch-integrativen Prozeß hat; eine ungewöhnliche Verzögerung in der Etablierung der Handdominanz verdient – besonders wenn sie von weiteren Störfaktoren wie Verhaltens- oder Lernproblemen begleitet ist – eine besondere Untersuchung der zugrundeliegenden Ursachen, da diese Faktoren, die die Entwicklung im motorischen Bereich gestört haben, auch Störungen in anderen Bereichen hervorrufen können. Man hat vorgeschlagen, daß der beste Weg der Annäherung an ein Händigkeitsproblem darin besteht, die zugrundeliegenden möglichen kausalen Faktoren zu untersuchen und sie so weit wie möglich zu verbessern, in der Hoffnung, daß das dem Gehirn ermöglicht, seinem Reifungsziel, nämlich der Etablierung einer Hand als dominante für gewandte motorische Arbeit, näherzukommen.

Man glaubt, daß in einigen Fällen der der Dysfunktion zugrundeliegende Mangel, eine Hand als die dominante zu etablieren, für die lateralisierte Dysfunktion im Gehirn oder eine größere Störung in der einen als in der anderen Seite verantwortlich ist. Wahrscheinlich kann eine Dysfunktion, die aus einem Trauma resultiert, auf die linke wie die rechte Zerebralhemisphäre einwirken. Wenn ein Kind eine erbliche Prädisposition für die Rechtshändigkeit und eine größere Dysfunktion in der linken als in der rechten Zerebralhemisphäre aufweist, sind beide Hände möglicherweise gleich geschickt oder die linke wird sogar bevorzugt, was zu einer Tendenz auf seiten des Kindes führt, beide Hände gleich zu benutzen, und zu der Schwierigkeit, eine Dominanz auszubilden. Wie bereits in vorhergehenden Kapiteln herausgestellt wurde, kann eine Tendenz zu einer unilateralen Störung die Bildung der Dominanz beeinträchtigen, wenn die Störung sich auf der Seite befindet, die eine ererbte Prädisposition für die Dominanz aufweist. Die Dysfunktion kann auch die Ausbildung der Augendominanz stören. Wenn die rechte Hand als dominante gewählt wurde, wird die Dominanz aufgrund der Adäquatheit der linken Hand nicht allzu stark sein. Wenn das linke Auge als dominantes gewählt wurde, resultiert daraus eine gemischte Dominanz. Wenn die Koordination der rechten Hand genügend beeinträchtigt ist, um das Kind zu zwingen, seine Linke als dominante Hand zu benutzen, aber die Bedingungen die Wahl des rechten Auges als dominant begünstigen, kommt es ebenfalls zu einer gemischten Dominanz. Vielleicht läuft eine schwerere und allgemeinere Störung der linken Hemisphäre auf die Entwicklung der linken Hand und des linken Auges als dominant hinaus. in In diesem Fall wird das sensorisch-integrative Problem wohl größer sein als bei einer gemischten Auge-Hand-Dominanz. Solche Bedingungen erklären zufriedenstellend eine Anzahl von Problemen der „Händigkeit" und der „Dominanz".

Seltener machen Unterschiede in der somatosensorischen Wahrnehmung der beiden oberen Extremitäten die rechte Hand für den Gebrauch weniger zufriedenstellend oder angenehm, wenn diese auch motorisch schwieriger ist, was auf den Konflikt hinausläuft, welche Hand für schwierige Arbeit gewählt werden soll. In diesen Fällen verringert die Behandlung zur Förderung der somatosensorischen Wahrnehmung das Problem, und das Kind zeigt dann automatisch eine größere Präferenz für seine rechte Hand.

Einer der bekanntesten Gründe für die Schwierigkeit, eine markante unilaterale Dominanz auszubilden, besteht in dem Syndrom, das die postulare und bilaterale Integration beeinflußt. Wenn die beiden Körperseiten ihre Funktionen nicht integrieren, besteht gewöhnlich die Tendenz, eine Überkreuzung der Körpermittellinie zu vermeiden, wobei vorgezogen wird, jede Hand auf ihrer Seite arbeiten zu lassen. In extremen Fällen kann ein Kind mit diesem Problem eine horizontale Linie auf eine Tafel zeichnen, indem es die Kreide in seiner linken Hand hält bis es die Körpermitte erreicht und dann die Kreide in die andere Hand wechselt, um die Linie auf der rechten Seite weiterzuzeichnen. Generell kann man eine ähnliche Haltung bei der Durchführung des Motorischen Genauigkeits- und Raumvorstellungstests im SCSIT und bei visuell motorischen Aufgaben im allgemeinen feststellen. Diese Praxis stört die normale Entwicklung einer bevorzugten Hand für schwierige Arbeiten, und häufig zeigt die linke Hand höhere Standardwerte im Motorischen Genauigkeitstest als die rechte, wahrscheinlich aufgrund einer Aufgabenteilung, die stärker als normal ist. Kinder mit diesen Problemen leisten allgemein keinen Widerstand beim Gebrauch der rechten Hand zum Schreiben und anderen schwierigen Arbeiten, solange das nicht den übermäßigen Gebrauch der rechten Hand auf der linken extrakorporalen Seite erfordert, da die rechte Hand allgemein über mehr Gewandtheit als die linke verfügt. Zusätzlich zu dieser recht offensichtlichen Interpretation, warum dieses Syndrom die Ausbildung der Handdominanz stört, wird vorgeschlagen, daß adäquate interhemisphärische Integration normalerweise der Etablierung der unilateralen Zerebraldominanz für motorische Gewandtheit vorangeht, wobei letzteres von ersterem gewissermaßen neuroentwicklungsmäßig abhängig ist.

In diesen Fällen muß der Therapeut den Gedanken vermeiden, daß das Kind vielleicht natürlich für die Linkshändigkeit prädisponiert sein kann und damit die linkshändige Dominanz betont. Solch ein Handlungsverlauf basiert gelegentlich auf der Erinnerung an die Zeiten, in denen man es als „gefährlich" ansah, das Kind zu zwingen, seine nichtdominante Hand zum Schreiben zu benutzen. Wenn das Kind mit der linken Hand gewandter als mit der rechten ist, gibt es einen gewissen Grund für Bedenken, aber wenn das zugrundeliegende Problem in einer geringen Integration der beiden Körperseiten liegt, sollten Bedenken und Behandlung auf letzteres Problem gerichtet werden.

Die oben beschriebenen Bedingungen sind wahrscheinlich nicht die einzigen Beispiele für eine sensorisch-integrative Dysfunktion, die die Ausbildung der Handdominanz negativ beeinflußt. Es gibt zweifellos andere Faktoren, die gleichzeitig das Lernen und die Handdominanz stören, die beide eher Resultate als Ursachen einer Störung sind. Ferner ist hier kein Versuch gemacht worden, alle Implikationen der Handdominanz bei einer angeborenen Prädisposition für Linkshändigkeit ohne eine sensorisch-integrative komplizierend wirkende Dysfunktion oder die Implikationen der gemischten Auge-Hand-Dominanz zu betrachten. Die speziellen Probleme eines zerebral gelähmten Kindes werden ebenfalls nicht in Betracht gezogen.

16.3. Überlegungen bei der Auswahl der dominanten Hand eines Kindes

Wenn das Kind das Alter erreicht, in dem es schreiben soll und wenn es noch keine definitive Präferenz ausgebildet hat, ist eine Entscheidung bezüglich seiner Instruktion notwendig. Der Prozeß des Schreibens sollte nur an eine Hand delegiert werden. Die Entscheidung sollte auf einer Anzahl von Daten basieren, die im folgenden diskutiert werden. Die Bestimmung der Händigkeit in der Familie des Kindes ist notwendig, um die wahrscheinlich angeborene Prädisposition des Kindes abzuschätzen. Die Leichtigkeit und Natürlichkeit, mit denen ein Kind seine Hände gebraucht, spiegeln auch die Prädisposition wider. Beide Hände sollten im Motorischen Genauigkeitstest getestet werden, und die Roh-, Zeit-, und Standardwerte sollten verglichen werden. Diese Daten zeigen an, welche Hand geschickt ist und wie sich jede Hand im Vergleich zu normativen Daten verhält.

Ein ähnlicher Vergleich zwischen rechter und linker Hand sollte in folgenden Tests gemacht werden: Kinästhesietest, manuelle Formwahrnehmung, Fingeridentifikation, taktile Lokalisation, Überkreuzen der Körpermittellinie und Standbalance auf rechtem und linkem Fuß. Unterschiede in der defensiven Reaktion auf Reize auf den beiden Körperseiten sollten vermerkt werden. Unterschiede zwischen den Extremitäten im Kinästhesietest wurden weniger häufig gefunden als Unterschiede in der taktilen Wahrnehmung. Es sollten konsequente Unterschiede in den Werten zwischen der rechten und der linken Seite des Körpers vorhanden sein, bevor man ihnen Signifikanz verleiht. Die Werte der Standardabweichung der beiden Körperseiten helfen, den relativen Grad der Integration der beiden Zerebralhemisphären zu bestimmen.

Eine sorgfältige Auswertung der Parameter, die mit dem Syndrom in Zusammenhang stehen, das die Haltungsmechanismen stört und die Funktion der beiden Körperhälften koordiniert, hilft bei der Bestimmung, ob das Dominanzproblem mit diesen zugrundeliegenden Symptomen in Zusammenhang steht. Eine andere wichtige Überlegung, die diesen Beobachtungen hinzugefügt werden sollte, ist das Ausmaß der Handpräferenz, die das Kind bereits etabliert hat. Die Zerebralorganisation und -spezifikation haben sich bis zu einem bestimmten Grad entwickelt, und es schadet mehr, als es hilft, diese Organisation zu stören. Auch unbekannte Faktoren sollten in die Überlegung eingehen, auch wenn ihr Charakter nicht bekannt ist.

16.4. Fallstudien

F., ein sechsjähriges Kindergartenmädchen mit einer langsamen Entwicklung, hatte Schwierigkeiten, eine konsequente Handpräferenz zu erreichen, als der Lehrer das Schreiben einführte. Einige Sprachanomalien wurden festgestellt. Anfänglich wurde sie als Linkshänder identifiziert, das gleiche galt für die Füße und die Augen. F. wurde aufgefordert zu bestimmen, mit welcher Hand sie schreiben lernen sollte. Obwohl es keine familiären Hinweise für die Linkshändigkeit gab, führten die Tatsache, daß F. ihre linke Hand genauso oft wie ihre rechte gebrauchte und daß sie während einer früheren Erziehungsperiode anfing zu stottern, die Eltern zu der Annahme, daß sie von Natur aus Linkshänderin sei.

F.s Werte im SCSIT fielen im groben in den Normalbereich. Der Versuchsleiter hatte den Eindruck, daß F. sich bei allen Testaufgaben sehr schwer tat und schließlich einige eher kognitiv als über Wahrnehmungsprozesse löste. Sie hatte Probleme mit rechts und links. Bei der Auswahl der Blöcke für die Formtafel im Raumvorstellungstest, wählte sie immer einen Block für die linke Hand und nahm ihn auch mit der linken Hand auf. Jedesmal, wenn ein Block für die rechte Hand gewählt wurde, nahm sie ihn auch mit der rechten Hand auf. Es gab keine Ausnahmen. Die Rohwerte der rechten Hand im Motorischen Genauigkeitstest betrugen 453 im Vergleich zu 442 der linken Hand, was eine größere Geschicklichkeit der rechten Hand erkennen ließ; der Standardwert der rechten Hand lag bei – 0.3 im Vergleich zur linken bei + 0.2. Sie stand für 14 Sekunden auf ihrem linken Bein und für drei auf ihrem rechten, wenn ihre Augen geöffnet waren Bei geschlossenen Augen war sie unfähig, auf nur einem Bein zu stehen. Sie zog das linke Auge dem rechten leicht vor. In somatosensorischen Tests war kein Unterschied zwischen den Werten der rechten und der linken Hand zu erkennen.

Während SCHILDERS Arm Extension Test (AET) gab es Widerstand gegen das Drehen des Kopfes, ein merkliches Senken der Arme, unangenehme Gefühle und Schwindelgefühle. Sie war nicht fähig, die Bauchlage einzunehmen, zeigte aber keine Änderung im Muskeltonus während des passiven Kopfdrehens in der Vierfüßlerposition. Der Muskeltonus war niedrig. Die extraokulare Muskelkontrolle war unregelmäßig.

Diese Ergebnisse identifizierten zwei Gebiete der Dysfunktion: eine Störung der Haltungs- und Bilateralintegration sowie eine mögliche leichte lateralisierte Dysfunktion in der linken Zerebralhemisphäre. Obwohl es noch andere Probleme gab, waren es gerade diese beiden, die Aufschluß über die Frage der Handdominanz gaben.

Ohne die Funktionsintegration der beiden Körperseiten, die wahrscheinlich mit einer inadäquaten Entwicklung der Haltungsmechanismen zusammenhängt, neigt jede Hand dazu, unabhängig von der anderen auf der jeweils eigenen Körperseite zu funktionieren, was die Reifung der rechten Hand in der Durchführung schwieriger Arbeit ohne Rücksicht auf den Ort dieser Arbeit behindert. Die Geschicklichkeit beider Hände war größer, als man das gewöhnlich in diesem Alter findet, was die rechte Hand in ihrer Entwicklung als dominante Hand nur wenig unterstützt. Es wurde empfohlen, F. das Schreiben mit der rechten Hand beizubringen und daß sie eine Behandlung zur Förderung der sensomotorischen Integration erhalten solle.

Der sechseinhalbjährige G. kam in eine Klasse für Schwererziehbare; er zeigte eine Präferenz für seine linke Hand beim Schreiben, aber einen häufigen und natürlichen Gebrauch seiner rechten Hand bei vielen schwierigen einseitigen Aufgaben. Die primitiven Haltungsmechanismen waren gering in das Nervensystem integriert. Er bevorzugte sein rechtes Auge und sein rechtes Bein. Die Balance auf dem linken Bein war besser als auf dem rechten, aber beide Werte lagen unter dem Durchschnitt. Die Raumwahrnehmung war gering entwickelt. Die Durchführung des Mittellinienkreuzungstests im SCSIT zeigte eine Präferenz der rechten gegenüber der linken Hand. Die Standardwerte der rechten Hand für Kreuzungsitems betrugen nur + 0.5 und die der linken – 1.5, was für bestimmte sensomotorische Aufgaben auf einen besseren Gebrauch der rechten als der linken Hand schließen ließ.

Alle Werte der Sprachtests im Illinois Test of Psycholinguistic Abilities lagen unter dem Durchschnitt, mit Ausnahme desjenigen für das Hören. Die Lesewerte im Wide Range Achievement Test entsprachen denen des vierten Vorschulmonats und die arithmetischen Leistungen denen des siebten Vorschulmonats.

Die rechte Hand erzielte im Motorischen Genauigkeitstest einen Wert von 434 und die linke von 443, was eine etwas bessere Koordination der linken im Vergleich zur rechten Hand zeigte. Wenn die Werte der rechten Hand mit den normativen Daten der weniger genauen Hand verglichen wurden, betrug der resultierende Standardwert – 0.1, der für ein Kind ziemlich unwahrscheinlich zu sein scheint, das in der Aufgabendurchführung ungeschickt und unbeholfen war. Wurden die Werte der rechten Hand mit den Normwerten für die akkuratere Hand verglichen, betrug der Wert – 1.9. Der Wert der linken Hand betrug im Vergleich zu den Normwerten der weniger akkuraten Hand + 0.2 und im Vergleich zur akkurateren – 1.2.

Aus diesen Daten läßt sich die Hypothese aufstellen, daß G. eine natürliche Prädisposition für Rechtshändigkeit besaß, daß aber seine Dysfunktionen seine rechte mehr als seine linke Hand beeinflußt hatten. Ein Standardwert nahe unterhalb der Standardabweichung unterhalb des Mittelwertes repräsentiert wahrscheinlich die Koordination der rechten Hand ganz gut. G.s linke Hand erreichte nicht annähernd die Werte einer akkurateren normalen Hand, aber nach besonderen Übungen, die sie als bevorzugte Hand erhielt, stieg ihr Leistungsniveau über das hinaus, was man von einer nicht dominanten Hand erwartet.

Wegen G.s gewohntem Gebrauch der linken Hand und ihrer relativ besseren Koordination im Gegensatz zur rechten Hand wurde die linke Hand als bessere Wahl bezüglich der Schreibhand angesehen, und zwar trotz einer wahrscheinlich angeborenen Prädisposition der rechten Hand.

17. Die Kunst der Therapie

Das Kind muß sein Gehirn selbst organisieren; der Therapeut kann nur für die Umgebung sorgen, die dieses Streben hervorruft. Die Strukturierung der therapeutischen Umwelt erfordert Fachkenntnisse. Planung und Ausführung von Bewegungen stellen die wesentlichsten Mittel dar, mit denen das Gehirn einen Reiz verarbeitet und organisiert, was besonders für somatosensorische und vestibuläre Wahrnehmung gilt. In einem geringeren Umfang kann man altersabhängige visuelle Reize mit in die einflechten, die durch motorische Erfahrung organisiert werden.

Eine nicht zielgerichtete Bewegung wirkt häufig weniger therapeutisch als eine zielbewußte Bewegung; und eine zielbewußte Bewegung wird dann therapeutisch, wenn das Kind eine adaptive Reaktion zeigt, besonders wenn sie adaptiver als die zuvor gezeigten Reaktionen ist. Die Förderung einer Reaktion, die eine reifere und integriertere Handlung darstellt als eine frühere Leistung, erfordert ein besonderes Verständnis und besondere Fähigkeiten des Therapeuten. Solch eine Kompetenz spiegelt mehr als nur technisches Können wider; es kommt schon einer Kunst gleich.

17.1. Das innere Streben nach sensorischer Integration

Die beste therapeutische Situation ist die, in der der innere Drang des Kindes nach Handlung und Wachstum es zu einer Reaktion treibt, die die Reifung und Integration vorantreibt. Innerhalb des kindlichen Bereichs der sensomotorischen Funktion bestehen diese Reaktionen meistens in effektiveren Haltungs- und Gleichgewichtsreaktionen oder in einer größeren Kenntnis zur motorischen Planung, wie sie z. B. für die Manipulation von Objekten erforderlich ist. Letzteres schließt das Spiel mit irgendeinem Spielzeug oder das Lösen von visuellen Puzzles ein.

Ist eine optimale Wachstumssituation erreicht, so „dreht" das Kind „auf", und seine offensichtliche Begeisterung für Erfahrung zeigt verschiedene Dinge an. Sie sagt dem Therapeuten, daß die sensomotorische Aktivität sich auf einem Entwicklungsniveau befindet, das der Reifung des kindlichen Nervensystems angemessen ist. Der Therapeut kann von dieser Beobachtung profitieren. Sie zeigt an, daß die Erfahrung sich selbst „verwirklicht"; sie ist Wachstumsförderung, Erfüllung, Organisation und Integration. Es ist gerade die Art der Erfahrung, die ein Durchschnittskind während seiner ersten Lebensjahre immer sucht. Das heranwachsende Kind findet sie und wächst damit; ein Kind mit geringer sensorischer Integration kann anscheinend nicht die Situation herbeiführen, die für eine normale Reifung erforderlich ist, oder nicht in einer Art darauf reagieren, die die Reifung begünstigt. Es benötigt eine Situation, die speziell auf seine Bedürfnisse zugeschnitten ist.

Wenn sich ein Kind in einer Situation befindet, die die Entwicklung von nicht aktivierten Potentialen fördert, zeigt seine Reaktion ganz klar, daß es auf der Bewußtseinsebene die Bedeutung des Ereignisses erkennt. Häufig „übernimmt" das Kind die Führung der Behandlung auf eine allgemein konstruktive Art. Es kann – es kann aber auch nicht – mit anderen, auch dem Therapeuten, zusammen kooperieren. Die Kooperation ist nicht sein Ziel; sein Ziel ist die Selbsterfüllung. Dann wird die Kooperation mit dem Kind das Ziel des Therapeuten. Das ist ein bedeutendes therapeutisches Ziel. Die kindliche Reaktion ist häufig durch starke emotionale Anspannung und Erregung gekennzeichnet sowie durch die Ausdauer bei der Aufgabe, durch ein Zurückweisen, etwas anderes zu versuchen, durch das Bedürfnis, gesehen und gehört, aber nicht dirigiert zu werden, durch das Streben, seine Fähigkeiten mit Variationen im sensomotorischen Ausdruck zu erkunden, und durch den Widerstand gegen die Notwendigkeit, die Behandlungsperiode zu beenden. Manchmal verhalten sich Kinder so, als hinge ihr Leben von der Erfahrung ab, und bis zu einem gewissen Ausmaß ist das wirklich so.

Die Realisation eines latenten Potentials lenkt sich bald selbst, und je mehr diese „Selbstlenkung" angesprochen werden kann, desto umfangreicher und schneller verläuft die Neuralorganisation. Das Endziel der sensorisch-integrativen Behandlung besteht in einem Menschen, der sich in einer zufriedenstellenden Reaktion auf die Umweltanforderungen selbst sinnvoll lenken will, kann und wird. Das innere Streben nach sensorischer Integration existiert bei den meisten, wenn auch nicht bei allen kleinen Kindern, die dem Therapeuten vorgeführt werden. Es wird oft durch viele andere störende Bedürfnisse verschüttet. Es ist sehr schwierig, das Kind dazu zu befähigen, einen Kontakt zu diesem Streben herzustellen, aber das ist für eine maximale Reaktion auf die Behandlung notwendig.

17.2. Faktoren zur Förderung der selbständigen Lenkung

Die selbständige Lenkung durch das Kind erfordert die Fähigkeit des Therapeuten, die Gebiete mit der sensorisch-integrativen Dysfunktion zu erkennen, sie zu definieren, die Beziehung zwischen der Dysfunktion und der Entwicklungssequenz festzulegen und dann die Anforderungen an das Kind auf eine Entwicklungsstufe herabzusetzen, auf der eine adaptive Reaktion im Kapazitätsbereich des Kindes liegt. Stellt man Anforderungen an die Sitzbalance, bevor die Halte- und Stellreaktionen aktiviert wurden, dann wird das weniger dazu beitragen, das innere Streben nach Normalität anzusprechen, als wenn man das Kind eine Gleichgewichtsreaktion ausführen läßt, während es in der Bauchlage auf einem Ball liegt. Letzteres ist eine ontogenetisch frühere Reaktion. Ähnlich wird es wenig Erfolg haben, ein Kind, das ein gering integriertes Körperschema hat, zu bitten, mit einem Jo-Jo zu spielen, wenn nicht Jo-Jos die Hauptspielzeuge seiner gleichaltrigen Freunde sind. In letzterem Fall kann die Entwicklung von Teilerfahrungen mit einem Spielzeug zur emotionalen Ausgeglichenheit beitragen.

Sensorisch-integrative Auswertungen definieren das allgemeine Gebiet und das Ausmaß der Dysfunktion, die umgekehrt die Anstrengung aufzeigt, die man dem Kind anfänglich zumuten kann. Das Beobachten der kindlichen Annäherung an und die Reaktion auf die Übungsgeräte gibt Aufschluß über die neurologische Organisation. Das gleiche stoffbezogene Faß, das auf der Seite auf dem Boden liegt, ruft bei drei Kindern gleichen Alters drei verschiedene Reaktionen hervor, denn die Kinder variieren im Reifungsgrad der Haltungsmechanismen. Ein Mädchen mit geringer motorischer Planung und gering entwickelten Haltungsmechanismen betrachtete sie als Mülltonne, mit der sie nichts anfangen konnte. Ein Junge krabbelte sofort hinein und begann zu rollen; ein drittes Kind sprang darauf und versuchte zu balancieren, indem es das Faß ins Rollen brachte.

Wenn ein Kind seine eigenen Möglichkeiten nicht allein erkunden kann – und die Dysfunktion erschwert ihm das oft – muß der Therapeut einschreiten, helfen, beistehen, modifizieren und Mut machen, indem er das Kind dazu bringt, was es allein nicht erreichen kann. Die Fähigkeit des Therapeuten, sich an die aktuelle Situation anzupassen und sich auf sie einzustellen, leistet für das Kind eine große Hilfe bezüglich seiner inneren Führung. Die Geschicklichkeit ist für den Therapeuten mit das Wertvollste.

Die Fähigkeit, für eine gewisse Freiheit innerhalb einer Struktur zu sorgen, die die Exploration auf seiten des Kindes fördert, kommt mit einem umfassenden und tiefen Verständnis und dem Zugang zur Natur der sensorischintegrativen Dysfunktion.

Kenntnisse über den allgemeinen Charakter des Problems ermöglichen die Vorbereitung der Behandlungssitzung mit den richtigen Geräten und einem allgemeinen Handlungsplan. Das Beobachten des Kindes bei seinen Leistungen, die Beobachtung seiner Stimmung, seines emotionalen Status und seiner motorischen Handlungen führen den Therapeuten bei der optimalen Anwendung von Freiheit oder leichter Manipulation, um die konstruktive Beteiligung des Kindes in einer angenehmen Aufgabe zu fördern sowie eine Intention zu erreichen, die es auf ein höheres Niveau der Neuralorganisation führt.

Ein Gleichgewicht von Freiheit und Strukturiertheit, das die konstruktive Exploration maximiert, wird nicht leicht erreicht. Freiheit und Strukturiertheit tragen zur therapeutischen Situation bei, und Kinder brauchen von jedem ein variierendes Maß. Freies Spiel fördert nicht unausweichlich durch sich selbst die sensorische Integration, aber zu rigide Strukturen hemmen die Manifestation des Potentials. Lärm und ein wenig Verwüstung begleiten oft die Exploration, die das Wachstum fördert; die Ergebnisse sind es aber wert. Strukturiertheit kann das Kind weiter zum therapeutischen Ziel treiben als es alleine erreichen könnte, aber zuviel verfehlt ihren Zweck.

Die Art der Beteiligung, die notwendig ist, um einen Zustand zu erreichen, in dem das Kind sich effektiv selbst in der vom Therapeuten gesetzten Strukturiertheit lenkt, kann nicht herbeikommandiert werden; sie muß hervorgerufen werden. Darin liegt die Kunst der Therapie. Man kann die Chance bieten, Ermutigung vermitteln und Unterstützung anbieten. Körperliche Hilfe kann nützlich sein, aber wenn das Kind nicht auf seine Umwelt Einfluß nehmen will, dann wird es das nicht tun. Außerdem wird das nicht in einer Art geschehen, die man adaptiv und wachstumsfördernd und deshalb therapeutisch nennen kann, wenn es darin keine Erfüllung sieht. Die Erfüllung kommt mit der richtigen Kombination von Anforderung und Erfolg.

Viele wahrnehmungsmotorische Aufgaben, die man von einem Kind in einem bestimmten Alter erwartet, sind zu schwierig, um eine angemessene Herausforderung für Kinder mit sensorischen Integrationsproblemen darzustellen. Die Gegenüberstellung mit einer Aufgabe, die nicht eine Erfolgsmöglichkeit beinhaltet, ist keine Anforderung; es ist ein drohendes Verhängnis. Diejenigen, die häufig Mißerfolge erlebt haben, werden verschieden damit fertig; einige ärgern sich, einige tarnen sich, einige sind clever. Kinder lernen, Situationen zu vermeiden oder zu strukturieren, in denen wahrnehmungsbedingte oder motorische Gewandtheiten außerhalb ihrer Kapazität erforderlich sind. Das Kind, das Schwierigkeiten hat, den Kopf nach links zu drehen, wird sich so bewegen, daß es den Kopf nach rechts drehen kann, oder es wird damit fertig, indem es seine Bewegung stoppt, anstatt sich zu drehen. Das Kind, dessen Gleichgewichtsreaktionen ihm nicht ermöglichen, sich abzufangen, wird das leicht kompensieren, indem es anscheinend gerne fällt. „Absturz"-Lösungen für Übungen mit motorischen Anforderungen, die über die Reifung der Gleichgewichtsreaktionen des Kindes hinausgehen, sind bei kleinen Jungen allgemein bekannt. Fallen wird sozial akzeptiert. Es kann sogar vorkommen, daß sich die gleichaltrigen Freunde des Kindes amüsieren. Auch das ist ein Weg, eine Anforderung zu vermeiden, die im Versagen enden kann. Der Therapeut ist dafür verantwortlich, die Erhaltung des Gleichgewichts zu ermöglichen sowie eine daraus resultierende Befriedigung.

Die physische Umgebung kann die selbst erfüllenden Eigenschaften der sensorisch-integrativen Erfahrung begünstigen. Ein angemessener Behandlungsapparat ist von größter Bedeutung. Er muß nicht schön, aber wirksam sein. Eine größere Neuralintegration wird von Schaukelnetzen, Rollern, Röhren und Teilen davon sowie von großen Therapiebällen erzielt als von Papier, Bleistiften und kommerziell vorbereiteten Bildern sowie Puzzles, Diagrammen usw. Die letzteren Mittel haben ihren Platz in der Behandlung, sind aber für spätere Stadien des Heilprogramms vorgesehen. Eine ideale Situation versetzt das Kind in einen Raum, der bis auf zwei oder drei Geräte leer ist, wobei diese die Gelegenheit zu einer dem Status der neurologischen Beteiligung entsprechenden Exploration bieten. Zusätzliche andere Geräte sollten jederzeit für den Therapeuten verfügbar sein, wenn die Situation es erfordert. Fußboden und Wände sollten sauber, glatt und nicht zu hart sein. Auf einem Holzboden gibt es weniger Verletzungen als auf einem Zementboden. Matten sollten – wenn nötig – als reine Vorsichtsmaßnahme verfügbar sein. Die Freiheit der Exploration und Reaktion ist in einem bestimmten flexiblen Strukturrahmen gegeben.

Nichts wirkt so stimulierend wie die Einführung eines neuen Gerätes. Die Erregung stimuliert die Anstrengung. Neuheit begünstigt die Exploration. Die Reaktion eines Kindes stimuliert die eines anderen. Vorschläge werden eher akzeptiert. Wenn etwas seine Anziehungskraft verloren hat, kann sein Fehlen für einige Wochen diese erneuern.

Eine große Anzahl einfacher beweglicher Geräte, die das Erreichen des Ziels durch viele verschiedene Methoden ermöglichen, erhalten die Lebendigkeit eines Therapieprogramms. Sie erfordern aber auch einen beträchtlichen Lagerraum.

17.3. Die kindliche Reaktion in einer strukturierten Exploration

Bestimmte sensorische Erfahrungen sind ein notwendiger Bestandteil der Gesamtentwicklung des Kindes. Man nimmt an, daß es angeborene Muster innerhalb des Gehirns gibt, die jene Erfahrungen normal aktivieren, die die für eine normale Entwicklung wichtigen sensorischen Muster produzieren. So wie das Kind bestimmte Beziehungen zu Eltern und Gleichaltrigen braucht, um sich im interpersonalen Bereich normal zu entwickeln, braucht es zur intrapersönlichen Entwicklung bestimmte sensorische Erfahrungen.

Wenn diese Erfahrungen – vielleicht auch verspätet – erreicht sind, dient die verstärkte sensorische Integration hoffentlich nicht nur einer verbesserten Grundlage für das Lernen, sondern auch der besseren Grundlage für eine emotionale Entwicklung. Man hat die Hypothese aufgestellt, daß die Beziehung zwischen dem sensorischen Input und der neurologischen Grundlage der emotionalen Entwicklung für das Gefühl der Erfüllung verantwortlich ist, das viele Kinder während der sensorisch-integrativen Therapie empfinden.

Das Ausmaß, in dem das Potential eines Kindes durch seine sensorische Erfahrung erkannt wurde, wird gewöhnlich von seinem Enthusiasmus für die Behandlung widergespiegelt. Die Reaktion sollte nicht weiter interpretiert werden, als daß das Kind sich selbst besser einschätzt, weil es nun besser die Übungen vollbringen kann, die von einem Kind seines Alters erwartet werden. Wenn solch eine Fähigkeit entsteht, ist das ein Pluspunkt, der mehr zusätzliche Befriedigung verschaffen kann, aber die motorische Gewandtheit ist weder das Ziel noch das bedeutendste Endprodukt der sensorisch-integrativen Behandlung. Das Ziel besteht in einer sensorischen Stimulation zur Verstärkung der Neuralintegration, besonders der Neuralintegration, die für Lernen und Verhalten von Bedeutung ist. Reaktionen der Kinder lassen vermuten, daß das Ziel bei vielen, wenn auch nicht allen Kindern erreicht wird. Es ist wichtig, daran zu denken, daß, während die neurologische Organisation wenigstens zeitweise zunimmt, sie nicht immer ganz erhalten werden kann und daß sie wahrscheinlich niemals völlig die zugrundeliegende Dysfunktion normalisieren kann.

Obwohl auf taktischer Ebene viel darüber bekannt ist, wie das Gehirn der niederen Tiere funktioniert, ist die Funktionsweise des menschlichen Gehirns noch unbekannter. Betrachtet man ein Kind mit einem Gehirn, das nicht vollkommen intakt funktioniert, und beobachtet man, wie es gelegentlich konstruktiv in eine sensomotorische Handlung mit einem fast grenzenlosen Interesse eingreift, so führt das den Therapeuten dazu, die Möglichkeit in Betracht zu ziehen, daß die Reaktion des Kindes ein besserer Führer durch die Therapie ist als alle Tatsachen und Hypothesen. Das Gehirn des Kindes arbeitet auf der Basis all dessen, was bekannt und was noch nicht bekannt ist; ferner arbeitet es auf der Basis dessen, was normal funktioniert und dessen, was von der Norm abweicht. Sein Gehirn enthält die Antwort auf die Frage: „Woraus sollte die Therapie bestehen?". Die Beobachtung der Ausdrucksmöglichkeiten des Gehirns in seinen konstruktivsten Momenten kann bei der Beantwortung dieser Frage helfen.

Andererseits ist eine negative Reaktion des Kindes auf die Behandlungssituation ein Signal für den Therapeuten, innezuhalten und die Situation zu analysieren. Die erste Frage lautet: „Ist das Entwicklungsniveau der Übung zu fortgeschritten für das Ausmaß der sensomotorischen Integration beim Kind?" Die Antwort auf diese Frage kann manchmal in der Anwendung von Übungen einer niedrigeren Entwicklungsstufe gefunden werden. Reagiert das Kind positiver, war die erste Anforderung wahrscheinlich zu hoch. Die Fähigkeit eines Kindes, in fast normaler Art und Weise zu gehen, ist nicht notwendigerweise ein Anzeichen dafür, daß es eine sensorische Integration besitzt, die zur Ausführung aller sensomotorischen Handlungen notwendig ist, die normalerweise ontogenetisch vor dem Laufen heranreifen. Ein Kind mit einem gering integrierten tonischen Labyrinthreflex kann durchaus noch lernen, auf einem rollenden Faß zu gehen, auch wenn es das als Einzelfähigkeit lernt. Bei einem Kind mit Lernstörungen ist die Entwicklung eher unregelmäßig und uneinheitlich als verzögert oder an einem bestimmten Punkt abgebrochen.

Eine negative Reaktion kann auch in einer Wettbewerbssituation hervorgerufen werden, wenn der gleichaltrige Freund erfolgreicher ist. Ein unangenehmes Gefühl kann aus der Erinnerung an Mißerfolge resultieren. Einige Kinder reagieren auf das bloße Sehen eines Springseils negativ, und zwar aufgrund ihres Versagens in der gewöhnlichen Schulsituation, aber das gleiche Kind kann mit einer komplizierten ungewohnten Rollerübung fertigwerden, die eine vergleichbare sensorische Organisation erfordert. Der folgende Bericht illustriert einen anderen Typ der negativen Reaktion, die durch das falsche Einschätzen der Situation durch den Therapeuten hervorgerufen wurde. Ein ängstliches Kind wurde in einen Hindernislauf eingewiesen, was der Therapeut für den zentral-integrativen Status des Kindes als angemessen ansah. Offensichtlich war das Kind anderer Meinung, da es, sobald es die Situation erfaßte, in das Faß hineinkroch, das auf der Seite lag, und wiederholt durch die Hindernisreihe rollte, was natürlich zweck- und wirkungslos bleiben mußte.

Jeder kann eine gewisse Feindlichkeit gegenüber der Behandlungssituation aus einer anderen damit nicht in Verbindung stehenden Situation mitbringen. Ermöglicht man die Auflösung der Feindlichkeit durch eine Übung, so kann das den Weg zu neuen Zielen öffnen. Ein Treten und Zertrümmern von Pappkartons und das Stoßen von Bällen, bis sie kaputt sind, kann den Grad der Feindseligkeit vermindern. Was immer der Grund für eine negative oder indifferente Reaktion sein mag, so ist die Einführung einer weniger fordernden therapeutischen Aufgabe, die mit Sicherheit erfolgreich erledigt werden kann, ein ratsamer Handlungsverlauf.

Das Gefühl der Erfüllung des Kindes wird gestärkt, wenn es sich selbst in einer effektiven Interaktion mit der Welt der Objekte erfährt oder wenn es sich mit der Schwerkraft mißt und findet, daß sie nun nicht mehr der erbarmungslose Meister ist, die sie noch kurz zuvor war, oder es merkt, daß sein Körper ihm befriedigende Wahrnehmung vermittelt. Es ist nicht mehr länger der machtlose Organismus, der von Umweltkräften hin- und hergeschoben wird; es kann effektiv auf die Umwelt einwirken. Es fühlt sich mehr als ein Ganzes. Kinder können für eine Belohnung Aufgaben durchführen, aber es gibt keine andauerndere Belohnung als den Erfolg. Es ist eine der effektivsten operanten Konditionierungsmöglichkeiten.

Das innere und angeborene Streben oder der Drang nach einer normalen sensomotorischen Entwicklung und deren Ausdruck scheint direkt mit dem eigentlichen integrativen Prozeß verbunden zu sein. Dieses Streben wird unter gewissen Bedingungen weit heftiger, offensichtlicher und freier ausgedrückt als unter anderen. Die Situation, die dem inneren Streben nach Reifung am besten Nachdruck verleihen kann, ist die, in der die Übung in fast normaler Art und Weise ausgeführt werden kann, aber zuvor schwieriger war oder nicht versucht wurde. Sechs- bis zehnjährigen Kindern macht es Spaß, in einem Faß zu rollen, wenn ihre Gleichgewichtsreaktionen gerade ausreichen, um das Faß zum Rollen zu bringen, aber wenn die Aufgabe keine Anforderungen mehr stellt, die gemeistert werden müssen, erscheint sie oft als kindlich. Ungefähr zehn Jahre alte Jungen können Rollerübungen gefühlsmäßig akzeptieren. Das Balancieren auf dem Gleichgewichtsbrett ist ein Spaß für Jugendliche, obwohl solche Bretter bei Durchschnittskindern von acht Jahren an als „überholt" gelten. Ein Kind findet eine Übung bezüglich seines Potentials befriedigend, wenn sie sein Entwicklungsniveau in irgendeinem Bereich trifft.

Diese Beobachtungen, daß der Befriedigungsgrad einer Aufgabe direkt mit dem Grad verbunden ist, in dem ein Entwicklungsbedürfnis getroffen wird, waren in der Behandlung von unausgereiften Haltungsmechanismen am offensichtlichsten. In diesem Bereich ist die Entwicklungsfolge besonders evident, und jeder erfolgreiche Schritt ist mehr von der vorherigen Entwicklung als von irgendeinem anderen neuralen Subsystem abhängig. Dieses Konzept kann man auch in der Entwicklung der Kapazität der motorischen Planung beobachten. Für ein achtjähriges apraxisches Mädchen kann es faszinierend sein, auf einem Roller unter einem Gummiseil hindurchzufahren, das es mit einem angezogenen Bein fängt, während andere Kinder in diesem Alter nur mit ziemlich komplizierten motorischen Übungen zufrieden sind.

Nur die Übung an sich fördert noch nicht notwendigerweise eine bessere sensorische Integration. Wenn das der Fall wäre, wäre das hyperaktive Kind das besser organisierte. Die Handlung muß die Lenkung und Anstrengung widerspiegeln, die jetzt reifer sind, als das zuvor möglich war. Der Wunsch und Wille, die Schwierigkeit zu beseitigen, müssen vorhanden sein. Ohne diese Elemente kann die Bewegung nur ein Ausdruck des Nervensystems sein, das sagt „bewege dich – egal wie". Diese Nachricht wird zum Gehirn eines Kindes mit geringer sensorischer Integration gesandt. Anweisungen eines besser integrierten Gehirns würden lauten: „Bewege dich in einer Art und Weise, die auf eine effektive Interaktion zwischen dem Körper und der Umwelt hinausläuft."

Wenn ein Kind gerade eine adaptive Reaktion auf ein sensorisches Reizmuster erzielt hat, wird es oft die Aufgabe mit beachtlichem Interesse und mit Erregung ausführen und scheint nur damit beschäftigt zu sein, die Aufgabe immer wieder zu wiederholen, und zwar in Form einer befriedigenden und reifer machenden Erfahrung. Strukturierte Zwanglosigkeit führt zu einem Handlungsverlauf, der generell als große therapeutische Erfahrung betrachtet wird. Wenn die Kinder mit Lernstörungen manchmal nicht in der Lage sind, sich selbst zum richtigen Zeitpunkt zu bremsen, muß der Therapeut gelegentlich einschreiten. In unserem Beispiel spielte ein Kind, das gerade gelernt hatte wahrzunehmen, in welche Richtung es fiel, und sich selbst abzufangen, ausgelassen mit dem großen Therapieball. Es rannte wiederholt zum Ball, schwang sich hinauf, fiel an der Seite wieder herunter und fing sich selbst ab. Der Therapeut stand an einer Seite, sah zu, gab aber keine Anweisungen. Schließlich fiel das Kind erschöpft auf den Boden und fragte: „Wann hören wir denn damit auf?" In diesem Fall wäre es vom Therapeuten richtiger gewesen, die Übung abzubrechen, bevor das Kind sich selbst derartig erschöpft hatte. Als das Kind das nächste Mal mit dem Ball konfrontiert wurde, schob es ihn erst weg und sagte dann: „Halb mag ich ihn und halb nicht."

17.4. Nachteile einer strukturierten Exploration

Der unerfahrene Fachmann kann die sensorisch-integrative Therapie leicht mißverstehen. Nur das geübte Auge kann anfangen, die Wirkung der Interaktion des Kindes und der Übung auf das sensorische System des Kindes zu erkennen, und sogar das trainierte Auge kann kaum verstehen, was alles im Gehirn des Kindes geschieht. Direkte, offene Übungen sind leichter zu analysieren. Sie sind gewöhnlich eindrucksvoll, weil das, was beobachtet wird, direkt mit dem Endprodukt in Verbindung zu stehen scheint. Die reglementierende Kontrolle erhält in dieser Gesellschaft häufig Anerkennung, wogegen eine zwanglose Atmosphäre den Eindruck erwecken kann, daß das Kind nur so „herumlümmelt". Die effektivste Therapie ist oft die am wenigsten überzeugende für diejenigen, die nicht von Anfang an mit dem Wohlergehen des Kindes befaßt waren. Ferner ist die Bestimmung der aus der Therapie resultierenden gesteigerten Integration besonders schwierig, da sie nicht in einem Verhältnis zur Übung zu stehen scheint, wie z. B. die Fähigkeit, in einem Klassenzimmer ruhiger zu sitzen, eine reduzierte Tendenz, die emotionale Kontrolle am Abend zu verlieren, und eine leicht gesteigerte Fähigkeit, schulisches Material zu lernen. Bewegung ist offenkundig; der sensorische Input ist subtil und wird durch den starken visuellen Reiz der Bewegung leicht verschleiert. Mut und Überzeugung werden vom Therapeuten gefordert, der eine sensorisch-integrative Therapie anwendet.

Das emotionale Engagement des Kindes in der wahrnehmungsmotorischen Aktivität beinhaltet eine signifikante Nachricht, die aber nicht unbedingt besagt, daß das Gehirn sich in einem fortgeschritteneren Stadium der Organisation befindet. Wenn es nicht solch einen Fortschritt gibt, ist die Situation nicht therapeutisch, obwohl die Übung für ein allgemeines emotionales und physiologisches Wohlbefinden sorgt. Das Erkennen und Bewerten eines Reifungswertes der Übung erfodert ein fachliches Urteil.

Der Laie könnte auch glauben, daß das Erzielen einer befriedigenden sensorisch-integrativen Situation einfach ist und daß der Therapeut nur hinten sitzen muß, während das Kind seine Behandlung so „mir nichts – dir nichts" bestimmt. Die effektivste Behandlung erscheint einfach, aber gerade diese Einfachheit ist ein Ergebnis sorgfältiger Arbeit und Vorbereitung. Es ist natürlich möglich, daß der Therapeut sich und die anderen täuscht. Fast jede Übung kann „Auge-Hand-Koordinationstraining" genannt werden. Aber der Name macht nicht mehr daraus als die Anwendung.

Es würde weitaus leichter und eindrucksvoller sein, eine Behandlung mit Methoden aufzustellen, die wissenschaftlicher erscheinen, wie z. B. ein Kind auf einen Tisch zu stellen, irgendeinen Apparat anzuschließen und an Knöpfen zu drehen, damit der Apparat auf das Kind einwirkt. Solch eine Vorgehensweise würde die meisten Nachteile eines natürlichen Vorgehens vermeiden, aber das ist nicht der Weg zu einer besseren Neuralintegration. Das Gehirn muß sich selbst organisieren und zwar durch den Empfang von Informationen aus sich selbst und aus der Umwelt, es muß diese Informationen integrieren und dann für eine adaptive Reaktion auf die Umwelt nutzen. Die Gesellschaft wird das fleckenlose, chromblitzende Behandlungsbü-

ro bevorzugen, aber die sensomotorische Integration schreitet am besten mit einfachen, unscheinbaren und gewöhnlichen Übungsgeräten voran, die zudem oft mit Schmutz bespritzt sind, der an Schuhen und Hosenaufschlägen von der Straße oder dem Spielplatz hereingebracht wird.
Eine andere Begrenzung der zwanglosen Situation liegt in der Tatsache, daß das Kind mit geringer Neuralintegration meistens viele emotionale Probleme hat und daß es die Möglichkeit der Zwanglosigkeit dazu benutzt, sie zum Ausdruck zu bringen. In diesem Fall kann ein revidierter Plan mit mehr Führung und Strukturierung mit beträchtlicher Unterstützung erforderlich sein.

17.5. Ähnlichkeit zwischen Psychotherapie und sensorischer Integrationstherapie

Die Kunst der sensorisch-integrativen Therapie entspricht in vielerlei Hinsicht der Psychotherapie. Das Betrachten der Ähnlichkeiten hilft, den Charakter der sensorisch-integrativen Therapie zu erhellen und die zugrundeliegende Philosophie besser zu erfassen. In jeder Phase ist es das Kind, das sich selbst ändern muß; der Therapeut kann nur fördern und führen. Der Therapeut bereitet eine Grundlage nach der Einschätzung der kindlichen Verhaltensweisen vor und reagiert auf den Patienten so, wie der Patient auf diese Grundlage reagiert. Beide Behandlungsarten richten sich auf die emotionale Integration, obwohl sie verschiedene Wege einschlagen. Eine sehr enge Analogie liegt in dem Verhalten des Therapeuten. In jedem Fall kann der Therapeut, wenn er will, mit dem Patienten „fühlen". Er kann soviel Einfühlungsvermögen zeigen, daß die Erfahrung zu seiner eigenen wird. Mit dem Verlust des objektiven Urteils hilft die emotionale Verbindung, ein negatives Urteil zu vermeiden. Der Therapeut kann in jedem Fall die Freude über die weitere Reifung teilen und Verständnis zeigen, wenn eine befriedigende Erfahrung nicht fortgesetzt werden kann. Patient und Therapeut arbeiten zusammen und diese Gemeinsamkeit wird häufig vom Therapeuten ganz bewußt erfahren.
Ein großer Teil der Zeit in der sensorischen und psychotherapeutischen Situation beschäftigt sich mit halb- oder nichtbewußten Erfahrungen. Der Psychotherapeut denkt in Form von unterbewußten psychischen Komplexen und dynamischen Vorgängen; der sensorisch-integrativ arbeitende Therapeut schließt viele subkortikal integrierende Mechanismen in sein Denken und seinen Behandlungsplan mit ein. Während der eine Therapeut den Ödipuskomplex betrachtet, betrachtet der andere sensorisch-integrative Prozesse im Hirnstamm. In beiden Fällen werden die zugrundeliegenden Mechanismen erkannt, ihre Wirkung auf das Verhalten analysiert und die entsprechenden Methoden angewandt.
Beide Bereiche benutzen Konstrukte als Basis für das Verständnis des Verhaltens. In diesem Entwicklungsstadium jeder Therapie scheinen die Theorien der Persönlichkeitsstruktur von der Gesellschaft eher akzeptiert zu werden als die der sensorisch-integrativen Funktion. Die Vertrautheit kann ein bestimmender Faktor sein. Man kann nicht sagen, daß Persönlichkeitstheorien objektiver auf wissenschaftlichen Tatsachen beruhen.
Bei der Arbeit mit Kindern wählt jeder Bereich die Anwendung einer spielähnlichen Situation, die die Lebenserfahrung wiederholt, in der es keine natürliche Reifung gab. In jedem Falle strukturiert der Therapeut eine Situation, in der das Kind die Freiheit hat, inneren Antrieben zu seiner Gesundung zu folgen. Man kann nie eine bessere Integration erzwingen; man kann sie nur fördern.
Mit einem besseren Verständnis der natürlichen Entwicklungszusammenhänge zwischen dem sensorischen Input und der psychischen Erfahrung können die beiden Therapieformen von verbindenden Kräften profitieren. Was anderes wirkt erschütternder und wird mehr gefördert als taktile und ve-

stibuläre Stimulation zusammen mit interpersonaler Beziehung? Wurden die neuralen Bahnen für die sensorischen und sozialen Aspekte der Erfahrung nicht als Einheit im Gehirn angelegt? Sind nicht viele der wichtigen emotionalen Erfahrungen in den ersten fünf Lebensjahren des Kindes eng mit der erfahrungsbedingten und deshalb neurologischen Basis mit ihren sensomotorischen Äquivalenten verbunden?

18. Literatur

AARONS, L., GOLDENBERG, L.: Galvanic stimulation of the vestibular system and perception of the vertical. Percept. Mot. Skills *19,* 59–66 (1964)

ABERCROMBIE, M. L. J.: Eye movements, perception and learning. In: Visual Disorders and Cerebral Palsy, Little Club Clinics in Developmental Medicine, No. 9. V. H. Smith (ed.) London: William Heinemann Medical Books 1963

ABERCROMBIE M. L. J.: Some notes on spatial disability: movement, intelligence quotient and attentiveness. Dev. Med. Child Neurol. *10,* 206–213 (1968)

ABERCROMBIE, M. L. J.: Eye movements and perceptual development. In: Aspects of Developmental and Paediatric Ophthalmology. Clinics in Developmental Medicine, No. 32. P. Gardiner, R. MacKeith, V. Smith (eds.). London: William Heinemann Medical Books 1969

ABERCROMBIE, M. L. J., TYSON, M. C.: Body image and Draw-a-Man test in cerebral palsy. Dev. Med. Child Neurol. *8,* 9–15 (1966)

ABERCROMBIE, M. L. J., GARDINER, P. A., HANSEN, E., JONCKHEERE, J., LINDON, R. L., SOLOMON, G., TYSON, M. C.: Visual, perceptual, and visuomotor impairment in physically handicapped children. Percept. Mot. Skills *18,* 561–625 (1964)

ABULADZE, K. S.: Central inhibition of reflexes and the problem of the coupled activity of cerebral hemispheres. In: Progress in Brain research, Vol. 22, Brain Reflexes. E. A. Asratyan (ed.). New York: Elsevier Publishing Co. 1968

ADAMS, S. L.: The effect of somatic sensory stimulation on kinesthetic perception. Unpublished masters's thesis, Department of Physical Therapy, University of Southern California 1965

ADES, H.: Central auditory mechanisms. In: Handbook of Physiology, Section 1: Neurophysiology, Vol. I. V. E. Hall (eds.). Washington, D.C.: American Physiological Society 1959

ADEY, W. R.: Studies of hippocampal electrical activity during approach learning. In: Brain Mechanisms and Learning. J. F. Delafresnaye (ed.). Oxford: Blackwell Scientific Publications 1961

ADEY, W. R.: Hippocampal mechanisms in processes of memory: thoughts on a model of cerebral organization in learning. In: Brain Function, Vol. II, RNA and Brain Function, Memory and Learning. M. A. B. Brazier (ed.). Berkeley–Los Angeles: University of California Press 1964

AKELAITIS, A. J.: Studies on the corpus callosum: VII. Study of language functions (tactile and visual lexia and graphia) unilaterally following section of the corpus callosum. J. Neuropathol. Exp. Neurol. *2,* 226–262 (1943)

AKELAITIS, A. J.: A study of gnosis, praxis and language following section of the corpus callosum and anterior commissure. J. Neurosurg. *1,* 94–102 (1944)

ALBE-FESSARD, D., FESSARD, A.: Thalamic integration and their consequences at the telencephalic level. In: Progress in Brain Research, Vol. I, Brain Mechanisms. G. Moruzzi, A. Fessard, H. Jasper (eds.). New York: Elsevier Publishing Co. 1963

ALBE-FESSARD, D., LIEBESKIND, J., LAMARRE, Y.: Projection au niveau du cortex somatomoteur du Singe d'afférences provenant des récepteurs musculaires. C. R. Acad. Sci. (Paris) *261,* 3891–3894 (1965)

AMES, L. B., ILG, F. L.: The developmental point of view with special reference to the principle of reciprocal neuromotor interweaving. J. Genet. Psychol. *105,* 195–209 (1964)

ANDERSSON, S. A.: Projection of different spinal pathways to the second somatic sensory area in cat. Acta Physiol. Scand. suppl. *56,* 1–74, 194 (1962)

ANOKHIN, P. K.: A new conception of the physiological architecture of conditioned reflex. In: Brain Mechanisms and Learning. J. F. Delafresnaye (ed.). Oxford: Blackwell Scientific Publications 1961

ARMSTRONG, D. M.: The effect of light touch, sensory stimulation upon tactile discrimination. Unpublished master's thesis, Department of Physical Therapy, University of Southern California 1968

AYRES, A. J.: Occupational therapy directed toward neuromuscular integration. In: Occupational Therapy, 3rd rev. ed. H. S. Willard, C. S. Spackman (eds.). Philadelphia: J. B. Lippincott Co. 1963

AYRES, A. J.: Tactile functions: their relation to hyperactive and perceptual motor behavior. Amer. J. Occup. Ther. *18*, 6–11 (1964)

AYRES, A. J.: Patterns of perceptual-motor dysfunction in children: a factor analytic study. Percept. Mot. Skills *20*, 335–368 (1965)

AYRES, A. J.: Interrelations among perceptual-motor abilities in a group of normal children. Amer. J. Occup. Ther. *20*, 288–292 (1966 a)

AYRES, A. J.: Interrelationships among perceptual-motor functions in children. Am. J. Occup. Ther. *20*, 68–71 (1966 b)

AYRES, A. J.: Deficits in sensory integration in educationally handicapped children. J. Learning Disabilities *2*, 160–168 (1969 a)

AYRES, A. J.: Relation between Gesell development quotients and later perceptual-motor performance. Am. J. Occup. Ther. *23*, 11–17 (1969 b)

AYRES, A. J.: Characteristics of types of sensory integrative dysfunction. Am. J. Occup. Ther. *25*, 329–334 (1971)

AYRES, A. J.: Improving academic scores through sensory integration. J. Learning Disabilities *5*, 338–343 (1972 a)

AYRES, A. J.: Southern California Sensory Integration Tests. Los Angeles: Western Psychological Services 1972 b

AYRES, A. J.: Types of sensory integrative dysfunction among disabled learners. Am. J. Occup. Ther. *26*, 13–18 (1972 c)

AYRES, A. J., HESKETT, W. M. A.: Therapeutic Activity for Perceptual Motor Dysfunction, 1970 a. Film available from Film Distribution, Department of Cinema, University of Southern California, Los Angeles

AYRES, A. J., HESKETT, W. M. A.: Clinical Observations of Disorders in Postural and Bilateral Integration, 1970 b. Film available from Film Distribution, Department of Cinema, University of Southern California, Los Angeles

AYRES, A. J., REID, W.: The self-drawing as an expression of perceptual-motor dysfunction. Cortex *2*, 254–265 (1966)

BALOW, I. H., BALOW, B.: Lateral dominance and reading achievement in the second grade. Am. Educ. Res. J. *1*, 139–143 (1964)

BARLOW, H. B.: Possible principles underlying the transformations of sensory messages. In: Sensory Communication. W. A. Rosenblith (ed.). New York: John Wiley & Sons 1961

BEERY, J. W.: Matching of auditory and visual stimuli by average and retarded readers. Child Dev. *38*, 827–833 (1967)

BELMONT, I., BIRCH, H. G., KARP, E.: The disordering of intersensory and intrasensory integration by brain damage. J. Nerv. Ment. Dis. *141*, 410–418 (1965)

BELMONT, L., BIRCH, H. G.: Lateral dominance and rightleft awareness in normal children. Child Dev. *34*, 253–270 (1963)

BELMONT, L., BIRCH, H. G.: Lateral dominance, lateral awareness, and reading disability. Child Dev. *36*, 57–71 (1965)

BENNETT, E. L., DIAMOND, M. C., KRECH, D., ROSENZWEIG, M. R.: Chemical and anatomical plasticity of brain. Science *146*, 610–619 (1964)

BENTON, A. L.: Developmental aphasia and brain damage. Cortex *1*, 40–52 (1964)

BERGÉS, J., LÉZINE, I.: The imitation of gestures. Clinics in Developmental Medicine No. 18. London: William Heinemann Medical Books 1965

BIRCH, H. G., LEFFORD, A.: Intersensory development in children. Monogr. Soc. Res. Child Dev. No. *5*, Serial No. 89 (1963)

BIRCH, H. G., BELMONT, I.: Perceptual analysis and sensory integration in brain-damaged persons. J. Genet. Psychol. *105*, 173–179 (1964)

BIRCH, H. G., BELMONT, L.: Auditory-visual integration in normal and retarded readers. Am. J. Orthopsychiat. *34*, 852–861 (1964)

BIRCH, H. G., BELMONT, L.: Auditory-visual integration, intelligence and reading ability in school children. Percept. Mot. Skills *20*, 295–305 (1965)

BIRCH, H. G., LEFFORD, A.: Visual differentiation, intersensory integration, and voluntary motor control. Monogr. Soc. Res. Child Dev. *32*, No. 2, Serial No. 110 (1967)

BISHOP, G. H.: The relation between nerve fiber size and sensory modality: phylogenetic implications of the afferent innervation of cortex. J. Nerv. Ment. Dis. *128*, 89–114 (1959)

BLACK, P., MEYERS, R. E. A.: Neurological investigation of eyehand control in the chimpanzee. In: Ciba Foundation Study Group No. 20: Functions of the Corpus Callosum. E. G. Ettlinger (ed.). London: Churchill 1965

BLITZ, B., DINNERSTEIN, A. J., LOWENTHAL, M.: Attenuation of experimental pain by tactile stimulation: effect of vibration at different levels of noxious stimulus intensity. Percept. Mot. Skills *19*, 311–316 (1964)

BOBATH, K.: The Motor Deficit in Patients with Cerebral Palsy. Clinics in Developmental Medicine No. 23. London: William Heinemann 1966

BOBATH, K., BOBATH, B.: Tonic reflexes and righting reflexes in diagnosis and assessment of cerebral palsy. Cerebral Palsy Rev. *16*, No. 5, 3–10, 26 (1955)

BOBATH, K., BOBATH, B.: Control of motor function in the treatment of cerebral palsy. Physiotherapy 1957

BOBATH, K., BOBATH, B.: The facilitation of normal postural reactions and movements in the treatment of cerebral palsy. Physiotherapy *50*, 246–262 (1964)

BOGEN, J. E.: The other side of the brain I: dysgraphia and dyscopia following cerebral commissurotomy. Bull. Los Angeles Neurol. Soc. *34*, 73–105 (1969 a)

BOGEN, J. E.: The other side of the brain II: an appositional mind. Bull. Los Angeles Neurol. Soc. *34*, 135–162 (1969 b)

BOGEN, J. E., BOGEN, G. M.: The other side of the brain III: the corpus callosum and creativity. Bull. Los Angeles Neurol. Soc. *34*, 191–220 (1969)

BORTNER, M., BIRCH, H. G.: Perceptual and perceptualmotor dissociation in cerebral palsied children. J. Nerv. Ment. Dis. *134*, 103–108 (1962)

BRAIN, L.: Some reflections on brain and mind. Brain *86*, 381–402 (1963)

BRAZIER, M. A. B.: Expanding concepts in neurophysiology. Arch. Neurol. Psychiat. *67*, 545–549 (1952)

BRAZIER, M. A. B.: Stimulation of the hippocampus in man using implanted electrodes. In: Brain Function, Vol. II, RNA and Brain Function Memory and Learning. M. A. B. Brazier (ed.). Berkeley, Los Angeles: University of California Press 1964

BRAZIER, M. A. B., KILLAM, K. F., HANCE, A. J.: The reactivity of the nervous system in the light of the past history of the organism. In: Sensory Communication. W. A. Rosenblith (ed.). New York: John Wiley & Sons 1961

BREININ, G. M.: Electromyographic evidence for ocular muscle proprioception in man. Arch. Ophthalmol. *57*, 176–180 (1957)

BREMER, F.: Neurophysiological correlates of mental unity. In: Brain and Conscious Experience. J. C. Eccles (ed.). New York, Berlin, Heidelberg: Springer 1966

BRENNER, M. W., GILLMAN, S.: Visuomotor ability in school children – a survey. Dev. Med. Child Neurol. *8*, 686–703 (1966)

BRIDGMAN, C. S., SMITH, K. U.: Bilateral neural integration in visual perception after section of the corpus callosum. J. Comp. Neurol. *83*, 57–68 (1945)

BRODAL, A.: Anatomical organization and fiber connections of the vestibular nuclei. In: Neurological Aspects of Auditory and Vestibular Disorders. W. S. Fields, B. R. Alford (eds.). Springfield, Ill.: Charles C. Thomas 1964

BRYDEN, M. P.: Tachistoscopic recognition, handedness and cerebral dominance. Neuropsychologia *3*, 1–8 (1965)

BUCHWALD, J. S., ELDRED, E.: Conditioned responses in the gamma efferent system. J. Nerv. Ment. Dis. *132*, 146–152 (1961)

BUSER, P., IMBERT, M.: Sensory projections to the motor cortex in cats: a microelectric study. In: Sensory Communication. W. A. Rosenblith (ed.). New York: John Wiley & Sons 1961

CARPENTER, M. B.: Ascending vestibular projections and conjugate horizontal eye movements. In: Neurological Aspects of Auditory and Vestibular Disorders. W. S. Fields, B. R. Alford (eds.). Springfield, Ill.: Charles C. Thomas 1964

CASLER, L.: Maternal deprivation: a critical review of the literature. Monogr. Soc. Res. Child Dev. *26*, No. 2, Serial No. 180 (1961)

CASLER, L.: The effects of extra tactile stimulation on a group of institutionalized infants. Genet. Psychol. Monogr. *71*, 137–175 (1965)

CLEMENTS, S. D., PETERS, J. E.: Minimal brain dysfunction in the school age child. Arch. Gen. Psychiat. *6*, 185–197 (1962)

COGHILL, G. E.: Anatomy and the Problem of Behavior. Cambridge: Cambridge University Press 1929

COHEN, L.: Role of eye and neck proprioceptive mechanisms in body orientation and motor coordination. Neurophysiol. *24*, 2–11 (1961)

COHN, R.: On certain aspects of the sensory organization of the human brain: II. A study of rostral dominance in children. Neurology (Minneap.) 119–122 (1951)

COLE, M., KRAFT, M. B.: Specific learning disability. Cortex *1*, 302–313 (1964)

COLEMAN, R. I., DEUTSCH, C. P.: Lateral dominance and right-left discrimination: A comparison of normal and retarded readers. Percept. Mot. Skills *19*, 43–50 (1964)

CORKIN, S.: Tactually-guided maze learning in man: effects of unilateral cortical excisions and bilateral hippocampal lesions. Neuropsychologia *3*, 333–351 (1965)

CRADDOCK, S. N. Jr., THOMPSON, R.: A discrete interpedunculo-central tegmental region critical for retention of visual discrimination habits in the white rat. J. Comp. Physiol. Psychol. *76*, 39–50 (1971)

CRITCHLEY, M.: Developmental Dyslexia. London: William Heinemann Medical Books 1964

CROSBY, E. C., HUMPHREY, T., LAUER, E. W. et al.: Correlative Anatomy of the Nervous System. New York: Macmillan Co. 1962

CULBERTSON, F. M., GUNN, R. C.: Comparison of the Bender Gestalt Test and Frostig Test in several clinical groups of children. J. Clin. Psychol. *22*, 439 (1966)

DEMBER, W. N.: Visual Perception: The Nineteenth Century. New York: John Wiley & Sons 1964

Denny-Brown, D.: The midbrain and motor integration. Proc. R. Soc. Med. *55,* 527–538 (1962)

Denny-Brown, D., Chambers, R. A.: The parietal lobe and behavior. Research Publication. Assoc. Res. Nerv. Ment. Dis. *36,* 35–117 (1958)

Diamond, I. T.: The sensory neocortex. In: Contributions to Sensory Physiology, Vol. 2. W. D. Neff (ed.). New York: Academic Press 1967

Doty, R. W.: Conditioned reflexes elicited by electrical stimulation of the brain in Macaques. J. Neurophysiol. *28,* 623–640 (1965)

Doty, R. W.: On butterflies in the brain. Abstract for Symposium on Higher Nervous Activity, IVth World Congress of Psychiatry, Madrid, September 1966

Ebner, F. F., Myers, R. E.: Direct and transcallosal induction of touch memories in the monkey. Science *138,* 51–52 (1962)

Eccles, J. C.: The effects of use and disuse on synaptic function. In: Brain Mechanisms and Learning. J. F. Delafresnaye (ed.). Oxford: Blackwell Scientific Publications 1961

Eccles, J. C.: Conscious experience and memory. In: Brain and Conscious Experience (ed.). Berlin, Heidelberg, New York: Springer 1966

Eccles, J. C., Ito, M., Szentágothai, J.: The Cerebellum as a Neuronal Machine. Berlin, Heidelberg, New York: Springer 1967

Eccles, R. M., Lundberg, A.: Synaptic actions in motoneurones by afferents which may evoke the flexion reflex. Arch. Ital. Biol. *97,* 199–221 (1959)

Eells, J. F.: Inconsistency of early handling and its effect upon emotionality in the rat. J. Comp. Physiol. Psychol. *54,* 690–693 (1961)

Eldred, E.: Functional implications of dynamics and static components of the spindle response to stretch. Am. J. Phys. Med. *46,* 129–140 (1967 a)

Eldred, E.: Peripheral receptors: their excitation and relation to reflex patterns. Am. J. Phys. Med. *46,* 69–87 (1967 b)

Ellinwood, E. H., Jr.: Amphetamine psychosis: II. Theoretical implications. J. Neuropsychiat. *4,* 45–54 (1968)

Ernhart, Cl. B., Graham, F. K., Eichman, P. L., Marshall, J. M., Thurston, D.: Brain injury in the preschool child: some developmental considerations: II. Comparison of brain injured and normal children. Psychol. Monogr. *77,* 11, 17–33, Whole No. 574 (1963)

Evarts, E. V., Thach, W. T.: Motor mechanisms of the CNS: cerebrocerebellar interrelations. Ann. Rev. Physiol. *31,* 451–498 (1969)

Fair, C. M.: The organization of memory functions in the vertebrate nervous system. Neurosci. Res. Program Bull. *3,* No. 1, 27–62 (1965)

Fangel, C., Kaada, B. R.: Behavior “attention” and fear induced by cortical stimulation in the cat. Electroencephalog. Clin. Neurophysiol. *12,* 575–588 (1960)

Fay, T.: The use of pathological and unlocking reflexes in the rehabilitation of spastics. Am. J. Phys. Med. *33,* 347–352 (1954)

Fay, T.: The origin of human movement. Am. J. Psychiat. *3,* 644–652 (1965)

Fessard, A.: The role of neuronal networks in sensory communications within the brain. In: Sensory Communication. W. A. Rosenblith (ed.). New York: John Wiley & Sons 1961

Fink, M., Green, M. , Bender, M. B.: The face-hand test as a diagnostic sign of organic mental syndrome. Neurology (Minneap.) *2,* 46–58 (1952)

Fink, M., Green, M. A., Bender, M. B.: Perception of simultaneous tactile stimuli by mentally defective subjects. J. Nerv. Ment. Disease *117,* 43–49 (1953)

Fiorentino, M. R.: Reflex Testing Methods for Evaluating C.N.S. Development. Springfield, Ill.: Charles C. Thomas 1963

Fish, B.: The maturation of arousal and attention in the first months of life: A study in ego development. J. Am. Acad. Child Psychiat. *2,* 253–270 (1963)

Fisher, S.: Sex differences in body perception. Psychol. Monogr. *78,* No. 14, Whole No. 591. (1964)

Fitzhugh, L. C., Fitzhugh, K. B., Reitan, R. M.: Sensorimotor deficits of brain-damaged Ss in relation to intellectual level. Percept. Mot. Skills *15,* 603–608 (1962)

Flick, G. L.: Sinistrality revisited: A perceptual-motor approach. Child Dev. *37,* 613–622 (1966)

Fox, J. V. D.: Cutaneous stimulation: effects on selected tests of perception. Am. J. Occup. Ther. *18,* 53–55 (1964)

Fox, J. V. D.: Improving tactile discrimination of the blind. Am. J. Occup. Ther. *19,* 5–11 (1965)

Fredrickson, J. M., Figge, U., Scheid, P., Kornhuber, H. H.: Vestibular nerve projection to the cerebral cortex of the rhesus monkey. Exp. Brain Res. *2,* 318–327 (1966)

French, J. D.: The reticular formation. In: Handbook of Physiology, Section 1: Neurophysiology. Vol. II. J. Field, H. W. Magoun, V. E. Hall (eds.). Washington, D.C.: American Physiological Society 1960

French, J. D., Hernández-Peón, R., Livingston, R. B.: Projections from cortex to cephalic brain stem (reticular formation) in monkey. J. Neurophysiol. *18,* 74–95 (1955)

Gabor, A. J., P, T. L.: Alterations in behavior following stimulation of the claustrum of the cat. Electroencephalogr. Clin. Neurophysiol. *17,* 513–519 (1964)

GANZ, L., WILSON, P. D.: Innate generalization of a form discrimination without contouring eye movements. J. Comp. Physiol. Psychol. *63,* 258–269 (1963)
GARFIELD, J. C.: Motor impersistence in normal and brain-damaged children. Neurology (Minneap.) *14,* 623–630 (1964)
GAZZANIGA, M. S.: Interhemispheric communication of visual learning. Neuropsychologia *4,* 183–189 (1966)
GELLHORN, E.: Cerebral interaction: simultaneous activation of specific and unspecific systems. In: Electrical Stimulation of the Brain. D. E. Sheer (ed.). Austin, Texas: University of Texas Press 1961
GELLHORN, E.: Motion and emotion: the role of proprioception in the physiology and pathology of the emotions. Psychol. Rev. *71,* 457–472 (1964)
GERNANDT, B. E.: Somatic and autonomic motor outflow to vestibular function. In: Neurological Aspects of Auditory and Vestibular Disorders. W. S. Fields, B. R. Alford (eds.). Springfield, Ill.: Charles C. Thomas 1964
GERSTMANN, J.: Syndrome of finger agnosia, disorientation for right and left, agraphia and acalculia. Arch. Neurol. Psychiat. *44,* 398–408 (1940)
GESCHWIND, N.: Disconnexion syndromes in animals and man. Brain *88,* 237–294, 585–644 (1965)
GESCHWIND, N.: Brain mechanisms suggested by studies of hemispheric connections. In: Brain Mechanisms Underlying Speech and Language. C. H. Millikan, F. L. Darley (eds.). New York: Grune and Stratton 1967
GESELL, A. et al.: The First Five Years of Life. New York: Harper and Row 1940
GHENT, L.: Developmental changes in tactual thresholds on dominant and nondominant sides. J. Comp. Physiol. Psychol. *54,* 670–673 (1961)
GIBSON, E. J.: Development of perception: discrimination of depth compared with discrimination of graphic symbols. In: Basic Cognitive Processes in Children. J. C. Wright, J. Kagan (eds.). Monogr. Soc. Res. Child Dev. *28,* No. 2, Serial No. 86, (1963)
GIBSON, E. J.: The development of perception as an adaptive process. Am. Sci. *58,* 98–107 (1970)
GIBSON, J. J.: The Senses Considered as Perceptual Systems. Boston: Houghton Mifflin 1966
GLEITMAN, H.: Place-learning. Sci. Am. *209,* 116–122 (1963)
GLICKSTEIN, M., SPERRY, R. W.: Intermanual somesthetic transfer in split-brain rhesus monkeys. J. Comp. Physiol. Psychol. *53,* 322–327 (1960)
GOINS, J. T.: Visual perception abilities and early reading progress. Supplementary Educational Monographs No. 87. Chicago: University of Chicago Press 1958
GOODDY, W., REINHOLD, M.: Some aspects of human orientation in space. Brain *75,* 472–509 (1952)
GORDON, M. W.: Role of adaptive enzyme formation in morphogenesis. In: Progress in Neurobiology: I. Neurochemistry. S. R. Korey, J. I. Nurnberger (eds.). New York: Paul B. Hoeber 1956
GOTTLIEB, G., DORAN, C., WHITLEY, S.: Cerebral cominance and speech acquisition in deaf children. J. Abnorm. Soc. Psychol. *69,* 182–189 (1964)
GRANIT, R.: Sensory mechanisms in perception. In: Brain and Conscious Experience. J. C. Eccles (ed.). Berlin, Heidelberg, New York: Springer 1966
GREEN, J. D.: The rhinencephalon and behavior. In: Ciba Foundation Symposium on the Neurological Basis of Behaviour. G. E. W. Wolstenholme, C. M. O'Connor (eds.). London: J. & A. Churchill 1958
GRIFFIN, M. A.: A study of the sensory stimulus of touch and its immediate performance effects on two tests of tactile perception. Unpublished master's thesis, Department of Occupational Therapy, University of Southern California 1964
GUZMÁN-FLORES, C., BUENDÍA, N., ANDERSON, C., LINDSLEY, D. B.: Cortical and reticular influences upon evoked responses in dorsal column nuclei. Exp. Neurol. *5,* 37–46 (1962)
HALNAN, C. R. E., WRIGHT, G. H.: Tactile localization. Brain *83,* 677–700 (1960)
HALSTEAD, W. C.: Brain and Intelligence: A quantitative study of the frontal lobes. Chicago: University of Chicago Press 1947
HAMILTON, C. R.: Effects of brain bisection on eye-hand coordination in monkeys wearing prisms. J. Comp. Physiol. Psychol. *64,* 434–443 (1967)
HARLOW, H.: The nature of love. Am. Psychol. *13,* 673–685 (1958)
HEAD, H.: Studies in Neurology, Vol. II. London: Oxford University Press 1920
HEBB, D. O.: Organization of Behavior. New York: John Wiley & Sons 1949
HÉCAEN, H.: Clinical symptomatology in right and left hemispheric lesions. In: Interhemispheric Relations and Cerebral Dominance. V. B. Mountcastle (ed.). Baltimore: Johns Hopkins Press 1962
HÉCAEN, H.: Brain mechanisms suggested by studies of parietal lobes. In: Brain Mechanisms Underlying Speech and Language. C. H. Mil-

likan, F. L. Darley (eds.). New York: Grune and Stratton 1967

HÉCAEN, H., AJURIAGUERRA, J. de: Left-Handedness: Manual Superiority and Cerebral Dominance. New York: Grund and Stratton 1964

HELD, R.: Dissociation of visual functions by deprivation and rearrangement. Psychol. Forsch. *31*, 338–348 (1968)

HELD, R., HEIN, A.: Movement-produced stimulation in the development of visually guided behavior. J. Comp. Physiol. Psychol. *56*, 872–876 (1968)

HELD, R., REKOSH, J.: Motor-sensory feedback and the geometry of visual space. Science *141*, 722–723 (1963)

HERNÁNDEZ-PEÓN, R.: Reticular mechanisms of sensory control. In: Sensory Communication. W. A. Rosenblith (ed.). New York: John Wiley & Sons 1961

HERNÁNDEZ-PEÓN, R., SCHERRER, H., JOUVET, M.: Modification of electrical activity in cochlear nucleus during "attention" in unanesthetized cats. Science *123*, 331–332 (1956)

HERRICK, C. J.: The functions of the olfactory parts of the cerebral cortex. Proc. Nat. Acad. Sci. *19*, 7–14 (1933)

HERRICK, C. J.: The Evolution of Human Nature. Austin: University of Texas Press 1956

HERSHENSON, M.: Visual discrimination in the human newborn. J. Comp. Physiol. Psychol. *58*, 270–276 (1964)

HRBEK, A., PRECHTL, H. F. R., HRBKOVA, M., LENARD, H. G., GRANT, D. K.: Proprioceptive evoked potential in newborn infants and adults. Dev. Med. Child Neurol. *10*, 164–167 (1968)

HUSS, J.: Application of the Rood techniques to treatment of the physically handicapped child. In: Occupational Therapy for the Multiply Handicapped Child. Proceedings of the Conference on Occupational Therapy for the Multiply Handicapped Child, Center for Continuing Education. W. L. West (ed.). Chicago 1965

HYDE, J. E., ELIASSON, S. G.: Brainstem induced eye movement in cats. J. Comp. Neurol. *108*, 139–172 (1957)

HYDÉN, H.: Satellite cells in the nervous system. Sci. Am. *205*, No. 6, 62–70 (1961)

HYDÉN, H., EGYHAZI, E.: Nuclear RNA changes of nerve cells during a learning experiment in rats. Proc. Nat. Acad. Sci. *48*, 1366–1373 (1962)

HYDÉN, H., EGYHAZI, E.: Glial RNA changes during a learning experiment in rats. Proc. Nat. Acad. Sci. *49*, 618–624 (1963)

HYDÉN, H., EGYHAZI, E.: Changes in RNA content and base composition in cortical neurons of rats in a learning experiment involving transfer of handedness. Proc. Nat. Acad. Sci. *52*, 1030–1035 (1964)

INGRAM, T. T. S., MASON, A. W., BLACKBURN, L.: A retrospective study of 82 children with reading disability. Dev. Med. Child Neurol. *12*, 271–281 (1970)

JAFFE, J., BENDER, M. B.: The factor of symmetry in the perception of two simultaneous cutaneous stimuli. Brain *75*, 167–176 (1952)

JASPER, H. H.: Pathophysiological studies of brain mechanisms in different states of consciousness. In: Brain and Conscious Experience. J. C. Eccles (ed.). Berlin, Heidelberg, New York: Springer 1966

JONGKEES, L. B. W.: The examination of the vestibular organ. In: Progress in Brain Research, Vol. 23, Sensory Mechanisms. Y. Zotterman (ed.). New York: Elsevier Publishing Co. 1967

JOYNT, R. J. BENTON, A. L., FOGEL, M. L.: Behavioral and pathological correlates of motor impersistence. Neurology (Minneap.) *12*, 876–881 (1962)

JUNG, R.: Neuronal integration in the visual cortex and its significance for visual information. In: Sensory Communication. W. A. Rosenblith (ed.). New York: John Wiley & Sons 1961

JUNG, R., KORNHUBER, H. H., DAFONSECA, J. S.: Multisensory convergence on cortical neurons. In: Progress in Brain Research, Vol. I. Brain Mechanisms. G. Moruzzi, A. Fessard, H. H. Jasper (eds.). New York: Elsevier Publishing Co. 1963

KAADA, B. R.: Somato-motor, autonomic and electrocorticographic responses of electrical stimulation of "rhinencephalic" and other structures in primates, cat and dog. Acta Physiol. Scand. Suppl. 83, *24*

KABAT, H., KNOTT, M.: Principles of neuromuscular reeducation. Phys. Ther. Rev. *28*, 107–111 (1948)

KARAMYAN, A. I.: On the evolution of the integrative activity of the central nervous system in the phylogeny of vertebrates. In: Progress in Brain Research, Vol. 22, Brain Reflexes. E. A. Asratyan (ed.). New York: Elsevier Publishing Co. 1968

KASATKIN, N. I.: Ontogeneses of brain function. Acta Univ. Carol. Med. (Praha) *8*, 657–664 (1962)

KEMPINSKY, W. H., WARD, A. A.: Effect of section of vestibular nerve upon cortically induced movement in cat. J. Neurophysiol. *13*, 295–304 (1950)

KEPHART, N. C.: The Slow Learner in the Classroom. Columbus, Ohio: Charles E. Merrill Books, Inc. 1960

Kephart, N. C.: Learning Disability: An Educational Adventure. West Lafayette, Ind.: Kappa Delta Pi Press 1968

Kerr, D. I. B., Hagbarth, K.-E.: An investigation of olfactory centrifugal fiber system. J. Neurophysiol. *18,* 362–374 (1955)

King, R. B., Meagher, J. N., Barnett, J. C.: Studies of trigeminal nerve potentials. J. Neurosurg. *13,* 176–183 (1956)

Kinsbourne, M., Warrington, E. K.: The developmental Gerstmann syndrome. Arch. Neurol. *8,* 490–501 (1963)

Klüver, H., Bucy, P. C.: Preliminary analysis of functions of the temporal lobes in monkeys. Arch. Neurol. Psychiat. *42,* 979–1000 (1939)

Koos, E. M.: Manifestations of cerebral dominance and reading retardation in primary-grade children. J. Genet. Psychol. *104,* 155–165 (1964)

Kraft, M. B.: The face-hand test. Dev. Med. Child Neurol. *10,* 214–219 (1968)

Krauthamer, G. M., Albe-Fessard, D.: Electrophysiological studies of the basal ganglia and striopallidal inhibition of non-specific afferent activity. Neuropsychologia *2,* 73–83 (1964)

Kuroki, T.: Arrest reaction elicited from the brain stem. Folia Psychiat. Neurol. Jpn. *12,* 317–340 (1958)

Lamarre, Y., Liebeskind, J. C.: Projections des afférences d'origine musculaire au niveau du cortex sensori-motor chez le Singe. J. Physiol. (Paris) *57,* 259 (1965)

Lashley, K. S.: Brain Mechanisms and Intelligence. Chicago: University of Chicago Press 1929

Lassek, A. M.: The Human Brain from Primitive to Modern. Springfield, Ill.: Charles C. Thomas 1957

Lebowitz, M. H., Colbert, E. G., Palmer, J. O.: Schizophrenia in children. Am. J. Dis. Child. *102,* 25–27 (1961)

Lesný, I.: A more sensitive way of eliciting the Moro response by pinching the epigastrium. Dev. Med. Child Neurol. *9,* 212–215 (1967)

Levine, S.: Some effects of stimulation in infancy. In: Lessons from Animal Behavior for the Clinician. S. A. Barnett (ed.). Little Club Clinics in Developmental Medicine, No. 7 1962

Levine, S., Alpert, M.: Differential maturation of the central nervous system as a function of early experience. A. M. A. Arch. Gen. Psychiat. *1,* 403–405 (1959)

Lindsley, D. B.: The reticular activating system and perceptual integration. In: Electrical Stimulation of the Brain. D. E. Sheer (ed.). Austin: University of Texas Press 1961

Livanov, M. N., Gavrilova, N. A., Aslonov, A. S.: Intercorrelations between different cortical regions of human brain during mental activity. Neuropsychologia *2,* 281–289 (1964)

Luria, A. R.: Higher Cortical Functions in Man. New York: Basic Books 1966 a

Luria, A. R.: Human Brain and Psychological Processes. New York: Harper and Row 1966 b

Lyle, J. G.: Reading retardation and reversal tendency: a factorial study. Child Dev. *40,* 833–843 (1969)

McCleary, R. A.: Type of response as a factor in interocular transfer in the fish. J. Comp. Physiol. Psychol. *53,* 311–321 (1960)

McDonald, E. T., Aungst, L. F.: Studies in oral sensory motor function. In: Symposium on Oral Sensation and Perception. J. F. Bosma (ed.). Springfield, Ill.: Charles C. Thomas 1966

McFarland, J. H., Werner, H., Wapner, S.: The effects of postural factors and the distribution of tactual sensitivity and the organization of tactual kinaesthetic space. J. Exp. Psychol. *63,* 148–154 (1962)

McFie, J.: "The other side of the brain." Dev. Med. Child Neurol. *12,* 514–515 (1970)

McGraw, M. B.: The Neuromuscular Maturation of the Human Infant. New York: Hafner Publishing Co., 1963. First published 1945

MacKay, D. M.: Interactive processes in visual perception. In: Sensory Communication. W. A. Rosenblith (ed.). New York: John Wiley & Sons 1961

McKinney, J. P.: Hand schema in children. Psychon. Sci. *1,* 99–100 (1964)

MacLean, P. D.: The limbic system ("visceral brain") and emotional behavior. Arch. Neurol. Psychiat. *73,* 130–134 (1955)

Magoun, H. W.: The ascending reticular activating system. In: Patterns of Organization in the Central Nervous System, Vol. 30. P. Bard (ed.). Baltimore: William and Wilkins Co 1952 a

Magoun, H. W.: An ascending reticular activating system in the brain stem. Arch. Neurol. Psychiat. *67,* 145–154 (1952 b)

Magoun, H. W.: The Waking Brain. Springfield, Ill.: Charles C. Thomas 1958

Magoun, H. W.: Recent contributions to the electrophysiology of learning. Ann. N. Y. Acad. Sci. *92,* 818–829 (1961)

Maslow, P., Frostig, M., Lefever, D. W., Whittlesey, J. R. B.: The Marianne Frostig developmental test of visual perception, 1963 standardization. Percept. Mot. Skills *19,* 463–499 (1964)

Mason, W. A., Harlow H. F., Rueping, H. R.: The development of manipulatory responsiveness in the infant rhesus monkey. J. Comp. Physiol. Psychol. *52,* 555–558 (1959)

Mello, N. K.: Interhemispheric reversal of mirror-image oblique lines after monocular training in pigeons. Science *148,* 252–254 (1965)

MELZACK, R.: Effects of early perceptual restriction on simple visual discrimination. Science *137*, 978–979 (1962)

MELZACK, R., BURNS, S. K.: Neurophysiological effects of early sensory restriction. Exp. Neurol. *13*, 163–175 (1965)

MELZACK, R., WALL, P. D.: Pain mechanisms: a new theory. Science *150*, 971–979 (1965)

MELZACK, R., KONRAD, K. W., DUBROVSKY, B.: Prolonged changes in central nervous system activity produced by somatic and reticular stimulation. Exp. Neurol. *25*, 416–428 (1969)

MILANI-COMPARETTI, A., GIDONI, E. A.: Routine developmental examination in normal and retarded children. Dev. Med. Child Neurol. *9*, 631–638 (1967)

MILNER, BR.: Laterality effects in audition. In: Interhemispheric Relations and Cerebral Dominance. V. B. Mountcastle (ed.). Baltimore: Johns Hopkins Press 1962

MILNER, B.: Visually-guided maze learning in man: effects of bilateral hippocampal, bilateral frontal, and unilateral cerebral lesions. Neuropsychologia *3*, 317–338 (1965)

MILNER, BR.: Brain mechanisms suggested by studies of temporal lobes. In: Brain Mechanisms UnderlyingSpeech and Language. C. H. Millikan, F. L. Darley (eds.). New York: Grune and Stratton 1967

Mishkin, M. A.: A possible link between interhemispheric integration in monkeys and cerebral dominance in man. In: Interhemispheric Relations and Cerebral Dominance. V. B. Mountcastle (ed.). Baltimore: Johns Hopkins Press 1962

MORELL, F.: Modification of RNA as a result of neural activity. In: Brain Function, Vol. II. RNA and Brain Function Memory and Learning. M. A. B. Brazier (ed.). Berkeley – Los Angeles: University of California Press 1964

MORUZZI, G., MAGOUN, H. W.: Brain stem reticular formation and activation of the EEG. Electroencephalogr. Clin. Neurophysiol. J. *1*, 455–473 (1949)

MOUNTCASTLE, V. B.: Modality and topographic properties of single neurons of cat's somatic sensory cortex. J. Neurophysiol. *20*, 408–434 (1957)

MOUNTCASTLE, V. B.: Some functional properties of the somatic afferent system. In: Sensory Communication. W. A. Rosenblith (ed.). New York: John Wiley & Sons 1961

MOUNTCASTLE, V. B., POWELL, T. P. S.: Central nervous mechanisms subserving position sense and kinesthesis. Bull. Johns Hopk. Hosp. *105*, 173–200 (1959)

MYERS, R. E.: Visual defects after lesions of brain stem tegmentum in cats. Arch. Neurol. *11*, 73 –90 (1964)

MYERS, R. E.: Cerebral connectionism and brain function. In: Brain Mechanisms Underlying Speech and Language. C. H. Millikan, F. L. Darley (eds.). New York: Grune and Stratton 1967

MYERS, R. E., SPERRY, R. W., MCCURDY, N. M.: Neural mechanisms in visual guidance of limb movement. Arch. Neurol. **7**, 195–202 (1962)

NEFF, W. D., GOLDBERG, J. M.: Higher functions of the nervous system. Ann. Rev. Physiol. *22*, 499–524 (1960)

NELSON, L. R., LENDE, R. A.: Interhemispheric responses in the opposum. J. Neurophysiol. *28*, 189–199 (1965)

NOBACK, C. R., MOSKOWITZ, N.: The primate nervous system: functional and structural aspects in phylogeny. In: Evolutionary and Genetic Biology of Primates. Vol. I. J. Buettner-Janusch (ed.). New York: Academic Press 1963

NORTON, Y. de S.: A concept: structuro-functional development leading toward early cognito-perceptual behavior. Am. J. Occup. Ther. *24*, 34–43 (1970)

OLDS, J., OLDS, M. E.: Interference and learning in paleocortical systems. In: Brain Mechanisms and Learning. J. F. Delafresnaye (ed.). Oxford: Blackwell Scientific Publications 1961

ORBACH, J., CHOW, K. L.: Differential effects of resections of somatic areas I and II in monkeys. J. Neurophysiol. *22*, 195–203 (1959)

ORNITZ, E. M.: Vestibular dysfunction in schizophrenia and childhood autism. Compr. Psychiat. *11*, 159–173 (1970)

PAINTER, G.: The effect of a rhythmic and sensory motor activity program on perceptual motor spatial abilities of kindergarten children. Except. Child. *33*, 113–116 (1966)

PAPOUŠEK, H.: The development of higher nervous activity in children in the first half-year of life. Monogr. Soc. Child Dev. *30*, Serial No. 100 (1965)

PENFIELD, W.: Speech, perception and the uncommitted cortex. In: Brain and Conscious Experience. J. C. Eccles (ed.). Berlin, Heidelberg, New York: Springer 1966

PENFIELD, W., ROBERTS, L.: Speech and Brain Mechanisms. Princeton: Princeton University Press 1959

PHILLIPS, C. G.: Changing concepts of the precentral motor area. In: Brain and Conscious Experience. J. C. Eccles (ed.). Berlin, Heidelberg, New York: Springer-Verlag 1966

PIAGET, J.: The Origins of Intelligence in Children. New York: International Universities Press 1952

POGGIO, G. F., MOUNTCASTLE, V. B.: A study of the functional contributions of the lemniscal and spinothalamic systems to somatic sensibility. Bull. Johns Hopk. Hosp., *106,* 266–316 (1960)

POLLACK, M., GORDON, E.: The face-hand test in retarded and nonretarded emotionally disturbed children. Am. J. Ment. Defic. *64,* 758–760 (1959/60)

PRECHTL, H. F. R., STEMMER, Ch. J.: The choreiform syndrome in children. Dev. Med. Child Neurol. *4,* 119–127 (1962)

PRESCOTT, J. W.: A developmental neural-behavioral theory of socialization. Paper presented at the 1970 Conference of the American Psychological Association. Miami Beach, Florida 1970

PRIBRAM, K. H.: Limbic system. In: Electrical Stimulation of the Brain. D. E. Sheer (ed.). Austin: University of Texas Press 1961

PUNWAR, A.: Spatial visualization, reading, spelling, and mathematical abilities in second- and third-grade children. Am. J. Occup. Ther. *24,* 495–499 (1970)

REED, J. C.: Lateralized finger agnosia and reading achievement at ages 6 and 10. Child Dev. *38,* 213–220 (1967)

RICHTER, D.: Protein metabolism in relation to cerebral growth and development. In: Ultrastructure and Metabolism of the Nervous System. Vol. XL: Research Publications, Association for Research in Nervous and Mental Disease 1962

RIDDOCH, G., BUZZARD, E. F.: Reflex movements and postural reactions in quadriplegia and hemiplegia with special reference to those of the upper limb. Brain *44,* part 4, 397–489 (1921)

RIESEN, A. H.: Excessive arousal effects of stimulation after early sensory deprivation. In: Sensory Deprivation. P. Solomon *et al.* (eds.). Cambridge: Harvard University Press 1961 a

RIESEN, A. H.: Studying perceptual development using the technique of sensory deprivation. J. Nerv. Ment. Dis. *132,* 21–25 (1961 b)

ROACH, E. G., KEPHART, N. C.: The Purdue Perceptualmotor Survey. Columbus, Ohio: Charles E. Merrill Books 1966

ROBERTS, T. D. M.: Neurophysiology of Postural Mechanisms. New York: Plenum Press 1967

ROOD, M. S.: Neurophysiologic reactions as a basis for physical therapy. Phys. Ther. Rev. *34,* 444–449 (1954)

ROSE, J. E., MOUNTCASTLE, V. B.: Touch and kinesthesis. In: Handbook of Physiology, Section 1, Vol. I. J. Field, H. W. Magoun, V. E. Hall (eds.). Washington, D.C.: American Physiological Society 1959

ROSENBLITH, J. F.: Judgments of simple geometric figures by children. Percept. Mot. Skills *21,* 947–990 (1965)

ROSENZWEIG, M. R.: Environmental complexity, cerebral change, and behavior. Am. Psychol. *21,* 321–332 (1966)

ROSENZWEIG, M. R., KRECH, D., BENNETT, E. L., DIAMOND, M. C.: Effects of environmental complexity and training on brain chemistry and anatomy: A replication and extension. J. Comp. Physiol. Psychol. *55,* 429–437 (1962)

RUCH, T. C., SHENKIN, H. A.: The relation of area 13 on orbital surface of frontal lobes to hyperactivity and hyperphagia in monkeys. J. Neurophysiol. *6,* 349–360 (1943)

RUSSELL, G. V.: Interrelationships within the limbic and centrencephalic systems. In: Electrical Stimulation of the Brain. D. E. Sheer (ed.). Austin: University of Texas Press 1961

RUSSELL, I. S., OCHS, S.: One-trial interhemispheric transfer of a learning engram. Science *133,* 1077–1078 (1961)

RUSSELL, W. R.: The physiology of memory. Proc. R. Soc. Med. *51,* 9–15 (1975)

RUSSELL, W. R.: Brain: Memory Learning. Oxford: Clarendon Press 1959

RUSSELL, W. R.: Some anatomical aspects of aphasia. Lancet *7292,* 1173–1177 (1963)

RUTLEDGE, L. T.: Facilitation: Electrical response enhanced by conditional excitation of cerebral cortex. Science *148,* 1246–1248 (1965)

RUTTER, M.: The concept of dyslexia. In: Planning for Better Learning. P. Wolff, R. MacKeith (eds.). Clinics in Developmental Medicine No. 33 (1969)

RUTTER, M., GRAHAM, P., BIRCH, H. G.: Interrelations between the choreiform syndrome, reading disability and psychiatric disorder in children of 8–11 years. Dev. Med. Child Neurol. *8,* 149–159 (1966)

SANDIFER, P.: Cogan's apraxia as a cause of reading difficulty. In: Visual Disorders and Cerebral Palsy. Little Club Clinics in Developmental Medicine No. 9. London: William Heinemann Medical Books 1963

SCHEIBEL, M., SCHEIBEL, A.: Some structural and functional substrates of development in young cats. In: W. A. Himwich, H. E. Himwich (eds.). Progr. Brain Res. *9,* 6–25 (1964)

SCHIFFMAN, H. R., WALK, R. D.: Behavior on the visual cliff of monocular as compared to binocular chicks. J. Comp. Physiol. Psychol. *56,* 1064–1068 (1963)

SCHILDER, P.: The vestibular apparatus in neurosis and psychosis. J. Nerv. Ment. Dis. *78,* 1–23, 139–164 (1933)

SCHILDER, P.: Brain and Personality. New York: International Universities Press 1951

SCHILDER, P.: Contributions to Developmental Neuropsychiatry. New York: International Universities Press 1964

SCHOPLER, E.: Early infantile autism and receptor processes. Arch. Gen. Psychiat. *13,* 327–335 (1965)

SCHWARTZ, M., SHAGASS, C.: Reticular modification of somatosensory cortical recovery function. Electroencephalogr. Clin. Neurophysiol. *15,* 265–271 (1963)

SECHZER, J. A.: Prolonged learning and split-brain cats. Science *169,* 889–892 (1970)

SEGUNDO, J. P., MACHNE, X.: Unitary responses to afferent volleys in lenticular nucleus and claustrum. J. Neurophysiol. *19,* 325–339 (1956)

SEMANS, S.: The Bobath concept in treatment of neurological disorders. Am. J. Phys. Med. *46,* 732–785 (1967)

SEMMES, J.: A non-tactual factor in astereognosis. Neuropsychologia *3,* 295–315 (1965)

SEMMES, J.: Hemispheric specialization: a possible clue to mechanism. Neuropsychologia *6,* 11–26 (1968)

SEMMES, J.: Protopathic and epicritic sensation: a reappraisal. Contributions to Clinical Neuropsychology. In: A. L. Benton (ed.). Chicago: Aldine Publishing Co. 1969

SEMMES, J., MISHKIN, M.: A search for the cortical substrate of tactual memories. In: Ciba Foundation Study Group No. 20. Functions of the Corpus Callosum. E. G. Ettlinger (ed.). London: J. & A. Churchill 1965

SEMMES, J., WEINSTEIN, S., GHENT, L., TEUBER, H. L.: Spatial orientation in man after cerebral injury: I. Analysis by locus of lesion. J. Psychol. *39,* 227–244 (1955)

SEMMES, J., WEINSTEIN, S., GHENT, L., TEUBER, H. L.: Somatosensory Changes after Penetrating Brain Wounds in Man. Cambridge: Harvard University Press 1960

SHEER, D. E.: Emotional facilitation in learning situations with subcortical stimulation. In: Electrical Stimulation of the Brain. D. E. Sheer (ed.). Austin: University of Texas Press 1961

SHERRINGTON, C. S.: The Integrative Action of the Nervous System. New Yale University Press 1906

SHERRINGTON, C. S.: Man on His Nature. Garden City. N. Y.: Doubleday and Co., 1955. First published 1940

SHIMAMOTO, T., VERZEANO, M.: Relations between caudate and diffusely projecting thalamic nuclei. J. Neurophysiol. *17,* 278–288 (1954)

SILVER, A. A., HAGIN, R. A.: Specific reading disability: delineation of the syndrome and relationship to cerebral dominance. Compr. Psychiat. *1,* 126–134 (1960)

SILVER, A. A., HAGIN, R. A.: Specific reading disability: follow-up studies. Am. J. Orthopsychiat. *34,* 95–102 (1964)

SILVERSTEIN, A. B.: Variance components in the developmental test of visual perception. Percept. Mot. Skills *20,* 973–976 (1965)

SIMINOFF, R.: Functional organization of hairy skin in response to sensory stimuli. Exp. Neurol. *13,* 331–350 (1965)

SMITH, K. U., ANSELL, S., SMITH, W. M.: Sensory feedback analysis in medical research. Am. J. Phys. Med. *42,* 228–262 (1963)

SMITH, O. W., SMITH, P. C.: Developmental studies of spatial judgments by children and adults. Percept. Mot. Skills *22,* 3–73 (1966)

SMYTHIES, J. R.: Brain Mechanisms and Behavior. New York: Academic Press 1970

SNYDER, L. S.: Language impairment in children with perceptual-motor dysfunction. Am. J. Occup. Ther. *25,* 105–108 (1971)

SOKOLOV, Y. N.: Perception and the Conditioned Reflex. New York: Macmillan Co. 1963

SOLOMON, J. C.: Passive motion and infancy. Am. J. Orthopsychiat. *29,* 650–651 (1959)

SOLOMON, P. *et al.:* Sensory Deprivation. Cambridge: Harvard University Press 1961

SPERRY, R. W.: Neurology and the mind-brain problem. Am. Sci. *40,* 291–312 (1952)

SPERRY, R. W.: Physiological plasticity and brain circuit theory. In: Biological and Biochemical Bases of Behavior. H. F. Harlow, C. N. Woolsey (eds.). Madison: University of Wisconsin Press 1958

SPERRY, R. W.: Some developments in brain lesion studies of learning. Fed. Proc. *20,* Part I, 609–616 (1961)

SPERRY, R. W., GAZZANIGA, M. S.: Language following surgical disconnection of the hemispheres. In: C. H. Millikan, F. L. Darley (eds.). New York: Grune and Stratton 1967

SPRAGUE, J. M., CHAMBERS, W. W.: Control of posture by reticular formation and cerebellum in the intact anesthetized and unanesthetized and in the decerebrated cat. Am. J. Physiol. *176,* 52–64 (1954)

SPRAGUE, J. M., MEIKLE, T. H., Jr.: The role of the superior colliculus in visually guided behavior. Exp. Neurol. *11,* 115–146 (1965)

SPRAGUE, J. M., STELLAR, E., CHAMBERS, W. W.: Neurological basis of behavior in the cat. Science *132,* 1498 (1960)

SPRAGUE, J. M., CHAMBERS, W. W., STELLAR, E.: Attentive, affective, and adaptive behavior in the cat. Science *133,* 165–173 (1961)

SPRAGUE, J. M., LEVITT, M., ROBSON, K., LIU, C. N., STELLAR, E., CHAMBERS, W. W.: A neuroanatomical and behavioral analysis of the syndromes resulting from midbrain lemniscal and reticular lesions in the cat. Arch. Ital. Biol. *101,* 225–295 (1963)

STEWART, M. A., PITTS, F. N., CRAIG, A. G., DIERUF, W.: The hyperactive child syndrome. Am. J. Orthopsychiat. *36,* 861–867 (1966)

STOCKMEYER, S. A.: An interpretation of the approach of Rood to the treatment of neuromuscular dysfunction. Am. J. Phys. Med. *46,* 900–956 (1967)

TEUBER, H.-L.: Effects of brain wounds implicating right or left hemisphere in man. In: Interhemispheric Relations and Cerebral Dominance. V. B. Mountcastle (ed.). Baltimore: Johns Hopkins Press 1962

TEUBER, H.-L.: Alterations of perception after brain injury. In: Brain and Conscious Experience. J. C. Eccles (ed.). Berlin, Heidelberg, New York: Springer 1966

TEUBER, H.-L.: Lacunae and research approaches to them. I. In: Brain Mechanisms Underlying Speech and Language. C. H. Millikan, F. L. Darley (eds.). New York: Grune and Stratton 1967

TTHOMPSON, R., LUKASZEWSKA, I., SCHWEIGERT, A., MCNEW, J. J.: Retention of visual and kinesthetic discriminations in rats following pretecto-diencephalic and ventral mesencephalic damage. J. Comp. Physiol. Psychol. *63,* 458–468 (1967)

THOMPSON, R., MYERS, R. E.: Brainstem mechanisms underlying visually guided responses in the rhesus monkey. J. Comp. Physiol. Psychol. *74,* 479–512 (1971)

TREVARTHEN, C. B.: Double visual learning in split-brain monkeys. Science *136,* 258–259 (1962)

TREVARTHEN, C. B.: Functional interactions between the cerebral hemispheres of the split-brain monkey. In: Ciba Foundation Study Group No. 20. Functions of the Corpus Callosum. E. G. Ettlinger (ed.). London: J. & A. Churchill 1965

TREVARTHEN, C. B.: Two mechanisms of vision in primates. Psychol. Forsch. *31,* 299–337 (1968)

TWITCHELL, T. E.: Sensory factors in purposive movement. J. Neurophysiol. *17,* 239–252 (1954)

VEREEKEN, P.: Spatial Development. Groningen: J. W. Wolters, 1961.

WALSH, E. G.: Perception of linear motion following unilateral labyrinthectomy: variation of threshold according to the orientation of the head. J. Physiol. *153,* 350–357 (1960)

WALSH, E. G.: Sense of visual direction in normal subjects and neurological patients. Dev. Med. Child Neurol. *11,* 333–345 (1969)

WALSHE, F. M. R.: The anatomy and physiology of cutaneous sensibility. Brain *65,* 48–112 (1942)

WECHSLER, D., HAGIN, R. A.: The problem of axial rotation in reading disability. Percept. Mot. Skills *19,* 319–326 (1964)

WEIDENBACKER, R., SANDRY, M., MOED, G.: Sensory discrimination of children with cerebral palsy: pressure/pain thresholds on the foot. Percept. Mot. Skills *17,* 603–610 (1963)

WERNER, H., WAPNER, S.: Sensory-tonic field theory of perception. J. Pers. *18,* 88–107 (1949)

WHEELER, L., BURKE, C. J., REITAN, R. M.: An application of discriminant functions to the problem of predicting brain damage using behavioral variables. Percept. Mot. Skills *16,* 417–440 (1963)

WILSON, P., PECCI-SAAVEDRA, J., DOTY, R. W.: Extraoptic influences upon transmission in primate lateral geniculate nucleus. Fed. Proc. *24,* 206 (1965)

WILSON, W. A. Jr.: Intersensory transfer in normal and brain-operated monkeys. Neuropsychologia *3,* 363–370 (1965)

WOLFF, P. H., HURWITZ, I.: The choreiform syndrome. Dev. Med. Child Neurol. *4,* 160–165 (1966)

WORDEN, F. C., LIVINGSTON, R. B.: Brain-stem reticular formation. In: Electrical Stimulation of the Brain. D. E. Sheer (ed.). Austin: University of Texas Press 1961

YAKOVLEV, P. I.: Motility, behavior, and the brain. J. Nerv. Ment. Dis. *107,* 313–335 (1948)

YOUNG, R. D.: Effect of prenatal drugs and neonatal stimulation on later behavior. J. Comp. Physiol. Psychol. *58,* 309–311 (1964)

ZANGWILL, O. L.: Cerebral Dominance and Its Relation to Psychological Function. Edinburgh: Oliver and Boyd 1960

ZAPOROZHETS, A. V.: The development of perception in the preschool child. In: European Research in Child Development. P. H. Mussen (ed.). Monogr. Soc. Res. Child Dev. *30,* Serial No. 100 (1965)

ZUBEK, J. P., FLYE, J., WILLOWS, D.: Changes in cutaneous sensitivity after prolonged exposure to unpatterned light. Psychon. Sci. *1,* 283–284 (1964)

19. Sachverzeichnis